テキスト 理系の数学 2

微分積分

小池茂昭 著

泉屋周一・上江洌達也・小池茂昭・徳永浩雄 編

数学書房

編集

泉屋周一
北海道大学

上江洌達也
奈良女子大学

小池茂昭
早稲田大学

徳永浩雄
東京都立大学

シリーズ刊行にあたって

数学は数千年の歴史を持つ大変古くから存在する分野です．その起源は，人類が物を数え始めたころにさかのぼると考えることもできますが，学問としての数学が確立したのは，ギリシャ時代の幾何学の公理化以後であると言えます．いわゆるユークリッド幾何学は現在でも決して古ぼけた学問ではありません．実に二千年以上も前の結果が，現在のさまざまな科学技術に適用されていることは驚くべきことです．ましてや，17 世紀のニュートンの微積分発見後の数学の発展とその応用の広がり具合は目を見張るものがあります．そして，現在でも急速に進展しています．

一方，数学は誰に対しても平等な結果とその抽象性がもたらす汎用性により大変自由で豊かな分野です．その影響は科学技術のみにとどまらず人類の社会生活や世界観の本質的な変革をもたらしてきました．たとえば，IT 技術は数学の本質的な寄与なしには発展しえないものであり，その現代社会への影響は絶大なものがあります．また，数学を通した物理学の発展はルネッサンス期の地動説，その後の非ユークリッド幾何学，相対性理論や量子力学などにより，空間概念や物質概念の本質的な変革をもたらし，それぞれの時代に人類の生活空間の拡大や技術革新を引き起こしました．

本シリーズは，21 世紀の大学の理系学部における数学の標準的なテキストを編纂する目的で企画されました．理系学部と言っても，学部の名称が多様化した現在では理学部，工学部を中心にさまざまな教育課程があります．本シリーズは，それらのすべての学部で必要とされる大学 1 年目向けの数学を共通基盤として，2 年目以降に理系学部の専門課程で共通に必要だと思われる数学，さらには数学や物理等の理論系学科で必要とされる内容までを網羅したシリーズとして企画されています．執筆者もその点を考慮して，数学者ばかりではなく，物理学者の方たちにもお願いしました．

読者のみなさんには，このシリーズを通して，現代の標準的な数学の理解のみならず数学の壮大な歴史とロマンに思いを馳せていただければ，編集者一同望外の幸せであります．

2010 年 1 月　　編者

まえがき

本書は大学初年度の理系学生向けの微分と積分の教科書である．

内容は，実数・数列・級数・連続性・1 変数関数の微分積分・多変数関数の微分積分であり，標準的である．「微分積分」が主目的なので実数から連続性までは，最小限の内容にするよう心がけた．また，1 変数関数の微分積分は「基礎編」「応用編」を独立させた．基礎編では，すでに高校で (証明なしではあるが) 習った題材は証明を付録にまわした．

微分の基礎編・応用編，積分の基礎編・応用編という順番で勉強してもよい (多くの講義では，そのような順番で行っている)．数学科以外の学生向けには，応用編に時間をかけることも可能であろう．多変数関数の微分積分は，1 変数とは配列が異なっている．多変数関数の微分は基礎編と陰関数定理の 2 本立てにし，積分は基礎編と変数変換に分けた．

多くの微分積分のテキストにある「微分方程式の初歩」「ベクトル解析」「曲線と曲面」には触れないことにした．それらは，本シリーズの別のテキストで扱っているので参照してほしい．

予備知識としては高校数学の「数列・関数・微分・積分」だが,「論理と命題」もすべての数学に重要である．高校数学との有機的なつながりは，本シリーズの『リメディアル数学』が参考になる．

2009 年 12 月

著者

数学の本の読み方

数学では，新しい言葉を導入する際に，その言葉の**定義**を与える．定義は，その言葉の厳密な意味を表すので極めて重要である．例えば，数列 $\{a_n\}_{n=1}^{\infty}$ が $\alpha \in \mathbb{R}$ に収束することを示さなければならないとき，収束の定義が満たされることを確かめなくてはならない．それ以外のことをしてはいけない．よって，定義を忘れたらそれ以降の議論ができないので，必ず定義を再確認してほしい．語学を習得するときに，辞書を何度もひくのとまったく同じである．

数学は誰からも誤解を受けないように厳密に書かれている．このため，特に初心者にとっては小説を読むようにスラスラと頭に入ってくる文章ではない.「わからない」と簡単にあきらめずに，焦らずにじっくり数学と付合ってほしい．数学を勉強する効果的な方法の一つは「思い出す」ことである．具体的には，その日に講義で習ったことや自分で勉強したことを通学時に何も見ずに思い出す習慣をつけるとよい.「今日の講義で出てきた定義はなんだったか」「勉強した定理はどうやって証明していたか」などである．ノートや本を見ずに，まず思い出す．最初はそれが難しかったら，ちょっとだけノートや本を見る，また閉じて，思い出す．こういう訓練を続けるのが数学の "筋肉" をつける唯一つの方法である．

本書の特徴

(1)　本書は一箇所だけ**公理** (実数の公理) が登場する．公理は，定義と基本的には同じだが，一見，証明できそうな命題を含んでいるが証明できない．つまり公理とは,「大前提」として認める事実である．

(2)　定理・命題・補題の証明で 15 章にまわしたものがある．その理由は，おおむね三つのある．一つは，すでに高校で (証明はしてなくても) 使っている事実の場合で，例えば，極限・1 変数の微分積分の線形性などである．次に，すでに登場した証明と同じように証明できる場合で，例えば数列の定理の証明が使える級数の性質などである．3 番目は，証明が長く (＝難しく)，読むリズムや講義の流れが途切れてしまう場合で，3 変数以上の陰関数定理などである．

(3)　本書の定理・命題・補題には，$\star$ や $\star\star$ がついているものがある．$\star\star$ は「極めて重要」を意味し，$\star$ は「重要」を意味する．これらは，後に使う可能性があるので，数学を理解するためには証明を読んでおくことが望まれる．

(4)　本書では次のような表現が何度も登場する．

次を満たす $M>0$ が存在する．「…」

これは，「…」を満たす $M>0$ が存在する，ということと同じである．なぜ，わざわざ文章をひっくり返して二つの文に分けているかを具体例を使って説明する．実数の部分集合 A に対する定義で次のようなものが登場する．

次を満たす $M>0$ が存在する．「$x \in A$ ならば，$|x| \leq M$」

これを英語に訳すと次のようになる．

There is $M>0$ such that if x belongs to A, then $|x| \leq M$.

「such that …」は，「… となるような」で直前の名詞を説明 (限定) している．

通常のテキストでは，上の例は次のように表現されるのが標準的である．

『任意の $x \in A$ に対して $|x| \leq M$ となるような $M>0$ が存在する』

しかし，これだと，『$|x| \leq M$ となる M が x **ごと**にある』とも読める．本来は，$x \in A$ に**無関係**に M が存在するである．英語で書くと誤解はないが，日本語で一つの文にするとこのような誤解を与える表現となる．本書では，このような誤解を避けるため英語で「such that」以下の文を「…」や『…』で独立した文章にした．

実際の講義では，板書で「such that (s.t. と略す)」と書く教員も多く，慣ればわかりやすい．

(5)　本書では，数学的な言い回しを徐々に増やしていく．逆に言うと，一貫した表現にはあえてしなかった．これは，講義でも同じであるが，学生が数学の言い回しに慣れた頃から少しずつ簡略化した数学的表現を使うようにしたのである．例えば，「任意の」は「関数の連続性」の章から「$\forall$」と書いた．

もう一つの便利な記号「$\exists$」は日本語の文章に合わないので使わない．

(6)　演習・問題の解答例は，数学書房のホームページにリンクしておく．

http://www.sugakushobo.co.jp

本書を教科書として利用する方へ

本書は，自習書としても使えるように，学生が躓きそうな箇所を詳しく書いたつもりである．より良い説明を工夫して頂くための参考になればと考えている．

それらの説明を除くと，微分積分の必要最小限を書いたつもりである．これは各トピックスの最重要部分に早く達するためである．

すべての内容を講義する時間がない場合は，定理や命題の後に証明のついていないものは証明を省略して講義することもできる．

やや高度または，専門的な話題は付録の「追加事項」にまわした．講義時間に余裕のある場合や，後の勉強との関連で講義に取り入れることが可能である．

1 変数関数の微分積分を基本と応用に分けた．これは，大学の数学を学び始めた学生にとって「論理的な思考」と「計算・応用」を分けた方が頭の切り代えに効果的ではないか，という考えからである．

もう一つの特徴は，本書程度の厚さの本では珍しいが，実数・初等関数 (特に，べき乗関数) について厳密な扱いを付録で述べたことである．特に,「実数の構成」は，飯野理一先生の早稲田大学物理学科・応用物理学科 1 年生向け講義「数学概論」の記憶だけを基にした．本書に相応しくないと思われるかもしれないが，数学専攻以外の理系の学生が数学に興味を抱くきっかけになることもあるのであえて掲載した．

最後まで迷ったのは，数列の章は実数の直後でよいかどうかという点であった．つまり，直接は微分積分と切り離すことも可能だからである．もし，講義時間の都合で数列の章を略す場合，e の定義 (増加数列の極限を用いる) を述べる場所だけ注意が必要である (もちろん，連続，微分の章で数列の言葉で言い換える命題は飛ばせばよい).

目次

第Ⅰ部

微分積分への準備

第 1 章

実数

1.1　記号・命題

まず，数学で使われる記号を列挙する．a, b は実数とし，A, B は集合とする．

$\mathbb{N}$	自然数全体 $= \{1, 2, 3, \cdots\}$
$\mathbb{Z}$	整数全体 $= \{0, \pm1, \pm2, \pm3, \cdots\}$
$\mathbb{Q}$	有理数全体
$\mathbb{R}$	実数全体
$a \leq b$	$a < b$ または $a = b$ (中学・高校では $a \leqq b$ と書く)
$a \geq b$	$a > b$ または $a = b$ (中学・高校では $a \geqq b$ と書く)
(a, b)	$= \{x \mid a < x < b\}$ (開区間)
$[a, b]$	$= \{x \mid a \leq x \leq b\}$ (閉区間)
$(a, b]$	$= \{x \mid a < x \leq b\}$ (左半開区間)
$[a, b)$	$= \{x \mid a \leq x < b\}$ (右半開区間)
$A \subset B$	集合 A は集合 B の部分集合である
$x \in A$	x は集合 A の元である (x は A に属する)
$x \notin A$	x は集合 A の元でない (x は A に属さない)
$\varnothing$	空集合
$A \cup B$	$\{x \mid x \in A$ または $x \in B\}$ (和集合)
$A \cap B$	$\{x \mid x \in A$ かつ $x \in B\}$ (共通部分)
$A \setminus B$	$\{x \mid x \in A$ かつ $x \notin B\}$ (差集合)

命題とは，数学的に正しいか正しくないかが決まる数学的事実である．
次の命題は自明に見えるが，今後しばしば使うので述べておく．

命題 1.1

(i) 任意の $\varepsilon > 0$ に対し，$a \geq -\varepsilon$ を満たすならば, $a \geq 0$ となる.

(ii) 任意の $\varepsilon > 0$ に対し，$a \leq \varepsilon$ を満たすならば, $a \leq 0$ となる.

注意 1.1 命題 1.1 の証明で，$\lim_{\varepsilon \to 0}(a+\varepsilon) \geq 0$ だから，$a \geq 0$ としてはいけない．なぜなら，まだ $\lim_{\varepsilon \to 0}$ は定義していないからである.

数学では，証明していない事実を別の証明で使ってはいけない．命題 $\mathcal{A}$ を示すために命題 $\mathcal{B}$ を証明せずに使うと，後で命題 $\mathcal{B}$ の証明に命題 $\mathcal{A}$ をうっかり使えば，なにも証明できていないことになるからである.

命題 1.1 の証明には**背理法**を用いる．背理法とは,「$\mathcal{A}$ が成り立てば $\mathcal{B}$ が成り立つ」ことを示すために,

「$\mathcal{B}$ が成り立たないと仮定して，矛盾を導くこと」

である．背理法は，通常の証明が難しい場合に役立つ証明法である.

命題 1.1 の証明 (i) 背理法で示す．$a < 0$ と仮定する．$\varepsilon = -\dfrac{a}{2} > 0$ とおく．仮定から，$a \geq \dfrac{a}{2}$ となり，右辺を左辺にまわすと $\dfrac{a}{2} \geq 0$ となるので矛盾が導かれる．ゆえに，$a < 0$ と仮定したことに反する．つまり，仮定 $a < 0$ が間違いであり，$a \geq 0$ が示せた. □

演習 1.1 命題 1.1 の (ii) を示せ.

もう一つ，通常の証明が難しい場合の証明法に**対偶法**がある．これは，命題「$\mathcal{A}$ が成り立てば $\mathcal{B}$ が成り立つ」を証明するために,

対偶命題 「$\mathcal{B}$ が成り立たなければ $\mathcal{A}$ も成り立たない」

を証明することであり，この対偶命題を証明すれば元の命題を証明したことになる．詳しくは本シリーズ『リメディアル数学』を参照せよ.

背理法は対偶法と似ているが，$\mathcal{B}$ が成り立たないと仮定したとき，必ずしも $\mathcal{A}$ が成り立つことに矛盾するとは限らないという点が異なる．また，$\mathcal{A}$ にあた

る部分が明確でない場合に背理法の方が都合が良いこともある．

背理法も対偶法も命題を「否定」しなくてはならない．正しい否定命題の作り方は追加事項の章を参照せよ．

次の記号は，本書で使う記号である．ただし,「∃」は，日本語のテキストには不向きなので使用しないが，講義の板書で使うことがあるので載せておく．

$\forall$	任意の，すべての，勝手な
$\exists$	ある …，存在する
$\mathcal{A} \Rightarrow \mathcal{B}$	$\mathcal{A}$ が成り立てば $\mathcal{B}$ が成り立つ
$\mathcal{A} \iff \mathcal{B}$	$\mathcal{A} \Rightarrow \mathcal{B}$ かつ，$\mathcal{B} \Rightarrow \mathcal{A}$
	(このとき，命題 $\mathcal{A}$ と $\mathcal{B}$ は**同値**とよぶ)
$A \overset{\text{def}}{\iff} \cdots$	A を「 … 」で定義する

1.2 実数の公理

小学校で，自然数から始めて，整数を習う．次に登場する有理数とは整数を 0 でない整数で割った形で表される数である．つまり有理数は，$\dfrac{k}{l}$ $(k, l \in \mathbb{Z}$ で $l \neq 0)$ と表せる数全体である．

さて「実数とは，有理数と無理数の和集合」と習ったかもしれない．一見，これで実数は定義できているように思える．しかし，無理数の定義が「有理数でない実数」だったことを思い出そう．実数は既に定義されているものと仮定しているのである．

しかし，<u>実数はまだ定義されていない</u>のである．

実数は，“有理数を基に構成しなくてはならない” ので付録の章で述べる．ただし，<u>通常の計算に変更はない</u>ので不安になる必要はない．

しかしながら，実数が何であるかを決めなくては以降の議論はできない．まず，実数の**公理** (公理とは，それ自体を証明することができない概念である) を述べる．つまり，追加事項で定義する実数 $\mathbb{R}$ が持っている性質である．

別の公理から出発しているテキストもあるが，本書では下記のものを採用する．四則演算は高校までに習った通常のものとする．また，$\mathbb{Q}$ で有理数全体を表す．

$\mathbb{R}$ が実数であるとは，次の (a), (b), (c), (d) が成り立つことである．

実数の公理

(a) $\mathbb{Q} \subset \mathbb{R}$	(b) 四則演算
(c) 大小関係	(d) **連続性の公理**

注意 1.2 (a) は，有理数が実数の一部であるということである．

性質 (b), (c) は有理数 $\mathbb{Q}$ でも成り立つ性質である．要するに，高校までに習った計算が正しく成り立つことを保証している (14 章参照)．

(d) は，実数の部分集合に関する言葉を準備してから述べる．この (d) が，有理数 $\mathbb{Q}$ にはない実数 $\mathbb{R}$ 特有の性質である．

1.3 実数の部分集合

m 個の実数の集合 $A = \{a_1, a_2, \cdots, a_m\}$ の一番大きな元の見つけ方を考える．まず，a_1 と a_2 を比べて，その大きい方と a_3 を比べ，その大きい方と順次比べれば，$m-1$ 回の操作で一番大きい数「最大」が決まる．一番小さい数「最小」も同様に定まる．

例えば，a_1 を A の最大とする．この A の最大 a_1 が持つ第一の性質は,「すべての $a_k \in A$ に対し，$a_k \leq a_1$ となる」ことである．もう一つ，忘れがちな性質は「$a_1 \in A$」である．以上の考察を参考にして，集合 $A \subset \mathbb{R}$ が有限個の元でない場合も含めて最大・最小の定義を与える．

定義 1.1 $A \subset \mathbb{R}$ と $\alpha \in \mathbb{R}$ に対し，

α が A の**最大** $\overset{\text{def}}{\iff}$ (i) 任意の $x \in A$ が $x \leq \alpha$ を満たす．(ii) $\alpha \in A$

このとき，$\max A = \alpha$ と書く．

α が A の**最小** $\overset{\text{def}}{\iff}$ (i) 任意の $x \in A$ が $x \geq \alpha$ を満たす．(ii) $\alpha \in A$

このとき，$\min A = \alpha$ と書く．

注意 1.3 上の定義では (i)(ii) の両方の性質を満たすということである．以降も，中括弧の片側「$\{$」で (i)(ii)$\cdots$ などをくくったら,「かつ = and」の意味である．

$A = \{a_1, a_2, \cdots, a_m\}$ のとき，最大・最小をそれぞれ次のように書くこともある．特に，$m = 2$ のときは，右辺で書くことが多い．

$$\max A = \max\{a_1, a_2, \cdots, a_m\}, \quad \min A = \min\{a_1, a_2, \cdots, a_m\}$$

例 1.1 $-\infty < a < b < \infty$ に対し，次が成り立つことを確かめよ．

(1) 閉区間 $[a, b]$ では $\max[a, b] = b$, $\min[a, b] = a$ となる．

(2) 開区間 (a, b) では $\max(a, b)$ も $\min(a, b)$ も存在しない．

(3) 左半開区間 $(a, b]$ では $\max(a, b] = b$ だが，$\min(a, b]$ は存在しない．

(4) (a, ∞) では $\max(a, \infty)$ も $\min(a, \infty)$ も存在しない．

(5) $A = \{1 + 2^{-1} + \cdots + 2^{-n} \mid n \in \mathbb{N}\}$ の $\max A$ は存在しないが，$\min A = \dfrac{3}{2}$ となる．

例えば，上の例 1.1 (2) で，開区間 (a, b) において，(i) 任意の $x \in (a, b)$ に対して，$x \leq b$ を満たすが，b は最大の定義の (ii) を満たさない ($b \notin (a, b)$)．

上の例 1.1 の (2)-(5) で，最大や最小が存在しない場合でも最大・最小に "似た" 概念がある．その概念を導入するためにいくつかの定義を与える．

定義 1.2 $A \subset \mathbb{R}$ に対し，

$$A\text{ が有界} \overset{\text{def}}{\Longleftrightarrow} \begin{cases} \text{次を満たす } M > 0 \text{ が存在する．} \\ \text{「任意の } x \in A \text{ に対し，} |x| \leq M\text{」} \end{cases}$$

演習 1.2 次の集合 A が有界になることを示せ．具体的に定義の $M \geq 0$ を一つ求めよ．

(1) $A = \{-5, 0, \pi, e\}$ (2) $a, b \in \mathbb{R}$ が $a < b$ を満たすとき，$A = (a, b)$

(3) $A = \{1 + 2^{-1} + \cdots + 2^{-n} \mid n \in \mathbb{N}\}$

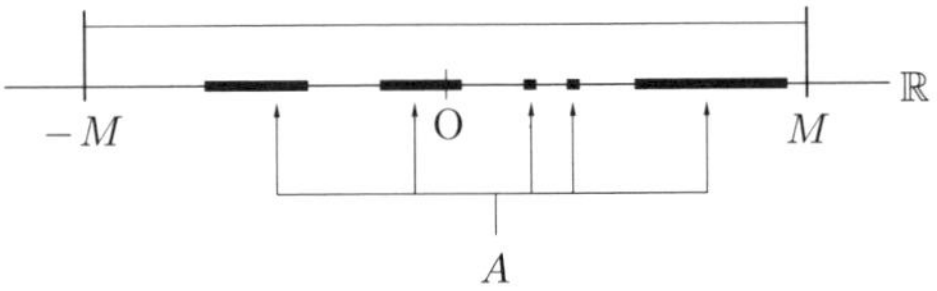

図 **1.1**　有界な集合 A

有界の定義 1.2 に現れた，絶対値 $|\cdot|$ に関して復習しておく．

絶対値の定義

$$|a| \overset{\text{def}}{\Longleftrightarrow} \max\{a, -a\} = \begin{cases} a & (a \geq 0 \text{ のとき}) \\ -a & (a < 0 \text{ のとき}) \end{cases}$$

例 1.2 (絶対値の性質)　$a, b \in \mathbb{R}$ に対して，次が成り立つ．

(1)　$|a| \leq b \Longleftrightarrow -b \leq a \leq b$

(2)　$|-a| = |a|$

演習 1.3　例 1.2 の性質 (1)(2) を示せ．

絶対値 $|\cdot|$ に関する三角不等式を述べる．

補題 1.2** **(三角不等式)**　(証明は 15 章)

任意の $a, b \in \mathbb{R}$ に対し，次の不等式が成り立つ．

$$\big||a| - |b|\big| \leq |a + b| \leq |a| + |b|$$

有界でない集合の定義を与える．

定義 1.3　$A \subset \mathbb{R}$ に対し，

$$A \text{ が非有界} \overset{\text{def}}{\Longleftrightarrow} A \text{ が有界でない．}$$

注意 1.4　$A \subset \mathbb{R}$ が非有界ならば，「有界」の否定命題が成り立つから，

任意の $n \in \mathbb{N}$ に対し，次を満たす $a_n \in A$ が存在する．

「$|a_n| > n$」

演習 1.4　次の集合は非有界であることを示せ．ただし，$a \in \mathbb{R}$ とする．

(1)　(a, ∞)　　(2)　$(-\infty, a]$

次に，有界集合の "片側" の条件を満たす集合に定義を与える．

定義 1.4　$A \subset \mathbb{R}$ に対し，

A が**上に有界** $\overset{\text{def}}{\Longleftrightarrow}$ 次を満たす $M \in \mathbb{R}$ が存在する．「任意の $x \in A$ に対し，$x \leq M$ が成り立つ」

A が**下に有界** $\overset{\text{def}}{\Longleftrightarrow}$ 次を満たす $M \in \mathbb{R}$ が存在する．「任意の $x \in A$ に対し，$x \geq M$ が成り立つ」

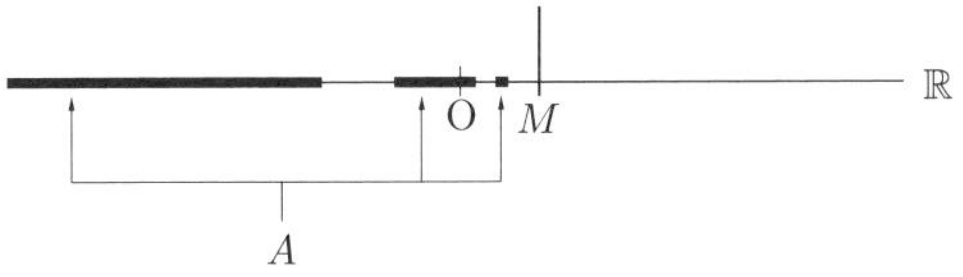

図 1.2　上に有界な集合 A

演習 1.5　$A \subset \mathbb{R}$ に対し,「A が有界 $\Longleftrightarrow$ A が上に有界かつ，下に有界」を示せ．

さらに，上・下に有界の定義に現れた M に名前をつける．

定義 1.5　$A \subset \mathbb{R}$ と $M \in \mathbb{R}$ に対し，

M が A の**上界** $\overset{\text{def}}{\Longleftrightarrow}$ 任意の $x \in A$ が $x \leq M$ を満たす．

M が A の**下界** $\overset{\text{def}}{\Longleftrightarrow}$ 任意の $x \in A$ が $x \geq M$ を満たす．

注意 1.5 M が A の上界ならば，M より大きい実数は，すべて A の上界である．つまり，上界は存在すれば無数にある．下界も同様である．

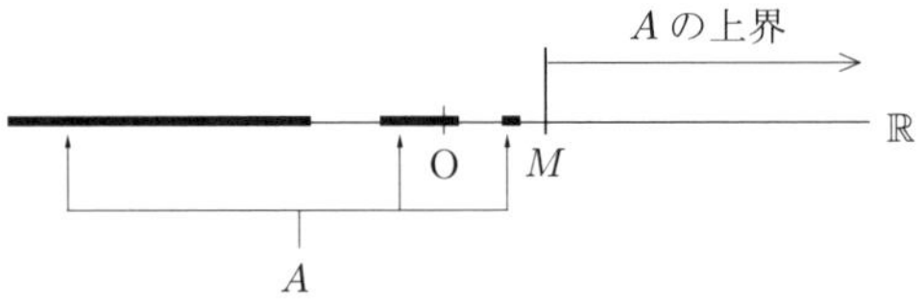

図 1.3 上界の例

注意 1.6 $A \subset \mathbb{R}$ が上・下に有界であることを上界・下界を使って言い換えると次のようになる．

(1) A が上に有界 $\Longleftrightarrow$ A の上界 $M \in \mathbb{R}$ が存在する．

(2) A が下に有界 $\Longleftrightarrow$ A の下界 $M \in \mathbb{R}$ が存在する．

演習 1.6 (1) $A \subset \mathbb{R}$ が上に有界でなければ，任意の $n \in \mathbb{N}$ に対し，$a_n > n$ となる $a_n \in A$ が存在することを示せ．

(2) $A \subset \mathbb{R}$ が下に有界でなければ，どのようなことが成り立つか？

さて，最大・最小に似た概念を述べる．

定義 1.6 $A \subset \mathbb{R}$ と $\alpha \in \mathbb{R}$ に対し，

α が A の上限

$\overset{\text{def}}{\Longleftrightarrow}$
(i) 任意の $x \in A$ が $x \leq \alpha$ を満たす．(α は A の上界)
(ii) 任意の $\varepsilon > 0$ に対し，次を満たす $x_\varepsilon \in A$ が存在する．
「$\alpha - \varepsilon < x_\varepsilon$」

このとき，$\alpha = \sup A$ と書く．

α が A の下限

$\overset{\text{def}}{\Longleftrightarrow}$
(i) 任意の $x \in A$ が $x \geq \alpha$ を満たす．(α は A の下界)
(ii) 任意の $\varepsilon > 0$ に対し，次を満たす $x_\varepsilon \in A$ が存在する．
「$\alpha + \varepsilon > x_\varepsilon$」

このとき，$\alpha = \inf A$ と書く．

注意 1.7 上限の定義 (i) は，最大の定義 (i) と同じである．

最大と上限の違いは (ii) で，最大の方は $\alpha \in A$ を要求しているが，上限では $\alpha \notin A$ でもかまわない．その代わり，上限の (ii) で要求しているのは「A と $\sup A$ の間に隙間があってはいけない」ということである．

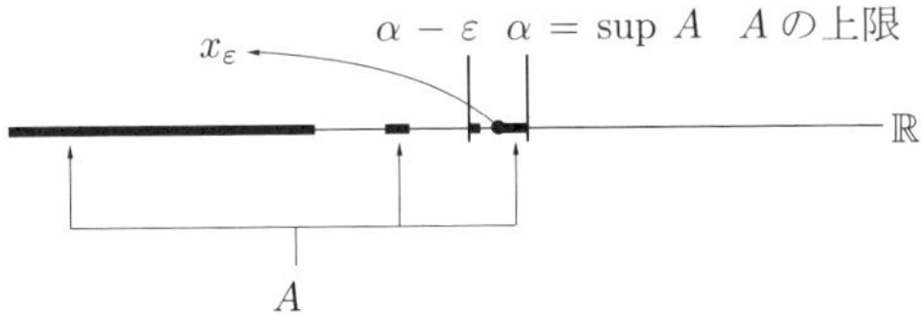

図 1.4 上限の定義 (ii) のイメージ

注意 1.8 空集合 $\varnothing$ に対しては，$\sup \varnothing = -\infty$ および，$\inf \varnothing = \infty$ と約束する．また，A が上に有界でない場合，$\sup A = \infty$ とし，A が下に有界でない場合，$\inf A = -\infty$ とする．

1.3.1 上限・下限の性質

まず，上限・下限の別表現を与える．

> **命題 1.3**** **(上限・下限の別表現)**
> (i) A が上に有界 $\Rightarrow \sup A = \min\{M \in \mathbb{R} \mid M$ は A の上界 $\}$
> (ii) A が下に有界 $\Rightarrow \inf A = \max\{M \in \mathbb{R} \mid M$ は A の下界 $\}$

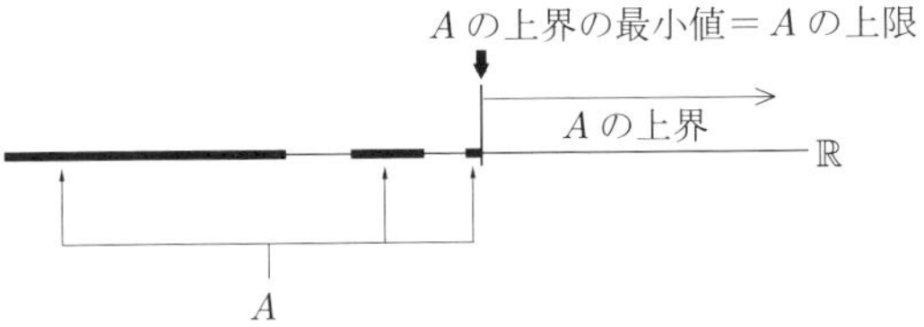

図 1.5 命題 1.3 (i) のイメージ

命題 1.3 の証明 (i) だけを示す．$\alpha = \sup A \in \mathbb{R}$ とおくと，上限の定義 (i) から α は A の上界になる．

A の別の上界 $M \in \mathbb{R}$ を任意に選ぶ．$\alpha \le M$ が示せれば α が最小になる．

背理法で $\alpha \le M$ を示す．$M < \alpha$ と仮定する．$\varepsilon = \alpha - M > 0$ とおけば，上限の定義の (ii) より $\alpha - \varepsilon < x_\varepsilon$ となる $x_\varepsilon \in A$ が存在する．よって，$M < x_\varepsilon$ となり M は A の上界ではなくなる．ゆえに矛盾が導かれた． □

演習 1.7　上の命題 1.3 の (ii) を示せ．

例 1.3　$A \subset B \subset \mathbb{R}$ とし，$A \neq \varnothing$ とする．次の性質が成り立つ．

(1)　$\inf A \le \sup A$　　　(2)　$\sup A \le \sup B,\ \inf A \ge \inf B$

(3)　$\inf A = \sup A \iff A$ は一つの元からなる集合である．

$\alpha = \inf A,\ \beta = \sup A$ とおく．

(1)　任意の $a \in A$ に対し，$\alpha \le a$ であり，$a \le \beta$ なので $\alpha \le \beta$ が成り立つ．

(2)　任意の $a \in A$ に対し，$a \in B$ なので $a \le \sup B$ となり，$\sup B$ は A の上界の一つとなるから，命題 1.3 より $\sup A \le \sup B$ となる．

(3)　$\Leftarrow$ の証明は明らかなので，$\Rightarrow$ の証明を示す．任意に $a \in A$ をとれば，$\alpha \le a \le \beta$ だが，$\alpha = \beta$ なので $a = \alpha$ となる．よって，A には α 以外の点がないことがわかる．

演習 1.8　例 1.3 (2) の $\inf A \ge \inf B$ を示せ．

1.3.2　集合の定数倍・和

集合 $A \subset \mathbb{R}$ の定数倍の集合を考える．

記号　　$A \subset \mathbb{R}$ と $t \in \mathbb{R}$ に対し，$tA \overset{\text{def}}{\iff} \{ta \mid a \in A\}$

A の上限・下限と tA の上限・下限の関係を調べる．

命題 1.4*　　(証明は 15 章)

$A \subset \mathbb{R},\ A \neq \varnothing$ で有界集合とする．

$$\Rightarrow \begin{cases} \text{(i)}\quad t \ge 0 \Rightarrow \sup(tA) = t\sup A,\ \inf(tA) = t\inf A \\ \text{(ii)}\quad t \le 0 \Rightarrow \sup(tA) = t\inf A,\ \inf(tA) = t\sup A \end{cases}$$

二つの集合の和を次で与える．和集合とは違うことに注意せよ．

記号 $A,\ B \subset \mathbb{R}$ に対し，$A + B \overset{\text{def}}{\Longleftrightarrow} \{a + b \mid a \in A, b \in B\}$

集合の和の上限・下限に関して次の不等式が成り立つ．これらは積分の章の定理 5.5 の証明で必要になる．よって，積分の章まで飛ばしてもよい．

命題 1.5* (証明は 15 章)

$$A, B \subset \mathbb{R},\ A \neq \varnothing,\ B \neq \varnothing \text{ とする}$$
$$\Rightarrow \begin{cases} \text{(i)} & \sup(A+B) = \sup A + \sup B \\ \text{(ii)} & \inf(A+B) = \inf A + \inf B \end{cases}$$

1.4 「連続性の公理」再訪

ここで，実数の公理のうちの (d)「連続性の公理」を述べる．

連続性の公理

(d) $A \subset \mathbb{R}$ が上に有界 $\Rightarrow \sup A \in \mathbb{R}$ が存在する．

注意 1.9 これは「公理」なので証明できない．

例 1.4 $A = \{a_n \in \mathbb{Q} \mid a_n$ を $\sqrt{2}$ の小数点 n 位までで，それ以下を 0 とおいた有理数 $\}$ とする．つまり，次のようにおく．

$$A = \{1.4, 1.41, 1.414, 1.4142, \cdots\}$$

$\max A$ は存在しないが，$\sup A = \sqrt{2}$ になる．この例により，$A \subset \mathbb{Q}$ は上に有界でも $\sup A \in \mathbb{Q}$ にならないことが確かめられた．つまり，$\mathbb{Q}$ は連続性の公理を満たさない (演習 2.7 も参照)．

連続性の公理 (d) と次の (d′) は同値である.

命題 1.6* (証明は 15 章)

(d) $\Longleftrightarrow$ (d′) $A \subset \mathbb{R}$ が下に有界 $\Rightarrow \inf A \in \mathbb{R}$ が存在する.

連続性の公理から導かれる, 重要な定理を述べる.

定理 1.7** **(アルキメデス**[1]**の原理)**

自然数全体の集合 $\mathbb{N}$ は上に有界でない.

定理 1.7 の証明 背理法で証明する. $\mathbb{N}$ が上に有界と仮定する. すると上限 $\alpha = \sup \mathbb{N} \in \mathbb{R}$ が存在する. 上限の定義 (ii) の $\varepsilon > 0$ として 1 をとると, $\alpha - 1 < n_0$ となる $n_0 \in \mathbb{N}$ が存在する. 一方, 上限の定義 (i) より $n_0 + 1 \leq \alpha$ が成り立ち, $n_0 + 1 < n_0 + 1$ となり矛盾が導かれる. □

例 1.5 $A = \{1 - 2^{-n} \mid n \in \mathbb{N}\}$ とすると, $\max A$ は存在しないが, $\sup A = 1$ になる. 実際, 定義 1.6 の (i) は明らかなので, (ii) だけ示す.

任意の $\varepsilon > 0$ に対して, $1 - \varepsilon < 1 - 2^{-n_\varepsilon}$ となる $n_\varepsilon \in \mathbb{N}$ を選べばよいので, $\dfrac{1}{\varepsilon} < 2^{n_\varepsilon}$ となる $n_\varepsilon \in \mathbb{N}$ をとることができれば $1 - \varepsilon < 1 - 2^{-n_\varepsilon}$ となる. アルキメデスの原理 (定理 1.7) の証明法を用いて (問題 1.3 を参照), $\dfrac{1}{\varepsilon} < 2^{n_\varepsilon}$ となる $n_\varepsilon \in \mathbb{N}$ が存在する.

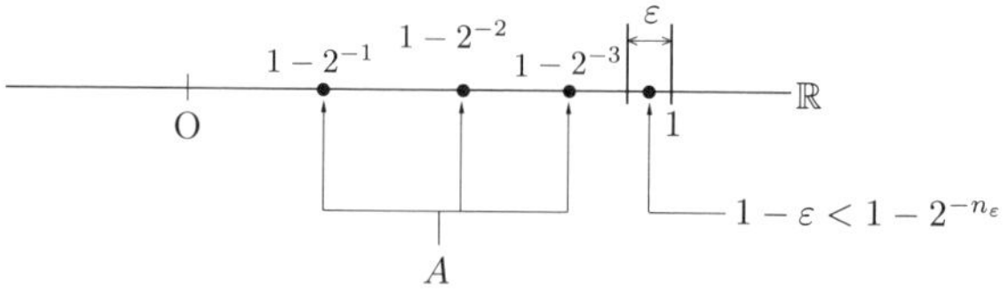

図 1.6 例 1.5 での n_ε の選び方

[1] Archimedes (紀元前 287-紀元前 212)

1.5 問題

問題 1.1 $a, b \in \mathbb{R}$ に対し，$\max\{a, b\}$ と $\min\{a, b\}$ を max や min を用いずに a, b だけを用いて表せ．

ヒント：$a + b \pm |a - b|$ は，$a > b$, $a < b$ のとき，どうなるかを利用する．

問題 1.2 $A \subset \mathbb{R}$ に対し，次の命題を証明せよ．

(1) A の最大があれば，$\sup A = \max A$ となる．

(2) A の最小があれば，$\inf A = \min A$ となる．

問題 1.3 $a > 0$ に対し，$a < 2^n$ となる $n \in \mathbb{N}$ が存在することを示せ．

ヒント：アルキメデスの原理 (定理 1.7) の証明を参照せよ．

注意：$\dfrac{\log a}{\log 2} < n$ となる $n \in \mathbb{N}$ が存在する，という方法以外の証明法を考えよ．なぜなら，まだ対数関数は厳密に定義していないからである．

第 2 章

数列・級数

実数の列 $\{a_n\}_{n=1}^{\infty}$ が $\alpha \in \mathbb{R}$ に収束するとは，高校では「n がだんだん大きくなると，a_n がだんだん α に近くなる」と習う．ここで厳密な定義を与える．

この章の内容で，以降の連続・微分・積分で必要なのは例 2.6 とボルツァノ・ワイエルストラスの定理 (定理 2.10) だけである．

2.1 収束列

「数列 $\{a_n\}_{n=1}^{\infty}$ が $\alpha \in \mathbb{R}$ に収束する」の定義は,「大きな番号から先のすべての n に対して，α と a_n の差が極めて小さい」である.「極めて小さい」をどのように表現するかが問題である．

日本語で書くと,「極めて小さい」という言葉が文章の最後の方に出てくるが，数学での定義は次のようになる．

定義 2.1 数列 $\{a_n\}_{n=1}^{\infty}$ と $\alpha \in \mathbb{R}$ に対し，

$\{a_n\}_{n=1}^{\infty}$ が α に**収束**する

$$\overset{\text{def}}{\iff} \begin{cases} \text{任意の } \varepsilon > 0 \text{ に対し，次を満たす } N_\varepsilon \in \mathbb{N} \text{ が存在する．} \\ \qquad\qquad \text{「} n \geq N_\varepsilon \Rightarrow |a_n - \alpha| < \varepsilon \text{」} \end{cases}$$

このとき，$\lim_{n\to\infty} a_n = \alpha$ と書き，α を $\{a_n\}_{n=1}^{\infty}$ の**極限**とよぶ．

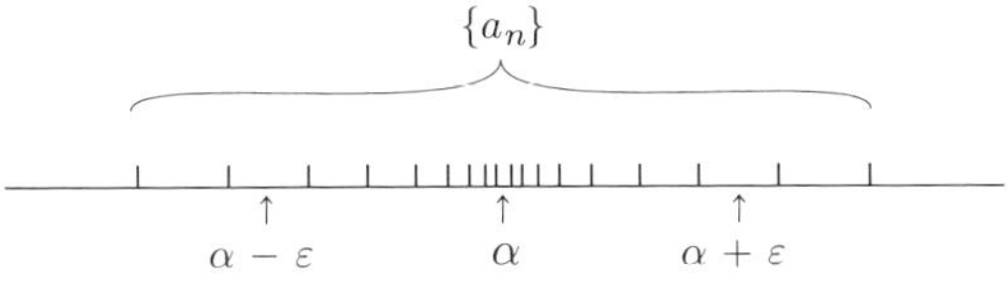

図 2.1 $\lim_{n\to\infty} a_n = \alpha$ のイメージ

注意 2.1 (1) この定義で，N_ε と書いたが，下ツキの ε を省略するテキストもある．本書では，N が ε に関係することを明確にするため目印としてつける．

(2) $\varepsilon > 0$ に対して，$N_\varepsilon \in \mathbb{N}$ を対応させているので関数のように見えるが，この対応を厳密にすると混乱することがある．例えば，$N_{100\varepsilon} \in \mathbb{N}$ は次を満たすことになる．「$n \geq N_{100\varepsilon} \Rightarrow |\alpha - a_n| < 100\varepsilon$」しかし，このように厳密に書かずに，“$\varepsilon$ に関係した自然数” という意味で N_ε と書く．

(3) $\lim_{n\to\infty} a_n = \alpha$ が成り立つとして，最初の有限個の a_n は勝手に代えてしまっても同じことが成り立つ．例えば，$n = 1, \cdots, 10^{100}$ に対して，$c_n = 10000$ でも，$n \geq 10^{100} + 1$ に対して，$c_n = a_n = 1 + 10^{-n}$ ならば，当然 $\lim_{n\to\infty} c_n = 1$ となる．

(4) 数列の番号に n を使ったが，これは慣習であって，k, l などを用いることもある．例えば，$\lim_{k\to\infty} a_k$ と $\lim_{n\to\infty} a_n$ は同じである．

定義で，「任意の $\varepsilon > 0$」，としているが，「十分小さい任意の $\varepsilon > 0$」で置き換えてもかまわない．次の命題でこれを正確に述べる．

命題 2.1* (証明は 15 章)

$\{a_n\}_{n=1}^\infty$ と $\alpha \in \mathbb{R}$ に対し，次が成り立つ．

$$\lim_{n\to\infty} a_n = \alpha \iff \left\{ \begin{array}{l} \text{次を満たす } \varepsilon_0 > 0 \text{ が存在する．} \\ \quad \text{「任意の } \varepsilon \in (0, \varepsilon_0] \text{ に対し，次を満たす } N_\varepsilon \in \mathbb{N} \text{ が存在する．} \\ \qquad\qquad \text{『} n \geq N_\varepsilon \Rightarrow |a_n - \alpha| < \varepsilon \text{』」} \end{array} \right.$$

この定義の下で，どのような数列を収束するとよぶかを考える．

例 2.1　$a_1 = 1.1, a_2 = 1.01, \cdots, a_n = 1.000\cdots01$ (ただし，a_n は，二つの 1 の間に 0 が $n-1$ 個ある) とする．式で書くと，$a_n = 1 + 10^{-n}$ となる．もちろん，$\lim_{n\to\infty} a_n = 1$ である．

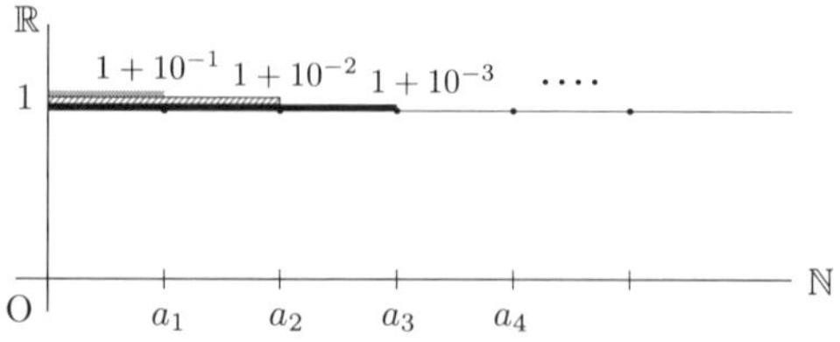

図 2.2　例 2.1 の数列 $\{a_n\}_{n=1}^{\infty}$

例 2.2　別の数列 $\{b_n\}_{n=1}^{\infty}$ を次で与える．n が 10^j でない場合は，$b_n = a_n = 1 + 10^{-n}$ で与え，n が 10^j $(j \in \mathbb{N})$ の場合，$b_{10^j} = 2$ とする．

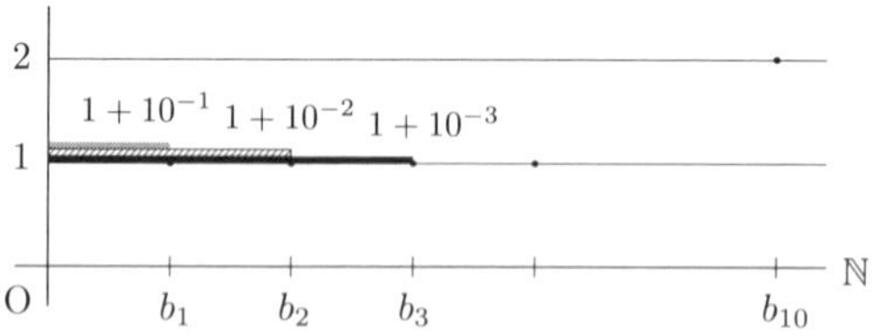

図 2.3　例 2.2 の数列 $\{b_n\}_{n=1}^{\infty}$

数列 $\{b_n\}_{n=1}^{\infty}$ も 1 に収束する，という意見があるかもしれない．なぜなら，番号 n が 10^j 以外に対する b_n は a_n と同じで，特殊な，ほんの少しの番号を除けば $\{b_n\}_{n=1}^{\infty}$ も 1 に収束するからである．

しかし，任意の $\varepsilon \in (0,1)$ に対し,「任意の $n \geq N_\varepsilon \Rightarrow |b_n - 1| < \varepsilon$」となる $N_\varepsilon \in \mathbb{N}$ が存在しなくてはならない．ところが，$10^k \geq N_\varepsilon$ となる k を選べば (アルキメデスの原理)，$b_{10^k} = 2$ なので，$|b_{10^k} - 1| = 1 < \varepsilon$ は成り立たない．よって，b_n は 1 に収束しない．

例 2.3　$\varepsilon > 0$ に対して，$N_\varepsilon \in \mathbb{N}$ の選び方を次の例で考える．

$a_n = \dfrac{1}{n}$ とする．$\lim_{n\to\infty} a_n = 0$ を確かめる．

任意に $\varepsilon > 0$ をとる．$|a_n| < \varepsilon$ となる $n \in \mathbb{N}$ の条件を考える．$|a_n| = \dfrac{1}{n} < \varepsilon$ だから，$n > \dfrac{1}{\varepsilon}$ となればよいので，アルキメデスの原理 (定理 1.7) によって $N_\varepsilon > \dfrac{1}{\varepsilon}$ を満たす $N_\varepsilon \in \mathbb{N}$ をとれば，任意の $n \geq N_\varepsilon$ に対し，$|a_n| = \dfrac{1}{n} \leq \dfrac{1}{N_\varepsilon} < \varepsilon$ となる．

演習 2.1 (1)　$t > 0$ に対し，$\displaystyle\lim_{n\to\infty} \frac{1}{n^t} = 0$ を示せ．

(2)　$a \in \mathbb{R}$ と $t > 0$ に対し，$\displaystyle\lim_{n\to\infty} \frac{1}{(n+a)^t} = 0$ を示せ．

次の命題も自明に見えるが証明が必要である．

命題 2.2*

(i)　任意の $n \in \mathbb{N}$ に対し $a_n \leq \beta$ を満たし，$\displaystyle\lim_{n\to\infty} a_n = \alpha \Rightarrow \alpha \leq \beta$

(ii)　任意の $n \in \mathbb{N}$ に対し $a_n \geq \beta$ を満たし，$\displaystyle\lim_{n\to\infty} a_n = \alpha \Rightarrow \alpha \geq \beta$

命題 2.2 の証明 (i)　任意の $\varepsilon > 0$ に対し，次を満たす $N_\varepsilon \in \mathbb{N}$ が存在する．

$$「n \geq N_\varepsilon \Rightarrow |a_n - \alpha| < \varepsilon」$$

絶対値をはずして $\alpha - a_n < \varepsilon$ を得る．ゆえに，$\alpha < \varepsilon + a_n \leq \varepsilon + \beta$ であり，$\alpha - \beta < \varepsilon$ となる．$\varepsilon > 0$ は任意だから，命題 1.1 より $\alpha - \beta \leq 0$ を得る．　□

演習 2.2 (1)　命題 2.2 の (ii) を証明せよ．

(2)　任意の $n \in \mathbb{N}$ に対し，$a_n < \beta$ が成り立ち $\displaystyle\lim_{n\to\infty} a_n = \alpha$ でも $\alpha < \beta$ とならない例をあげよ．等号のない不等式に注意せよ．

記号　　今後，数列 $\{a_n\}_{n=1}^\infty$ を $\{a_n\}$ と略記する．

収束する数列に名前をつける．

定義 2.2

$$\{a_n\}\text{ が収束列} \overset{\text{def}}{\iff} \begin{cases} \text{次を満たす } \alpha \in \mathbb{R} \text{ が存在する.} \\ \text{「} \lim_{n\to\infty} a_n = \alpha \text{」} \end{cases}$$

次の命題は，当たり前に見えるかもしれないが大切である．

命題 2.3* (極限の一意性)

$$\{a_n\}\text{ が収束する} \Rightarrow \{a_n\}\text{ の極限は一つである.}$$

命題 2.3 の証明　$\lim_{n\to\infty} a_n = \alpha$ かつ，$\lim_{n\to\infty} a_n = \alpha'$ とする．任意の $\varepsilon > 0$ に対し，次を満たす $N_\varepsilon, N'_\varepsilon \in \mathbb{N}$ がある．

$$\text{「}n \geq N_\varepsilon \Rightarrow |a_n - \alpha| < \frac{\varepsilon}{2}\text{」かつ「}n \geq N'_\varepsilon \Rightarrow |a_n - \alpha'| < \frac{\varepsilon}{2}\text{」}$$

$n \geq \max\{N_\varepsilon, N'_\varepsilon\}$ ならば，$|\alpha - \alpha'| \leq |\alpha - a_n| + |a_n - \alpha'| < \varepsilon$ となる．よって，命題 1.1 より $|\alpha - \alpha'| = 0$，つまり $\alpha = \alpha'$ となり，極限は一つである．□

2.2 数列の基本性質

次に，高校でも習った数列の基本的な性質をあげる．

定理 2.4** **(数列の基本性質)**　(証明は 15 章)

$\lim_{n\to\infty} a_n = \alpha$ と $\lim_{n\to\infty} b_n = \beta$ を仮定する．

(i)　任意の $s, t \in \mathbb{R}$ に対し，数列 $\{sa_n + tb_n\}$ も収束し，$\lim_{n\to\infty}(sa_n + tb_n) = s\alpha + t\beta$ となる．

(ii)　数列 $\{a_n b_n\}$ も収束し，$\lim_{n\to\infty} a_n b_n = \alpha\beta$ となる．

(iii)　$\alpha \neq 0 \Rightarrow$ 数列 $\left\{\dfrac{b_n}{a_n}\right\}$ も収束し，$\lim_{n\to\infty} \dfrac{b_n}{a_n} = \dfrac{\beta}{\alpha}$ となる．

例 2.4 $a_n = \dfrac{2n}{n+1}$ は，$a_n = \dfrac{2}{1+\frac{1}{n}}$ と書き換えると，$\displaystyle\lim_{n\to\infty}\frac{1}{n} = 0$ なので，基本性質 (定理 2.4 (i)) より，$\displaystyle\lim_{n\to\infty}\left(1+\frac{1}{n}\right) = 1$ であり，さらに基本性質 (定理 2.4 (iii)) より，$\displaystyle\lim_{n\to\infty} a_n = 2$ となる．

演習 2.3 $m \in \mathbb{N}$ に対し，任意の $A_0, A_1, \cdots, A_m \in \mathbb{R}$ を選ぶ．次の数列 $\{a_n\}$ の極限を求めよ．

(1) $\displaystyle a_n = \sum_{k=0}^{m} A_k n^{-k}$ (2) $\displaystyle a_n = \frac{1}{n^m}\sum_{k=0}^{m} A_k n^k$

数列が収束するかどうかを判定するための一つの方法をあげる．

命題 2.5 (はさみうちの原理) (証明は 15 章)

任意の $n \in \mathbb{N}$ に対し，$a_n \leq c_n \leq b_n$ が成り立つとする．

$$\lim_{n\to\infty} a_n = \lim_{n\to\infty} b_n = \alpha \Rightarrow \lim_{n\to\infty} c_n - \alpha$$

例 2.5 次の数列 $\{a_n\}$ の $\displaystyle\lim_{n\to\infty} a_n$ を求める．

(1) $a_n = \dfrac{n}{n^2+1}$

$0 \leq a_n \leq \dfrac{n}{n^2} = \dfrac{1}{n}$ であり，$\displaystyle\lim_{n\to\infty}\frac{1}{n} = 0$ (例 2.3) となるので，上の命題 2.5 より $\displaystyle\lim_{n\to\infty} a_n = 0$ が導かれる．

(2) $a_n = \sqrt{n+1} - \sqrt{n}$

$0 \leq a_n = \dfrac{(n+1)-n}{\sqrt{n+1}+\sqrt{n}} = \dfrac{1}{\sqrt{n+1}+\sqrt{n}} \leq \dfrac{1}{\sqrt{n}}$ だから，演習 2.1 で $t = \dfrac{1}{2}$ とすれば，命題 2.5 より，$\displaystyle\lim_{n\to\infty} a_n = 0$ となる．

演習 2.4 次の数列 $\{a_n\}$ に対し，$\displaystyle\lim_{n\to\infty} a_n$ が存在すれば，その値を求めよ．

(1) $a_n = \dfrac{n}{(n+1)^2 - 1}$ (2) $a_n = \sqrt{n^2+n+1} - \sqrt{n^2+1}$

次の命題は，数列の収束の厳密な定義に戻らないと証明できない．

命題 2.6

$$\lim_{n\to\infty} a_n = \alpha \Rightarrow \lim_{n\to\infty} \frac{a_1 + a_2 + \cdots + a_n}{n} = \alpha$$

命題 2.6 の証明 最初に，$b_n = a_n - \alpha$ とおく．すると，$\lim_{n\to\infty} b_n = 0$ なので，

$$\lim_{n\to\infty} \frac{b_1 + b_2 + \cdots + b_n}{n} = 0$$

となることを示せば結論が得られる．よって，最初から $\alpha = 0$ として証明する．

任意の $\varepsilon > 0$ を固定する．まず，仮定から次を満たす $N_\varepsilon \in \mathbb{N}$ が選べる．

$$「n \geq N_\varepsilon \Rightarrow |a_n| < \frac{\varepsilon}{2}」$$

さらに，次を満たす $N'_\varepsilon \in \mathbb{N}$ が存在する．

$$「n \geq N'_\varepsilon \Rightarrow \left| \frac{a_1 + a_2 + \cdots + a_{N_\varepsilon - 1}}{n} \right| < \frac{\varepsilon}{2}」$$

ゆえに，$n \geq \max\{N_\varepsilon, N'_\varepsilon\}$ に対し，次が成り立つ．

$$\begin{aligned}\frac{1}{n}|a_1 + a_2 + \cdots + a_n| &\leq \frac{1}{n}|a_1 + a_2 + \cdots + a_{N_\varepsilon - 1}| \\ &\quad + \frac{1}{n}|a_{N_\varepsilon} + a_{N_\varepsilon + 1} + \cdots + a_n| \\ &< \frac{\varepsilon}{2} + \frac{n - N_\varepsilon + 1}{n} \cdot \frac{\varepsilon}{2} \leq \varepsilon\end{aligned}$$

□

次に，収束しない数列にも名前をつける．

定義 2.3 数列 $\{a_n\}$ に対し，

$$\{a_n\} \text{ が**発散**する} \overset{\text{def}}{\Longleftrightarrow} \{a_n\} \text{ が収束しない．}$$

発散する (収束しない) 場合でも，$a_n = n$ のように無限大に近づく場合は重要なので次の定義を与える．

定義 2.4 数列 $\{a_n\}$ に対し,

$\{a_n\}$ が ∞ **に発散**する

$$\overset{\text{def}}{\Longleftrightarrow} \left\{ \begin{array}{l} \text{任意の } L > 0 \text{ に対し，次を満たす } N_L \in \mathbb{N} \text{ が存在する.} \\ \qquad\qquad \text{「}n \geq N_L \Rightarrow a_n \geq L\text{」} \end{array} \right.$$

このとき，$\displaystyle\lim_{n\to\infty} a_n = \infty$ と書く.

$\{a_n\}$ が $-\infty$ **に発散**する

$$\overset{\text{def}}{\Longleftrightarrow} \left\{ \begin{array}{l} \text{任意の } L > 0 \text{ に対し，次を満たす } N_L \in \mathbb{N} \text{ が存在する.} \\ \qquad\qquad \text{「}n \geq N_L \Rightarrow a_n \leq -L\text{」} \end{array} \right.$$

このとき，$\displaystyle\lim_{n\to\infty} a_n = -\infty$ と書く.

演習 2.5 次を証明せよ.

(1) $a_n > 0$ のとき，$\displaystyle\lim_{n\to\infty} a_n = \infty \Longleftrightarrow \lim_{n\to\infty} \frac{1}{a_n} = 0$

(2) $a_n < 0$ のとき，$\displaystyle\lim_{n\to\infty} a_n = -\infty \Longleftrightarrow \lim_{n\to\infty} \frac{1}{a_n} = 0$

(3) $\displaystyle\lim_{n\to\infty} a_n = \infty \Rightarrow \lim_{n\to\infty} \frac{a_1 + a_2 + \cdots + a_n}{n} = \infty$

数列のうちで，重要な役割をするものに名前をつける.

定義 2.5 数列 $\{a_n\}$ に対し,

$\{a_n\}$ が**増加列** $\overset{\text{def}}{\Longleftrightarrow}$ 任意の $n \in \mathbb{N}$ に対し，$a_n \leq a_{n+1}$

$\{a_n\}$ が**減少列** $\overset{\text{def}}{\Longleftrightarrow}$ 任意の $n \in \mathbb{N}$ に対し，$a_n \geq a_{n+1}$

次の定理は，数列が収束するための判定として極めて重要である.

定理 2.7** **(単調収束定理)**

数列 $\{a_n\}$ に対し，$A = \{a_n \mid n \in \mathbb{N}\}$ とおく．

(i) $\{a_n\}$ が増加列 $\Rightarrow \lim_{n\to\infty} a_n = \sup A$

(ii) $\{a_n\}$ が減少列 $\Rightarrow \lim_{n\to\infty} a_n = \inf A$

定理 2.7 の証明 (i) だけ示す．$\sup A = \infty$ のとき，任意の $L > 0$ に対し，次を満たす $N_L \in \mathbb{N}$ がある．「$a_{N_L} > L$」

任意の $n \geq N_L$ に対し，増加列だから $a_n \geq a_{N_L}$ となり，$a_n > L$ が示せた．よって，$\lim_{n\to\infty} a_n = \infty$ の定義を満たす．

$\sup A < \infty$ のときは，$\alpha = \sup A \in \mathbb{R}$ とおく．任意の $\varepsilon > 0$ に対し，次を満たす $N_\varepsilon \in \mathbb{N}$ がある．「$\alpha - \varepsilon < a_{N_\varepsilon}$」

よって，任意の $n \geq N_\varepsilon$ に対し，$\alpha - \varepsilon < a_n$ となる．一方，任意の $m \in \mathbb{N}$ に対し，$a_m \leq \alpha$ だから，$n \geq N_\varepsilon$ ならば，$|a_n - \alpha| < \varepsilon$ を得る． □

演習 2.6 定理 2.7 の (ii) を証明せよ．

数列に対する有界性の定義を導入する．

定義 2.6 数列 $\{a_n\}$ に対し，集合 $A = \{a_n \mid n \in \mathbb{N}\}$ とおく．

数列 $\{a_n\}$ が上に有界 $\overset{\text{def}}{\Longleftrightarrow}$ A が上に有界

数列 $\{a_n\}$ が下に有界 $\overset{\text{def}}{\Longleftrightarrow}$ A が下に有界

数列 $\{a_n\}$ が有界 $\overset{\text{def}}{\Longleftrightarrow}$ A が有界

例 2.6 $a_n = \left(1 + \dfrac{1}{n}\right)^n$ とするとき，次が成り立つので単調収束定理 (定理 2.7) より $\lim_{n\to\infty} a_n$ が存在する．$e = \lim_{n\to\infty} \left(1 + \dfrac{1}{n}\right)^n$ とおき，e はネピア[1]の数 (または，自然対数の底) とよばれる無理数であり (追加事項参照)，$e = 2.7182\cdots$

[1] Napier (1550-1617)

となる．

（1） $\{a_n\}$ は増加列になる．　（2） $\{a_n\}$ は上に有界である．

まず，(1)(2) を示すために二項定理を復習しておく．

命題 2.8 (二項定理)　(証明は 15 章)

$n \in \mathbb{N}$ と $a, b \in \mathbb{R}$ に対し，$(a+b)^n = \sum_{k=0}^{n} {}_nC_k a^k b^{n-k}$ が成り立つ．

注意 2.2　ここで，${}_nC_k = \dfrac{n!}{k!(n-k)!}$ である．ただし，$0! = 1$ と約束する．

（1） 二項定理 (命題 2.8) から次の等式が成り立つ．

$$\begin{aligned} a_n &= \sum_{k=0}^{n} {}_nC_k \frac{1}{n^k} \\ &= \sum_{k=0}^{n} \frac{1}{k!} \frac{n-k+1}{n} \frac{n-k+2}{n} \cdots \frac{n-1}{n} \frac{n}{n} \\ &= \sum_{k=0}^{n} \frac{1}{k!} \left(1 - \frac{k-1}{n}\right) \left(1 - \frac{k-2}{n}\right) \cdots \left(1 - \frac{1}{n}\right) \qquad (2.1) \end{aligned}$$

(2.1) の一つ一つの $(\cdots)$ を比べると，一番下の式よりも次式の方が大きいことがわかる．

$$\begin{aligned} &\le \sum_{k=0}^{n} \frac{1}{k!} \left(1 - \frac{k-1}{n+1}\right) \left(1 - \frac{k-2}{n+1}\right) \cdots \left(1 - \frac{1}{n+1}\right) \\ &= \sum_{k=0}^{n} \frac{1}{k!} \left(\frac{n+1-(k-1)}{n+1}\right) \left(\frac{n+1-(k-2)}{n+1}\right) \cdots \left(\frac{n}{n+1}\right) \left(\frac{n+1}{n+1}\right) \\ &= \sum_{k=0}^{n} {}_{n+1}C_k \frac{1}{(n+1)^k} \end{aligned}$$

これに，$\dfrac{1}{(n+1)^{n+1}}$ を足せばより大きくなるので $a_n < a_{n+1}$ が成り立ち，(狭義) 増加列になる．

（2） (2.1) に $2^{k-1} \le k!\ (k \ge 1)$ を代入すれば $a_1 = 2 < a_n \le 1 + \sum_{k=1}^{n} \dfrac{1}{2^{k-1}} = 3 - \dfrac{1}{2^{n-1}} < 3$ である．

2.3 部分列

定義 2.7 数列 $\{a_n\}$ に対し，

$$\{a_n\} \text{ の部分列 } \{a_{n_k}\}_{k=1}^{\infty} \overset{\text{def}}{\Longleftrightarrow} \begin{cases} \text{自然数 } n_1 < n_2 < n_3 < \cdots \text{ に対し，} \\ a_{n_1}, a_{n_2}, a_{n_3} \cdots \text{ を並べた数列} \end{cases}$$

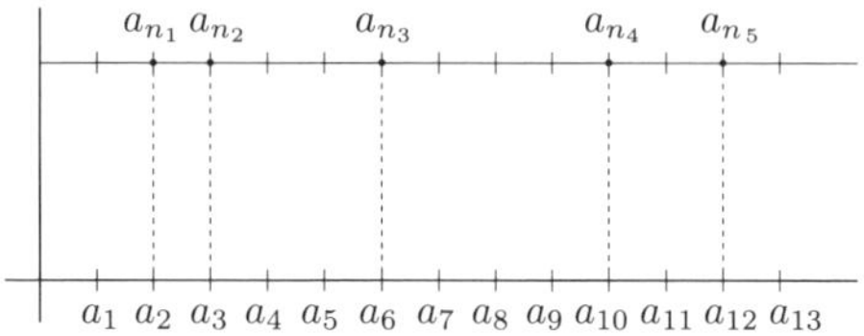

図 2.4 $\{a_n\}$ の部分列

注意 2.3 $\{a_{n_k}\}_{k=1}^{\infty}$ は数列 $\{a_n\}$ を部分的にしか使ってないので，$n_k \geq k$ となることに注意する．

以降，部分列も $\{a_{n_k}\}$ と略記する．

例 2.7 $\alpha > 1$ に対し，$a_n = (-\alpha)^n$ とする．$n_k = 2k$ とおけば，$\lim_{k\to\infty} a_{n_k} = \infty$ で，$n_k = 2k+1$ とおけば，$\lim_{k\to\infty} a_{n_k} = -\infty$ になる．

収束列とその部分列の関係に関する命題を述べる．

命題 2.9* (証明は 15 章)

(i) $\lim_{n\to\infty} a_n = \alpha \Rightarrow$ 任意の部分列 $\{a_{n_k}\}$ が $\lim_{k\to\infty} a_{n_k} = \alpha$ となる．

(ii) $\{a_n\}$ に対し，次を満たす $\alpha \in \mathbb{R}$ が存在する．「任意の部分列 $\{a_{n_k}\}$ が α に収束する」$\Rightarrow \lim_{n\to\infty} a_n = \alpha$

次のボルツァノ[2]・ワイエルストラス[3]の定理は重要であるだけでなく，その証明法はおもしろいアイディアを含んでいる．

定理 2.10** (ボルツァノ・ワイエルストラスの定理)

有界な数列 $\{a_n\}$ には，収束する部分列 $\{a_{n_k}\}$ が存在する．

定理 2.10 の証明　まず，$A_0 = \{a_n \mid n \in \mathbb{N}\}$ とおく．$n \neq m$ でも $a_n = a_m$ となることもあるので，A_0 が集合として有限個の元しかないこともあり得る．その場合は，無限個の $\{n_k\}_{k=1}^{\infty} \subset \mathbb{N}$ で a_{n_k} が同じ値 α をとるとしてよい (そうでないと，A_0 は無限個の元からなる集合である)．つまり，$\lim_{k\to\infty} a_{n_k} = \alpha$ となり証明が終わる．

以降，A_0 が無限個の元からなる場合を考える．

$\{a_n\}$ は有界なので，次を満たす $M > 0$ が存在する．

$$「n \in \mathbb{N} \Rightarrow |a_n| \leq M」$$

つまり，$A_0 \subset [-M, M]$ が成り立つ．$I_0 = [-M, M]$ とおく．次に，$A_0 \cap [-M, 0]$ と $A_0 \cap [0, M]$ のうち，どちらかは (もしかすると両方) は無限個の元を持つ．なぜなら，両方とも有限個だと A_0 も有限個になり矛盾する．I_1 を無限個の A_0 の元を含む $[-M, 0]$ と $[0, M]$ のどちらかとする．

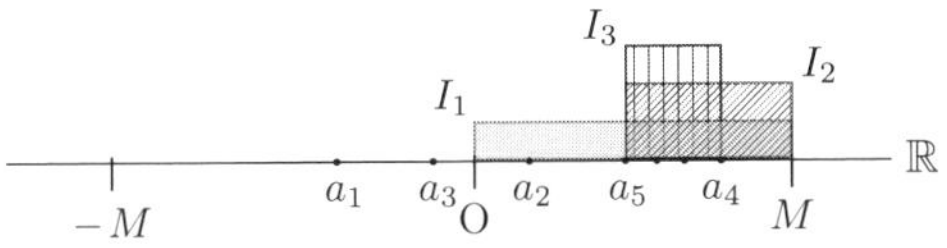

図 2.5　I_n の選び方

次に I_2 を区間 I_1 を半分にして A_0 の元を無限個含む方とする．区間 I_2 の長さは $\dfrac{M}{2}$ となる．同様に区間を半分にする操作を繰り返し，A_0 の元を無限個含

---

[2] Bolzano (1781-1848)

[3] Weierstrass (1815-1897)

む区間 I_n を作っていく．

$I_n = [b_n, c_n]$ とすると，$c_n - b_n = \dfrac{M}{2^{n-1}} > 0$ となる．また，作り方から

$$-M \leq b_1 \leq b_2 \leq \cdots \leq b_n \leq b_{n+1} \leq \cdots \leq M$$

$$-M \leq \cdots \leq c_{n+1} \leq c_n \leq \cdots \leq c_2 \leq c_1 \leq M$$

が成り立ち，$\{b_n \mid n \in \mathbb{N}\}$ と $\{c_n \mid n \in \mathbb{N}\}$ は有界な集合なので，連続性の公理から $\beta = \sup\{b_n \mid n \in \mathbb{N}\} \in \mathbb{R}$, $\gamma = \inf\{c_n \mid n \in \mathbb{N}\} \in \mathbb{R}$ である．

任意に $k \in \mathbb{N}$ を固定する．すべての $j \in \mathbb{N}$ に対し，$b_k < c_j$ となるから，b_k は $\{c_n \mid n \in \mathbb{N}\}$ の下界の一つである．γ は最大下界だから $b_k \leq \gamma$ となる (命題 1.3)．これは，任意の $k \in \mathbb{N}$ で成り立つので，γ は $\{b_n \mid n \in \mathbb{N}\}$ の上界の一つである．β は最小上界 (命題 1.3) だから，$\beta \leq \gamma$ となる．一方，$0 \leq \gamma - \beta \leq c_n - b_n = \dfrac{M}{2^{n-1}}$ が任意の $n \in \mathbb{N}$ で成り立つので，$\beta = \gamma$ が成立する (命題 2.2)．

さて，I_k には，必ず A_0 の元が無限個あるので，まず $a_{n_1} \in A_0 \cap I_1$ を (任意に) 選ぶ．次に，$a_{n_2} \in A_0 \cap I_2 \setminus \{a_1, a_2, \cdots, a_{n_1}\}$ を選ぶ．順々に，$a_{n_k} \in A_0 \cap I_k \setminus \{a_1, a_2, \cdots, a_{n_{k-1}}\}$ を選ぶ．$\displaystyle\lim_{k \to \infty} a_{n_k} = \beta$ を示す．

$b_k \leq a_{n_k} \leq c_k$ に注意すれば，任意の $k \in \mathbb{N}$ に対し，

$$b_k - \beta \leq a_{n_k} - \beta \leq c_k - \beta \tag{2.2}$$

が成り立つ．一方，$b_k \leq \beta \leq c_k$ なので，

$$b_k - \beta \geq b_k - c_k = -\frac{M}{2^{k-1}} \quad \text{かつ} \quad c_k - \beta \leq c_k - b_k = \frac{M}{2^{k-1}}$$

が得られる．よって，(2.2) 式から $|a_{n_k} - \beta| \leq \dfrac{M}{2^{k-1}}$ が示せる．

$\varepsilon > 0$ に対し，右辺が ε より小さくなるためには $M < \varepsilon 2^{N_\varepsilon - 1}$ となるように $N_\varepsilon \in \mathbb{N}$ を選べば，$k \geq N_\varepsilon$ ならば，$\dfrac{M}{2^{k-1}} \leq \varepsilon$ となる．ゆえに，$|a_{n_k} - \beta| < \varepsilon$ となり $\displaystyle\lim_{k \to \infty} a_{n_k} = \beta$ が証明できた． □

2.4 コーシー列

実数の重要な特徴を述べるために，コーシー[4]列の概念を導入する．

定義 2.8 数列 $\{a_n\}$ に対し，

$\{a_n\}$ が**コーシー列** (**基本列**ともよばれる)

$$\overset{\text{def}}{\Longleftrightarrow} \begin{cases} \text{任意の } \varepsilon > 0 \text{ に対し，次を満たす } N_\varepsilon \in \mathbb{N} \text{ が存在する．} \\ \quad\text{「} m, n \geq N_\varepsilon \Rightarrow |a_m - a_n| < \varepsilon \text{」} \end{cases}$$

注意 2.4 コーシー列の定義には極限が登場しないことに注意せよ．

次の定理は，実数の大事な特徴づけである．特に，コーシー列ならば極限があることを主張している点が重要である．

定理 2.11** **(収束列とコーシー列の同値性)** (証明は 15 章)

$$\{a_n\} \text{ が収束列である} \Longleftrightarrow \{a_n\} \text{ がコーシー列である}$$

演習 2.7 $a_1 \in \mathbb{R}$ を $1 \leq a_1 \leq \dfrac{3}{2}$ となるようにとり，$a_{n+1} = \dfrac{3-(a_n-1)^2}{2}$ とおく．

(1) $n \geq 2$ ならば，$1 \leq a_n \leq \dfrac{3}{2}$ となることを示せ．

(2) $n \geq 2$ のとき，$|a_{n+1} - a_n| \leq \dfrac{1}{2}|a_n - a_{n-1}|$ を示せ．

(3) $\{a_n\}$ がコーシー列になることを示せ．

(4) $\{a_n\}$ の極限を求めよ．

注意 2.5 この演習 2.7 では，$a_1 \in \mathbb{Q}$ が $1 \leq a_1 \leq \dfrac{3}{2}$ を満たすとすると，a_n は有理数であり，有理数の極限として無理数が表せることがわかる．

---

4) Cauchy (1789-1857)

逆に言えば，この演習 2.7 は $\mathbb{Q}$ のコーシー列でも $\mathbb{Q}$ の値に収束しないことがあることを示している．この定理 2.11 の証明には実数の「連続性の公理」を用いたボルツァノ・ワイエルストラスの定理 (定理 2.10) を使っているので，実数の公理に本質的に関わっていることに注意する．

2.5 級数

この節は数列の応用として続けて読むこともできるが，微分積分に早く進みたい場合は飛ばしてよい．この節の証明はすべて 15 章で述べる．

本書では，級数とは実数 a_n の無限個の和 $\sum_{n=1}^{\infty} a_n = a_1 + a_2 + a_3 + \cdots$ のこととする．無限個の和がいつも収束するとは限らないことに注意する．

数列の収束性を厳密に定義したように，級数も厳密に定義する．級数 $\sum_{n=1}^{\infty} a_n$ を考えるときに，有限個までの和 $S_n = \sum_{k=1}^{n} a_k$ を導入すると都合がよい．

定義 2.9 級数 $\sum_{n=1}^{\infty} a_n$ に対し，

$$\sum_{n=1}^{\infty} a_n \text{ の}\textbf{第 } n \textbf{ 部分和 } S_n \overset{\text{def}}{\Longleftrightarrow} \sum_{k=1}^{n} a_k = a_1 + a_2 + \cdots + a_n$$

定義 2.10 級数 $\sum_{n=1}^{\infty} a_n$ に対し，

$\sum_{n=1}^{\infty} a_n$ が**収束**する $\overset{\text{def}}{\Longleftrightarrow}$ 数列 $\{S_n\}$ が収束する．

このとき，$\sum_{n=1}^{\infty} a_n = \lim_{n\to\infty} S_n$ で定義する．

$\sum_{n=1}^{\infty} a_n$ が**発散**する $\overset{\text{def}}{\Longleftrightarrow}$ 数列 $\{S_n\}$ が発散する．($\Longleftrightarrow$ 収束しない．)

$\sum_{n=1}^{\infty} a_n = \infty \quad \overset{\text{def}}{\Longleftrightarrow} \quad \lim_{n\to\infty} S_n = \infty$ ($\Longleftrightarrow$ ∞ に発散する．)

$\sum_{n=1}^{\infty} a_n = -\infty \quad \overset{\text{def}}{\Longleftrightarrow} \quad \lim_{n\to\infty} S_n = -\infty$ ($\Longleftrightarrow$ $-\infty$ に発散する．)

注意 2.6 $a_n = (-1)^{n+1}$ のとき，$S_{2n} = 0$, $S_{2n+1} = 1$ なので数列 $\{S_n\}$ は発散する．よって級数 $\sum_{n=1}^{\infty} a_n$ は発散する．

数列の基本性質 (定理 2.4) の (i) と同様の性質を述べる．

> **定理 2.12*** **(級数の線形性)**
> $\sum_{n=1}^{\infty} a_n = \alpha$ と $\sum_{n=1}^{\infty} b_n = \beta$ を仮定する．
> 任意の $s, t \in \mathbb{R}$ に対し，$\sum_{n=1}^{\infty} (sa_n + tb_n)$ も収束し，次が成り立つ．
>
> $$\sum_{n=1}^{\infty} (sa_n + tb_n) = s\alpha + t\beta$$

典型的な収束する級数の例をあげる．

例 2.8 (1)　$r > 0$ に対し，$a_n = r^{n-1}$ の場合の級数 $\sum_{n=1}^{\infty} a_n$ を考える．

$r \neq 1$ のとき，

$$S_n = 1 + r + r^2 + \cdots + r^{n-1} = \frac{1 - r^n}{1 - r}$$

である．よって，$0 < r < 1$ ならば $\lim_{n\to\infty} S_n = \frac{1}{1-r}$ となる．

$r \geq 1$ のときは，$S_n \geq n$ なので $\lim_{n\to\infty} S_n = \infty$ である．

(2)　$a_n = \frac{1}{n(n+1)}$ とおくと，$\sum_{n=1}^{\infty} a_n = 1$ となる．

実際，$a_n = \frac{1}{n} - \frac{1}{n+1} > 0$ に気をつけると，$S_n = 1 - \frac{1}{n+1}$ であるので，$\lim_{n\to\infty} S_n = 1$ となる．

2.6　級数の収束・発散の判定法

まず，定理 2.11 を用いた級数の収束判定条件をあげる．

命題 2.13* (コーシーの判定条件)

次の条件は $\sum_{n=1}^{\infty} a_n$ が収束するための同値な条件である.

「任意の $\varepsilon > 0$ に対し，次を満たす $N_\varepsilon \in \mathbb{N}$ が存在する.

$$\text{『}m > n \geq N_\varepsilon \Rightarrow \left| \sum_{k=n+1}^{m} a_k \right| < \varepsilon\text{』」}$$

命題 2.13 から次の系が成り立つ.

系 2.14*

$$\sum_{n=1}^{\infty} a_n \text{が収束} \Rightarrow \lim_{n\to\infty} a_n = 0$$

演習 2.8 命題 2.13 を用いて系 2.14 を証明せよ.

例 2.9 (1) $a_n = \dfrac{1}{n}$ のとき，$\sum_{n=1}^{\infty} a_n = \infty$ となる.

$\{S_n\}$ は増加列なので，$\lim_{n\to\infty} S_n = \infty$ または，収束列である (定理 2.7).

$S_{2n} - S_n = \sum_{k=n+1}^{2n} \dfrac{1}{k} > \sum_{k=n+1}^{2n} \dfrac{1}{2n} = \dfrac{1}{2}$ となるのでコーシーの判定条件を満たさないから，S_n は収束しない. ゆえに，$\sum_{n=1}^{\infty} \dfrac{1}{n} = \infty$ となる.

(2) $a_n = \dfrac{1}{n^2}$ のとき，$\sum_{n=1}^{\infty} a_n$ は収束する.

$S_n = \sum_{k=1}^{n} \dfrac{1}{k^2}$ とおくと，$m > n \geq 2$ に対して，$0 \leq S_m - S_n = \sum_{k=n+1}^{m} \dfrac{1}{k^2}$ である. $\dfrac{1}{k^2} \leq \dfrac{1}{k^2 - 1} = \dfrac{1}{2}\left(\dfrac{1}{k-1} - \dfrac{1}{k+1}\right)$ に注意すると，

$$0 \leq S_m - S_n \leq \frac{1}{2}\left(\frac{1}{n} + \frac{1}{n+1} - \frac{1}{m+1} - \frac{1}{m}\right) < \frac{1}{n}$$

となる. よって，任意の $\varepsilon > 0$ に対し，$N_\varepsilon > \dfrac{1}{\varepsilon}$ となる $N_\varepsilon \in \mathbb{N}$ をとれば $m, n \geq$

$N_\varepsilon \Rightarrow |S_m - S_n| < \varepsilon$ となるのでコーシーの判定法 (命題 2.13) より収束する.

$a > 0$ に対し, $\displaystyle\sum_{n=1}^{\infty} \frac{1}{n^a}$ の収束・発散は 1 変数の積分の応用の章 (例 7.12) で扱う.

演習 2.9 $\displaystyle\sum_{n=1}^{\infty} a_n$ が収束すれば, 有限個の a_n を別の数で置き換えた級数も収束することを示せ. また, $\displaystyle\sum_{n=1}^{\infty} a_n$ が発散すれば, 有限個の a_n を別の数で置き換えた級数も発散することを示せ.

命題 2.13 の応用として次の命題が成り立つ.

命題 2.15*

$$\text{級数} \sum_{n=1}^{\infty} a_n \text{ が収束} \Rightarrow \lim_{n\to\infty} \sum_{k=n}^{\infty} a_k = 0$$

以降, 数列と同じく略記号を用いる.

記号 級数 $\displaystyle\sum_{n=1}^{\infty} a_n$ を $\sum a_n$ と書く.

2.6.1 正項級数

この節では, $a_n \geq 0$ $(n \in \mathbb{N})$ のときの級数 $\sum a_n$ の収束条件を述べる.

定義 2.11

$$\sum a_n \text{ が正項級数} \overset{\text{def}}{\Longleftrightarrow} \text{任意の } n \in \mathbb{N} \text{ に対し, } a_n \geq 0$$

注意 2.7 正項級数の部分和 S_n が増加数列なので, 定理 2.7 より $\sum a_n$ は収束する (つまり, $\sum a_n < \infty$) か, 収束しない (つまり, 発散する) ときも $\sum a_n = \infty$ となる.

定理 2.16* **(比較判定法)**

次を満たす $K>0$ が存在する.「任意の $n \in \mathbb{N}$ に対し, $0 \le a_n \le K b_n$」

$$\Rightarrow \begin{cases} \text{(i)} & \sum b_n < \infty \Rightarrow \sum a_n < \infty \\ \text{(ii)} & \sum a_n = \infty \Rightarrow \sum b_n = \infty \end{cases}$$

注意 2.8 数列の収束・発散と同様に, 級数の収束・発散は, 最初の有限個の a_n を別の数で置き換えても変らない (命題 2.1) ので, 定理 2.16 の条件「 $\cdots$ 」は, 次で置き換えてもよい.

「次を満たす $N_0 \in \mathbb{N}$ が存在する.『$n \ge N_0 \Rightarrow 0 \le a_n \le K b_n$』」

次の系は定理 2.16 の簡単な応用なので, 証明は演習にまわす.

系 2.17

$$a_n, b_n > 0 \text{ が } \lim_{n\to\infty} \frac{b_n}{a_n} = \rho \in (0,\infty) \text{ を満たす}$$
$$\Rightarrow \begin{cases} \text{(i)} & \sum a_n < \infty \Longleftrightarrow \sum b_n < \infty \\ \text{(ii)} & \sum a_n = \infty \Longleftrightarrow \sum b_n = \infty \end{cases}$$

演習 2.10 系 2.17 を証明せよ.

正項級数の収束・発散を判定する二つの方法を述べる.

系 2.18* **(コーシーの判定法)**

$$a_n \ge 0 \text{ が } \lim_{n\to\infty} (a_n)^{\frac{1}{n}} = \rho \text{ を満たす}$$
$$\Rightarrow \begin{cases} \text{(i)} & 0 \le \rho < 1 \Rightarrow \sum a_n < \infty \\ \text{(ii)} & 1 < \rho \Rightarrow \sum a_n = \infty \end{cases}$$

例 2.10 (1) $a_n = \left(1+\dfrac{1}{n}\right)^{n^2}$ とする．$(a_n)^{\frac{1}{n}} = \left(1+\dfrac{1}{n}\right)^n$ は例 2.6 より，$e>1$ に収束するので $\sum a_n = \infty$ となる．

(2) $a_n = \left(1-\dfrac{1}{n}\right)^{n^2}$ は，$b_n = \dfrac{1}{a_n}$ とおけば，

$$(b_n)^{\frac{1}{n}} = \left(1+\frac{1}{n-1}\right)^n = \left(1+\frac{1}{n-1}\right)^{n-1}\left(1+\frac{1}{n-1}\right)$$

だから，$\lim_{n\to\infty}(b_n)^{\frac{1}{n}} = e$ である．よって，$\lim_{n\to\infty}(a_n)^{\frac{1}{n}} = e^{-1} < 1$ となり，$\sum a_n$ は収束する．

次の判定法の方が具体的な問題で使いやすいことがある．

系 2.19* **(ダランベール[5]の判定法)**

$$a_n > 0 \text{ が } \lim_{n\to\infty}\frac{a_{n+1}}{a_n} = \rho \text{ を満たす}$$
$$\Rightarrow \begin{cases} \text{(i)} \quad 0 \le \rho < 1 \Rightarrow \sum a_n < \infty \\ \text{(ii)} \quad 1 < \rho \Rightarrow \sum a_n = \infty \end{cases}$$

例 2.11 $a>0$ に対し，$a_n = \dfrac{a^n}{n!}$ とおくと，$\dfrac{a_{n+1}}{a_n} = \dfrac{a}{n+1}$ となる．ダランベールの判定法 (系 2.19) より $\sum \dfrac{a^n}{n!}$ は収束する．

2.7 問題

問題 2.1 (1) 数列 $\{a_n\}$ が $\alpha \in \mathbb{R}$ に収束することの否定命題を述べよ．
(2) 数列 $\{a_n\}$ が収束列であることの否定命題を述べよ．

問題 2.2 数列 $\{a_n\}$ と $\{b_n\}$ に対し，$\{a_n\}$ が $\alpha \in \mathbb{R}$ に収束すると仮定する．
(1) $\lim_{n\to\infty}|a_n| = |\alpha|$ を示せ．

---

[5] d'Alembert (1717-1783)

(2) $\{a_n + b_n\}$ が収束すれば，$\{b_n\}$ も収束することを示せ．

(3) $\alpha \neq 0$ かつ，$\{a_n b_n\}$ が収束するならば，$\{b_n\}$ も収束することを示せ．

問題 2.3 $a_n = n^{\frac{1}{n}}$ としたとき，$\displaystyle\lim_{n\to\infty} a_n = 1$ を示せ．

ヒント：まず，$x > 0$ に対し，$(1+x)^n \geq 1 + nx + \dfrac{n(n-1)}{2}x^2$ を数学的帰納法で示し，この不等式を利用する．

問題 2.4 $\{a_n\}$ が $\displaystyle\lim_{n\to\infty} \frac{|a_{n+1}|}{|a_n|} = \alpha$ となるとする．次が成り立つことを示せ．

(1) $\alpha \in [0, 1) \Rightarrow \displaystyle\lim_{n\to\infty} a_n = 0$ (2) $\alpha > 1 \Rightarrow \displaystyle\lim_{n\to\infty} |a_n| = \infty$

問題 2.5 a_n が次で与えられた数列の極限を求めよ．$a \in \mathbb{R}$, $m \in \mathbb{N}$ とする．

(1) $n\left(\sqrt{1 + \dfrac{1}{n}} - 1\right)$ (2) $3^n + n(-2)^n$ (3) $n \sin \dfrac{\pi}{n}$

(4) $n\left\{\left(1 + \dfrac{a}{n}\right)^m - 1\right\}$ (5) $\left(1 + \dfrac{a}{\sqrt{n}}\right)^n$

(6) $n^2\left\{\left(1 + \dfrac{a}{n}\right)^m - 1 - \dfrac{ma}{n}\right\}$

問題 2.6 $a, b, c > 0$ に対し，$n \to \infty$ のときの極限を求めよ．

(1) $\dfrac{a^{n+1}}{a^n + 1}$ (2) $\dfrac{a^n - a^{-n}}{a^n + a^{-n}}$ (3) $\dfrac{a^n - b^n}{a^n + b^n}$ (4) $(a^n + b^n + c^n)^{\frac{1}{n}}$

問題 2.7 $a_1 > 0,\ b_1 > 0$ とし，$a_{n+1} = \dfrac{a_n + b_n}{2},\ b_{n+1} = \sqrt{a_n b_n}$ $(n \in \mathbb{N})$ とすると，$\displaystyle\lim_{n\to\infty} a_n = \lim_{n\to\infty} b_n$ となることを示せ．この極限は，a_1, b_1 の**算術幾何平均**とよばれる．

問題 2.8 次の式を示せ．

(1) $\displaystyle\lim_{n\to\infty} \frac{1}{n}\left(1 + \frac{1}{2} + \cdots + \frac{1}{n}\right) = 0$ (2) $\displaystyle\lim_{n\to\infty} (n!)^{\frac{1}{n}} = \infty$

(3) $\displaystyle\lim_{n\to\infty} (n!)^{\frac{1}{n^2}} = 1$ (4) $\displaystyle\lim_{n\to\infty} \frac{n}{(n!)^{\frac{1}{n}}} = e$

問題 2.9 次の正項級数は，収束するか発散するか示せ．$a, b, c, d > 0$, $\alpha \in \mathbb{R}$ とする．

(1) $\displaystyle\sum \frac{\log n}{n^2}$ (2) $\displaystyle\sum \left(1-\frac{1}{n}\right)^{n^2}$ (3) $\displaystyle\sum \left(1-\cos\frac{\alpha}{n}\right)$

(4) $\displaystyle\sum \frac{1}{an+b}$ (5) $\displaystyle\sum \frac{n^\alpha}{2^n}$ (6) $\displaystyle\sum \frac{n^\alpha}{n!}$

(7) $\displaystyle\sum \frac{1}{n^\alpha}\log\left(1+\frac{1}{n}\right)$ (8) $\displaystyle\sum (-1)^n \sin\frac{\alpha}{n}$ (9) $\displaystyle\sum a^{\log n}$

(10) $\displaystyle\sum n^\alpha \left(a^{\frac{1}{n}}-1\right)$ (11) $\displaystyle\sum \frac{n!}{n^n}$ (12) $\displaystyle\sum \left(\frac{cn+d}{an+b}\right)^n$

第 3 章

関数の連続性

この章では関数の連続性を議論する．日常的には「連続」は「切れ目なくつながること」を意味するが，数学における正確な定義を与える．

よく知っている関数 (二次関数，三角関数など) の多くは**連続**であり，この連続という共通の性質から様々な重要な命題・定理が導かれる．数学において,「ある事実 (定理) が成り立つための共通の条件」を見つけることは，その事実の本質を明らかにすることであり，極めて重要である．

この章では，まず極限の厳密な定義を与える．高校でも極限に関する性質は馴染み深いものと思われるので，3.3.1 節までは定理・命題などの証明は 15 章にまとめた．

本章から「任意の $\varepsilon > 0$ に対して」を数学の記号で簡略化する．

記号　「$\forall\varepsilon > 0$ に対して」$\overset{\text{def}}{\Longleftrightarrow}$「任意の $\varepsilon > 0$ に対して」

まず，関数について確認しておく．

定義 3.1　$I, J \subset \mathbb{R}$ に対し，

関数 $f : I \to J \overset{\text{def}}{\Longleftrightarrow} \forall x \in I$ に対し，$f(x) \in J$ を定めた対応のこと．
このとき，f を I 上の関数，I を f の**定義域**とよぶ．
また f の**値域**を $R(f) \overset{\text{def}}{\Longleftrightarrow} \{y = f(x) \in J \mid x \in I\}$ とする．

この章では，定義域は $\mathbb{R}$ 全体や開区間 (a, b) や閉区間 $[a, b]$ などを使うことが多い．しかし，$f(x) = \dfrac{1}{x}$ のように定義できる範囲が $(-\infty, 0) \cup (0, \infty)$ のように一つの区間で表せない場合もある．

注意 3.1 $f(x) = \log x$ とすると $x > 0$ でしか定義できないので，定義域 I を $\mathbb{R}$ にはできない．

一方，J は $R(f) \subset J$ が成り立てばよい．例えば，$f(x) = \log x, I = (0, \infty)$ の場合，$J = \mathbb{R}$ とすればよい．

他にも，$I = (0, 1), I = [1, \infty)$ などとできる．$I = (0, 1)$ のとき，$J = \mathbb{R}$ でもよいし，$J = (-\infty, 0)$ でもよい．必ずしも $J = R(f)$ である必要はない．

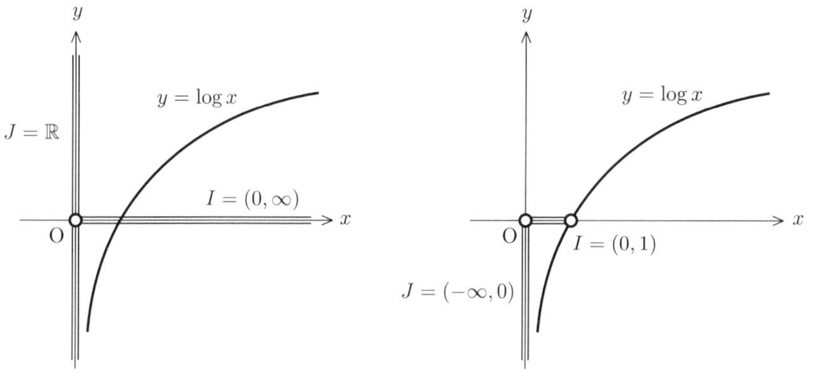

図 3.1 定義域と値域の例

このように，一つの関数に対しても定義域と値域は，いろいろ選択できる．通常は，定義域 I は，なるべく広い範囲でとり，$J = R(f)$ と選ぶと都合がよいことが多い．

演習 3.1 $f(x) = x^2$ とするとき，$I = J = \mathbb{R}$ とすれば $f : I \to J$ は関数であるが，その他の I, J の例を複数あげよ．

3.1 収束・極限

高校で習った収束・極限の厳密な定義を与える．

定義 3.2 $I \subset \mathbb{R}$ と関数 $f : I \to \mathbb{R}$, $\alpha \in I$, $l \in \mathbb{R}$ に対し,

f が α で l に**収束**する

$$\overset{\text{def}}{\iff} \begin{cases} \forall \varepsilon > 0 \text{ に対し，次を満たす } \delta_{\varepsilon,\alpha} > 0 \text{ が存在する．} \\ \text{「} x \in I \text{ が } 0 < |x - \alpha| < \delta_{\varepsilon,\alpha} \text{ を満たす} \Rightarrow |f(x) - l| < \varepsilon \text{」} \end{cases}$$

このとき，l を f の $x \to \alpha$ での**極限値**とよび，$\displaystyle\lim_{x \in I \to \alpha} f(x) = l$ と書く．

注意 3.2 (1) 数列の定義と同様に，上の定義 3.2 の $\delta_{\varepsilon,\alpha}$ は $\varepsilon > 0$ と $\alpha \in I$ に依存する．つまり，ε, α を変えれば $\delta_{\varepsilon,\alpha}$ も変わる．多くのテキストでは，δ_ε や δ と省略して書かれているが，ていねいに書いておいた方がよいことがある．

(2) 数列のときと同様，$\displaystyle\lim_{x \in I \to \alpha} f(x)$ でなく，$\displaystyle\lim_{t \in I \to \alpha} f(t)$ などと書いてもよい．

注意 3.3 通常，$\displaystyle\lim_{x \in I \to \alpha} f(x)$ は，$\displaystyle\lim_{x \to \alpha} f(x)$ と書く．本書でも，lim の下の I は省略して書くが，つけたほうがより正確になる例をあげる．

例 3.1 $f : \mathbb{R} \to \mathbb{R}$ を次で定義すると，$\displaystyle\lim_{x \in \mathbb{R} \to 0} f(x)$ は存在しない．

$$f(x) = \begin{cases} 1 & (x \in \mathbb{Q} \text{ のとき}) \\ 0 & (x \in \mathbb{R} \setminus \mathbb{Q} \text{ のとき}) \end{cases}$$

しかし，f の定義域を $I = \mathbb{Q}$ にすると $\displaystyle\lim_{x \in I \to 0} f(x) = 1$ である．

今後，上記のような "病的" な関数は考えないので，次のように略記する．

記号 $\displaystyle\lim_{x \in I \to \alpha} f(x)$ を $\displaystyle\lim_{x \to \alpha} f(x)$ と略記する．

注意 3.4 定義 3.2 では f の定義域を I としたが，上の定義では $f(\alpha)$ の値を使っていないことに注意する．つまり，f の値は α で定義されていなくてもよい．

例 3.2 $I=(-\infty,0)\cup(0,\infty)$ とし，$f:I\to\mathbb{R}$ を $f(x)=x\sin\dfrac{1}{x}$ $(x\neq 0)$ で定義すると $\lim_{x\to 0}f(x)=0$ となる．

なぜなら，$\forall\varepsilon>0$ に対し，$\delta_{\varepsilon,0}=\varepsilon$ ととれば，$0<|x|<\delta_{\varepsilon,0}$ ならば $|f(x)|\leq|x|<\delta_{\varepsilon,0}=\varepsilon$ となるからである．

注意 3.5 $a,b\in\mathbb{R}$ が $a<b$ を満たすとする．$I=(a,b)$ とおき，関数 $f:I\to\mathbb{R}$ は，$f(a)$ や $f(b)$ は定義されてないが，極限値は上の定義で決まる．例えば，$\lim_{x\to a}f(x)$ は，本来は $\lim_{x\in I\to a}f(x)$ であるから $x>a$ となることに注意する．このとき，$\lim_{x\to a+}f(x)$ と書き，**右極限**とよぶ．同様に $\lim_{x\to b}f(x)=\lim_{x\to b-}f(x)$ と書き，**左極限**とよぶ．

関数の収束を数列の言葉を使って言い表せる．

命題 3.1*
$f:I\to\mathbb{R}$ が $\alpha\in I$ と $l\in\mathbb{R}$ に対し，

$$\lim_{x\to\alpha}f(x)=l\iff\begin{cases}x_n\in I\setminus\{\alpha\}\text{ が }\lim_{n\to\infty}x_n=\alpha\text{ を満たす}\\ \Rightarrow\lim_{n\to\infty}f(x_n)=l\text{ となる．}\end{cases}$$

注意 3.6 この命題では，$\iff$ の右側の仮定は「$\lim_{n\to\infty}x_n=\alpha$ となるすべての数列 $\{x_n\}$」という意味である．この仮定を $\lim_{n\to\infty}x_n=\alpha$ となるある数列 $\{x_n\}$ と置き換えると，一般には $\Leftarrow$ は成り立たない．

例えば，$f(x)=\sin\dfrac{1}{x}$ とし，$x_n=\dfrac{1}{\pi n}$ とおくと，$f(x_n)=0$ となる．つまり，$\lim_{n\to\infty}x_n=0$ で $\lim_{n\to\infty}f(x_n)=0$ だが，この f は $x=0$ で収束しない．

演習 3.2 $f:I\to\mathbb{R}$ と $\alpha\in I$ に対し，$\lim_{x\to\alpha}f(x)=l$ が存在したとする．$\forall x\in I$ に対し，$f(x)\geq\beta$ ならば，$l\geq\beta$ となることを示せ．また，$\forall x\in I$ に対し，$f(x)\leq\beta$ ならば，$l\leq\beta$ を示せ．

3.1.1 $\pm\infty$ での収束・$\pm\infty$ への発散

簡単のため f の定義域は $\mathbb{R}$ とする．まず，$x \to \pm\infty$ での収束を定義する．

定義 3.3 $f:\mathbb{R} \to \mathbb{R}$ と $l \in \mathbb{R}$ に対し，

f が ∞ で l に収束する

$$\overset{\text{def}}{\Longleftrightarrow} \begin{cases} \forall\varepsilon > 0 \text{ に対し，次を満たす } L_\varepsilon > 0 \text{ が存在する．} \\ \qquad\text{「}x > L_\varepsilon \Rightarrow |f(x) - l| < \varepsilon\text{」} \end{cases}$$

このとき，$\displaystyle\lim_{x\to\infty} f(x) = l$ と書く．

演習 3.3 $\displaystyle\lim_{x\to-\infty} f(x) \overset{\text{def}}{\Longleftrightarrow} \lim_{x\to\infty} f(-x)$ と定義する．
上記の定義 3.3 のように具体的に，$\displaystyle\lim_{x\to-\infty} f(x) = l$ の定義を述べよ．

次に関数が $\pm\infty$ の値に発散することの定義をする．

定義 3.4 $f:\mathbb{R} \to \mathbb{R}$ と $\alpha \in \mathbb{R}$ に対し，

f が α で ∞ に発散する

$$\overset{\text{def}}{\Longleftrightarrow} \begin{cases} \forall L > 0 \text{ に対し，次を満たす } \delta_{L,\alpha} > 0 \text{ が存在する．} \\ \qquad\text{「}0 < |x - \alpha| < \delta_{L,\alpha} \Rightarrow f(x) > L\text{」} \end{cases}$$

このとき，$\displaystyle\lim_{x\to\alpha} f(x) = \infty$ と書く．

注意 3.7 上の定義では，f は α で定義されてなくてもよい．例えば，$\displaystyle\lim_{x\to 0} \frac{1}{|x|} = \infty$ である．

演習 3.4 $\displaystyle\lim_{x\to\alpha} (-f)(x) = \infty$ のとき，$\displaystyle\lim_{x\to\alpha} f(x) = -\infty$ と定義する．
上記の定義 3.4 のように具体的に，$\displaystyle\lim_{x\to\alpha} f(x) = -\infty$ の定義を述べよ．

最後に $x \to \pm\infty$ のとき，$\pm\infty$ に発散することの定義を与える．

定義 3.5 $f:\mathbb{R}\to\mathbb{R}$ に対し，

f が ∞ で ∞ に発散する

$$\overset{\text{def}}{\Longleftrightarrow}\begin{cases}\forall L>0 \text{ に対し，次を満たす } K_L>0 \text{ が存在する．}\\ \qquad\qquad「x\geq K_L \Rightarrow f(x)>L」\end{cases}$$

このとき，$\displaystyle\lim_{x\to\infty}f(x)=\infty$ と書く．

演習 3.5 $\displaystyle\lim_{x\to\infty}(-f)(x)=\infty$ のとき，$\displaystyle\lim_{x\to\infty}f(x)=-\infty$ と定義する．また，$\displaystyle\lim_{x\to-\infty}f(x)\overset{\text{def}}{\Longleftrightarrow}\lim_{x\to\infty}f(-x)$ とする．

(1) $\displaystyle\lim_{x\to\infty}f(x)=-\infty$ の定義を定義 3.5 のように書け．

(2) $\displaystyle\lim_{x\to-\infty}f(x)=\pm\infty$ の定義も定義 3.5 のように書け．

演習 3.6 次の極限を求めよ．「$e>2$」は正しい事実として使ってよい．

(1) $\displaystyle\lim_{x\to\infty}e^{-x}$　　　(2) $\displaystyle\lim_{x\to\pm\infty}\frac{e^x-e^{-x}}{e^x+e^{-x}}$

演習 3.7 $f:\mathbb{R}\to\mathbb{R}$ と $\alpha\in\mathbb{R}$ が $f(x)\neq 0$ $(\forall x\in I)$ を満たすとき次を示せ．ただし，(3)(4) では $f(x)\neq 0$ $(x\in\mathbb{R})$ とする．

(1) $\displaystyle\lim_{x\to\alpha}f(x)=\pm\infty\Rightarrow\lim_{x\to\alpha}\frac{1}{f(x)}=0$

(2) $\displaystyle\lim_{x\to\infty}f(x)=\pm\infty\Rightarrow\lim_{x\to\infty}\frac{1}{f(x)}=0$

(3) $\displaystyle\lim_{x\to\alpha}f(x)=0\Rightarrow\lim_{x\to\alpha}\frac{1}{|f(x)|}=\infty$

(4) $\displaystyle\lim_{x\to\infty}f(x)=0\Rightarrow\lim_{x\to\infty}\frac{1}{|f(x)|}=\infty$

「$x\in\mathbb{R}$ を超えない最大の整数」を次のガウス[1)]記号を用いて表す．

ガウス記号　　$[x]\overset{\text{def}}{\Longleftrightarrow}\max\{n\in\mathbb{Z}\mid n\leq x\}$

---

1) Gauss (1777-1855)

例 3.3 $\displaystyle\lim_{x\to\pm\infty}\left(1+\frac{1}{x}\right)^x = e$ を示す.

$x\to\infty$ のときだけ示す. $x>1$ として, $[x]\le x<[x]+1$ に注意すると,

$$\left(1+\frac{1}{[x]+1}\right)^{[x]} < \left(1+\frac{1}{x}\right)^x < \left(1+\frac{1}{[x]}\right)^{[x]+1} \tag{3.1}$$

が成り立つ. 例 2.6 と数列の基本性質 (定理 2.4) より, $\forall\varepsilon\in(0,e)$ に対し, 次を満たす $N_\varepsilon\in\mathbb{N}$ がある.

$$「n\ge N_\varepsilon \Rightarrow e-\frac{\varepsilon}{3} < \left(1+\frac{1}{n}\right)^n < e+\frac{\varepsilon}{3}」$$

あらかじめ $N_\varepsilon \ge \dfrac{3e}{\varepsilon}$ としておくと, $x\ge N_\varepsilon$ のとき, 次のようになる.

$$(3.1)\text{ の右辺} < \left(e+\frac{\varepsilon}{3}\right)\left(1+\frac{1}{[x]}\right) \le e+\frac{\varepsilon}{3}+\frac{\varepsilon}{3}\left(e+\frac{1}{N_\varepsilon}\right) \le e+\varepsilon \tag{3.2}$$

一方, $x\ge N_\varepsilon\ge\dfrac{3e}{\varepsilon}$ なので, 次が成り立つ.

$$\begin{aligned}(3.1)\text{ の左辺} &> \left(e-\frac{\varepsilon}{3}\right)\left(1+\frac{1}{[x]+1}\right)^{-1} \\ &= e-\frac{\varepsilon}{3}\left(1-\frac{1}{[x]+2}\right)-\frac{e}{[x]+2} > e-\frac{2\varepsilon}{3}\end{aligned} \tag{3.3}$$

ゆえに, (3.1), (3.2), (3.3) より,

$$x\ge N_\varepsilon \Rightarrow \left|\left(1+\frac{1}{x}\right)^x - e\right| < \varepsilon$$

となる.

演習 3.8 例 3.3 で, $x\to-\infty$ のときを示せ.

3.2 連続性

重要なのは $\displaystyle\lim_{x\to\alpha} f(x) = f(\alpha)$ となる場合であり, それが連続の定義となる.

定義 3.6 $I \subset \mathbb{R}$ 上の関数 $f: I \to \mathbb{R}$ と $\alpha \in I$ に対し,

$$f \text{ が } \alpha \text{ で}\textbf{連続} \overset{\text{def}}{\Longleftrightarrow} \lim_{x \to \alpha} f(x) = f(\alpha)$$

注意 3.8 収束の定義を使って書き直すと, $\lim_{x \to \alpha} f(x) = f(\alpha) \Longleftrightarrow \forall \varepsilon > 0$ に対し, 次を満たす $\delta_{\varepsilon,\alpha} > 0$ が存在する.

$$\text{「}x \in I \text{ が}\underline{|x - \alpha| < \delta_{\varepsilon,\alpha}}\text{を満たす} \Rightarrow |f(x) - f(\alpha)| < \varepsilon\text{」}$$

ここで, 下線部を $\lim_{x \to \alpha} f(x) = l$ の定義と変えているが, $0 < |x - \alpha| < \delta_{\varepsilon,\alpha}$ で置き換えても同じである.

また, α が区間 I の端の点でなければ, $\lim_{x \to 0} |f(x + \alpha) - f(\alpha)| = 0$ とも言い換えられる.

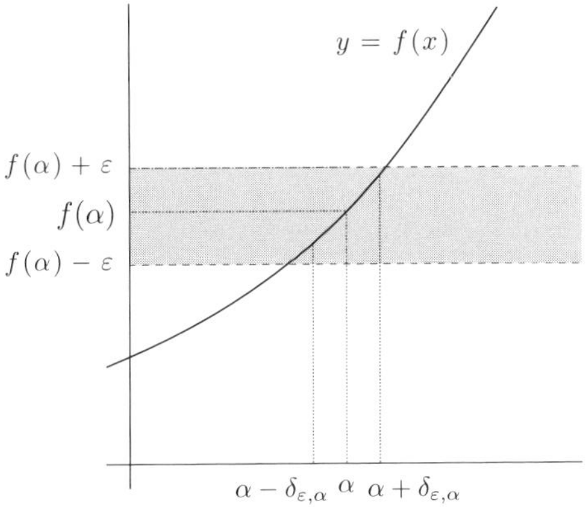

図 3.2 連続のイメージ

後で, よく知られた関数の連続性は示すことにして, 正確な連続性の定義をしておかないと連続であることがわかりにくい例をあげる.

例 3.4 関数 $f: \mathbb{R} \to \mathbb{R}$ を次のように定義する.

$$f(x) = \begin{cases} x\sin\left(\dfrac{1}{x}\right) & (x \neq 0 \text{ のとき}) \\ 0 & (x = 0 \text{ のとき}) \end{cases}$$

f は 0 で連続となる．($x \neq 0$ ではもちろん連続である．)

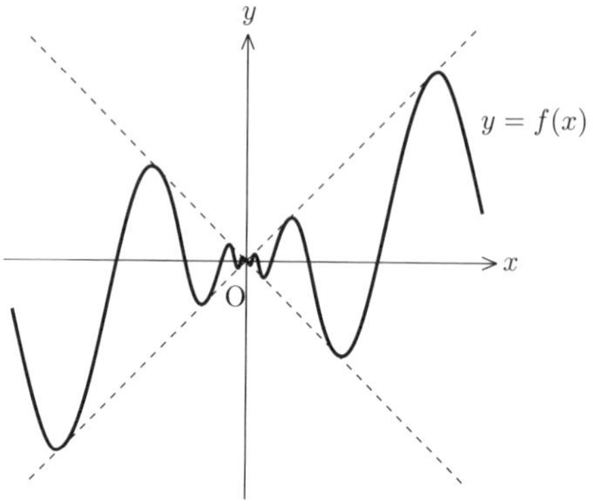

図 **3.3**　例 3.4 の関数

$\forall\varepsilon > 0$ をとる．$\delta_{\varepsilon,0} = \varepsilon$ とおくと，$|x| < \delta_{\varepsilon,0} = \varepsilon$ ならば，$|f(x) - f(0)| = |x\sin x| \leq |x| < \delta_{\varepsilon,0} = \varepsilon$ となる．ここでは，$|\sin x| \leq 1$ であることしか使っていない．

数列の章でも述べた注意をする．

注意 3.9　数列と同様に十分小さい $\forall\varepsilon > 0$ に対して「…」を満たす $\delta_{\varepsilon,\alpha} > 0$ が存在する，としても同値になる．

演習 3.9　$f : I \to \mathbb{R}$ と $\alpha \in I$ に対し，次の同値性を示せ．

$$\lim_{x\to\alpha} f(x) = f(\alpha) \iff \begin{cases} \text{次を満たす } \varepsilon_0 > 0 \text{ が存在する．} \\ \text{「}\forall\varepsilon \in (0, \varepsilon_0] \text{ に対し，『}x \in I \text{ が } |x - \alpha| < \delta_{\varepsilon,\alpha} \\ \Rightarrow |f(x) - f(\alpha)| < \varepsilon\text{』となる } \delta_{\varepsilon,\alpha} > 0 \text{ がある」} \end{cases}$$

関数の収束同様に，連続性を数列の言葉で書き直せる (証明は命題 3.1 のものを参照)．

命題 3.2*

$$f: I \to \mathbb{R} \text{ が } \alpha \in I \text{ で連続} \iff \begin{cases} x_n \in I \text{ が } \lim_{n\to\infty} x_n = \alpha \text{ を満たす} \\ \Rightarrow \lim_{n\to\infty} f(x_n) = f(\alpha) \end{cases}$$

3.2.1 連続性の基本性質

数列の基本性質 (定理 2.4) に対応する基本性質を述べる.

定理 3.3** (連続性の基本性質)

$f,\ g: I \to \mathbb{R}$ が $\alpha \in I$ で連続とする.

(i) $\forall s, t \in \mathbb{R}$ に対し, $sf + tg$ は α で連続で,

$\lim_{x\to\alpha}\{sf(x) + tg(x)\} = sf(\alpha) + tg(\alpha)$ が成り立つ.

(ii) fg は α で連続で, $\lim_{x\to\alpha} f(x)g(x) = f(\alpha)g(\alpha)$ が成り立つ.

(iii) $f(\alpha) \neq 0 \Rightarrow \dfrac{g}{f}$ は α で連続で, $\lim_{x\to\alpha} \dfrac{g(x)}{f(x)} = \dfrac{g(\alpha)}{f(\alpha)}$ が成り立つ.

注意 3.10 この証明は命題 3.2 を使えば, 数列に関する性質でも示せる. 例えば, (i) の証明で, $x_n \in I$ が $\lim_{n\to\infty} x_n = \alpha$ のとき, 次式を示せばよい.

$$\lim_{n\to\infty}\{sf(x_n) + tg(x_n)\} = sf(\alpha) + tg(\alpha) \tag{3.4}$$

しかし, 命題 3.2 から $\lim_{n\to\infty} f(x_n) = f(\alpha)$ と $\lim_{n\to\infty} g(x_n) = g(\alpha)$ が成り立つ. 一方, $a_n = f(x_n), b_n = g(x_n)$ とおけば, 定理 2.4 より (3.4) が示せる.

演習 3.10 定理 3.3 の (ii) と (iii) を数列の収束 (命題 3.2) を用いて証明せよ.

合成関数の連続性に関して述べる. まず, 記号を確認する.

定義 3.7 $I, J \subset \mathbb{R}$ と関数 $f: I \to J$ と $g: J \to \mathbb{R}$ に対し,

$$\text{合成関数 } g \circ f : I \to \mathbb{R} \overset{\text{def}}{\iff} g \circ f(x) = g(f(x)) \quad (\forall x \in I)$$

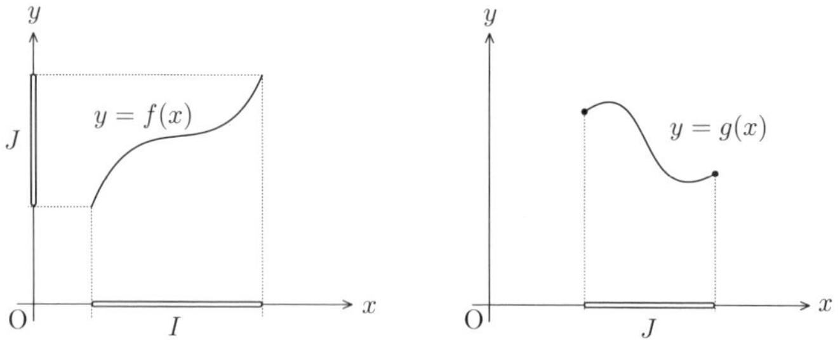

図 **3.4**　f の値域と g の定義域に注意

定理 3.4* (合成関数の連続性)

関数 $f : I \to \mathbb{R}$ と $g : J \to \mathbb{R}$ に対し，(i)(ii)(iii) を仮定する．

$$
\begin{cases}
\text{(i)} & \forall x \in I \text{ に対し，} f(x) \in J \\
\text{(ii)} & f \text{ は } \alpha \in I \text{ で連続} \\
\text{(iii)} & g \text{ は } f(\alpha) \text{ で連続}
\end{cases}
$$

$\Rightarrow$ 合成関数 $g \circ f : I \to \mathbb{R}$ は α で連続になる．

つまり，$\lim_{x \to \alpha} g \circ f(x) = g \circ f(\alpha)$ が成り立つ．

3.2.2　I 上での連続性

今までは，一点 $\alpha \in I$ での連続性を考察したが，定義域 $I \subset \mathbb{R}$ 上での連続の定義を与える．

定義 3.8　関数 $f : I \to \mathbb{R}$ に対し，

$$f \text{ が } I \text{ 上で連続} \overset{\text{def}}{\Longleftrightarrow} \forall x \in I \text{ で } f \text{ が連続}$$

$$C(I) \overset{\text{def}}{\Longleftrightarrow} \{f : I \to \mathbb{R} \mid f \text{ は } I \text{ 上で連続}\}$$

注意 3.11　$I = [a, b]$ のとき $C[a, b]$, $I = (a, b)$ のとき $C(a, b)$ と書く．

今まで述べた一点での連続性に関する定理や命題は，I 上で連続な関数に対して記述できる．証明は $\alpha \in I$ を任意にとればよいだけなので省略する．

系 3.5* (連続性の基本性質)

$f, g \in C(I)$ に対し，次が成り立つ．

(i) $\forall s, t \in \mathbb{R}$ に対し，$sf + tg \in C(I)$ となり，
$\lim_{x \to \alpha} (sf + tg)(x) = sf(\alpha) + tg(\alpha)$ $(\forall \alpha \in I)$ が成り立つ．

(ii) $fg \in C(I)$ となり，
$\lim_{x \to \alpha} f(x)g(x) = f(\alpha)g(\alpha)$ $(\forall \alpha \in I)$ が成り立つ．

(iii) $\forall x \in I$ で $f(x) \neq 0 \Rightarrow \dfrac{g}{f} \in C(I)$ となり，
$\lim_{x \to \alpha} \dfrac{g(x)}{f(x)} = \dfrac{g(\alpha)}{f(\alpha)}$ $(\forall \alpha \in I)$ が成り立つ．

系 3.6* (合成関数の連続性)

$I, J \subset \mathbb{R}$, 関数 $f : I \to \mathbb{R}$ と $g : J \to \mathbb{R}$ に対し，(i)(ii)(iii) を仮定する．

$$\begin{cases} \text{(i)} & \forall x \in I \Rightarrow f(x) \in J \\ \text{(ii)} & f \in C(I) \\ \text{(iii)} & g \in C(J) \end{cases}$$

$\Rightarrow g \circ f : I \to \mathbb{R} \in C(I)$ であり，
$\lim_{x \to \alpha} g \circ f(x) = g \circ f(\alpha)$ $(\forall \alpha \in I)$ が成り立つ．

3.2.3 連続関数の例

例 3.5 (定数関数)　$c \in \mathbb{R}$ と区間 $I = (a, b) \subset \mathbb{R}$ に対し，$f(x) = c$ $(\forall x \in I)$ とおく．(このように，一定の値をとる関数を定数関数とよぶ．)

f は $\forall \alpha \in I$ で連続になる．実際，$|f(x) - f(\alpha)| = 0$ なので定義を満たす．

例 3.6 (一次関数)　$a, b \in \mathbb{R}$ を定数とし，$f : \mathbb{R} \to \mathbb{R}$ を $f(x) = ax + b$ は $\mathbb{R}$ 上で連続である．

$a = 0$ のときは，f は定数関数になるので例 3.5 に帰着する．

$a \neq 0$ の場合に連続であることを示す．$\forall\varepsilon > 0$ と $\alpha \in \mathbb{R}$ に対し，$\delta_{\varepsilon,\alpha}$ をどのように選ぶかを考えるために，$|x-\alpha| < \delta_{\varepsilon,\alpha}$ として計算する．$|f(x)-f(\alpha)| = |a||x-\alpha| < |a|\delta_{\varepsilon,\alpha}$ となるので，$\delta_{\varepsilon,\alpha} = \dfrac{\varepsilon}{|a|}$ ととればよい．ゆえに，この関数 f は α で連続となる．この例では，$\delta_{\varepsilon,\alpha}$ は α に無関係なことに注意する．

例 3.7 (n **次関数**) 自然数 $n \geq 2$ と $a_0, a_1, \cdots, a_n \in \mathbb{R}$ に対し，$f(x) = a_n x^n + a_{n-1}x^{n-1} + \cdots + a_1 x + a_0$ は定理 3.3 と上の例 3.6 から f は $\mathbb{R}$ 上で連続になる．

ここでは，$\alpha \in \mathbb{R}$ と $\varepsilon > 0$ に対し，$\delta_{\varepsilon,\alpha} > 0$ が α に依存することを確かめる．簡単のため $f : \mathbb{R} \to \mathbb{R}$ を $f(x) = x^2$ $(\forall x \in \mathbb{R})$ とする．$\forall\varepsilon > 0$ に対し，$|x-\alpha| < \delta_{\varepsilon,\alpha}$ とすると，$|x^2-\alpha^2| = |x-\alpha|\,|x+\alpha| \leq |x-\alpha|\,(|x|+|\alpha|)$ となる．$\delta_{\varepsilon,\alpha}$ は小さくとるので，最初から $\delta_{\varepsilon,\alpha} \leq 1$ と仮定しておく．すると，$|x| \leq |x-\alpha|+|\alpha| < 1+|\alpha|$ なので $|x^2-\alpha^2| < \delta_{\varepsilon,\alpha}(1+|\alpha|)$ となるから，$\delta_{\varepsilon,\alpha} = \dfrac{\varepsilon}{1+|\alpha|}$ とおけばよい．

この場合は，$\delta_{\varepsilon,\alpha}$ は α にも依存しており，α に依存しないようにはとれないことが例 3.17 で示される．

実際，$\alpha \to \infty$ にすると，$\delta_{\varepsilon,\alpha} \to 0$ になる．つまり，α を大きくすると「$|f(x)-f(\alpha)| < \varepsilon$ が成り立つ x の範囲」はどんどん狭くなる．

注意 3.12 分数関数，有理数のべき乗関数，三角関数の連続性は付録「初等関数の連続性」の章にまとめて述べる．

実数のべき乗関数は高校では厳密に定義はされていない．そのため指数関数，対数関数も厳密には定義できていない．1 章の追加事項「実数べき乗の定義」と 2 章追加事項「実数べき乗の性質」で調べた性質だけを使って，実数べき乗関数，指数関数，対数関数が厳密に定義でき，連続性も証明できる．(ただし，対数関数は後述する「逆関数の連続性」を用いて指数関数の連続性から導かれる．)

しかし，話の流れが途切れるので，証明は付録にまとめた．

以降，高校で習った関数の公式や計算はすべて正しいので，使うことにする．

例 3.8 $\displaystyle\lim_{x\to 0}\frac{\log(1+x)}{x} = 1$ を例 3.3 を用いて示す．

$\dfrac{\log(1+x)}{x} = \log(1+x)^{\frac{1}{x}}$ であり，$t = \dfrac{1}{x}$ とおけば，例 3.3 より $\displaystyle\lim_{x\to 0}(1+x)^{\frac{1}{x}} = \lim_{t\to\pm\infty}\left(1+\frac{1}{t}\right)^t = e$ となる．ゆえに，$g(y) = \log y$, $f(t) = \left(1+\dfrac{1}{t}\right)^t$ とおいて，合成関数の連続性 (定理 3.4) を適用すればよい．

演習 3.11 $\displaystyle\lim_{x\to 0}\frac{e^x - 1}{x} = 1$ を示せ．

3.3 逆関数

逆関数について述べる．今までは関数の定義域だけ指定したが，以降，値域も指定して関数を考える．まず，関数の重要な性質の名称を導入する．

定義 3.9 $I, J \subset \mathbb{R}$ と関数 $f : I \to J$ に対し，

f が I 上で**単射** $\overset{\text{def}}{\iff}$ $x, x' \in I$ が $x \neq x'$ ならば，$f(x) \neq f(x')$

f が I 上で**全射** $\overset{\text{def}}{\iff}$ $R(f) = J$

f が I 上で**全単射** $\overset{\text{def}}{\iff}$ f が I 上で単射，かつ全射

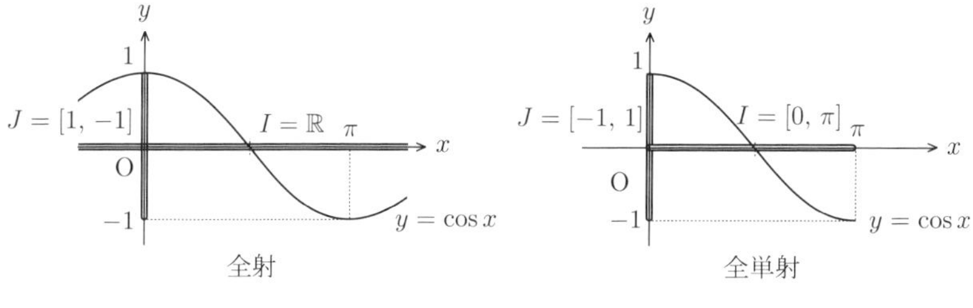

図 3.5 同じ関数でも定義域を変えると …

注意 3.13 対偶命題より，次が成り立つ．

$$f \text{ が } I \text{ 上で単射} \iff x, x' \in I \text{ が } f(x) = f(x') \Rightarrow x = x'$$

単射を **1 対 1** 関数，全射を J **の上への**関数ともよぶ．

例 3.9 $f(x) = \cos x$ は，関数 $f : \mathbb{R} \to \mathbb{R}$ としては単射でも全射でもない．しかし，$f : \mathbb{R} \to [-1, 1]$ とすると全射であるが，単射ではない．また，$f : [0, \pi] \to \mathbb{R}$ とすると単射であるが，全射でない．

$f : [0, \pi] \to [-1, 1]$ とすれば，全単射である．

演習 3.12 次の関数 $f : I \to J$ は，I, J をどのようにとれば全単射となるか答えよ．また，全単射になる I のうち最も大きな集合となるのはどんな場合か．(選び方は一つとは限らない．)

(1) $f(x) = \tan x$ (2) $f(x) = \log x$ (3) $f(x) = x^2$ (4) $f(x) = \dfrac{1}{x}$

逆関数を導入するための記号を導入する．

> **定義 3.10** 関数 $f : I \to J$ と $J' \subset J$ に対し，
>
> $$f \text{ の } J' \text{ による}\textbf{逆像}\ f^{-1}(J') \overset{\text{def}}{\Longleftrightarrow} \{x \in I \mid f(x) \in J'\}$$
>
> 特に $J' = \{y\}$ のとき，$f^{-1}(\{y\})$ を $f^{-1}(y)$ と書く．

注意 3.14 一般には $f^{-1}(y)$ は I の部分集合になるので，$f^{-1}(y) = \{\cdots\}$ と書かねばならない．後で，$\{\cdots\}$ が一点の場合だけ略記法を用いる．

例 3.10 $f(x) = \sin x$ を $f : \mathbb{R} \to \mathbb{R}$ で考える．

$f^{-1}(\{y \in \mathbb{R} \mid y > 1\}) = f^{-1}(\{y \in \mathbb{R} \mid y < -1\}) = \varnothing$ となり，$f^{-1}(0) = \{\pi n \mid n \in \mathbb{Z}\}$ となる．

同じ f でも $f : \left[-\dfrac{\pi}{2}, \dfrac{\pi}{2}\right] \to \mathbb{R}$ とみなすと，$f^{-1}(0) = \{0\}$ である．

> **記号** A に対し，A の**べき集合** $2^A \overset{\text{def}}{\Longleftrightarrow} \{B \mid B \subset A\}$

注意 3.15 2^A は A の部分集合すべての集まりであり，$\varnothing \in 2^A$ でもある．$\mathcal{P}(A)$ と書くこともある．

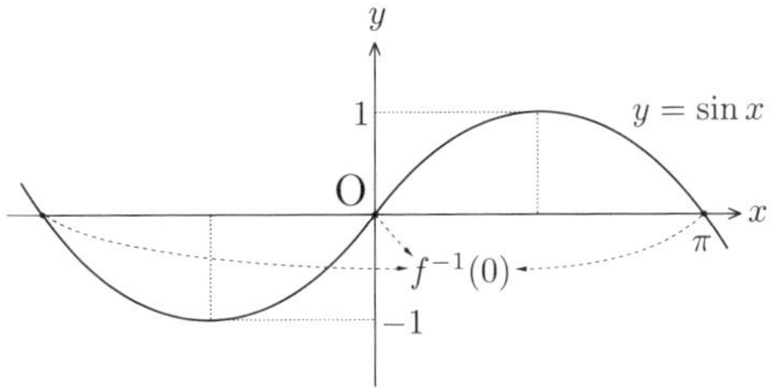

図 **3.6** 逆像の例

> **定義 3.11** 関数 $f : I \to J$ に対し，
>
> $f^{-1} : R(f) \to 2^I$ が f の**逆関数**
>
> $\overset{\text{def}}{\Longleftrightarrow}$ $\forall y \in R(f)$ に対し，$f^{-1}(y)$ が一点からなる．
>
> このとき，$f^{-1}(y) = \{x\}$ を $f^{-1}(y) = x$ と書く．

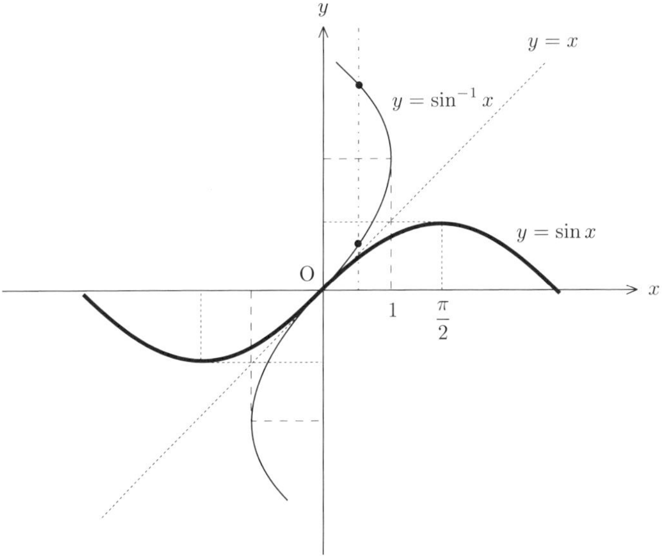

図 **3.7** 逆像を座標に書くと …

注意 3.16 一般に $f^{-1}(y)$ は一点でない (例 3.10 を参照).

$f^{-1} : R(f) \to 2^I$ が逆関数のとき，$f^{-1}(y) = x$ と書くので，**逆関数** $f^{-1} : R(f) \to I$ **が存在する**，f **は逆関数を持つ**，f **に逆関数がある**などともいう.

注意 3.17 例 3.10 の $f : \mathbb{R} \to \mathbb{R}$ では，f^{-1} は逆関数にならない.

注意 3.18 f^{-1} も変数は，x を使うことが多いが，f と f^{-1} が両方でてくるときは，f^{-1} の変数を y にした方が見やすい場合がある (次の命題は，その典型例である).

命題 3.7 関数 $f : I \to J$ に対し，

$$f^{-1} : R(f) \to 2^I \text{ が } f \text{ の逆関数とする} \Rightarrow \begin{cases} \text{(i)} & \forall x \in I \text{ に対し，} f^{-1} \circ f(x) = x \\ \text{(ii)} & \forall y \in R(f) \text{ に対し，} f \circ f^{-1}(y) = y \end{cases}$$

f^{-1} が逆関数となるための同値な条件を述べる.

命題 3.8 関数 $f : I \to R(f)$ に対し，

$$f^{-1} : R(f) \to 2^I \text{ が逆関数} \Longleftrightarrow f : I \to R(f) \text{ が単射}$$

3.3.1 (狭義) 増加・減少関数

関数の性質について重要な概念を導入し，単射との関連を調べる.

定義 3.12 関数 $f : I \to \mathbb{R}$ に対し，

f が I 上で**増加関数** $\overset{\text{def}}{\Longleftrightarrow}$ $x, x' \in I$ が $x < x'$ を満たす $\Rightarrow f(x) \leq f(x')$

f が I 上で**減少関数** $\overset{\text{def}}{\Longleftrightarrow}$ $x, x' \in I$ が $x < x'$ を満たす $\Rightarrow f(x) \geq f(x')$

f が I 上で**狭義増加関数**

$\overset{\text{def}}{\Longleftrightarrow}$ $x, x' \in I$ が $x < x'$ を満たす $\Rightarrow f(x) < f(x')$

f が I 上で**狭義減少関数**

$\overset{\text{def}}{\Longleftrightarrow}$ $x, x' \in I$ が $x < x'$ を満たす $\Rightarrow f(x) > f(x')$

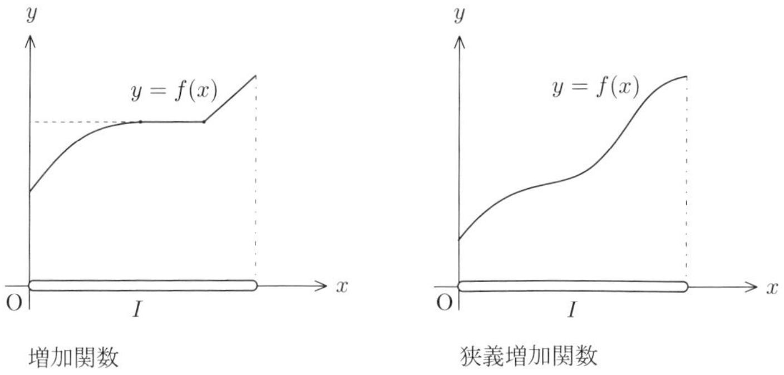

図 3.8 「狭義」の有無による違い

注意 3.19 (1) 定数関数は，増加関数でもあり，減少関数でもある．

(2) 一次関数 $f(x) = ax + b$ $(a, b \in \mathbb{R})$ は，$a > 0$ ならば狭義増加関数で，$a < 0$ ならば狭義減少関数となる．なぜなら，$a > 0$ のとき，$x < x'$ ならば $f(x') - f(x) = a(x' - x) > 0$ となるからである．$a < 0$ の場合は逆の不等式が導かれる．

狭義増加・狭義減少関数は次の命題から逆関数を持つことがわかる．

命題 3.9

$f : I \to \mathbb{R}$ が狭義増加または，狭義減少 $\Rightarrow$ f は単射

演習 3.13 命題 3.9 を証明せよ．

注意 3.20 逆に，f が単射でも狭義増加または狭義減少とは限らない．例えば，f が連続関数でなければ f が単射でも狭義増加または狭義減少にならないことがある (次の演習 3.14 参照)．

しかし，I が区間で，$f : I \to \mathbb{R}$ が I で連続かつ，単射ならば狭義増加または狭義減少になる．このことは追加事項の補題 14.15 で示す．

演習 3.14 次の関数 $f : [-1, 1] \to \mathbb{R}$ は単射だが，狭義増加でも狭義減少でもないことを確かめよ．

$$f(x)=\begin{cases} x & (x\in[-1,0] \text{ のとき}) \\ 2-x & (x\in(0,1] \text{ のとき}) \end{cases}$$

例 3.11 $I=\left[-\dfrac{\pi}{2},\dfrac{\pi}{2}\right]$ とし，$f:I\to\mathbb{R}$ を $f(x)=\sin x$ とすると，f は I で狭義増加関数である．実際，$-\dfrac{\pi}{2}\leq x<x'\leq\dfrac{\pi}{2}$ とすると，$0<x'-x\leq\pi$, $-\pi<x+x'<\pi$ に注意すると，三角関数の公式より次が示せる．

$$\sin x'-\sin x=2\sin\left(\frac{x'-x}{2}\right)\cos\left(\frac{x+x'}{2}\right)>0$$

演習 3.15 次の関数が，I 上で，狭義増加または狭義減少であることを示せ．

(1) $f(x)=\cos x$, $I=[0,\pi]$ (2) $f(x)=\tan x$, $I=\left(-\dfrac{\pi}{2},\dfrac{\pi}{2}\right)$

(3) $f(x)=x^{2n-1}$, $I=\mathbb{R}$, $n\in\mathbb{N}$ (4) $f(x)=x^{2n}$, $I=[0,\infty)$, $n\in\mathbb{N}$

(5) $f(x)=e^x$, $I=\mathbb{R}$ (6) $f(x)=\log x$, $I=(0,\infty)$

注意：(5), (6) では，指数関数・対数関数の性質を使ってよい．

3.3.2 逆関数の連続性

定理 3.10* (逆関数の連続性)

$I=[a,b]$ とする．$f\in C(I)$ に対し，

$$f^{-1}:R(f)\to 2^I \text{ が逆関数} \Rightarrow f^{-1} \text{ は } R(f) \text{ 上で連続になる．}$$

注意 3.21 I が一般の区間，例えば (a,b) や $[a,\infty)$ などのときの証明は，14 章「追加事項」で述べる．

定理 3.10 の証明 背理法で示す．$\beta\in R(f)$ で f^{-1} が連続でないとすると，次を満たす $\varepsilon_0>0$ が存在する．

$$\begin{aligned}&「\forall n\in\mathbb{N} \text{ に対し，次を満たす } y_n\in R(f) \text{ がある．}\\ &『|y_n-\beta|<\frac{1}{n} \quad \text{かつ} \quad |f^{-1}(y_n)-f^{-1}(\beta)|\geq\varepsilon_0』」\end{aligned} \tag{3.5}$$

$f^{-1}(y_n) = x_n$ となる $x_n \in I$ が一つだけあることに注意する．I は有界閉区間だからボルツァノ・ワイエルストラスの定理 (定理 2.10) より，$\alpha \in I$ と部分列 $\{x_{n_k}\}$ で $\lim_{k\to\infty} x_{n_k} = \alpha$ となるものがある．f の連続性から $\lim_{k\to\infty} y_{n_k} = \lim_{k\to\infty} f(x_{n_k}) = f(\alpha)$ となる．

一方，背理法の仮定から $\lim_{k\to\infty} y_{n_k} = \beta$ だから，命題 2.3 より $\beta = f(\alpha)$ となる．ゆえに，$f^{-1}(\beta) = \alpha$ であるが，(3.5) の『$\cdots$』より $|x_n - \alpha| \geq \varepsilon_0$ となり，x_{n_k} が α に収束することに矛盾する． □

例 3.12 (**べき乗関数の逆関数**)　$a > 0$ を固定する．$x \geq 0$ に対し，$f(x) = x^a$ とおくと，$f^{-1} : [0,\infty) \to 2^{[0,\infty)}$ は逆関数になり，$f^{-1}(x) = x^{\frac{1}{a}}$ である．$f^{-1}(x) = \dfrac{1}{x^a}$ ではないことに注意せよ．

例 3.13 (**三角関数の逆関数 (逆三角関数)**)　三角関数 $\sin x$, $\cos x$ は $\forall\alpha \in [-1,1]$ の値を無限回とるので，定義域を広くとると単射にならない．しかし，定義域を狭くとれば単射になり，逆関数が以下のように定義できる．

(1)　$f(x) = \sin x$ とすると，$f : \left[-\dfrac{\pi}{2}, \dfrac{\pi}{2}\right] \to \mathbb{R}$ の逆関数 $f^{-1} : [-1,1] \to \left[-\dfrac{\pi}{2}, \dfrac{\pi}{2}\right]$ が存在する．このとき，$f^{-1}(x) = \sin^{-1} x$, $\arcsin x$ と書く．(Sin x, Arcsin x と書くこともある．)

この例では，f の定義域を少しでも広い区間にすると逆関数は存在しない．例えば，同じ関数で $f : \left[-\pi, \dfrac{\pi}{2}\right] \to \mathbb{R}$ を考えると，$f(0) = f(-\pi) = 0$ なので $f^{-1}(0) = \{0, -\pi\}$ となる．

(2)　$f(x) = \cos x$ とすると，$f : [0,\pi] \to \mathbb{R}$ の逆関数 $f^{-1} : [-1,1] \to [0,\pi]$ が存在する．このとき，$f^{-1}(x) = \cos^{-1} x$, $\arccos x$ と書く．($\mathrm{Cos}^{-1}x$, $\mathrm{Arccos}\,x$ と書くこともある．)

(3)　$f(x) = \tan x$ とすると，$f : \left(-\dfrac{\pi}{2}, \dfrac{\pi}{2}\right) \to \mathbb{R}$ の逆関数 $f^{-1} : \mathbb{R} \to \left(-\dfrac{\pi}{2}, \dfrac{\pi}{2}\right)$ が存在する．このとき，$f^{-1}(x) = \tan^{-1} x$, $\arctan x$ と書く．($\mathrm{Tan}^{-1}x$, Arctan x と書くこともある．)

例 3.14 (**指数関数の逆関数**)　$f(x) = e^x$ とすると，$f : \mathbb{R} \to \mathbb{R}$ の逆関数

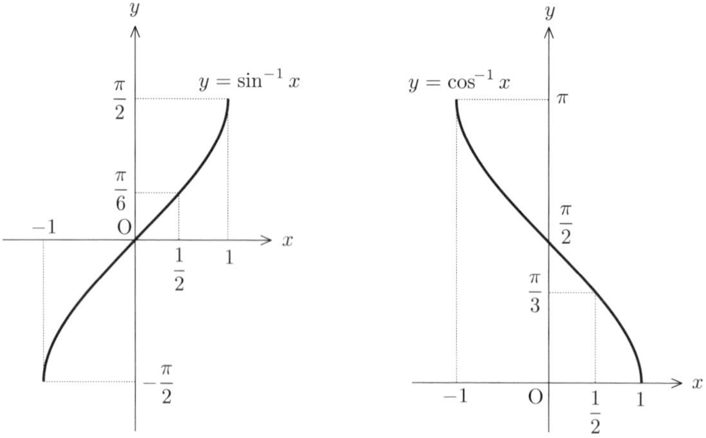

図 **3.9**　$\sin^{-1} x$ と $\cos^{-1} x$ のグラフ

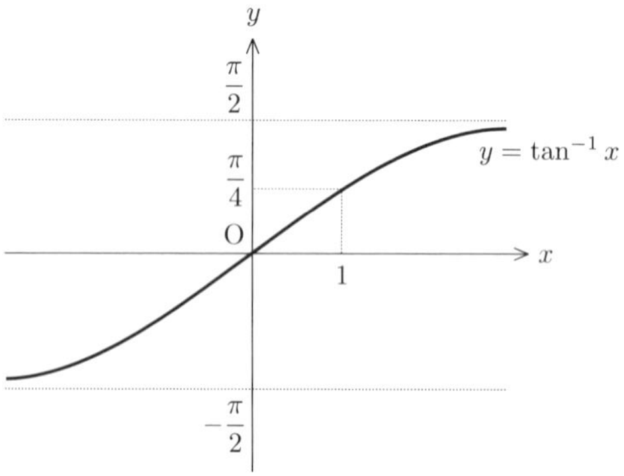

図 **3.10**　$\tan^{-1} x$ のグラフ

$f^{-1} : (0, \infty) \to \mathbb{R}$ が存在し，$f^{-1}(x) = \log x$ と定義する．

3.4　連続関数の性質

次に，連続関数が共通に持つ性質を定理としていくつか述べる．ここで初めて，関数を抽象的に扱うことになる．

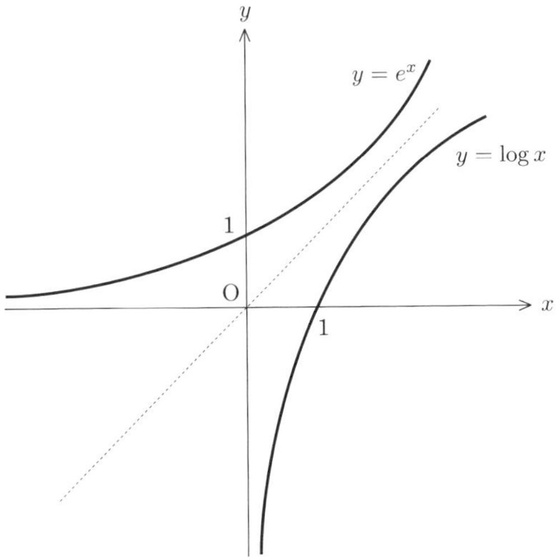

図 **3.11** e^x と $\log x$ のグラフ

定理 3.11★★ (中間値の定理)

$I = [a, b]$ に対し，$f \in C(I)$ が $f(a) \neq f(b)$ を満たす

$$\Rightarrow \begin{cases} f(a) \text{ と } f(b) \text{ の間の任意の } \beta \in \mathbb{R} \text{ に対し，} \\ \text{「}f(\alpha) = \beta\text{」となる } \alpha \in I \text{ が存在する．} \end{cases}$$

注意 3.22 不連続関数では中間値の定理は成り立たない．例えば，関数 $f : [0, 2] \to \mathbb{R}$ を次で与える．

$$f(x) = \begin{cases} 0 & (x \in [0, 1] \text{ のとき}) \\ 2 & (x \in (1, 2] \text{ のとき}) \end{cases}$$

$f(0) = 0 < f(2) = 2$ だが，$f(x) = 1$ となる $x \in [0, 2]$ はない．

定理 3.11 の証明 $f(a) < f(b)$ の場合だけ証明する．

$f(a) = \beta$ や $f(b) = \beta$ のときは，それぞれ $\alpha = a$, $\alpha = b$ ととれるので，

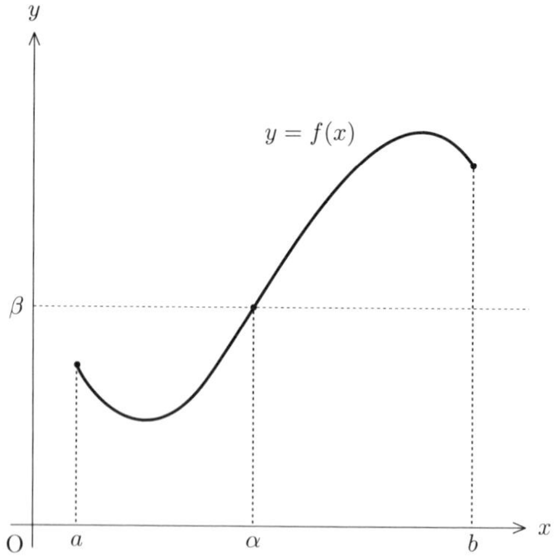

図 **3.12** 中間値の定理のイメージ

$$f(a) < \beta < f(b) \tag{3.6}$$

の場合だけを考える．

$A = \{x \in I \mid f(x) \leq \beta\}$ とおく．A は上に有界なので $\sup A \in \mathbb{R}$ が存在する．$\alpha = \sup A$ とおく．

$\forall n \in \mathbb{N}$ に対して，上限の定義 (ii) から次を満たす $x_n \in A$ がある．

$$「\alpha - \frac{1}{n} < x_n \leq \alpha」$$

よって，$|x_n - \alpha| < \dfrac{1}{n}$ なので，$\displaystyle\lim_{n\to\infty} x_n = \alpha$ となる．

$f(x_n) \leq \beta$ だが，f が連続だから $\underline{f(\alpha) \leq \beta}$ である (命題 2.2)．このことから，$\alpha < b$ が成り立つ．なぜなら，α の定義から $a \leq \alpha \leq b$ だが，$b = \alpha$ とすると，(3.6) より $f(b) \leq \beta < f(b)$ となり矛盾が導かれるからである．ゆえに，$\alpha < b$ なので，アルキメデスの原理 (定理 1.7) より，$N_0 > \dfrac{1}{b-\alpha}$ となる $N_0 \in \mathbb{N}$ が存在する．$\forall m \geq N_0$ に対して，$\alpha + \dfrac{1}{m} \notin A$ なので，$f\left(\alpha + \dfrac{1}{m}\right) > \beta$ となる．再び f の連続性から $m \to \infty$ のとき，$f(\alpha) \geq \beta$ となり (命題 2.2)，上

記の下線部と合わせて $f(\alpha)=\beta$ が導かれる. □

演習 3.16　定理 3.11 の上の証明で, $B=\{x\in I \mid \beta\leq f(x)\}$ とおき, $\alpha=\inf B$ としても $f(\alpha)=\beta$ となることを示せ.

また, $f(a)>f(b)$ の場合に中間値の定理 (定理 3.11) を証明せよ.

有界閉区間 $[a,b]$ 上の連続関数には, 極めて重要な性質がある.

> **定理 3.12**** **(最大値・最小値原理)**
> $I=[a,b]$, $f\in C(I)$ に対し, 次を満たす $\alpha,\beta\in I$ が存在する.
> $$f(\alpha)=\max\{f(x)\mid x\in I\},\ f(\beta)=\min\{f(x)\mid x\in I\}$$

注意 3.23　最大値・最小値原理 (定理 3.12) で, $f(\alpha)$ を f の I での**最大値**, $f(\beta)$ を f の I での**最小値**とよぶ.

この定理では定義域が有界閉区間であるという仮定が本質的である. つまり, 有界閉区間でない場合は成立しない例がある.

例 3.15　$f:(-1,1)\to\mathbb{R}$ を $f(x)=\tan\dfrac{\pi x}{2}$ とおくと f は $(-1,1)$ で連続だが, $\max\{f(x)\mid x\in(-1,1)\}$ も $\min\{f(x)\mid x\in(-1,1)\}$ も存在しない.

また, $f:\mathbb{R}\to\mathbb{R}$ を $f(x)=e^x$ とおくと, f は $\mathbb{R}$ で連続だが $\max\{f(x)\mid x\in\mathbb{R}\}$ も $\min\{f(x)\mid x\in\mathbb{R}\}$ も存在しない.

定理 3.12 の証明　$\alpha\in I$ の存在のみ示す.

<u>ステップ 1 : $R(f)$ が上に有界</u>　上に有界でないと仮定すると, $\forall n\in\mathbb{N}$ に対し, 次を満たす $y_n\in A$ が存在する.

$$「n\in\mathbb{N}\Rightarrow y_n>n」$$

この y_n に対して, $y_n=f(x_n)$ となる $x_n\in[a,b]$ がある. ボルツァノ・ワイエルストラスの定理 (定理 2.10) より, 部分列 $\{x_{n_k}\}$ で次を満たすものが選べる.

$$「\lim_{k\to\infty} x_{n_k} = \alpha」$$

$a \le x_{n_k} \le b$ なので，命題 2.2 より $\alpha \in [a,b]$ となる．連続性から，$\lim_{k\to\infty} f(x_{n_k}) = f(\alpha) \in \mathbb{R}$ である．$f(x_{n_k}) = y_{n_k} > n_k$ なので，$f(\alpha) = \infty \notin \mathbb{R}$ となり矛盾する．

<u>ステップ 2：$f(\alpha) = \sup A$</u>　$\sup A = \beta \in \mathbb{R}$ とおく．上限の定義 (ii) から，$\forall n \in \mathbb{N}$ に対し，次を満たす $y_n \in A$ がある．

$$「\beta - \frac{1}{n} < y_n」$$

よって，$y_n = f(x_n)$ となる $x_n \in I$ が存在する．先ほどと同様，$\lim_{k\to\infty} x_{n_k} = \alpha \in I$ となる部分列 $\{x_{n_k}\}$ が選べる．$\beta - \dfrac{1}{n_k} < f(x_{n_k})$ より，f が連続だから $\beta \le f(\alpha)$ である．$\forall x \in I$ に対し，$f(x) \le \beta$ なので $f(\alpha) = \beta$ となる．□

演習 3.17　定理 3.12 で $f(\beta) = \min\{f(x) \mid x \in I\}$ となる $\beta \in I$ が存在することを証明せよ．

3.5　一様連続関数

ここでは，連続関数より強い性質を持った関数の概念を導入する．この概念は，微分・積分とからめると様々な性質が得られることが後でわかる．

定義 3.13　$I \subset \mathbb{R}$ に対して，

$f : I \to \mathbb{R}$ が I 上で**一様連続**

$$\overset{\text{def}}{\Longleftrightarrow} \begin{cases} \forall \varepsilon > 0 \text{ に対して，次を満たす } \delta_\varepsilon > 0 \text{ が存在する．} \\ 「x, y \in I \text{ が } |x-y| < \delta_\varepsilon \text{ を満たす} \Rightarrow |f(x) - f(y)| < \varepsilon」 \end{cases}$$

注意 3.24　定義の中の δ_ε は $x, y \in I$ に依存していないことに注意する．定義から，f が I 上で一様連続ならば $f \in C(I)$ となることは自明である．

例 3.16　次の関数は一様連続になる．($\varepsilon > 0$ に対し，$\delta_\varepsilon > 0$ を決める.)

(1)　$a, b \in \mathbb{R}$ に対し，$f : \mathbb{R} \to \mathbb{R}$ を $f(x) = ax + b$ で定義する．

$a = 0$ のときは定数関数になる．よって，$\forall\varepsilon > 0$ に対し，$\delta_\varepsilon > 0$ は何でもよい．($|f(x) - f(y)| = 0 < \varepsilon$ がいつも成立するからである.)

$a \neq 0$ のときは，$\forall\varepsilon > 0$ に対し，$\delta_\varepsilon = \dfrac{\varepsilon}{|a|}$ とおく．$|x - y| < \delta_\varepsilon$ ならば，次が成り立つ．

$$|ax - ay| = |a||x - y| < |a|\delta_\varepsilon = \varepsilon$$

(2)　$f : \mathbb{R} \to \mathbb{R}$ を $f(x) = \sin x$ で定義する．

$\forall\varepsilon > 0$ に対し，$\delta_\varepsilon = \varepsilon$ とおくと，$|x - y| < \delta_\varepsilon$ ならば，三角関数の公式

$$\sin x - \sin y = 2\cos\left(\frac{x+y}{2}\right)\sin\left(\frac{x-y}{2}\right)$$

と $|\sin z| \leq |z|$(命題 14.39) より，$|\sin x - \sin y| \leq |x - y| < \delta_\varepsilon$ となる．

演習 3.18　次の関数 $f : I \to \mathbb{R}$ が，I で一様連続であることを示せ．

(1)　$I = [0, \infty)$, $f(x) = e^{-x}$　　(2)　$I = [0, 100]$, $f(x) = x^2$

(3)　$I = \mathbb{R}$, $f(x) = \cos x$　　(4)　$I = [0, \infty)$, $f(x) = \sqrt{x}$

ヒント：(4) は $x, h \geq 0 \Rightarrow 0 \leq \sqrt{x+h} - \sqrt{x} \leq \sqrt{h}$ が成り立つことを利用する．

例 3.17　$f : \mathbb{R} \to \mathbb{R}$ を $f(x) = x^2$ で定義すると，f は $\mathbb{R}$ 上では一様連続とならない．実際，一様連続の定義を否定すると，次を満たす $\varepsilon_0 > 0$ が存在する．

「$\forall\delta > 0$ に対し，次が成り立つ $x_\delta, y_\delta \in \mathbb{R}$ がある．
『$|x_\delta - y_\delta| < \delta$ かつ $|f(x_\delta) - f(y_\delta)| \geq \varepsilon_0$』」

よって，$\varepsilon_0 = 1$ で「 $\cdots$ 」となると予測して，$\delta = \dfrac{1}{n}$ $(n \in \mathbb{N})$ に対して,『 $\cdots$ 』が成り立つ $x_n, y_n \in \mathbb{R}$ を見つければよい．

$\lim\limits_{n\to\infty} |x_n - y_n| = 0$ なのに $|f(x_n) - f(y_n)| \geq 1$ が成立するように選ぶのだが，仮に $x_n \geq 0$ で $y_n = x_n + \dfrac{1}{2n}$ となっているとする (つまり，$|x_n - y_n| = \dfrac{1}{2n} <$

$\dfrac{1}{n}$ となる). このとき, $\left|f(x_n)-f\left(x_n+\dfrac{1}{2n}\right)\right|=\dfrac{1}{n}x_n+\dfrac{1}{4n^2}\geq 1$ を満たせばよい. つまり, $x_n \geq n-\dfrac{1}{4n}$ となればよい. よって, $x_n=n$ と $y_n=n+\dfrac{1}{2n}$ ととれば, 次を満たす x_n, y_n があるので, 一様収束しないことが示せた.

$$|x_n-y_n|<\frac{1}{n} \text{ かつ } |f(x_n)-f(y_n)|\geq 1$$

演習 3.19 次の関数 $f: I \to \mathbb{R}$ が I で一様連続でないことを示せ.

(1) $I=(0,1]$, $f(x)=\dfrac{1}{x}$　　(2) $I=[0,\infty)$, $f(x)=e^x$

次の定理は後々, 有効になる.

定理 3.13** (有界閉区間上の連続関数)

$$f\in C[a,b] \Rightarrow f \text{ は } [a,b] \text{ 上で一様連続になる.}$$

注意 3.25 $[a,b]$ の代わりに開区間や非有界区間上の連続関数は一様連続とは限らない. 例 3.17 や演習 3.19 を参照.

定理 3.13 の証明 背理法で示す. 一様連続を否定すると次を満たす $\varepsilon_0>0$ が存在する.「$\forall n\in\mathbb{N}$ に対し, 次を満たす $x_n, y_n\in[a,b]$ が存在する.『$|x_n-y_n|<\dfrac{1}{n}$ かつ $|f(x_n)-f(y_n)|\geq\varepsilon_0$』」

ボルツァノ・ワイエルストラスの定理 (定理 2.10) より, $\{x_n\}$ の部分列 $\{x_{n_k}\}$ と $\alpha\in[a,b]$ で $\displaystyle\lim_{k\to\infty}x_{n_k}=\alpha$ となるものが存在する. $\{x_{n_k}\}$ に対する $\{y_n\}$ の部分列 $\{y_{n_k}\}$ は

$$|y_{n_k}-\alpha|\leq|y_{n_k}-x_{n_k}|+|x_{n_k}-\alpha|<\frac{1}{n_k}+|x_{n_k}-\alpha|$$

を満たす. $\forall\varepsilon>0$ に対し, 次が成り立つ $N_\varepsilon, N'_\varepsilon\in\mathbb{N}$ がある.

$$「k\geq N_\varepsilon \Rightarrow \frac{1}{n_k}<\frac{\varepsilon}{2}」\text{ と }「k\geq N'_\varepsilon \Rightarrow |x_{n_k}-\alpha|<\frac{\varepsilon}{2}」$$

よって，$\forall k \geq \max\{N_\varepsilon, N'_\varepsilon\}$ に対し，$|y_{n_k} - \alpha| < \varepsilon$ だから $\lim_{k\to\infty} y_{n_k} = \alpha$ となる．連続性から，$\lim_{k\to\infty}\{f(x_{n_k}) - f(y_{n_k})\} = f(\alpha) - f(\alpha) = 0$ が導かれ，$|f(x_{n_k}) - f(y_{n_k})| \geq \varepsilon_0$ に矛盾する． □

3.6 問題

$\lim_{x\to 0}\dfrac{\sin x}{x} = 1$ を用いてよい (命題 14.39 (iii))．

問題 3.1 次の極限を求めよ．ただし，$t \in \mathbb{R}$, $a > 0$ とする．

(1) $\displaystyle\lim_{x\to\pm\infty}\left(1+\frac{t}{x}\right)^x$ (2) $\displaystyle\lim_{x\to 0}(1+\sin x)^{\frac{1}{x}}$ (3) $\displaystyle\lim_{x\to\infty} x^{\frac{1}{x}}$

(4) $\displaystyle\lim_{x\to 0}\frac{e^{2x}-1}{e^{3x}-1}$ (5) $\displaystyle\lim_{x\to 0}\frac{\cos x - 1}{x^2}$ (6) $\displaystyle\lim_{x\to 1} x^{\frac{1}{1-x}}$

問題 3.2 「$0 < |x-1| < \delta$ ならば $\left|\dfrac{1}{1+x} - \dfrac{1}{2}\right| < 0.01$ となる」ような $\delta > 0$ を求めよ．

問題 3.3 次の関数 f は $x = 0$ で連続かどうか調べよ．

(1) $f(x) = \begin{cases} \dfrac{x\cos x}{\sin x} & (x \neq 0 \text{ のとき}) \\ 1 & (x = 0 \text{ のとき}) \end{cases}$

(2) $f(x) = \begin{cases} \dfrac{\sin x}{|x|} & (x \neq 0 \text{ のとき}) \\ 1 & (x = 0 \text{ のとき}) \end{cases}$

(3) $f(x) = \begin{cases} \cos\dfrac{1}{x} & (x \neq 0 \text{ のとき}) \\ 0 & (x = 0 \text{ のとき}) \end{cases}$

(4) $f(x) = \begin{cases} \dfrac{1}{1+e^{\frac{1}{x}}} & (x \neq 0 \text{ のとき}) \\ 0 & (x = 0 \text{ のとき}) \end{cases}$

(5) $f(x) = \begin{cases} \dfrac{x}{1+e^{\frac{1}{x}}} & (x \neq 0 \text{ のとき}) \\ 0 & (x = 0 \text{ のとき}) \end{cases}$

(6) $f(x) = \begin{cases} x \tan^{-1} \dfrac{1}{x} & (x \neq 0 \text{ のとき}) \\ 0 & (x = 0 \text{ のとき}) \end{cases}$

問題 3.4 区間 $I \subset \mathbb{R}$ に対し，$f \in C(I)$ ならば $|f| \in C(I)$ となることを示せ．

問題 3.5 $a_n > 0$ とするとき，次が成り立つことを示せ．

(1) $\displaystyle\lim_{n\to\infty} a_n = \alpha$ ならば $\displaystyle\lim_{n\to\infty} (a_1 a_2 \cdots a_n)^{\frac{1}{n}} = \alpha$ となる．

(2) $\displaystyle\lim_{n\to\infty} \frac{a_{n+1}}{a_n} = \alpha$ ならば $\displaystyle\lim_{n\to\infty} a_n^{\frac{1}{n}} = \alpha$ となる．

問題 3.6 $\mathbb{R}$ 上の連続関数 $f : \mathbb{R} \to \mathbb{R}$ に対し，次を示せ．

(1) $f(x+y) = f(x) + f(y)$ $(\forall x, y \in \mathbb{R})$ を満たすならば，$f(x) = ax$ $(\forall x \in \mathbb{R})$ となる $a \in \mathbb{R}$ が存在する．

(2) $f(x+y) = f(x)f(y)$ $(\forall x, y \in \mathbb{R})$ を満たすならば，$f(x) = a^x$ となる $a > 0$ が存在する．

問題 3.7 $f \in C[0,1]$ が $\forall x \in [0,1]$ に対し，$0 \leq f(x) \leq 1$ を満たすとする．$\alpha = f(\alpha)$ となる $\alpha \in [0,1]$ が存在することを示せ．

ヒント：$g(x) \overset{\text{def}}{\Longleftrightarrow} x - f(x)$ に対し中間値の定理 (定理 3.11) を用いる．

問題 3.8 $\sin^{-1} x + \cos^{-1} x = \dfrac{\pi}{2}$ を示せ．

問題 3.9 $-\infty < a < b < \infty$ に対し，$f : (a,b) \to \mathbb{R}$ が (a,b) 上で一様連続とする．$\displaystyle\lim_{x\to a-} f(x)$ および $\displaystyle\lim_{x\to b-} f(x)$ がいつも存在することを示せ．

問題 3.10 区間 I に対し，$f : I \to \mathbb{R}$ が次を満たす $M > 0$ が存在すると仮定する．

$$|f(x) - f(y)| \leq M|x - y| \quad (\forall x, y \in I)$$

(このとき，f は I 上で**リプシッツ**[2]**連続**とよばれる．) f は I で一様連続になることを示せ．

---

[2] Lipschitz (1832-1903)

第 II 部

1変数関数の微分積分

第 4 章

1 変数関数の微分の基礎

高校でも極限を導入した後で微分を勉強した．大学での極限の扱い方は厳密で難しかったので，微分も難しいと想像するかもしれないが，極限・連続さえ理解できていればそれほど難しくないはずである．つまり，今までの章がきわめて重要なので，もし理解が不十分ならばもう一度勉強し直すことを勧める．極端に言えば，今までの章が本質で，後はすべて「応用」とよべるかもしれない．

この章では，微分の定義・基本性質から始め，初等関数の微分の計算，平均値の定理・テイラー[1)]の定理までを述べる．

この章から,「次を満たす○□が存在する『…』」と書くときに,『…』を改行しないことにする．

4.1 定義と基本性質

この章でも，$-\infty < a < b < \infty$ に対し，$I \subset \mathbb{R}$ を開区間 (a, b) または閉区間 $[a, b]$ とする．

関数 $f : (a, b) \to \mathbb{R}$ の $\alpha \in (a, b)$ における微分の「値」は図 4.1 のように，h を 0 に近づけたときの「傾き」$\dfrac{f(\alpha + h) - f(\alpha)}{h}$ である．関数のグラフ $y = f(x)$ の接線の傾きにあたる．

これを厳密に述べるわけだが，まず「極限はいつでもあるとは限らない」ということは前章での教訓の一つであることを思い出す．すると，微分の値が存在するかどうかから始めなくてはならない．

1) Taylor (1685-1731)

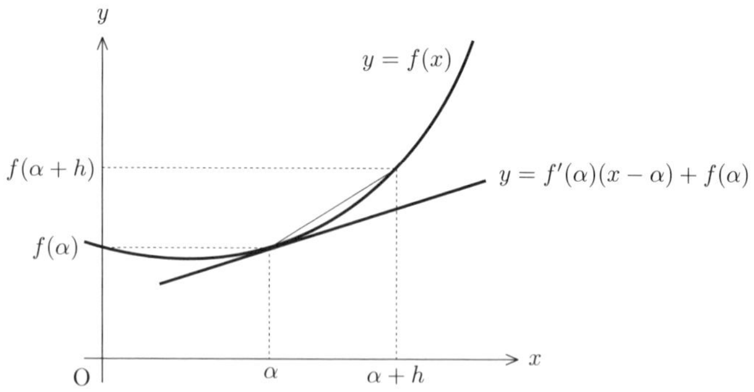

図 4.1 微分のイメージ

定義 4.1 関数 $f : I \to \mathbb{R}$ と $\alpha \in I$ に対し,

f が α で**微分可能**

$\overset{\text{def}}{\Longleftrightarrow}$ 次を満たす $l \in \mathbb{R}$ が存在する.「$\displaystyle\lim_{x\to\alpha}\frac{f(x) - f(\alpha)}{x - \alpha} = l$」

このとき,左辺を $\dfrac{df}{dx}(\alpha)$ と書き,l を f の α における**微分係数**とよぶ.

記号 $\dfrac{df}{dx}(\alpha)$ を $f'(\alpha)$ とも書く.

注意 4.1 I が開区間でない場合,例えば $I = [a, b]$ で $\alpha = a$ のときは極限は,$\displaystyle\lim_{x\in I\to a}\frac{f(x) - f(a)}{x - a}$ であることを思い出し (注意 3.5 の右極限を参照),**右微分係数**とよぶ.同様に,$f'(b) = \displaystyle\lim_{x\in I\to b}\frac{f(x) - f(b)}{x - b}$ であり,**左微分係数**とよぶ.以降,$I = [a, b]$ の場合に $f'(a)$ や $f'(b)$ は上述の右または左微分係数とする.

命題 3.1 では関数の収束を数列の言葉を使って言い換えた.微分可能性も同様に述べることができる.

命題 4.1

$f:I\to\mathbb{R}$ と $\alpha\in I$ に対し，次が成り立つ．

f が α で微分可能 $\Longleftrightarrow$

$$\begin{cases}\text{次を満たす } l\in\mathbb{R} \text{ が存在する.}\\ \text{「} x_n\in I\setminus\{\alpha\} \text{ が } \lim_{n\to\infty}x_n=\alpha \text{ を満たす} \Rightarrow \lim_{n\to\infty}\dfrac{f(x_n)-f(\alpha)}{x_n-\alpha}=l \text{」}\end{cases}$$

演習 4.1 上の命題 4.1 を証明せよ．ヒント：命題 2.1 の証明 (15 章) 参照．

次の命題から，微分可能性が連続性より強い概念であることがわかる．

命題 4.2*

関数 $f:I\to\mathbb{R}$ と $\alpha\in I$ に対し，

$$f \text{ が } \alpha \text{ で微分可能} \Rightarrow f \text{ は } \alpha \text{ で連続}$$

命題 4.2 の証明 $f'(\alpha)=l$ とする．$\forall\varepsilon>0$ に対し，次を満たす $\delta_{\varepsilon,\alpha}>0$ が存在する．「$x\in I$ が $0<|x-\alpha|<\delta_{\varepsilon,\alpha}$ を満たす $\Rightarrow \left|\dfrac{f(x)-f(\alpha)}{x-\alpha}-l\right|<\varepsilon$」
よって，これを書き換えると，

$$|f(x)-f(\alpha)|\leq(\varepsilon+|l|)|x-\alpha|<(\varepsilon+|l|)\delta_{\varepsilon,\alpha} \tag{4.1}$$

となる．$l=0$ のときは，あらかじめ $\delta_{\varepsilon,\alpha}\leq 1$ となるようにとっておけば (4.1) の右辺が ε で置き換えられる．

また，$l\neq 0$ のときは，$\delta_{\varepsilon,\alpha}=\min\left\{\dfrac{1}{2},\dfrac{\varepsilon}{2|l|}\right\}$ とおけば (4.1) の右辺を ε で置き直した式が成立し，連続の定義を満たす． □

数列や連続性で述べた基本性質に対応する性質を示す．しかしながら，微分の公式は "愚直" に証明すると見通しが悪い．そこで，微分可能性を別の言葉で言い換えた次の命題が役に立つ．

命題 4.3* (微分可能性の別表現)

$f : I \to \mathbb{R}$ が $\alpha \in I$ で微分可能

$\Longleftrightarrow$ 次を満たす関数 $\omega : \mathbb{R} \to \mathbb{R}$ と $A \in \mathbb{R}$ が存在する.

$$\begin{cases} \text{(i)} & \alpha + h \in I \Rightarrow f(\alpha + h) = f(\alpha) + Ah + h\omega(h) \\ \text{(ii)} & \lim_{h \to 0} \omega(h) = 0 \end{cases}$$

このとき, $A = f'(\alpha)$ となる.

命題 4.3 の証明　<u>$\Rightarrow$ の証明</u>　$A = f'(a)$ とおき, $x \in I \setminus \{\alpha\}$ に対し, $\omega(h) = \dfrac{f(\alpha + h) - f(\alpha)}{h} - f'(\alpha)$ とおくと, (i) を満たす. (ii) は f が α で微分可能だから成り立つ.

<u>$\Leftarrow$ の証明</u>　$\displaystyle\lim_{x \to \alpha} \frac{f(x) - f(\alpha)}{x - \alpha} = \lim_{x \to \alpha}(A + \omega(x - \alpha)) = A$ となる. この A を $f'(\alpha)$ で定義したことを思い出す. □

次の微分の基本性質は, すでに高校で学習しているので, 命題 4.3 を用いた厳密な証明は第 15 章で述べる.

定理 4.4** (微分可能性の基本性質)　(証明は 15 章)

$f,\ g : I \to \mathbb{R}$ が $\alpha \in I$ で微分可能とする.

(i)　$\forall s, t \in \mathbb{R}$ に対し, $sf + tg$ は α で微分可能で, 次が成り立つ.

$$(sf + tg)'(\alpha) = sf'(\alpha) + tg'(\alpha) \quad \text{(線形性)}$$

(ii)　fg は α で微分可能で, 次が成り立つ.

$$(fg)'(\alpha) = f'(\alpha)g(\alpha) + f(\alpha)g'(\alpha) \quad \text{(積の微分公式)}$$

(iii)　$f(\alpha) \neq 0$ ならば, $\dfrac{g}{f}$ は α で微分可能で, 次が成り立つ.

$$\left(\frac{g}{f}\right)'(\alpha) = \frac{g'(\alpha)f(\alpha) - g(\alpha)f'(\alpha)}{f^2(\alpha)} \quad \text{(商の微分公式)}$$

次の合成関数の微分は, 命題 4.3 の使い方を知るために証明も述べる.

定理 4.5** **(合成関数の微分)**

$I=(a,b), J=(c,d)\subset\mathbb{R}$, 関数 $f:I\to\mathbb{R}$ と $g:J\to\mathbb{R}$ に対し，次の (i)(ii)(iii) を仮定する．

$$\begin{cases} \text{(i)} & \forall x\in I \text{ に対し，} f(x)\in J \\ \text{(ii)} & f \text{ は } \alpha\in I \text{ で微分可能} \\ \text{(iii)} & g \text{ は } f(\alpha)\in J \text{ で微分可能} \end{cases}$$

$\Rightarrow$ 合成関数 $g\circ f:I\to\mathbb{R}$ は α で微分可能であり，次が成り立つ．

$$(g\circ f)'(\alpha)=g'(f(\alpha))f'(\alpha)$$

定理 4.5 の証明　$\beta=f(\alpha)$ とおく．命題 4.3 より，$\omega_f,\omega_g:\mathbb{R}\to\mathbb{R}$ で

$$\begin{cases} (1) & \lim_{h\to 0}\omega_g(h)=\lim_{h\to 0}\omega_f(h)=0 \\ (2) & f(\alpha+h)=f(\alpha)+f'(\alpha)h+h\omega_f(h) \\ (3) & g(\beta+h)=g(\beta)+g'(\beta)h+h\omega_g(h) \end{cases} \tag{4.2}$$

を満たすものがある．次が成り立つ $\omega:\mathbb{R}\to\mathbb{R}$ があれば，命題 4.3 から証明が終わる．

$$\begin{cases} (1) & \lim_{h\to 0}\omega(h)=0, \\ (2) & g\circ f(\alpha+h)-g\circ f(\alpha)-g'(\beta)f'(\alpha)h=h\omega(h) \end{cases} \tag{4.3}$$

(4.2) の (2) より，$g\circ f(\alpha+h)=g(\beta+\underline{f'(\alpha)h+h\omega_f(h)})$ であり，(4.2) の (3) 式において，h を下線部で置き換えると次のように変形できる．

式 (4.3) の (2) の左辺

$$=g(\beta+\underline{f'(\alpha)h+h\omega_f(h)})-g(\beta)-g'(\beta)f'(\alpha)h$$

$$=\{g'(\beta)+\omega_g(\underline{f'(\alpha)h+h\omega_f(h)})\}\{\underline{f'(\alpha)h+h\omega_f(h)}\}-g'(\beta)f'(\alpha)h$$

$$=h\left[\omega_g(f'(\alpha)h+h\omega_f(h))\{f'(\alpha)+\omega_f(h)\}+g'(\beta)\omega_f(h)\right]$$

この最後の式の $[\cdots]$ を $\omega(h)$ とおくと，$\lim_{h\to 0}\omega(h)=0$ となる．　□

4.1.1　導関数

定義域 $I \subset \mathbb{R}$ 上で微分可能な関数の定義を述べる.

定義 4.2　$f : I \to \mathbb{R}$ に対し,

$$f \text{ が } I \text{ 上で}\textbf{微分可能} \overset{\text{def}}{\Longleftrightarrow} \forall x \in I \text{ で } f \text{ が微分可能}$$

このとき, 関数 $f' : I \to \mathbb{R}$ を f の**導関数**とよぶ.

一点での微分可能性に関する重要な性質を I 上で微分可能な場合に述べておく.

系 4.6
関数 $f : I \to \mathbb{R}$ に対し,

$$f \text{ が } I \text{ 上で微分可能} \Rightarrow f \in C(I)$$

系 4.7 (微分可能性の基本性質)
$f,\ g : I \to \mathbb{R}$ が I 上で微分可能とする.

(i)　$\forall s, t \in \mathbb{R}$ に対し, $sf + tg$ は I 上で微分可能で, 次が成り立つ.

$$(sf + tg)'(x) = sf'(x) + tg'(x)\ (\forall x \in I) \quad \text{(線形性)}$$

(ii)　fg は I 上で微分可能で, 次が成り立つ.

$$(fg)'(x) = f'(x)g(x) + f(x)g'(x)\ (\forall x \in I) \quad \text{(積の微分公式)}$$

(iii)　$f(x) \neq 0\ (\forall x \in I) \Rightarrow \dfrac{g}{f}$ は I 上で微分可能で, 次が成り立つ.

$$\left(\frac{g}{f}\right)'(x) = \frac{g'(x)f(x) - g(x)f'(x)}{f^2(x)}\ (\forall x \in I) \quad \text{(商の微分公式)}$$

系 4.8 (合成関数の微分)

$I=(a,b), J=(c,d)\subset\mathbb{R}$, 関数 $f:I\to\mathbb{R}$ と $g:J\to\mathbb{R}$ に対し，次の (i)(ii)(iii) を仮定する．

$$\begin{cases} \text{(i)} & \forall x\in I \text{ に対し, } f(x)\in J \\ \text{(ii)} & f \text{ は } I \text{ 上で微分可能} \\ \text{(iii)} & g \text{ は } J \text{ 上で微分可能} \end{cases}$$

$\Rightarrow$ 合成関数 $g\circ f:I\to\mathbb{R}$ は I 上で微分可能であり，次が成り立つ．

$$(g\circ f)'(x)=g'(f(x))f'(x)\quad(\forall x\in I)$$

よく知られた関数の導関数を求める．高校で習ったことだが，導関数がどのように導かれたかを復習する．

例 4.1 (一次関数) $a,b\in\mathbb{R}$ に対し，$(ax+b)'=a$

$f(x)=ax+b$ とおくと，$h\neq 0$ ならば $\dfrac{f(x+h)-f(x)}{h}=a$ となる．

例 4.2 (自然数べき乗関数) $n\in\mathbb{N}, n\geq 2$ に対し，$(x^n)'=nx^{n-1}$

二項定理 (命題 2.8) を確認しておく．

$$(a+b)^n=\sum_{k=0}^{n}{}_nC_k a^k b^{n-k}$$

$f(x)=x^n$ とおく．定義に戻れば，

$$\frac{f(x+h)-f(x)}{h}=\frac{(x+h)^n-x^n}{h}=\sum_{k=0}^{n-1}{}_nC_k x^k h^{n-k-1}$$
$$=\underline{{}_nC_{n-1}x^{n-1}}+\sum_{k=0}^{n-2}{}_nC_k x^k h^{n-k-1}$$

となる．右辺第 2 項の和の部分を $\omega(h)$ とおけば，$\lim_{h\to 0}\omega(h)=0$ が成り立つ．よって，命題 4.3 より，$f'(x)={}_nC_{n-1}x^{n-1}=nx^{n-1}$ となる．

例 4.3 (三角関数)　$(\sin x)' = \cos x$, $(\cos x)' = -\sin x$, $(\tan x)' = \dfrac{1}{\cos^2 x}$
三角関数の公式により次の等式が成り立つ.

$$\begin{aligned}\sin(x+h) - \sin x &= \sin\left(x + \frac{h}{2} + \frac{h}{2}\right) - \sin\left(x + \frac{h}{2} - \frac{h}{2}\right) \\ &= 2\cos\left(x + \frac{h}{2}\right)\sin\frac{h}{2}\end{aligned}$$

だから, $\dfrac{\sin(x+h) - \sin x}{h} = \cos\left(x + \dfrac{h}{2}\right) \cdot \dfrac{2}{h}\sin\dfrac{h}{2}$ となる. ところで, 命題 14.39 (iii) より, $\lim_{h\to 0} \dfrac{2}{h}\sin\dfrac{h}{2} = 1$ なので, 定理 3.3 (ii) (演習 15.5 も参照) より $\lim_{h\to 0} \dfrac{1}{h}\{\sin(x+h) \ - \sin x\} = \cos x$ が成り立つ.

$\cos x = \sin\left(x - \dfrac{\pi}{2}\right)$ なので, 合成関数の微分 (定理 4.5) より, $\cos' x = \cos\left(x - \dfrac{\pi}{2}\right) = -\sin x$ となる.

定理 4.4 (iii) より, $(\tan x)' = \left(\dfrac{\sin x}{\cos x}\right)' = \dfrac{\cos^2 x + \sin^2 x}{\cos^2 x} = \dfrac{1}{\cos^2 x}$

例 4.4 (指数関数)　　　　$(e^x)' = e^x$
$\dfrac{e^{x+h} - e^x}{h} = e^x \dfrac{e^h - 1}{h}$ となるが, 演習 3.11 より $\lim_{h\to 0} \dfrac{e^h - 1}{h} = 1$ なので $(e^x)' = e^x$ が成り立つ.

例 4.5 (対数関数)　　　　$(\log x)' = \dfrac{1}{x}$ $(x > 0)$
$x > 0$ と $0 < |h| < x$ に対し,

$$\frac{\log(x+h) - \log x}{h} = \log\left(1 + \frac{h}{x}\right)^{\frac{1}{h}} = \frac{1}{x}\log\left(1 + \frac{h}{x}\right)^{\frac{x}{h}}$$

右辺の $(\cdots)^{\frac{x}{h}}$ は例 3.8 より e に収束するので, $(\log x)' = \dfrac{1}{x}$ となる.

例 4.6 (べき乗関数)　$t \in \mathbb{R}$ $(t \neq 0)$ に対し, $(x^t)' = tx^{t-1}$ $(x > 0)$
まず, $x^t = (e^{\log x})^t = e^{t \log x}$ に注意する. (ここで, $(x^r)^s = x^{rs}$(命題 14.7 (iii)) を使った.) $g(y) = e^y$, $f(x) = t \log x$ とおくと, $x^t = g \circ f(x)$ だから, 合

成関数の微分の公式 (定理 4.5) より，$(x^t)' = g'(f(x))f'(x) = e^{f(x)}\dfrac{t}{x} = tx^{t-1}$ となる．

合成関数の微分定理 4.5 を用いると，いろいろな関数の微分が計算できる．

例 4.7 $a, b \in \mathbb{R}$ に対し，$g(x) = f(ax+b)$ とおくと，$g'(x) = af'(ax+b)$ となる．例えば，$(e^{ax+b})' = ae^{ax+b}$ となる．

演習 4.2 次の関数の導関数を求めよ．$a, b, c \in \mathbb{R}, n \in \mathbb{N}$ とする．

(1)	$\sin(\cos x)$	(2)	e^{ax^2+bx+c}	(3)	$\log(\cos x)$ $\left(\lvert x\rvert < \dfrac{\pi}{2}\right)$
(4)	a^x $(a > 0)$	(5)	$x^n \log x$	(6)	x^x $(x > 0)$
(7)	$\sqrt{\dfrac{1-\sqrt{x}}{1+\sqrt{x}}}$	(8)	$x\sqrt{\dfrac{a-x}{a+x}}$	(9)	$\sqrt{\sqrt{x^2-1}+\sqrt{x^2+1}}$
(10)	$\sqrt{1+\log x}$	(11)	$x^{\frac{1}{x}}$	(12)	$\log\left(\log(x^2+e^x)\right)$

4.2 逆関数の微分

逆関数の定義や性質は前章を参照せよ．

定理 4.9* (逆関数の微分)

$f : I \to \mathbb{R}$ を I 上で微分可能とする．

$f^{-1} : R(f) \to 2^I$ が逆関数で，$f'(\alpha) \neq 0$ $(\alpha \in I)$

$\Rightarrow f^{-1}$ は $f(\alpha)$ で微分可能で，$(f^{-1})'(f(\alpha)) = \dfrac{1}{f'(\alpha)}$

注意 4.2 定理 4.9 の結論の式 $(f^{-1})'(f(\alpha)) = \dfrac{1}{f'(\alpha)}$ は注意が必要である．f^{-1} の変数を y, f の変数を x としたとき，$\dfrac{df^{-1}}{dy}(f(\alpha)) = \dfrac{1}{f'(\alpha)}$ のことである．ただし，右辺の $f'(\alpha)$ は $\dfrac{df}{dx}(\alpha)$ である．具体的には下の例 4.8 を参照せよ．

定理 4.9 の証明 $\beta = f(\alpha)$ とおく．

$k \neq 0$ が $\beta + k \in R(f)$ を満たすとする．$f^{-1}(\beta + k) - \alpha = g(k)$ とおけば，$f(\alpha + g(k)) = \beta + k$ となる．また，f^{-1} は連続だから (定理 3.10) $\lim_{k\to 0} g(k) = 0$ が成り立つ．

$f^{-1}(\beta+k) - f^{-1}(\beta) = f^{-1}(f(\alpha+g(k))) - f^{-1}(f(\alpha))$ に注意すると，$f^{-1}(\beta+k) \neq f^{-1}(\beta)$ である．よって，次が導かれる．

$$\frac{f^{-1}(\beta + k) - f^{-1}(\beta)}{k} = \frac{1}{\dfrac{f(\alpha + g(k)) - f(\alpha)}{g(k)}}$$

f は α で微分可能だから，$\omega_f(h) = \dfrac{f(\alpha + h) - f(a)}{h} - f'(\alpha)$ とおくと，$\lim_{h\to 0} \omega_f(h) = 0$ となる．よって，この式の右辺は $\dfrac{1}{f'(\alpha) + \omega_f(g(k))}$ となり，$k \to 0$ のとき，$\dfrac{1}{f'(\alpha)}$ に収束する．ゆえに，f^{-1} は β で微分可能で，$(f^{-1})'(\beta) = \dfrac{1}{f'(\alpha)}$ が成り立つ． □

例 4.8 (逆三角関数の微分) $\sin^{-1} : [-1, 1] \to \left[-\dfrac{\pi}{2}, \dfrac{\pi}{2}\right]$ に対し，$(\sin^{-1})'x = \dfrac{1}{\sqrt{1 - x^2}}$ となる ($|x| < 1$). $(\sin^{-1})'x = \left(\dfrac{1}{\sin x}\right)'$ と間違えてはいけない．

実際，$y = g(x) = \sin^{-1} x$ とおくと，$g^{-1}(y) = \sin y$ に注意して，$\dfrac{1}{g'(x)} = (g^{-1})'(g(x)) = \cos(\sin^{-1} x)$ が得られる (定理 4.9)．$\sin y = x$ だから $\cos y = \sqrt{1 - \sin^2 y} = \sqrt{1 - x^2}$ なので $(\sin^{-1})'x = \dfrac{1}{\sqrt{1 - x^2}}$ となる．

演習 4.3 次の微分を求めよ．$a \in \mathbb{R}$ とする．

(1) $\cos^{-1} x$ (2) $\tan^{-1} x$ (3) $\sin^{-1}(\cos x)$

(4) $\cos^{-1}(2 \sin x)$ (5) $\tan^{-1}\left(\dfrac{a + x}{1 - ax}\right)$ (6) $\sin^{-1}(3x - 4x^3)$

4.3 高階の微分

関数 $f: I \to \mathbb{R}$ が I 上で微分可能なとき，その導関数 $f': I \to \mathbb{R}$ がさらに微分できる場合を考える．

> **定義 4.3** $f: I \to \mathbb{R}$ と $\alpha \in I$ に対し，
>
> f が α で **2 階微分可能**
> $\overset{\text{def}}{\Longleftrightarrow}$ 次を満たす $\varepsilon > 0$ がある．
>
> $$\begin{cases} \text{(i)} & f \text{ は } (\alpha-\varepsilon, \alpha+\varepsilon) \cap I \text{ で微分可能} \\ \text{(ii)} & f': (\alpha-\varepsilon, \alpha+\varepsilon) \cap I \to \mathbb{R} \text{ が } \alpha \text{ で微分可能} \end{cases}$$
>
> このとき，$(f')'(\alpha)$ を $f''(\alpha)$ と書き，f の α での **2 階微分係数**とよぶ．

> **記号** $f''(\alpha)$ を $\dfrac{d^2 f}{dx^2}(\alpha)$ とも書く．

同様に，3 階微分可能，$\cdots, n$ 階微分可能や 3 階微分係数，$\cdots, n$ 階微分係数が定義できる．n 階微分係数を $f^{(n)}(\alpha)$ $\left(\text{または，} \dfrac{d^n f}{dx^n}(\alpha)\right)$ と書く．

$n = 1, 2$ のときは，$f'(\alpha)$ や $f''(\alpha)$ の方が $f^{(1)}(\alpha)$ や $f^{(2)}(\alpha)$ より多く使われる．また，$f^{(0)}(\alpha)$ は $f(\alpha)$ のことと約束する．

以上は，一点での 2 階以上の微分係数の定義であるが，定義域全体で 2 階以上微分できる場合を考える．

> **定義 4.4** $f: I \to \mathbb{R}$ に対し，
>
> $$f \text{ が } I \text{ 上で } \textbf{2 階微分可能} \overset{\text{def}}{\Longleftrightarrow} \forall x \in I \text{ で } f \text{ が 2 階微分可能}$$
>
> このとき，$x \in I$ に対し，$f''(x)$ を対応させた関数を f の **2 階導関数**とよぶ．

同様に，3 階導関数，$\cdots, n$ 階導関数 も定義できる．n 階導関数は $f^{(n)}$ $\left(\text{または，} \dfrac{d^n f}{dx^n}\right)$ と書く．

例 4.9 $f(x) = \cos x$ とすると，$f^{(n)}(x) = \cos\left(x - \frac{n\pi}{2}\right)$ となる．

$f'(x) = -\sin x = \cos\left(x - \frac{\pi}{2}\right)$ であり，n で上式が成立したとすると $f^{(n+1)}(x) = \cos'\left(x - \frac{n\pi}{2}\right) = -\sin\left(x - \frac{n\pi}{2}\right) = \cos\left(x - \frac{(n+1)\pi}{2}\right)$ であるので，数学的帰納法よりすべての n で成立する．

演習 4.4 次の関数を f とおいたとき，n 階導関数 $f^{(n)}$ を求めよ．ただし，$a, b \in \mathbb{R}$, $k \in \mathbb{N}$ とする．

(1) $\sin x$　(2) e^{ax}　(3) $x^{n-1}e^{\frac{1}{x}}$

(4) $\log(1+x)\quad(x > -1)$　(5) $(ax+b)^k$　(6) $\dfrac{1}{1-x}\quad(x \neq 1)$

関数の積の高階の微分公式 (ライプニッツ[2]の公式) を与える．

定理 4.10** **(ライプニッツの公式)**　(証明は 15 章)

$f, g : I \to \mathbb{R}$ を $\alpha \in I$ で n 階微分可能とする

$$\Rightarrow (fg)^{(n)}(\alpha) = \sum_{k=0}^{n} {}_nC_k f^{(k)}(\alpha) g^{(n-k)}(\alpha)$$

4.4 平均値の定理・テイラーの定理

複雑な関数をなるべく簡単な関数で「表せれば」便利なことがある．簡単な関数の候補として，x の多項式を考えるのは自然であろう．ここでの目標の n 次のテイラー展開とは，関数を多項式で近似することに対応する．

次の補題は，後述する平均値の定理の証明に必要になる．

---

[2] Leibniz (1646-1716)

補題 4.11* **(ロル[3] の定理)**

$f \in C[a,b]$ が (a,b) 上で微分可能とする.

$$f(a) = f(b) \Rightarrow f'(\alpha) = 0 \text{ となる } \alpha \in (a,b) \text{ が存在する.}$$

補題 4.11 の証明　最大値・最小値原理 (定理 3.12) より, $\max\{f(x) \mid x \in [a,b]\} = f(\alpha)$ と $\min\{f(x) \mid x \in [a,b]\} = f(\beta)$ となる $\alpha, \beta \in [a.b]$ がある.

もし, $f(\alpha) = f(\beta)$ ならば, f は定数関数になり, $f'(x) = 0$ $(\forall x \in (a,b))$ なので, $\forall \alpha \in (a,b)$ に対し $f'(\alpha) = 0$ となる.

よって, $f(\alpha) > f(\beta)$ の場合に証明する. $f(a)$ の値は, $f(\alpha)$ と $f(\beta)$ とは同時に等しくならないので, $f(\alpha) > f(a) \geq f(\beta)$ または, $f(\alpha) \geq f(a) > f(\beta)$ のどちらかになる.

$f(\alpha) > f(a) \geq f(\beta)$ と仮定して証明する.

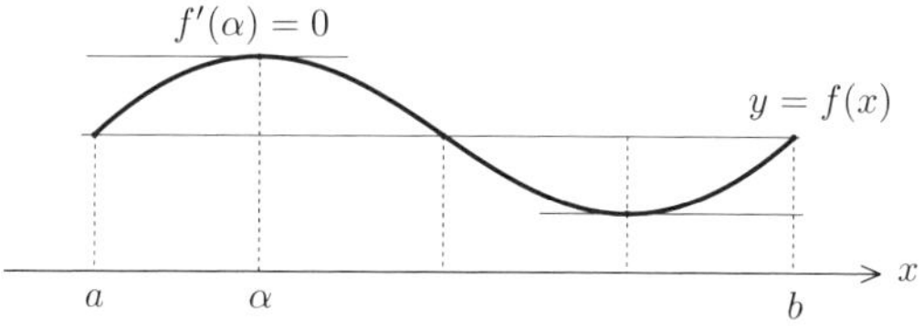

図 4.2　ロルの定理のイメージ

$\alpha \neq a$ かつ $\alpha \neq b$ なので, $n \in \mathbb{N}$ が $\dfrac{1}{n} < \min\{\alpha - a, b - \alpha\}$ を満たせば, $\alpha \pm \dfrac{1}{n} \in (a,b)$ となる. よって, $f\left(\alpha + \dfrac{1}{n}\right) \leq f(\alpha)$ だから,

$$\frac{f\left(\alpha + \frac{1}{n}\right) - f(\alpha)}{\frac{1}{n}} \leq 0$$

であり, f は α で微分可能だから, 命題 4.1 より $f'(\alpha) \leq 0$ となる. 一方,

$$\frac{f\left(\alpha - \frac{1}{n}\right) - f(\alpha)}{-\frac{1}{n}} \geq 0$$

[3] Rolle (1652-1719)

であり，同様に $f'(\alpha) \geq 0$ となる．ゆえに $f'(\alpha) = 0$ が成り立つ．　□

演習 4.5　補題 4.11 の証明で，$f(\alpha) \geq f(a) > f(\beta)$ の場合を証明せよ．

次の重要な定理は，関数の 1 次関数による“近似”とも見なせる．

定理 4.12** **(平均値の定理)**

$f \in C[a,b]$ が (a,b) 上で微分可能とする
$\Rightarrow \dfrac{f(b)-f(a)}{b-a} = f'(\alpha)$ となる $\alpha \in (a,b)$ が存在する．

注意 4.3　$\alpha \in (a,b)$ なので，α は a と b の内分点になる．よって, α の代わりに「$\dfrac{f(b)-f(a)}{b-a} = f'(a+\theta(b-a))$ となる $\theta \in (0,1)$ が存在する」としてよい．

定理 4.12 の証明　$g(x) = f(x) - \dfrac{f(b)-f(a)}{b-a}(x-a)$ とおくと，g は $[a,b]$ 上で連続で (a,b) 上で微分可能であり，$g(a) = f(a) = g(b)$ も成り立つ．よって，ロルの定理 (補題 4.11) より $g'(\alpha) = 0$ となる $\alpha \in (a,b)$ が存在する．つま

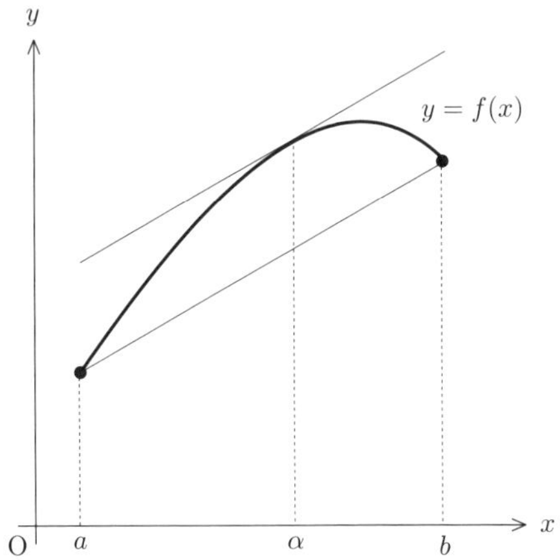

図 4.3　平均値の定理のイメージ

り，$0 = g'(\alpha) = f'(\alpha) - \dfrac{f(b) - f(a)}{b - a}$ となる． □

系 4.13

$f \in C[a, b]$ が (a, b) 上で微分可能とする．

$$\forall x \in (a, b) \text{ に対し，} f'(x) = 0 \Rightarrow f \text{ は定数関数}$$

演習 4.6 系 4.13 を証明せよ．
ヒント：$f(\alpha) < f(\beta)$ となる $\alpha, \beta \in [a, b]$ があるとして矛盾を導く．

平均値の定理の応用として，関数の増減と微分の関係を述べる．

命題 4.14 (証明は 15 章)

$I = (a, b)$ とし，$f : I \to \mathbb{R}$ は I で微分可能とする．

(i) $f'(x) \geq 0$ $(\forall x \in I) \Rightarrow f$ は I 上で増加関数

(ii) $f'(x) > 0$ $(\forall x \in I) \Rightarrow f$ は I 上で狭義増加関数

(iii) $f'(x) \leq 0$ $(\forall x \in I) \Rightarrow f$ は I 上で減少関数

(iv) $f'(x) < 0$ $(\forall x \in I) \Rightarrow f$ は I 上で狭義減少関数

次に記号を導入する．

記号 $n \in \mathbb{N}$ に対し，

$$C^n(I) \overset{\text{def}}{\Longleftrightarrow} \left\{ f : I \to \mathbb{R} \;\middle|\; \begin{array}{c} f \text{ は } I \text{ 上で，} n \text{ 階微分可能かつ} \\ f^{(n)} \text{ が } I \text{ 上で連続} \end{array} \right\}$$

注意 4.4 $f \in C^n(I)$ のとき，f を I で C^n 級とよぶこともある．
$I = [a, b]$ のとき，$C^n[a, b]$ と書き，$I = (a, b)$ のとき，$C^n(a, b)$ と書く．

平均値の定理の高階微分版が次のテイラーの定理である．

定理 4.15** (テイラーの定理)

自然数 $n \geq 2$ と $f \in C^{n-1}[a,b]$ に対し，$f^{(n-1)}$ が (a,b) で微分可能とする．

次を満たす $\theta_{a,b} \in (0,1)$ が存在する．

$$\begin{aligned} f(b) = f(a) &+ f'(a)(b-a) + \frac{1}{2!}f''(a)(b-a)^2 \\ &+ \cdots + \frac{1}{(n-1)!}f^{(n-1)}(a)(b-a)^{n-1} \\ &+ \underline{\frac{1}{n!}f^{(n)}(a+\theta_{a,b}(b-a))(b-a)^n} \end{aligned} \tag{4.4}$$

注意 4.5 $f \in C^n[a,b]$ ならば，上記の定理の仮定を満たすことに注意する．

(4.4) 式を a における n **次のテイラー展開**とよび，最後の項 (下線部) を**ラグランジュ**[4)]**の剰余項**とよぶ．

$n = 1$ のときは，平均値の定理 (定理 4.12) である．

定理 4.15 の証明 $x \in [a,b]$ に対し，$g : [a,b] \to \mathbb{R}$ を次のようにおく．

$$g(x) = f(b) - \sum_{k=0}^{n-1} \frac{f^{(k)}(x)}{k!}(b-x)^k - \rho(b-x)^n$$

ただし，$\rho \in \mathbb{R}$ は，後で決める．

g は連続関数だから，$g(b) = \lim_{x\to b} g(x) = 0$ となる (特に，和の $k = 0$ のところは $f(b)$ であることに注意)．一方，

$$g(a) = f(b) - \sum_{k=0}^{n-1} \frac{f^{(k)}(a)}{k!}(b-a)^k - \rho(b-a)^n$$

となる．そこで，

$$\rho = \frac{1}{(b-a)^n}\left\{f(b) - \sum_{k=0}^{n-1} \frac{f^{(k)}(a)}{k!}\right\}$$

とおけば，$g(a) = 0$ が成り立つ．

よって，ロルの定理 (補題 4.11) より $g'(\alpha_{a,b}) = 0$ となる $\alpha_{a,b} \in (a,b)$ がある．

---

4) Lagrange (1736-1813)

$\alpha_{a,b} = a + \theta_{a,b}(b-a)$ となる $\theta_{a,b} \in (0,1)$ があることに注意する．$g'(\alpha_{a,b}) = 0$ を計算すれば，

$$0 = \sum_{k=0}^{n-1} \frac{f^{(k+1)}(\alpha_{a,b})}{k!}(b-\alpha_{a,b})^k - \sum_{k=1}^{n-1} \frac{f^{(k)}(\alpha_{a,b})}{(k-1)!}(b-\alpha_{a,b})^{k-1} - \rho n(b-\alpha_{a,b})^{n-1}$$

となるが，第 1 項の $k = n-1$ の項と第 3 項だけ残るので次が成立する．

$$\frac{f^{(n)}(\alpha_{a,b})}{(n-1)!} = \rho n$$

ρ の選び方から，(4.4) 式が導かれる． □

テイラーの定理を言い換えると使いやすい形になる．

系 4.16* (n 次のテイラー展開)

$n \in \mathbb{N}$ とする．$f \in C^n(a,b)$ と $x, \alpha \in (a,b)$ に対し，次を満たす $\theta_{x,\alpha} \in (0,1)$ が存在する．

$$f(x) = f(\alpha) + f'(\alpha)(x-\alpha) + \frac{1}{2!}f''(\alpha)(x-\alpha)^2 + \cdots + \frac{1}{(n-1)!}f^{(n-1)}(\alpha)(x-\alpha)^{n-1} + \frac{1}{n!}f^{(n)}(\alpha + \theta_{x,\alpha}(x-\alpha))(x-\alpha)^n$$

演習 4.7 系 4.16 を証明せよ．

例 4.10 $f(x) = x^3$ の $x = 0$ での 4 次のテイラー展開は，$f(x) = x^3$ そのものである．実際，$f(0) = f'(0) = f''(0) = 0$, $f^{(3)}(0) = 6$, $f^{(4)}(x) = 0$ となるので代入すればよい．

同じ関数の $x = 0$ での 3 次のテイラー展開も $f(x) = x^3$ である．

しかし，同じ関数でも $x = 1$ での 3 次のテイラー展開は，$f(1) = 1$, $f'(1) = 3$, $f''(1) = 6$, $f^{(3)}(x) = 6$ なので，定理の右辺は $1 + 3(x-1) + 3(x-1)^2 + (x-1)^3$ となる．計算すると x^3 と一致している．

このように，f が多項式の場合は $x = 0$ でのテイラー展開は自明になる．

例 4.11　$f(x)=\log(1+x)$ の $x=0$ での n 次のテイラー展開を求める.

$$f'(x)=\frac{1}{1+x},\ f''(x)=-\frac{1}{(1+x)^2},\cdots,f^{(n)}=(-1)^{n-1}\frac{(n-1)!}{(1+x)^n}$$

なので, $|x|<1$ に対し, 次のようになる $\theta_x\in(0,1)$ が存在する.

$$\log(1+x)=x-\frac{x^2}{2}+\frac{x^3}{3}+\cdots+(-1)^{n-2}\frac{x^{n-1}}{n-1}+(-1)^{n-1}\frac{x^n}{n(1+\theta_x x)^n}$$

テイラーの定理の特別な場合は別の名称がある.

系 4.17* **(マクローリン[5])の定理)**
$r>0,\ n\in\mathbb{N},\ f\in C^n(-r,r)$ と $|x|<r$ に対し, 次を満たす $\theta_x\in(0,1)$ が存在する.

$$f(x)=f(0)+f'(0)x+\frac{1}{2!}f''(0)x^2+\cdots+\frac{1}{(n-1)!}f^{(n-1)}(0)x^{n-1}\\+\frac{1}{n!}f^{(n)}(\theta_x x)x^n$$

注意 4.6　マクローリンの定理の式を n 次の**マクローリン展開**とよぶ.

演習 4.8　系 4.17 を証明せよ.

4.5　問題

問題 4.1　f を次のように与えるとき, f が 0 で微分可能となる $\{a_n\}$ の条件を求めよ. また, そのときの $f'(0)$ を求めよ.

$$f(x)=\begin{cases}-a_n & \left(-\dfrac{1}{n}\leq x<-\dfrac{1}{n+1}\text{のとき}\right)\\ 0 & (x=0\text{ のとき})\\ a_n & \left(\dfrac{1}{n+1}<x\leq\dfrac{1}{n}\text{のとき}\right)\end{cases}$$

5) Maclaurin (1698-1746)

問題 4.2 $f(x) = |x|$ は $x = 0$ で微分可能でないことを示せ.

問題 4.3 $f \in C^2(a,b)$ と $\alpha \in (a,b)$ に対し，次が成り立つことを示せ.

$$\lim_{h \to 0} \frac{f(\alpha + h) + f(\alpha - h) - 2f(\alpha)}{h^2} = f''(\alpha)$$

問題 4.4 次の不等式を示せ. $\alpha > 1,\ 0 < \beta < 1$ とする.

(1) $x > -1$ かつ $x \neq 0 \Rightarrow (1+x)^\alpha > 1 + \alpha x$

(2) $x > -1$ かつ $x \neq 0 \Rightarrow (1+x)^\beta < 1 + \beta x$

(3) $0 < x < \dfrac{\pi}{2} \Rightarrow \dfrac{2}{\pi} x < \sin x < x$ (4) $x > 0 \Rightarrow x - \dfrac{x^3}{6} < \sin x < x$

(5) $1 - \dfrac{x^2}{2} < \cos x < 1 - \dfrac{x^2}{2} + \dfrac{x^4}{4!}$

(6) $x < 1$ かつ $x \neq 0 \Rightarrow 1 + x < e^x < \dfrac{1}{1-x}$

問題 4.5 $f : (-1,1) \to \mathbb{R}$ を $f(x) = \sin^{-1} x$ で与える.

(1) $(1 - x^2) f''(x) = x f'(x)$ を示せ.

(2) $n \in \mathbb{N}$ に対し，次が成り立つことを示せ.

$$\begin{aligned}&(1 - x^2) f^{(n+2)}(x) - 2nx f^{(n+1)}(x) - n(n-1) f^{(n)}(x) \\ &= x f^{(n+1)}(x) + n f^{(n)}(x)\end{aligned}$$

(3) $m \in \mathbb{N}$ に対し，$f^{(2m)}(0) = 0$ を示せ.

(4) $m \in \mathbb{N}$ に対し，$f^{(2m+1)}(0) = 1^2 \cdot 3^2 \cdot 5^2 \cdots (2m-1)^2$ を示せ.

問題 4.6 $f(x) = x^{n-1} \log x$ の n 次導関数を求めよ.

問題 4.7 $f \in C^1[a,b]$ ならば，f は $[a,b]$ でリプシッツ連続になることを示せ. リプシッツ連続の定義は問題 3.10 を参照せよ.

問題 4.8 次の関数の n 次のマクローリン展開を求めよ. ただし，$a \in \mathbb{R}$ とする.

(1) $\sin x$ (2) $\cos x$ (3) e^x (4) $(1+x)^a$

(5) $\dfrac{1}{1-x}$ (6) $\dfrac{1}{(1-x)^2}$ (7) $\sqrt{1+x}$ (8) $\dfrac{1}{2} \log \left| \dfrac{1+x}{1-x} \right|$

第 5 章

1 変数関数の積分の基礎

この章から「…」や『…』を途中に入れた表現を使う.

本書では積分を微分の“逆”という立場はとらず, まったく別物として導入した後で, 微分と積分の関係を明らかにする.

5.1 定義

$-\infty < a < b < \infty$ を固定して, 関数 $f : [a, b] \to \mathbb{R}$ に対して定積分を定義する. f の定義域が (a, b) でも同様に定義できる.

微分同様, どんな関数に対しても積分が定義できるとは限らない. まず, 積分できる (積分可能という) 関数の定義を導入する.

後で $f \in C[a, b]$ の場合には, 積分が可能であることがわかるので, 今まで登場した連続な関数は積分できる.

まず, 区間 $I = [a, b]$ を細かく分けるための記号を導入する.

定義 5.1 $I = [a, b]$ と $m \in \mathbb{N}$ に対し,

$\varDelta$ が I の**分割**

$$\overset{\text{def}}{\Longleftrightarrow} \varDelta := \{I_k = [a_{k-1}, a_k] \mid a = a_0 < a_1 < a_2 < \cdots < a_m = b\}$$

$\varDelta$ を $\{I_k \mid k = 1, 2, \cdots, m\}$, $\{[a_{k-1}, a_k]\}$, $\{I_k\}$ などと書く.

注意 5.1 定義域が (a, b) の場合は, $I_1 = (a, a_1]$, $I_m = [a_{m-1}, b)$ が変わるだけである.

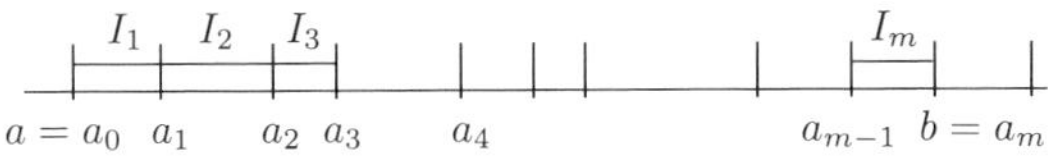

図 5.1 $I = [a, b]$ の分割

定義 5.2 区間 $I = [a, b]$ に対し,

$$\text{区間 } I \text{ の長さ } |I| \overset{\text{def}}{\Longleftrightarrow} |b - a|$$

注意 5.2 $I = (a, b), [a, b), (a, b]$ の場合も $|I| = b - a$ で定義する.

しばらく, 分割 Δ は上で定義したものとする. まず, 記号を導入する.

記号 $f : I \to \mathbb{R}$ と $A \subset I$ に対し,

$$f(A) \overset{\text{def}}{\Longleftrightarrow} \{f(x) \in \mathbb{R} \mid x \in A\}$$

注意 5.3 この記号を使って, $f(A) \subset \mathbb{R}$ の上限・下限を $\sup f(A) \cdot \inf f(A)$ で書くことがある. また, $f : I \to \mathbb{R}$ の値域 $R(f)$ は $f(I)$ と一致する.

定義 5.3 $f : I \to \mathbb{R}$ に対し,

$$f \text{ が } I \text{ で有界} \overset{\text{def}}{\Longleftrightarrow} f(I) \subset \mathbb{R} \text{ が有界}$$

演習 5.1 $f, g : I \to \mathbb{R}$ が有界, $\forall s, t \in \mathbb{R}$ に対し, $sf + tg : I \to \mathbb{R}$ は有界であることを示せ.

次に, 求めたい積分値の「上からの近似」と「下からの近似」という概念を導入する.

定義 5.4　有界関数 $f: I \to \mathbb{R}$ と I の分割 Δ に対し，

$$\textbf{上リーマン和}\ \overline{S}[f,\Delta] \overset{\text{def}}{\Longleftrightarrow} \sum_{k=1}^{m} \sup f(I_k)|I_k|$$

$$\textbf{下リーマン和}\ \underline{S}[f,\Delta] \overset{\text{def}}{\Longleftrightarrow} \sum_{k=1}^{m} \inf f(I_k)|I_k|$$

注意 5.4　本来 $\overline{S}[f,I,\Delta]$, $\underline{S}[f,I,\Delta]$ のように I に依存することを表すべきだが，1 変数の積分では省略する．(多変数の積分では省略しない．)

図 5.2 のように，非負関数 $f: I \to [0,\infty)$ に対して，上リーマン和は関数のグラフの面積より大きく，下リーマン和は小さい．

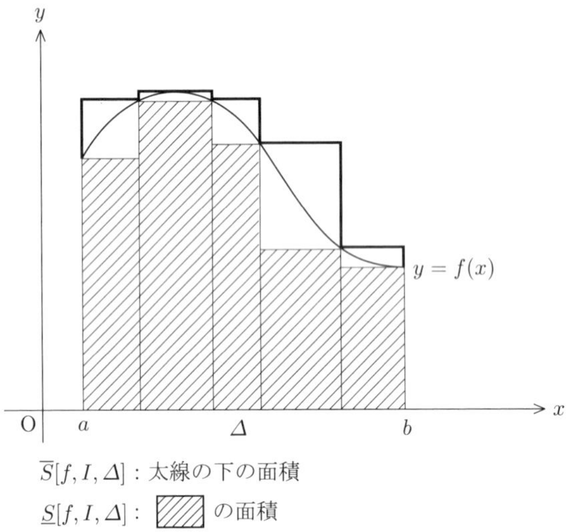

図 5.2　上リーマン和と下リーマン和

結論からいうと，上・下リーマン和の分割を細かくした極限で積分を定義する，という方針である．このため，二つ調べることがある．

$$\begin{cases} \text{(a)} & \text{上リーマン和・下リーマン和は極限があるか？} \\ \text{(b)} & \text{それらの極限は一致するか？} \end{cases} \tag{5.1}$$

まず，(a) が肯定的に解決できることを調べる．

上で与えた分割 $\Delta = \{[a_{k-1}, a_k] \mid a = a_0 < a_1 < \cdots < a_m = b\}$ と別の分割 $\Delta' = \{I'_k = [a'_{k-1}, a'_k] \mid a = a'_0 < a'_1 < \cdots < a'_l = b\}$ の重要な関係を導入する．$\{a_0, a_1, \cdots, a_m\} \cup \{a'_0, a'_1, \cdots, a'_l\}$ を小さい順に並べた実数の集まりを $\{a = b_0 < b_1 < \cdots < b_n = b\}$ とおく．この記号を使って $\Delta \cup \Delta'$ を次で定義する．

記号 $$\Delta \cup \Delta' \overset{\text{def}}{\Longleftrightarrow} \{[b_{k-1}, b_k] \mid k = 1, \cdots, n\}$$

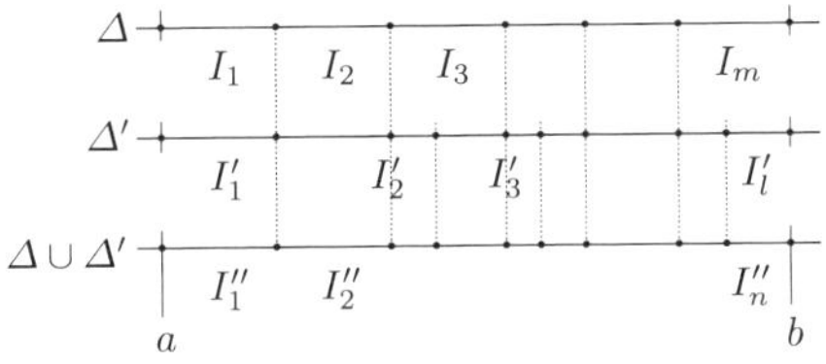

図 5.3 Δ と Δ' と $\Delta \cup \Delta'$ の関係

二つの分割の重要な関係を述べる．Δ と Δ' は上記の記号を使う．

定義 5.5 分割 $\Delta = \{[a_{k-1}, a_k]\}$ と $\Delta' = \{[a'_{k-1}, a'_k]\}$ に対し，

$$\Delta' \text{ が } \Delta \text{ の細分} \overset{\text{def}}{\Longleftrightarrow} \{a_0, a_1, \cdots, a_m\} \subset \{a'_0, a'_1, \cdots, a'_l\}$$

注意 5.5 要するに細分とは，より細かい分割のことである．$\Delta \cup \Delta'$ は Δ と Δ' の両方の細分になる．

命題 5.1*

有界関数 $f : I \to \mathbb{R}$ と I の分割 Δ とする．

(i) $\forall x_k \in I_k \Rightarrow \underline{S}[f, \Delta] \leq \sum_{k=1}^{m} f(x_k)|I_k| \leq \overline{S}[f, \Delta]$

(ii) Δ' が Δ の細分 $\Rightarrow \overline{S}[f, \Delta'] \leq \overline{S}[f, \Delta]$, $\underline{S}[f, \Delta'] \geq \underline{S}[f, \Delta]$

(iii) $\forall \Delta$ と $\forall \Delta'$ に対し，$\underline{S}[f, \Delta'] \leq \overline{S}[f, \Delta]$ が成り立つ．

命題 5.1 の証明　(i)　$x_k \in I_k$ に対し，$\inf f(I_k) \leq f(x_k) \leq \sup f(I_k)$ に注意すれば明らか．

(ii)　$\overline{S}$ の不等式のみ示す．$\Delta = \{I_k = [a_{k-1}, a_k] \mid k = 1, \cdots, m\}$ と $\Delta' = \{I'_j = [a'_{j-1}, a'_j] \mid j = 1, \cdots, l\}$ とすると Δ' が Δ の細分だから，$\forall I_k \in \Delta$ に対し，$\bigcup_{n=1}^{i} I'_{j+n} = I_k$ となる $i \in \mathbb{N}$ と $I'_{j+1}, I'_{j+2}, \cdots, I_{j+i} \in \Delta'$ がある．つまり，$a_{k-1} = a'_j < a'_{j+1} < \cdots < a'_{j+i} = a_k$ となる．

$\sup f(I_k) \geq \sup f(I'_{j+n})$ $(n = 1, \cdots, i)$ だから，

$$\sum_{n=1}^{i} \sup f(I'_{j+n})(a'_{j+n} - a'_{j+n-1}) \leq \sum_{n=1}^{i} \sup f(I_k)(a'_{j+n} - a'_{j+n-1})$$

となるが，右辺の和の中の $\sup f(I_k)$ の部分は n と無関係なので和の外に出すと，

$$\sum_{n=1}^{i} (a'_{j+n} - a'_{j+n-1}) = a'_{j+i} - a'_j = a_k - a_{k-1}$$

である．よって，右辺は $\sup f(I_k)(a_k - a_{k-1})$ となる．各 $k \in \{1, \cdots, m\}$ に対して同様の計算をして次を得る．

$$\sum_{j=1}^{l} \sup f(I'_j)(a'_j - a'_{j-1}) \leq \sum_{k=1}^{m} \sup f(I_k)|I_k|$$

(iii)　Δ と Δ' は (ii) の記号を用いる．$\Delta \cup \Delta' = \{[b_{k-1}, b_k] \mid k = 1, \cdots, n\}$ とする．

$\Delta \cup \Delta'$ は Δ の細分であり，Δ' の細分でもある．

ゆえに (ii) より，$\underline{S}[f, \Delta'] \leq \underline{S}[f, \Delta \cup \Delta']$ と $\overline{S}[f, \Delta \cup \Delta'] \leq \overline{S}[f, \Delta]$ が成り立ち，(i) を用いると，$\underline{S}[f, \Delta \cup \Delta'] \leq \overline{S}[f, \Delta \cup \Delta']$ が成り立つので，これらを合わせると結論が導かれる．□

演習 5.2　上の命題 5.1 の (ii) の $\underline{S}$ に関する不等式を示せ．

積分値の一歩手前の概念を導入する．(これが，(5.1) の (a) の解答である．)

定義 5.6 (**上積分・下積分**) 有界関数 $f : I \to \mathbb{R}$ に対し,

$$\text{上積分 } \overline{S}[f] \overset{\text{def}}{\Longleftrightarrow} \inf\{\overline{S}[f, \Delta] \mid \Delta \text{は } I \text{ の分割 }\}$$

$$\text{下積分 } \underline{S}[f] \overset{\text{def}}{\Longleftrightarrow} \sup\{\underline{S}[f, \Delta] \mid \Delta \text{は } I \text{ の分割 }\}$$

この定義から次の命題 5.2 は，すぐ示せる.

命題 5.2⋆

有界関数 $f : I \to \mathbb{R}$ に対して，$\underline{S}[f] \leq \overline{S}[f]$ が成り立つ.

命題 5.2 の証明 命題 5.1 より，$\forall \Delta, \Delta'$ に対し，$\underline{S}[f, \Delta'] \leq \overline{S}[f, \Delta]$ であり，Δ' は任意の分割だから $\underline{S}[f] \leq \overline{S}[f, \Delta]$ となる．ここでも Δ は任意の分割だから，求める不等式が導かれる. □

積分可能な関数の定義を次で与える．(これが (5.1) の (b) の解答である．)

定義 5.7 (**積分可能**) 有界関数 $f : I \to \mathbb{R}$ に対し,

$$f : I \to \mathbb{R} \text{ が } I \text{ で}\textbf{積分可能} \overset{\text{def}}{\Longleftrightarrow} \overline{S}[f] = \underline{S}[f]$$

このとき，$\displaystyle\int_a^b f(x)dx \overset{\text{def}}{\Longleftrightarrow} \overline{S}[f] = \underline{S}[f]$ とおく.

$\displaystyle\int_a^b f(x)dx$ を f の $[a, b]$ での**定積分** (または**積分値**) とよぶ.

注意 5.6 $\displaystyle\int_a^b f(x)dx$ と書くが,「$f(x)$ の x」と「dx の x」は同じ記号ならばよく，x で書く必要はない．例えば，$\displaystyle\int_a^b f(t)dt$ と書いてもかまわない.

慣れてきたら $\displaystyle\int_a^b f dx$ と略記することもある.

例 5.1 $f:[0,1]\to\mathbb{R}$ を次で与えると，f は積分可能でない．

$$f(x)=\begin{cases}1 & (x\in[0,1]\cap\mathbb{Q}\ \text{のとき})\\ 0 & (x\in[0,1]\setminus\mathbb{Q}\ \text{のとき})\end{cases}$$

実際，任意の分割 $\Delta=\{I_k\}$ に対し，$\sup f(I_k)=1$, $\inf f(I_k)=0$ に注意すると，$\underline{S}[f]=0$, $\overline{S}[f]=1$ であり，一致しない．

積分可能と同値な条件をあげる．

補題 5.3**
$I=[a,b]$ とし，有界関数 $f:I\to\mathbb{R}$ に対し，

$$f\ \text{が}\ I\ \text{で積分可能}\iff\begin{cases}\forall\varepsilon>0\ \text{に対し，「}\overline{S}[f,\Delta_\varepsilon]-\underline{S}[f,\Delta_\varepsilon]<\varepsilon\text{」}\\ \text{となる分割}\ \Delta_\varepsilon\ \text{が存在する．}\end{cases}$$

補題 5.3 の証明 <u>$\Rightarrow$ の証明</u> $\forall\varepsilon>0$ に対し，「$\overline{S}[f]+\dfrac{\varepsilon}{2}>\overline{S}[f,\Delta_{1,\varepsilon}]$」となる分割 $\Delta_{1,\varepsilon}$ と，「$\underline{S}[f]-\dfrac{\varepsilon}{2}<\underline{S}[f,\Delta_{2,\varepsilon}]$」となる分割 $\Delta_{2,\varepsilon}$ がある (上限・下限の定義)．$\Delta_\varepsilon=\Delta_{1,\varepsilon}\cup\Delta_{2,\varepsilon}$ とおけば，Δ_ε は $\Delta_{1,\varepsilon},\Delta_{2,\varepsilon}$ の細分になるので，

$$\overline{S}[f]+\frac{\varepsilon}{2}>\overline{S}[f,\Delta_\varepsilon],\quad \underline{S}[f]-\frac{\varepsilon}{2}<\underline{S}[f,\Delta_\varepsilon]$$

となる．$\overline{S}[f]=\underline{S}[f]$ より，$\overline{S}[f,\Delta_\varepsilon]-\underline{S}[f,\Delta_\varepsilon]<\varepsilon$ が成り立つ．
<u>$\Leftarrow$ の証明</u> $\forall\varepsilon>0$ に対し，「$\overline{S}[f,\Delta_\varepsilon]-\underline{S}[f,\Delta_\varepsilon]<\varepsilon$」となる分割 Δ_ε がある．定義から，次を得る．

$$0\leq\overline{S}[f]-\underline{S}[f]\leq\overline{S}[f,\Delta_\varepsilon]-\underline{S}[f,\Delta_\varepsilon]$$

よって，$0\leq\overline{S}[f]-\underline{S}[f]<\varepsilon$ となる．$\varepsilon>0$ は任意だから，$\overline{S}[f]=\underline{S}[f]$ が導かれる． □

今までの議論では，どんな関数が積分可能かわかりにくいので，積分可能になるための一つの条件を定理で述べる．

定理 5.4** **(有界閉区間上の連続関数の積分可能性)**

$$f \in C[a,b] \Rightarrow f \text{ は } [a,b] \text{ で積分可能である.}$$

定理 5.4 の証明 最大値・最小値原理 (定理 3.12) より，$f \in C[a,b]$ は有界になる.

$\forall \varepsilon > 0$ を固定する．有界閉区間上の連続関数は一様連続だから (定理 3.13),「$x, y \in [a,b]$ が $|x-y| < \delta_\varepsilon$ を満たす $\Rightarrow |f(x)-f(y)| < \dfrac{\varepsilon}{b-a}$」となる $\delta_\varepsilon > 0$ がある．アルキメデスの原理 (定理 1.7) より,「$\dfrac{b-a}{\delta_\varepsilon} < N_\varepsilon$」となる $N_\varepsilon \in \mathbb{N}$ を選ぶ. $t_\varepsilon = \dfrac{b-a}{N_\varepsilon} > 0$ とおき，分割 $\Delta_\varepsilon = \{I_k = [a+(k-1)t_\varepsilon, a+kt_\varepsilon] \mid k = 1, \cdots, N_\varepsilon\}$ を考える.

$\sup f(I_k) - \inf f(I_k) \leq \dfrac{\varepsilon}{b-a}$ となるので,

$$0 \leq \overline{S}[f, \Delta_\varepsilon] - \underline{S}[f, \Delta_\varepsilon] \leq \sum_{k=1}^{N_\varepsilon} \frac{\varepsilon}{b-a}|I_k| = \varepsilon$$

が成り立つ．よって補題 5.3 より f は積分可能になる. □

定義だけから積分値が計算できる例をあげる.

例 5.2 $f(x) = x^2$ は $[a,b]$ 上で連続なので $[a,b]$ で積分可能である．実際に $\displaystyle\int_a^b f(x)dx$ を求めてみる．簡単のため $0 \leq a < b$ とする.

その前に，次の公式を思い出す.

$$\sum_{k=1}^{n} k = \frac{n(n+1)}{2}, \quad \sum_{k=1}^{n} k^2 = \frac{n(n+1)(2n+1)}{6}$$

$t = \dfrac{b-a}{n}$ とおき，分割 $\Delta_n = \{I_k = [a+(k-1)t, a+kt] \mid k = 1, \cdots, n\}$ ととる. $x_1 < x_2$ ならば $x_1^2 < x_2^2$ だから，$\sup f(I_k) = (a+kt)^2$ に注意する. $\overline{S}[f, \Delta_n] = \displaystyle\sum_{k=1}^{n} t(a+kt)^2$ なので

$$\overline{S}[f,\Delta_n] = t\left\{a^2 n + 2at\frac{n(n+1)}{2} + t^2\frac{n(n+1)(2n+1)}{6}\right\}$$

$t = \dfrac{b-a}{n}$ を代入すると，次のようになる．

$$\begin{aligned}\overline{S}[f,\Delta_n] &= (b-a)\left\{a^2 + \frac{a(b-a)(n+1)}{n} + \frac{(b-a)^2(n+1)(2n+1)}{6n^2}\right\}\\ &= (b-a)\left\{a^2 + a(b-a) + \frac{1}{3}(b-a)^2\right\} + \text{残り}\\ &= \frac{1}{3}(b^3 - a^3) + \text{残り}\end{aligned}$$

「残り」は n のべき乗が分母にある項で，$n\to\infty$ のとき 0 に収束する．よって，$\overline{S}[f] \leq \lim_{n\to\infty}\overline{S}[f,\Delta_n] = \dfrac{b^3-a^3}{3}$ となる．

同様に $\underline{S}[f] \geq \lim_{n\to\infty}\underline{S}[f,\Delta_n] = \dfrac{b^3-a^3}{3}$ が成り立つ．ゆえに，

$$\overline{S}[f] = \underline{S}[f] = \frac{b^3-a^3}{3}$$

となり，高校で習った計算と一致する．

$\sum_{k=1}^{n} k^m =$ の公式を知っていれば，$\int_a^b x^m dx$ も計算できるが，この方法では効率が悪い．5.3 節でもっと多くの関数の積分が計算できるようになる．

演習 5.3　次の定積分を定義に従って求めよ．

(1) $\int_a^b 1dx$　　(2) $\int_a^b xdx$　　(3) $\int_a^b x^3 dx$

5.2　基本性質

積分の線形性が，上に述べた定義による積分で成り立つ．

定理 5.5** **(積分の線形性)**

$I=[a,b]$ に対し，有界関数 $f,g:I\to\mathbb{R}$ を I で積分可能とする．
$\forall s,t\in\mathbb{R}$ に対し，$sf+tg$ は I で積分可能であり，次が成り立つ．

$$\int_a^b\{sf(x)+tg(x)\}dx=s\int_a^b f(x)dx+t\int_a^b g(x)dx$$

注意 5.7 f,g は積分可能であることしか仮定してない．つまり連続性は仮定していない．よって定理 5.4 の証明の論法は使えないことに注意する．

定理 5.5 の証明 $s=t=0$ の場合は自明なので $|s|+|t|>0$ と仮定する．$h(x)=sf(x)+tg(x)$ とおく．

$\forall\varepsilon>0$ に対し，$\varepsilon_1=\dfrac{\varepsilon}{|s|+|t|}$ とする．補題 5.3 より,「$\overline{S}[f,\Delta_{1,\varepsilon}]-\underline{S}[f,\Delta_{1,\varepsilon}]<\varepsilon_1$」と「$\overline{S}[g,\Delta_{2,\varepsilon}]-\underline{S}[g,\Delta_{2,\varepsilon}]<\varepsilon_1$」となる分割 $\Delta_{1,\varepsilon},\Delta_{2,\varepsilon}$ がある．

$\Delta_\varepsilon=\Delta_{1,\varepsilon}\cup\Delta_{2,\varepsilon}$ とおくと，$\Delta_{k,\varepsilon}$ の細分だから，命題 5.1 より次が成り立つ．

$$\overline{S}[f,\Delta_\varepsilon]-\underline{S}[f,\Delta_\varepsilon]<\varepsilon_1,\quad \overline{S}[g,\Delta_\varepsilon]-\underline{S}[g,\Delta_\varepsilon]<\varepsilon_1 \tag{5.2}$$

$\Delta_\varepsilon=\{I_k\mid k=1,2,\cdots,m\}$ とする．上限・下限に関する命題 1.5 を使って次を得る．

$$\begin{aligned}&\overline{S}[h,\Delta_\varepsilon]-\underline{S}[h,\Delta_\varepsilon]\\&\leq\sum_{k=1}^m\{\underline{\sup(sf(I_k))}+\sup(tg(I_k))\underline{-\inf(sf(I_k))}-\inf(tg(I_k))\}|I_k|\end{aligned}$$

下線部を抜き出して考える．$s=0$ ならば，両方 0 なので消える．命題 1.4 より，$s>0$ ならば $s\{\sup f(I_k)-\inf f(I_k)\}$ と等しい．さらに，$\{\cdots\}\geq 0$ なので s を $|s|$ で置き換えても等しい．

$s<0$ ならば $s\{\inf f(I_k)-\sup f(I_k)\}$ と等しく，$\{\cdots\}\leq 0$ なので $|s|\{\sup f(I_k)-\inf f(I_k)\}$ と等しい．ゆえに，tg の方も同様に，(5.2) を用いて

$$\begin{aligned}\overline{S}[h,\Delta_\varepsilon]-\underline{S}[h,\Delta_\varepsilon]&\leq|s|(\overline{S}[f,\Delta_\varepsilon]-\underline{S}[f,\Delta_\varepsilon])+|t|(\overline{S}[g,\Delta_\varepsilon]-\underline{S}[g,\Delta_\varepsilon])\\&<(|s|+|t|)\varepsilon_1=\varepsilon\end{aligned}$$

となり，補題 5.3 より，$h = sf + tg$ が積分可能になる．

$\forall\varepsilon > 0$ に対して，$\varepsilon_2 = \dfrac{\varepsilon}{1+|s|+|t|}$ とおく．f, g, h が積分可能だから，次を満たす I の分割 $\Delta_{f,\varepsilon}, \Delta_{g,\varepsilon}, \Delta_{h,\varepsilon}$ がある．

$$\begin{cases} \overline{S}[f, \Delta_{f,\varepsilon}] - \varepsilon_2 < \displaystyle\int_a^b f dx < \underline{S}[f, \Delta_{f,\varepsilon}] + \varepsilon_2 \\ \overline{S}[g, \Delta_{g,\varepsilon}] - \varepsilon_2 < \displaystyle\int_a^b g dx < \underline{S}[g, \Delta_{g,\varepsilon}] + \varepsilon_2 \\ \overline{S}[h, \Delta_{h,\varepsilon}] - \varepsilon_2 < \displaystyle\int_a^b h dx < \underline{S}[h, \Delta_{h,\varepsilon}] + \varepsilon_2 \end{cases}$$

$\Delta_\varepsilon = \Delta_{f,\varepsilon} \cup \Delta_{g,\varepsilon} \cup \Delta_{h,\varepsilon}$ とおくと，細分の性質から上の不等式の分割を Δ_ε で置き換えた不等式が成り立つ．

$$\begin{cases} \overline{S}[f, \Delta_\varepsilon] - \varepsilon_2 < \displaystyle\int_a^b f dx < \underline{S}[f, \Delta_\varepsilon] + \varepsilon_2 \\ \overline{S}[g, \Delta_\varepsilon] - \varepsilon_2 < \displaystyle\int_a^b g dx < \underline{S}[g, \Delta_\varepsilon] + \varepsilon_2 \\ \overline{S}[h, \Delta_\varepsilon] - \varepsilon_2 < \displaystyle\int_a^b h dx < \underline{S}[h, \Delta_\varepsilon] + \varepsilon_2 \end{cases}$$

s, t の正負による場合分けが必要だが，$s \geq 0, t \leq 0$ のときだけ示しておく．次のように変形できる．(ε_2 が ε になってることに注意する．)

$$\begin{aligned} &\int_a^b h dx - s\int_a^b f dx - t\int_a^b g dx \\ &< \varepsilon + \underline{S}[h, \Delta_\varepsilon] - s\overline{S}[f, \Delta_\varepsilon] - t\underline{S}[g, \Delta_\varepsilon] \\ &\leq \varepsilon + \underline{S}[sf, \Delta_\varepsilon] + \overline{S}[tg, \Delta_\varepsilon] - s\overline{S}[f, \Delta_\varepsilon] - t\underline{S}[g, \Delta_\varepsilon] \\ &= \varepsilon + s\underline{S}[f, \Delta_\varepsilon] - s\overline{S}[f, \Delta_\varepsilon] \\ &\leq \varepsilon \end{aligned}$$

同様に，次の不等式も示せる．

$$\int_a^b h dx - s\int_a^b f dx - t\int_a^b g dx > -\varepsilon \tag{5.3}$$

ゆえに，ε は任意なので線形性の等式が成り立つ． □

演習 5.4 定理 5.5 の証明で，(5.3) の証明をせよ．また，s, t が他の場合の証明をせよ．

積分の大小関係に関する性質を述べる．

定理 5.6** (積分の大小関係)

$I = [a, b]$ とし，有界関数 $f, g : I \to \mathbb{R}$ が I で積分可能とする．

(i) $f(x) \geq 0\ (\forall x \in I) \Rightarrow \displaystyle\int_a^b f(x)dx \geq 0$

(ii) $f(x) \geq g(x)\ (\forall x \in I) \Rightarrow \displaystyle\int_a^b f(x)dx \geq \int_a^b g(x)dx$

(iii) $|f|$ も I で積分可能で，$\displaystyle\left|\int_a^b f(x)dx\right| \leq \int_a^b |f(x)|dx$ となる．

定理 5.6 の証明 (i) $\forall \Delta = \{I_k \mid k = 1, 2, \cdots, m\}$ に対し，$\inf f(I_k) \geq 0$ なので，$\underline{S}[f, \Delta] \geq 0$ となる．よって $\underline{S}[f] \geq 0$ であり，左辺は積分値と一致する．

(ii) $f(x) - g(x) \geq 0\ (\forall x \in I)$ であり，$f - g$ も有界である．積分可能性の線形性 (定理 5.5) より $f - g$ も積分可能となる．(i) から

$$0 \leq \int_a^b \{f(x) - g(x)\}dx = \int_a^b f(x)dx - \int_a^b g(x)dx$$

を得る．右辺第 2 項を左辺にまわせばよい．

(iii) f が積分可能だから，$\forall \varepsilon > 0$ に対し，「$\overline{S}[f, \Delta_\varepsilon] - \underline{S}[f, \Delta_\varepsilon] < \varepsilon$」となる分割 $\Delta_\varepsilon = \{I_k \mid k = 1, \cdots, m\}$ がある (補題 5.3)．$M_k = \sup f(I_k)$, $m_k = \inf f(I_k)$, $M'_k = \sup |f|(I_k)$, $m'_k = \sup |f|(I_k)$ とおくと，次が成り立つことに注意する．

$$\begin{cases} \text{(a)} \quad m_k \geq 0 \Rightarrow M'_k - m'_k = M_k - m_k \\ \text{(b)} \quad M_k \leq 0 \Rightarrow M'_k - m'_k = M_k - m_k \\ \text{(c)} \quad m_k \leq 0 \leq M_k \Rightarrow M'_k - m'_k \leq M_k - m_k \end{cases} \tag{5.4}$$

実際，(a) は，$f(x) \geq 0\ (\forall x \in I_k)$ なので明らか．(b) も $f(x) \leq 0\ (\forall x \in I_k)$ だから，$M'_k = -m_k$ と $m'_k = -M_k$ なので簡単にわかる．

(c) は，$M'_k \leq \max\{M_k, -m_k\}$ と $m'_k \geq 0$ より $M'_k - m'_k \leq \max\{M_k, -m_k\} \leq M_k - m_k$ である．

(5.4) から，次が成り立つ．

$$\begin{aligned}\overline{S}[|f|, \Delta_\varepsilon] - \underline{S}[|f|, \Delta_\varepsilon] &= \sum_{k=1}^{m} (M'_k - m'_k)|I_k| \\ &\leq \sum_{k=1}^{m} (M_k - m_k)|I_k| \\ &= \overline{S}[f, \Delta_\varepsilon] - \underline{S}[f, \Delta_\varepsilon] < \varepsilon\end{aligned}$$

よって，補題 5.3 より，$|f|$ は積分可能になる．さらに，

$$-|f(x)| \leq f(x) \leq |f(x)| \qquad (\forall x \in I)$$

となり，(ii) より次が成り立ち，(iii) の不等式を得る．

$$-\int_a^b |f(x)|dx \leq \int_a^b f(x)dx \leq \int_a^b |f(x)|dx \qquad \square$$

$f : [a, b] \to \mathbb{R}$ と $a \leq a' < b' \leq b$ に対し，f は $[a', b']$ 上でも定義できているので，$f : [a', b'] \to \mathbb{R}$ と考えられる．

命題 5.7 (含まれる区間での積分可能性)　　(証明は 15 章)

有界関数 $f : [a, b] \to \mathbb{R}$ が積分可能で，$a \leq a' < b' \leq b$ とする
$\Rightarrow f$ は $[a', b']$ で積分可能

次に積分区間分割に関する性質を述べておく．

命題 5.8* (積分区間の分割)　　(証明は 15 章)

$I = [a, b]$, $c \in (a, b)$ とし，有界関数 $f : I \to \mathbb{R}$ が I で積分可能とする

$$\Rightarrow \int_a^b f(x)dx = \int_a^c f(x)dx + \int_c^b f(x)dx$$

いままで，実数 $a < b$ を用いた区間 $[a, b]$ に対して積分を考えたが，$a > b$ のときも積分を定義する．

定義 5.8 $b < a$ で，積分可能な有界関数 $f : [b, a] \to \mathbb{R}$ に対し，

$$\int_a^b f(x)dx \overset{\text{def}}{\Longleftrightarrow} -\int_b^a f(x)dx$$

上の定義の右辺はすでに定義されていることに注意せよ．

5.3 原始関数

前節で，有界関数 $f : [a, b] \to \mathbb{R}$ が $[a, b]$ で積分可能ならば $x \in (a, b)$ に対し，$\displaystyle\int_a^x f(t)dt$ が定義できることを調べた．次の定理は微分と積分を関連付ける基本的な定理である．

定理 5.9** **(微分積分学の基本定理)**

有界関数 $f : [a, b] \to \mathbb{R}$ を $[a, b]$ で積分可能とし，$x \in [a, b]$ に対し，

$$F(x) = \int_a^x f(t)dt$$

とおく．

f が $\alpha \in [a, b]$ で連続 $\Rightarrow$ F は α で微分可能で $F'(\alpha) = f(\alpha)$ となる．

よって，$f \in C[a, b] \Rightarrow F$ は $\forall x \in [a, b]$ で微分可能で $F'(x) = f(x)$ となる．

次の補題は連続関数の性質であるが，微分積分学の基本定理を示すために使うのでここで述べる．

補題 5.10

$I = [a, b]$ に対し，$f : I \to \mathbb{R}$ が $\alpha \in I$ で連続とする．

次の (i) (ii) を満たす増加関数 $\omega : [0, \infty) \to \mathbb{R}$ が存在する．

(i) $\forall x \in I \Rightarrow |f(x) - f(\alpha)| \le \omega(|x - \alpha|)$ (ii) $\displaystyle\lim_{t \to 0} \omega(t) = 0$

補題 5.10 の証明　$\omega(t) = \sup\{|f(x) - f(\alpha)| \mid x \in I, |x - \alpha| \le t\}$ とおけばよい．実際，$0 \le t \le s$ ならば $\omega(t) \le \omega(s)$ は自明である．

f は α で連続だから (定理 3.13)，$\forall\varepsilon > 0$ に対し，「$x \in I$ が $|x - \alpha| < \delta_\varepsilon$ を満たす $\Rightarrow |f(x) - f(\alpha)| < \varepsilon$」を満たす $\delta_\varepsilon > 0$ が存在する．よって，$0 \le t < \delta_\varepsilon$ ならば，$\omega(t) \le \varepsilon$ となる．□

定理 5.9 の証明　補題 5.10 より，増加関数 $\omega : [0, \infty) \to \mathbb{R}$ で次を満たすものを選ぶ．

$$|f(x) - f(\alpha)| \le \omega(|x - \alpha|) \quad (\forall x \in I), \quad \lim_{t \to 0} \omega(t) = 0$$

$h > 0$ と $\alpha \in [a, b]$ が $\alpha + h \in [a, b]$ を満たすとする．

$$\begin{aligned} F(\alpha + h) - F(\alpha) &= \int_a^{\alpha+h} f(x)dx - \int_a^{\alpha} f(x)dx \\ &= \int_\alpha^{\alpha+h} f(x)dx = \int_\alpha^{\alpha+h} \{f(x) - f(\alpha)\}dx + hf(\alpha) \end{aligned}$$

よって，ω が増加関数であることを用いて次を得る．

$$\left| \frac{F(\alpha + h) - F(\alpha)}{h} - f(\alpha) \right| = \left| \int_\alpha^{\alpha+h} \frac{f(x) - f(\alpha)}{h} dx \right| \le \omega(|h|) \tag{5.5}$$

$h < 0$ でも (5.5) が成り立つので，F は α で微分可能で $F'(\alpha) = f(\alpha)$ となる．

□

演習 5.5　上の証明で，$h < 0$ のときにも (5.5) が成り立つことを示せ．

定義 5.9　$I = [a, b]$ とし，$f : I \to \mathbb{R}$ と $F : I \to \mathbb{R}$ に対し，

$$F \text{ が } f \text{ の}\textbf{原始関数} \overset{\text{def}}{\Longleftrightarrow} F'(x) = f(x) \quad (\forall x \in I)$$

注意 5.8　上の定義で F は I 上で微分可能であることが，暗黙のうちに仮定されていることに注意する．

有界区間 $I = [a, b]$ 上で積分可能な場合，$\forall x \in I$ に対し，f は $[a, x]$ で積分可能なので

$$F(x) = \int_a^x f(t)dt$$

とおいた関数 $F : I \to \mathbb{R}$ を f の**不定積分**とよぶ．微分積分学の基本定理 (定理 5.9) より，f が I で連続ならば，不定積分 F は f の原始関数になる．よって，通常は不定積分と原始関数を区別しないことにする．

原始関数は一つとは限らないが，同じ関数の二つの原始関数は差が一定になる．

命題 5.11*
$I = [a, b]$ に対し，$f : I \to \mathbb{R}$ を I で積分可能とする．

$$F_1 \text{ と } F_2 \text{ が } f \text{ の原始関数} \Rightarrow F_1 - F_2 \text{ は定数関数}$$

命題 5.11 の証明　$G(x) = F_1(x) - F_2(x)$ とおくと，$G'(x) = 0$ となる．G は微分可能だから連続でもあり，$a < x \leq b$ に対し，平均値の定理 (定理 4.12) から $G(x) - G(a) = G'(c)(x - a)$ となる $c \in (a, x)$ がある．$G'(c) = 0$ なので $G(x) = G(a)$ となる．つまり，G は $[a, b]$ 上で一定値をとる．□

系 5.12

$$f \in C[a, b] \text{ の原始関数を } F \text{ とする} \Rightarrow \int_a^b f(x)dx = F(b) - F(a)$$

系 5.12 の証明　微分積分学の基本定理 (定理 5.9) と命題 5.11 より，$F(x) = \int_a^x f(t)dt + c_0$ となる $c_0 \in \mathbb{R}$ がある．

ゆえに，$F(b) - F(a) = \int_a^b f(x)dx - \int_a^a f(x)dx = \int_a^b f(x)dx$ となる．□

高校でも使った記号を導入しておく．

記号　$$[F(x)]_a^b \overset{\text{def}}{\Longleftrightarrow} F(b) - F(a)$$

例 5.3　$f(x) = \sin x$ とすると，f は連続関数だから任意の有界区間で積分可能である．また，$(-\cos x)' = \sin x$ だから，$-\cos x$ が $\sin x$ の原始関数となる．

5.4 置換積分・部分積分

高校でも習う置換積分を述べる.

定理 5.13** (置換積分法)

$f \in C[a,b]$, $\phi \in C^1[\alpha,\beta]$ とし, $\phi(t) \in [a,b]$ $(\forall t \in [\alpha,\beta])$ とする.

$$\phi(\alpha) = a, \phi(\beta) = b \Rightarrow \int_a^b f(x)dx = \int_\alpha^\beta f(\phi(t))\phi'(t)dt$$

定理 5.13 の証明 $F(x) = \displaystyle\int_a^x f(t)dt$ $(x \in [a,b])$ は微分積分学の基本定理 (定理 5.9) より, f の原始関数になる. 一方, 合成関数の微分公式 (定理 4.8) より

$$\frac{dF\circ\phi}{dt}(t) = F'(\phi(t))\phi'(t) = f(\phi(t))\phi'(t)$$

が成り立つ. つまり, $F\circ\phi(t)$ は, 右辺の原始関数である. ゆえに, 系 5.12 より $F\circ\phi(\beta) - F\circ\phi(\alpha) = \displaystyle\int_\alpha^\beta f(\phi(t))\phi'(t)dt$ となるが, この左辺は $F(b) - F(a)$ であり, これは $\displaystyle\int_a^b f(x)dx$ と一致する (系 5.12). □

例 5.4 $\displaystyle\int_{-1}^1 \sqrt{1-x^2}dx = \frac{\pi}{2}$ となることを示す.

$x = \sin t$ とおく. $\sin\left(\pm\dfrac{\pi}{2}\right) = \pm 1$ なので次が成立する.

$$\int_{-1}^1 \sqrt{1-x^2}dx = \int_{-\frac{\pi}{2}}^{\frac{\pi}{2}} \sqrt{1-\sin^2 t}(\sin t)'dt = \int_{-\frac{\pi}{2}}^{\frac{\pi}{2}} \cos^2 t dt$$

ただし, $|t| \leq \dfrac{\pi}{2}$ のとき, $\sqrt{1-\sin^2 t} = |\cos t| = \cos t$ を用いている.

$\cos^2 t = \dfrac{\cos(2t)+1}{2}$ なので, 次のように計算できる.

$$右辺 = \frac{1}{2}\int_{-\frac{\pi}{2}}^{\frac{\pi}{2}}(\cos(2t)+1)dt = \frac{1}{2}\left[\frac{\sin(2t)}{2}+t\right]_{-\frac{\pi}{2}}^{\frac{\pi}{2}} = \frac{\pi}{2}$$

次に部分積分を述べる．

定理 5.14** **(部分積分法)**

$f, g \in C^1[a,b]$ ならば，次が成り立つ．

$$\int_a^b f(x)g'(x)dx = [f(x)g(x)]_a^b - \int_a^b f'(x)g(x)dx$$

定理 5.14 の証明　$(fg)'(x) = f'(x)g(x) + f(x)g'(x)$ だから，右辺の原始関数は fg になる．二つの原始関数の差は一定だから (命題 5.11) より

$$\begin{aligned} f(x)g(x) &- \int_a^x \{f'(t)g(t)+f(t)g'(t)\}dt \\ &= f(a)g(a) - \int_a^a \{f'(t)g(t)+f(t)g'(t)\}dt \end{aligned}$$

が導かれる．最後の積分 $\displaystyle\int_a^a \cdots dx = 0$ なので，$x=b$ を代入して変形すれば証明が終わる．□

例 5.5　$0<a<b$ に対し，$\displaystyle\int_a^b \log x dx$ を求める．定理 5.14 で $f(x)=\log x$, $g(x)=x$ とおけば次のようになる．

$$\int_a^b \log x dx = [x\log x]_a^b - \int_a^b x\frac{1}{x}dx = \log\frac{b^b}{a^a} - (b-a)$$

5.5　不定積分・原始関数の例

f の原始関数 F と書くより,「f の不定積分 $\displaystyle\int_a^x f(t)dt$」と書くと f が表記に入っているので f との関係が一目瞭然である．そこで，ここでは用語「不定積分」を使って，いくつかの例をあげる．

記号 f の不定積分を $\int f(x)dx$ と書く.

注意 5.9 $\int f(x)dx$ は, 関数に見えないが, 関数である. 例えば, 上の例で $\int \sin x dx = -\cos x$ と書く. これを $\int \sin t dt = \sin x$, $\int \sin x dx = -\cos t$ と書いてもいいが, $\int f(x)dx = F(x)$ と書く習慣である.

基本的な不定積分の例をあげる.

例 5.6 (初等関数の不定積分)

f	f の不定積分	不定積分の定義域
$\sin x$	$-\cos x$	$\mathbb{R}$
$\cos x$	$\sin x$	$\mathbb{R}$
$\tan x$	$-\log\|\cos x\|$	$\left(-\dfrac{\pi}{2}, \dfrac{\pi}{2}\right)$
$x^\alpha \quad (\alpha \neq -1)$	$\dfrac{1}{\alpha+1}x^{\alpha+1}$	$\mathbb{R}\ (\alpha > -1),\ (0,\infty)\ (\alpha < -1)$
x^{-1}	$\log\|x\|$	$(-\infty, 0) \cup (0, \infty)$
e^x	e^x	$\mathbb{R}$
$\log\|x\|$	$x\log\|x\| - x$	$(-\infty, 0) \cup (0, \infty)$
$a^x \quad (a > 0, a \neq 1)$	$\dfrac{1}{\log a}a^x$	$\mathbb{R}$
$\dfrac{1}{\sqrt{x^2 \pm 1}}$	$\log\left\|x + \sqrt{x^2 \pm 1}\right\|$	$\|x\| > 1$

演習 5.6 例 5.6 の各々が f の不定積分になることを確かめよ.

例 5.7 $f(x) = \dfrac{1}{1+x^2}$ のとき, $x = \tan t\ (t \in \mathbb{R})$ で置換積分を考える. $a = \tan \alpha$, $x = \tan t$ とすると, $x'(t) = \dfrac{1}{\cos^2 t}$ に注意して,

$$\int_a^x \frac{1}{1+x^2}dx = \int_\alpha^t \frac{1}{1+\tan^2 t}x'(t)dt = \int_a^t dt$$

なので，$\displaystyle\int \frac{1}{1+x^2}dx = \tan^{-1} x$ となる．

注意 5.10 例 5.7 のように，本書では，$\displaystyle\int_a^b 1dx$ の代わりに $\displaystyle\int_a^b dx$ と書く．

演習 5.7 次の不定積分を置換積分を利用して求めよ．

(1) $\cos(5x)$ (2) $x^2 e^{3x^3}$ (3) $x^2 \sin(x^3)$

(4) $\sin x \sin(\cos x)$ (5) $\dfrac{\sin x}{\cos x + 3}$

(6) $\tan x \quad \left(|x| < \dfrac{\pi}{2}\right)$ (7) $\dfrac{x^n}{x^{n+1}+1}$ $(x \geq 0,\ n \geq 0)$

(8) $\dfrac{1}{x(\log x)^2}$ (9) $\dfrac{1}{\sqrt{1-x^2}}$

例 5.8 $n \in \mathbb{N}$ に対し，$f(x) = x^n \log x$ とおく．$a, x > 0$ に対し

$$\int_a^x x^n \log x dx = \left[\frac{x^{n+1}}{n+1}\log x\right]_a^x - \int_a^x \frac{x^{n+1}}{n+1}\frac{1}{x}dx$$

となる．右辺第 2 項は $\left[-\dfrac{x^{n+1}}{(n+1)^2}\right]_a^x$ なので，次のようになる．

$$\int x^n \log x dx = \frac{1}{n+1}x^{n+1}\log x - \frac{1}{(n+1)^2}x^{n+1}$$

演習 5.8 次の不定積分を部分積分を利用して求めよ．$(a,b) \neq (0,0)$ とする．

(1) $x \sin x$ (2) $x^2 \cos x$ (3) $\dfrac{1}{x^2}\log x$

(4) $\dfrac{\log x}{\sqrt{x}}$ (5) $e^x \sin x$ (6) $e^{ax}\cos(bx)$

5.6 問題

問題 5.1 有界関数 $f : [a,b] \to \mathbb{R}$ が $[a,b]$ で積分可能とする．有界関数 $g : (a,b) \to \mathbb{R}$ が $f(x) = g(x)$ $(\forall x \in (a,b))$ を満たすならば，g も (a,b) で積分可能で，$\displaystyle\int_a^b f(x)dx = \int_a^b g(x)dx$ が成り立つ．

注意：$g(a) = f(a)$, $g(b) = f(b)$ である必要はないことを主張している．

問題 5.2 $-\infty < a < c < b < \infty$ とする．次の関数が $[a,b]$ で積分可能であることを示し，積分値を求めよ．

(1) $f(x) = \begin{cases} 1 & (a \leq x < c \text{ のとき}) \\ 2 & (c \leq x \leq b \text{ のとき}) \end{cases}$

(2) $g(x) = \begin{cases} 1 & (a \leq x \leq c \text{ のとき}) \\ 2 & (c < x \leq b \text{ のとき}) \end{cases}$

問題 5.3 有界関数 $f : [a,b] \to \mathbb{R}$ が $[a,b]$ で積分可能とし，ある $\alpha, \beta \in \mathbb{R}$ に対し，$\alpha \leq f(x) \leq \beta$ $(\forall x \in [a,b])$ を満たすとする．$g \in C[\alpha, \beta]$ に対し，$g \circ f$ も $[a,b]$ で積分可能になる．

注意：$f \in C[a,b]$ は仮定していない．

問題 5.4 次の定積分の値を求めよ．$a > 0$ および，$m, n \in \mathbb{N}$ とする．

(1) $\displaystyle\int_0^a x\sqrt{ax - x^2}\,dx$　　(2) $\displaystyle\int_0^\pi \frac{x \sin x}{1 + |\cos x|}\,dx$

(3) $\displaystyle\int_0^1 \frac{1}{x^2 - x + 1}\,dx$　　(4) $\displaystyle\int_0^{\frac{1}{2}} \frac{1}{\sqrt{x(1-x)}}\,dx$

(5) $\displaystyle\int_{-1}^1 \frac{1}{\sqrt{1 + x^2}}\,dx$　　(6) $\displaystyle\int_0^3 x \log(1 + x^2)\,dx$

(7) $\displaystyle\int_0^{\log 2} \sqrt{e^x - 1}\,dx$　　(8) $\displaystyle\int_0^1 x^m (1-x)^n\,dx$

ヒント：(4) $x = \sin^2 t$ とおく．(5) $x = \tan t$ とおく．

問題 5.5 $f \in C[a,b]$ を固定して，$f_0(x) = f(x)$ とおき，$n \in \mathbb{N}$ に対し関数 $f_n : [a,b] \to \mathbb{R}$ を次で定義する．

$$f_n(x) = \int_a^x f_{n-1}(t)\,dt$$

次が成り立つことを示せ．

$$f_n(x) = \frac{1}{(n-1)!} \int_a^x f(t)(x-t)^{n-1}\,dt \quad (x \in [a,b])$$

問題 5.6 次の定積分を求めよ．$m, n \in \mathbb{N}$ とする．

(1) $\displaystyle\int_{-\pi}^{\pi} \sin mx \sin nx dx$ (2) $\displaystyle\int_{-\pi}^{\pi} \cos mx \cos nx dx$

(3) $\displaystyle\int_{-\pi}^{\pi} \sin mx \cos nx dx$

問題 5.7 次の関数の原始関数 (不定積分) を求めよ．$a, b \in \mathbb{R}$ とする．

(1) $\sin(ax+b)$ (2) $\sin(\log x)$ (3) $\tan(ax+b)$

(4) $\sin^2 x$ (5) $\cos^2 x$ (6) $x(x^2+1)^a$

(7) $(\cos x)^a \sin x$ (8) $x^2 e^{-x}$ (9) $x^3 \log x$

(10) $\dfrac{1}{\sqrt{x}+\sqrt{x+1}}$ (11) $\tan^2 x$ (12) $\dfrac{\log x}{x}$

(13) $\dfrac{x}{\sqrt{1+x^2}}$ (14) $\cos^3 x$ (15) $\dfrac{e^x - e^{-x}}{e^x + e^{-x}}$

(16) $\sin^{-1} x$ (17) $\tan^{-1} x$ (18) $x \sin^{-1} x$

問題 5.8 次の二つの不定積分を求めよ．(二つ同時の方がやさしい．)

(1) $\displaystyle\int e^{ax} \cos bx dx, \int e^{ax} \sin bx dx \quad (a^2+b^2>0)$

(2) $\displaystyle\int \frac{\sin x}{\sin x + \cos x} dx, \int \frac{\cos x}{\sin x + \cos x} dx$

問題 5.9 $f(x) = \dfrac{a_0}{2} + \displaystyle\sum_{k=1}^{n} (a_k \cos kx + b_k \sin kx)$ とするとき，a_k, b_k が次のように表せることを示せ．

$$a_k = \frac{1}{\pi}\int_{-\pi}^{\pi} f(x) \cos kx dx, \quad b_k = \frac{1}{\pi}\int_{-\pi}^{\pi} f(x) \sin kx dx$$

ヒント：問題 5.6 を参照せよ．

問題 5.10 関数 $f \in C[a,b]$ と $g \in C^1[a,b]$ が $g(x) \in [a,b]$ $(\forall x \in [a,b])$ を満たすとする．$F(x) = \displaystyle\int_a^{g(x)} f(t) dt$ とおいたとき，F が $\forall \alpha \in (a,b)$ で微分可能であることを示せ．また，$F'(\alpha)$ を求めよ．

問題 5.11 $I = [a, b]$ とし，有界関数 $f, g : I \to \mathbb{R}$ に対し，以下の問に答えよ．

(1) $f(x) \geq 0\ (\forall x \in I)$ とし，f が積分可能ならば f^2 も積分可能であることを示せ．

(2) $f(x)g(x) = \dfrac{|f(x)+g(x)|^2 - |f(x)-g(x)|^2}{4}$ を示せ．

(3) f, g が積分可能ならば fg も積分可能であることを示せ．

問題 5.12 $I_n = \displaystyle\int_0^{\frac{\pi}{2}} \sin^n x dx$ を求めよ．

ヒント：I_n の漸化式を部分積分を用いて作り，そこから導く．その際，次の記号が便利である．

$$n!! \overset{\text{def}}{\Longleftrightarrow} \begin{cases} n(n-2)\cdots 3 \cdot 1 & (n\text{ が奇数のとき}) \\ n(n-2)\cdots 4 \cdot 2 & (n\text{ が偶数のとき}) \end{cases}$$

実際，解答は次のようになる．

$$I_n = \begin{cases} \dfrac{(n-1)!!}{n!!}\dfrac{\pi}{2} & (n\text{ が偶数}) \\ \dfrac{(n-1)!!}{n!!} & (n\text{ が奇数}) \end{cases}$$

問題 5.13 I_n は前問のものとする．次の問に答えよ．

(1) $I_{2n+1} \leq I_{2n} \leq I_{2n-1}$ を示せ．

(2) $\dfrac{2}{(2n+1)\pi} \leq \left\{ \dfrac{(2n-1)!!}{(2n)!!} \right\}^2 \leq \dfrac{2}{2n\pi}$ を示せ．

(3) $\displaystyle\lim_{n\to\infty} \frac{1}{\sqrt{n}} \frac{(2n)!!}{(2n-1)!!} = \lim_{n\to\infty} \frac{2^{2n}}{\sqrt{n}} \frac{(n!)^2}{(2n)!} = \sqrt{\pi}$ を示せ．

ヒント：(2) の平方根をとる．

問題 5.14 $f \in C(\mathbb{R})$ とする．次の関数を微分せよ．

(1) $\displaystyle\int_x^a f(t)dt$　(2) $\displaystyle\int_{x-a}^{x+a} f(t)dt$　(3) $\displaystyle\int_a^b e^t f(x-t)dt$

第 6 章

1 変数関数の微分の応用 (ロピタルの定理・極値)

1 変数の微分の応用として，ロピタル[1]の定理による極限値の求め方，極値と関数の増減の関係などを扱う．

6.1 ロピタルの定理

定理 3.3 の (iii) によると，$\lim_{x\to\alpha} f(x) = f(\alpha) \neq 0$，かつ $\lim_{x\to\alpha} g(x) = g(\alpha)$ ならば $\lim_{x\to\alpha} \dfrac{g(x)}{f(x)} = \dfrac{g(\alpha)}{f(\alpha)}$ が成り立つ．では，$\lim_{x\to\alpha} f(x) = 0$ のとき，どうなるであろうか．例えば，$\lim_{x\to 0} \sin x = \lim_{x\to 0} x = 0$ だが，$\lim_{x\to 0} \dfrac{\sin x}{x} = 1$ (命題 14.39) はよく知られている．では，一般に $\lim_{x\to 0} f(x) = 0$ かつ，$\lim_{x\to 0} g(x) = 0$ のとき，$\lim_{x\to 0} \dfrac{f(x)}{g(x)}$ が存在するのはどのような場合か．この章では，極限が $\dfrac{0}{0}$ や $\dfrac{\infty}{\infty}$ となる場合のうち，極限が存在するための条件を与える．

まず次の平均値の定理 (定理 4.12) の系を述べる．

系 6.1⋆

$f, g \in C[a,b]$ が (a,b) で微分可能で，$\forall x \in (a,b)$ で $g'(x) \neq 0$ を満たす

$$\Rightarrow \frac{f(b)-f(a)}{g(b)-g(a)} = \frac{f'(c)}{g'(c)} \text{ を満たす } c \in (a,b) \text{ がある．}$$

系 6.1 の証明　$g(a) \neq g(b)$ に注意する．実際，等式が成り立つと平均値の定理 (定理 4.12) より $g'(\alpha) = 0$ となる $\alpha \in (a,b)$ が存在し仮定に反する．

---

[1] l'Hospital (1661-1704)

$h(x) = \{g(b) - g(a)\}\{f(x) - f(a)\} - \{f(b) - f(a)\}\{g(x) - g(a)\}$ とおくと，$h(a) = h(b) = 0$ となるのでロルの定理 (補題 4.11) より，$h'(c) = 0$ となる $c \in (a, b)$ があり，結論を得る．□

最初に，分母と分子の極限が 0 になる場合を扱う．

定理 6.2** (ロピタルの定理：その 1)

$f, g \in C(a, b)$ と $\alpha \in (a, b)$ に対し，f, g が $(a, \alpha) \cup (\alpha, b)$ 上で微分可能であり，$f(\alpha) = g(\alpha) = 0$ を仮定する

$$\Rightarrow \begin{cases} \text{(i)} & \displaystyle\lim_{x \to \alpha} \frac{f'(x)}{g'(x)} = l \in \mathbb{R} \text{ が存在する} \Rightarrow \lim_{x \to \alpha} \frac{f(x)}{g(x)} = l \\ \text{(ii)} & \displaystyle\lim_{x \to \alpha} \frac{f'(x)}{g'(x)} = \pm\infty \Rightarrow \lim_{x \to \alpha} \frac{f(x)}{g(x)} = \pm\infty \end{cases}$$

注意 6.1　この定理では $\alpha \in (a, b)$ としたが，$\alpha = a$ や $\alpha = b$ のときも仮定を次で置き換えて同様の結果が得られる．

$$\lim_{x \to \alpha} f(x) = \lim_{x \to \alpha} g(x) = 0 \tag{6.1}$$

定理 6.2 の証明　$I = (a, b)$, $r = \min\{\alpha - a, b - \alpha\} > 0$ とおく．

(i)　仮定から，$\forall \varepsilon > 0$ に対し，次を満たす $\delta_\varepsilon \in (0, r)$ がある．

$$「x \in I \text{ が } 0 < |x - \alpha| < \delta_\varepsilon \text{ を満たす} \Rightarrow \left| \frac{f'(x)}{g'(x)} - l \right| < \varepsilon」$$

$x \in I$ を $x > \alpha$ とすると，系 6.1 より，次を満たす $\alpha_x \in (\alpha, x)$ が存在する．

$$「\frac{f(x)}{g(x)} = \frac{f'(\alpha_x)}{g'(\alpha_x)}」 \tag{6.2}$$

$0 < x - \alpha < \delta_\varepsilon$ ならば，$0 < \alpha_x - \alpha < \delta_\varepsilon$ だから，

$$\left| \frac{f(x)}{g(x)} - l \right| = \left| \frac{f'(\alpha_x)}{g'(\alpha_x)} - l \right| < \varepsilon$$

となる．$\alpha - \delta_\varepsilon < x < \alpha$ の場合も同様に成り立つので証明が終わる．

(ii) の $+\infty$ のときの証明　仮定より，$\forall L > 0$ に対し，次を満たす $\delta_L > 0$ が

ある．($\delta_L < r$ としてよい．)

$$「0 < |x - \alpha| < \delta_L \Rightarrow \frac{f'(x)}{g'(x)} > L」$$

(i) の証明と同様に，$x \in I$ が $x > \alpha$ ならば (6.2) を満たす $\alpha_x \in (\alpha, x)$ が存在する．$0 < x - \alpha < \delta_L$ ならば，$0 < \alpha_x - \alpha < \delta_L$ なので次が成り立つ．

$$\frac{f(x)}{g(x)} = \frac{f'(\alpha_x)}{g'(\alpha_x)} > L$$

$0 < \alpha - x < \delta_L$ の場合も同様に示せる．ゆえに，$\displaystyle\lim_{x \to \alpha} \frac{f(x)}{g(x)} = \infty$ となる． □

演習 6.1 定理 6.2 (i) (ii) の証明で $x \in I$ が $x < \alpha$ のときの証明を述べよ．また，(ii) で $-\infty$ の場合の証明をせよ．

例 6.1 $\displaystyle\lim_{x \to 0} \frac{\sin x}{x}$ を求めるために，分母分子をそれぞれ微分すると，$\dfrac{\cos x}{1}$ となり，$\displaystyle\lim_{x \to 0} \cos x = 1$ なので $\displaystyle\lim_{x \to 0} \frac{\sin x}{x} = 1$ が成り立つ．(命題 14.39 の証明と比較せよ．)

演習 6.2 定理 6.2 の仮定を注意 6.1 の (6.1) に変えても結論が $\alpha = a$ で成り立つことを示せ．

$\alpha = b$ のときは，どんな仮定に代えればよいかを述べ，その仮定の下で証明せよ．

例 6.2 $f(x) = \sin x$, $g(x) = \sqrt{x}$ とすると $f \in C^1[0,1]$ だが，$g \notin C^1[0,1]$ である．(もちろん，$g \in C[0,1] \cap C^1((0,1])$ になる．これは注意 6.1 の仮定 (6.1) の場合である．)

この例では，$f(0) = g(0) = 0$ であるが $\displaystyle\lim_{x \to 0+} \frac{f'(x)}{g'(x)} = \lim_{x \to 0+} 2\sqrt{x} \cos x = 0$ となるので，$\displaystyle\lim_{x \to 0+} \frac{\sin x}{\sqrt{x}} = 0$ が示せる．

次に，分母が ∞ に発散する場合を述べる．

定理 6.3** (ロピタルの定理：その 2) (証明は 15 章)

$f, g \in C(a,b)$ と $\alpha \in (a,b)$ に対し，f, g が $(a,\alpha) \cup (\alpha,b)$ 上で微分可能であり，$\lim_{x\to\alpha} g(x) = \pm\infty$ を仮定する

$$\Rightarrow \begin{cases} \text{(i)} & \displaystyle\lim_{x\to\alpha} \frac{f'(x)}{g'(x)} = l \in \mathbb{R} \text{ が存在する} \Rightarrow \lim_{x\to\alpha} \frac{f(x)}{g(x)} = l \\ \text{(ii)} & \displaystyle\lim_{x\to\alpha} \frac{f'(x)}{g'(x)} = \pm\infty \Rightarrow \lim_{x\to\alpha} \frac{f(x)}{g(x)} = \pm\infty \end{cases}$$

演習 6.3 この定理 6.3 にも注意 6.1 と同様の注意を述べよ．

$x \to \pm\infty$ のときのロピタルの定理を述べる．

系 6.4*

$f, g : \mathbb{R} \to \mathbb{R}$ が $\mathbb{R}$ で微分可能で，$\lim_{x\to\pm\infty} f(x) = \lim_{x\to\pm\infty} g(x) = 0$ を満たす

$$\Rightarrow \begin{cases} \text{(i)} & \displaystyle\lim_{x\to\pm\infty} \frac{f'(x)}{g'(x)} = l \in \mathbb{R} \text{ が存在する} \Rightarrow \lim_{x\to\pm\infty} \frac{f(x)}{g(x)} = l \\ \text{(ii)} & \displaystyle\lim_{x\to\pm\infty} \frac{f'(x)}{g'(x)} = \pm\infty \Rightarrow \lim_{x\to\pm\infty} \frac{f(x)}{g(x)} = \pm\infty \end{cases}$$

注意 6.2 系 6.4 と下の系 6.5 では，f, g は x が十分大きな (または，十分小さな) ときに，微分可能であればよい．

系 6.5*

$f, g : \mathbb{R} \to \mathbb{R}$ が $\mathbb{R}$ で微分可能で $\lim_{x\to\pm\infty} g(x) = \pm\infty$ を満たす

$$\Rightarrow \begin{cases} \text{(i)} & \displaystyle\lim_{x\to\pm\infty} \frac{f'(x)}{g'(x)} = l \in \mathbb{R} \text{ が存在する} \Rightarrow \lim_{x\to\pm\infty} \frac{f(x)}{g(x)} = l \\ \text{(ii)} & \displaystyle\lim_{x\to\pm\infty} \frac{f'(x)}{g'(x)} = \pm\infty \Rightarrow \lim_{x\to\pm\infty} \frac{f(x)}{g(x)} = \pm\infty \end{cases}$$

演習 6.4 系 6.4, 6.5 を証明せよ.

ヒント：$F(x) = f\left(\dfrac{1}{x}\right)$ などとおく.

例 6.3 $\forall t \in \mathbb{R}$ に対し, $\displaystyle\lim_{x\to\infty} \frac{e^x}{x^t} = \infty$ となる.

$t \leq 0$ のときは明らかなので $t > 0$ とする. $t < n$ となる $n \in \mathbb{N}$ をとると, $x \geq 1$ に対して $\dfrac{e^x}{x^t} \geq \dfrac{e^x}{x^n}$ なので, この右辺が無限大に発散することを示せばよい. $f(x) = e^x$, $g(x) = x^n$ とおく.

$$\lim_{x\to\infty} \frac{f^{(n)}(x)}{g^{(n)}(x)} = \lim_{x\to\infty} \frac{e^x}{n!} = \infty \text{ なので, } \lim_{x\to\infty} \frac{f^{(n-1)}(x)}{g^{(n-1)}(x)} = \infty$$

となる (系 6.5 の (ii)). これを繰り返せば結論が得られる.

6.2 極値 (1 変数)

定義 6.1 $I = (a,b)$, $f : I \to \mathbb{R}$ と $\alpha \in I$ に対し,

f は α で**極大**をとる $\overset{\text{def}}{\Longleftrightarrow}$ 「$x \in I$ が $|x - \alpha| < \varepsilon$ を満たす $\Rightarrow f(x) \leq f(\alpha)$」となる $\varepsilon > 0$ がある.

このとき, $f(\alpha)$ を**極大値**とよぶ.

f は α で**極小**をとる $\overset{\text{def}}{\Longleftrightarrow}$ 「$x \in I$ が $|x - \alpha| < \varepsilon$ を満たす $\Rightarrow f(x) \geq f(\alpha)$」となる $\varepsilon > 0$ がある.

このとき, $f(\alpha)$ を**極小値**とよぶ.

注意 6.3 $f : (a,b) \to \mathbb{R}$ が $\alpha \in (a,b)$ で極大または極小になるとき, f は α で**極値**をとるという.

上の極大の定義で「$\cdots$」を「$x \in (a,b)$ が $0 < |x - \alpha| < \varepsilon \Rightarrow f(x) < f(\alpha)$」に置き換えたものを**狭義の極大**という. 同様に, **狭義の極小**も定義できる. (テキストによっては, この狭義の極大・極小を極大・極小とよび, 上の定義を**広義の極大・極小**とよぶこともある.)

例 6.4　$f:\mathbb{R}\to\mathbb{R}$ を $f(x)=|x|$ とすると $x=0$ で (狭義の) 極小になる．
また，

$$g(x)=\begin{cases}\max\{x-1,0\} & (x\geq 0 \text{ のとき})\\ \min\{x+1,0\} & (x<0 \text{ のとき})\end{cases}$$

は $\alpha\in(-1,1]$ で極小になるが，狭義の極小ではない．$\alpha\in[-1,1)$ では極大になる．

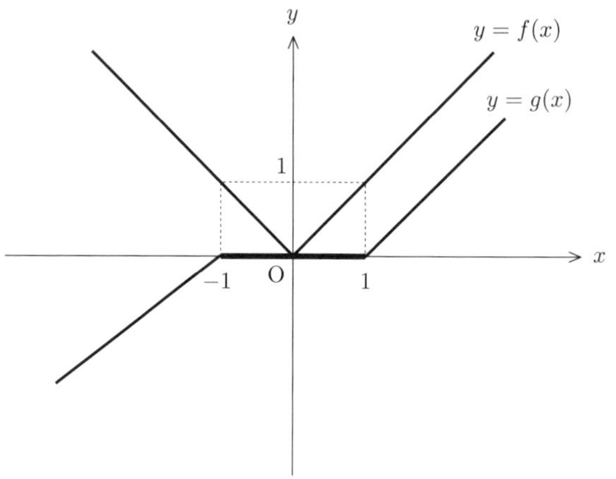

図 6.1　「狭義」の有無による違い

> **命題 6.6***
>
> $f:(a,b)\to\mathbb{R}$ が $\alpha\in(a,b)$ で極値をとり，α で微分可能 $\Rightarrow f'(\alpha)=0$

演習 6.5　命題 6.6 を証明せよ．
ヒント：補題 4.11 の証明を参照．

次に，極大・極小をとるための条件を与える．

命題 6.7*
$r > 0$ に対し，$f \in C^2(\alpha - r, \alpha + r)$ が $f'(\alpha) = 0$ を満たす．

(i) $f''(\alpha) > 0 \Rightarrow f$ は α で極小

(ii) $f''(\alpha) < 0 \Rightarrow f$ は α で極大

注意 6.4 下の証明から命題 6.7 の極小・極大は，それぞれ狭義の極小・狭義の極大になる．

命題 6.7 の証明 (i) を示す．$f''(\alpha) = \rho > 0$ とおくと，仮定から,「$|x-\alpha| < \delta \Rightarrow f''(x) \geq \dfrac{\rho}{2}$」となる $\delta \in (0, r)$ がある．$|x - \alpha| < \delta$ に対して，テイラーの定理 (定理 4.15) より，次を満たす $\theta_x \in (0, 1)$ が存在する．

$$f(x) = f(\alpha) + f'(\alpha)(x - \alpha) + \frac{1}{2} f''(\theta_x x + (1 - \theta_x)\alpha)(x - \alpha)^2$$

$f'(\alpha) = 0$ と，$\theta_x x + (1 - \theta_x)\alpha \in (\alpha - \delta, \alpha + \delta)$ より，$f(x) - f(\alpha) \geq \dfrac{\rho}{4}(x - \alpha)^2 \geq 0$ を満たす不等式が成り立つので証明が終わる． □

演習 6.6 上の命題 6.7 の (ii) を証明せよ．

演習 6.7 関数 $f : (-1, 1) \to \mathbb{R}$ で $f''(0) \geq 0$ なのに，0 が f の極小にならない例をあげよ．

演習 6.8 次の関数 $f : I \to \mathbb{R}$ のグラフを描き，極値がどこかを求めよ．

(1) $f(x) = e^{-x^2}$, $I = \mathbb{R}$ (2) $f(x) = |x|$, $I = \mathbb{R}$

(3) $f(x) = x^x$, $I = (0, \infty)$

6.3 問題

問題 6.1 $f : \mathbb{R} \to \mathbb{R}$ を次で与えられるとき，$\forall n \in \mathbb{N}$ に対し，$f \in C^n(\mathbb{R})$ を示せ．

$$f(x)=\begin{cases} e^{-\frac{1}{x^2}} & (x>0\text{ のとき}) \\ 0 & (x\leq 0\text{ のとき}) \end{cases}$$

ヒント：$\forall n\in\mathbb{N}$ に対し，$x=0$ で $f^{(n)}$ が連続であることを示せばよい．

問題 6.2　次の極限を求めよ．$a,b,a_k>0$ とする．

(1) $\displaystyle\lim_{x\to 0}\frac{e^x-e^{\sin x}}{x-\sin x}$　(2) $\displaystyle\lim_{x\to 0}\frac{a^x-b^x}{x}$　(3) $\displaystyle\lim_{x\to 0}\frac{x-\sin x}{x^3}$

(4) $\displaystyle\lim_{x\to 0}\left(\frac{1}{\sin x}-\frac{1}{x}\right)$　(5) $\displaystyle\lim_{x\to 0+}x\log x$　(6) $\displaystyle\lim_{x\to\frac{\pi}{2}-0}(\tan x)^{\cos x}$

(7) $\displaystyle\lim_{x\to 0}\frac{x-\sin^{-1}x}{x^3}$　(8) $\displaystyle\lim_{x\to 0+}x^{\sin x}$　(9) $\displaystyle\lim_{x\to\infty}x\left(a^{\frac{1}{x}}-1\right)$

(10) $\displaystyle\lim_{x\to\infty}\left(\frac{\pi}{2}-\tan^{-1}x\right)^{\frac{1}{x}}$　(11) $\displaystyle\lim_{x\to 1}x^{\frac{1}{1-x}}$　(12) $\displaystyle\lim_{x\to\infty}x^{\frac{1}{x}}$

(13) $\displaystyle\lim_{x\to 0}\left(\frac{a_1^x+a_2^x+\cdots+a_n^x}{n}\right)^{\frac{n}{x}}$　(14) $\displaystyle\lim_{x\to 0}\frac{\tan x-x}{x^3}$

(15) $\displaystyle\lim_{x\to 0}\left(\frac{1}{x^2}-\frac{1}{\sin^2 x}\right)$　(16) $\displaystyle\lim_{x\to\frac{\pi}{2}}\frac{e^{\sin x}-e}{\log\sin x}$

(17) $\displaystyle\lim_{x\to 1}\frac{x^x-x}{1-x+\log x}$　(18) $\displaystyle\lim_{x\to 0}\frac{(1+x)^{\frac{1}{x}}-e}{x}$

(19) $\displaystyle\lim_{x\to 0}\left(\frac{a^x+b^x}{2}\right)^{\frac{1}{x}}$　(20) $\displaystyle\lim_{x\to\infty}\left\{x-x^2\log\left(1+\frac{1}{x}\right)\right\}$

(21) $\displaystyle\lim_{x\to\infty}x\log x\log\left(1+\frac{1}{x}\right)$

問題 6.3　$f\in C^n(a,b)$ と $\alpha\in(a,b)$ に対し，$f'(\alpha)=f''(\alpha)=\cdots=f^{(n-1)}(\alpha)=0$ で $f^{(n)}(\alpha)\neq 0$ とする．

(1) n が偶数ならば f は α で極値をとることを示せ．

(2) n が奇数のとき f は α で極値をとらないことを示せ．

第 7 章

1 変数関数の積分の応用(不定積分・広義積分)

1 変数の積分の基礎では扱わなかった関数の不定積分の求め方と広義積分に関して述べる．これらによっていろいろな積分が計算できるようになる．

7.1 様々な不定積分の求め方

7.1.1 有理関数

関数 f が二つの多項式 P, Q を用いて，$f(x) = \dfrac{Q(x)}{P(x)}$ と表せるとき f を**有理関数**とよぶ．$Q(x)$ を m 次多項式，$P(x)$ を n 次多項式とすると，$m \geq n$ の場合は，$m - n$ 次多項式 f_0 と $n - 1$ 次多項式 Q_0 を用いて

$$f(x) = f_0(x) + \frac{Q_0(x)}{P(x)}$$

と表せるので，最初から $m < n$ と仮定しておく．

まず簡単な有理関数の不定積分を求める．

例 7.1 $f(x) = \dfrac{1}{1 - x^2}$ の分母を因数分解すれば，次のように変形できる．

$$f(x) = \frac{1}{2}\left(\frac{1}{1-x} + \frac{1}{1+x}\right)$$

よって，$\displaystyle\int f(x)dx = \frac{1}{2}(-\log|1-x| + \log|1+x|) = \frac{1}{2}\log\left|\frac{1+x}{1-x}\right|$ となる．

例 7.2 $\alpha > 1$ に対し，$f(x) = \dfrac{1}{x^2 + 2x + \alpha}$ を考える．分母は $(x+1)^2 + \alpha - 1$ と変形できるので，$\beta = \sqrt{\alpha - 1}$, $y = \dfrac{x+1}{\beta}$ とおくと $f(x) = \dfrac{1}{\alpha - 1}\dfrac{1}{y^2 + 1}$

になる．よって，例 5.7 より $\int f(x)dx = \frac{1}{\alpha - 1} \tan^{-1} \frac{x+1}{\beta}$ が成り立つ．

一般の有理関数 $f(x) = \frac{Q(x)}{P(x)}$ に対し，これらの方法を一般化する．

多項式 $P(x)$ は $P(x) = A(x+a_1)^{m_1} \cdots (x+a_k)^{m_k}(x^2+b_1x+c_1)^{n_1} \cdots (x^2+b_lx+c_l)^{n_l}$ と表せることが知られている[1]．ただし，$b_j^2 - 4c_j < 0\ (j = 1, 2, \cdots, l)$ である (そうでなければ，$(x + a_i)$ の項の一つとして見なせる)．

このとき，$f(x) = \frac{Q(x)}{P(x)}$ を次のように表せる．

$$f(x) = \sum_{i=1}^{k} \left(\sum_{j=1}^{m_i} \frac{A_{i,j}}{(x + a_i)^j} \right) + \sum_{i=1}^{l} \left(\sum_{j=1}^{n_i} \frac{B_{i,j}x + C_{i,j}}{(x^2 + b_i x + c_i)^j} \right) \tag{7.1}$$

この形になれば，例 7.1, 7.2 を利用して，不定積分が計算できる．

有理関数を (7.1) の形に直す方法を次の例で考える．

例 7.3 $f(x) = \frac{1}{x^3 - 1}$ のとき，$x^3 - 1 = (x-1)(x^2+x+1)$ に注意すると，

$$f(x) = \frac{A}{x-1} + \frac{Bx + C}{x^2 + x + 1}$$

と表せると仮定して，A, B, C を決めればよい．

演習 7.1 例 7.3 で，A, B, C を求めよ．さらに，f の不定積分を求めよ．

例 7.4 $f(x) = \frac{1}{(x-1)^2(x^2+1)}$ に対しては，一般形から

$$f(x) = \frac{A}{x-1} + \frac{B}{(x-1)^2} + \frac{Cx + D}{x^2 + 1}$$

と表せると仮定して，A, B, C, D を求めればよい．

演習 7.2 例 7.4 の f の不定積分を求めよ．

---

[1] これは，n 次方程式は n 個の (複素数の可能性もあるが) 解がある (代数学の基本定理) ことと，$P(x)$ の係数が実数なので，複素数 α が $P(\alpha) = 0$ を満たせば，複素共役 $\overline{\alpha}$ も $P(\overline{\alpha}) = 0$ を満たすことからわかる．

7.1.2 三角関数を含んだ関数

$f(x) = g(\sin x, \cos x)$ と表せるとき，$\tan \dfrac{x}{2} = t$ とおくと，

$$\cos x = 2\cos^2 \frac{x}{2} - 1 = \frac{1-t^2}{1+t^2}$$
$$\sin x = 2\sin \frac{x}{2} \cos \frac{x}{2} = \frac{2t}{1+t^2}$$

となる．よって，$\dfrac{dx}{dt} = 2\dfrac{d}{dt} \tan^{-1} t = \dfrac{2}{1+t^2}$ に注意すれば，

$$\int f(x)dx = \int g\left(\frac{2t}{1+t^2}, \frac{1-t^2}{1+t^2}\right) \frac{2}{1+t^2} dt$$

となる．ゆえに，t について右辺の不定積分が計算できれば，f の不定積分が見つかる．

例 7.5 $f(x) = \dfrac{1}{\sin x}$ のとき，次のように計算できる．

$$\int \frac{1}{\sin x} dx = \int \frac{1+t^2}{2t} \frac{2}{1+t^2} dt = \int \frac{1}{t} dt = \log |t| = \log \left|\tan \frac{x}{2}\right|$$

7.1.3 無理関数

$\sqrt{x}$ などを含んだ関数の場合，不定積分を見つける統一的な方法はない．変数変換でうまく行くいくつかの例をあげる．

例 7.6 $\displaystyle\int \frac{\sqrt{1+x}}{x} dx$ を求めるために，$t = \sqrt{1+x}$ とおく．$\dfrac{dt}{dx} = \dfrac{1}{2\sqrt{1+x}} = \dfrac{1}{2t}$ に注意して次のように計算できる．

$$\int \frac{\sqrt{1+x}}{x} dx = \int \frac{2t^2}{t^2-1} dt = 2t + \log \left|\frac{t-1}{t+1}\right|$$
$$= 2\sqrt{1+x} + \log \left|\frac{\sqrt{1+x}-1}{\sqrt{1+x}+1}\right|$$

さらに一般に，$f(x)=g\left(x, \sqrt[n]{\dfrac{ax+b}{cx+d}}\right)$ で表されるとき，$t=\sqrt[n]{\dfrac{ax+b}{cx+d}}$ とおくと，t について不定積分を求めることができることがある．

例 7.7 $\displaystyle\int\sqrt{\frac{a+x}{a-x}}dx$ を求めるために，$t=\sqrt{\dfrac{a+x}{a-x}}$ とおく．$\dfrac{dt}{dx}=\dfrac{a}{(a-x)^2}\sqrt{\dfrac{a-x}{a+x}}$ より

$$\int\sqrt{\frac{a+x}{a-x}}dx=\int\frac{t^2}{a}\frac{4a^2}{(t^2+1)^2}dt=4a\int\frac{t^2}{(t^2+1)^2}dt$$

となる．ここまできたら，例えば部分積分を思い出すと

$$\int\frac{t^2}{(t^2+1)^2}dt=-\frac{t}{2(t^2+1)}+\frac{1}{2}\int\frac{1}{t^2+1}dt=-\frac{t}{2(t^2+1)}+\frac{1}{2}\tan^{-1}t$$

なので，最終的には次のようになる．

$$-\frac{2a\sqrt{\dfrac{a+x}{a-x}}}{\dfrac{a+x}{a-x}+1}+2a\tan^{-1}\sqrt{\frac{a+x}{a-x}}=-\sqrt{a^2-x^2}+2a\tan^{-1}\sqrt{\frac{a+x}{a-x}}$$

$f(x)=g(x,\sqrt{ax^2+bx+c})$ と表せる場合を考える．

例 7.8 <u>$a>0$ の場合：$t=\sqrt{ax^2+bx+c}+\sqrt{a}x$ とおく．</u>

例えば，$\displaystyle\int\sqrt{x^2+c}dx$ を求める．$t=\sqrt{x^2+c}+x$ とおくと，$(t-x)^2=x^2+c$ より，$x=\dfrac{t^2-c}{2t}$ と変形できる．ゆえに，$\sqrt{x^2+c}=t-\dfrac{t^2-c}{2t}=\dfrac{t^2+c}{2t}$ である．さらに，$\dfrac{dt}{dx}=1+\dfrac{x}{\sqrt{x^2+c}}=1+\dfrac{t^2-c}{t^2+c}=\dfrac{2t^2}{t^2+c}$ なので，

$$\int\sqrt{x^2+c}dx=\int\frac{t^2+c}{2t}\frac{t^2+c}{2t^2}dt=\frac{1}{4}\int\left(t+\frac{2c}{t}+\frac{c^2}{t^3}\right)dt$$

となる．よって，$x\sqrt{x^2+c}=\dfrac{t^4-c^2}{4t^2}$ に注意して，次のように変形できる．

$$\int \sqrt{x^2+c}dx = \frac{1}{4}\left(\frac{t^2}{2} + 2c\log|t| - \frac{c^2}{2t^2}\right)$$
$$= \frac{1}{2}\left(x\sqrt{x^2+c} + c\log\left|x+\sqrt{x^2+c}\right|\right)$$

$a<0$ の場合は次の演習にする.

演習 7.3　例 7.8 で $a<0$ かつ，$ax^2+bx+c=0$ を満たす二つの実数 $\alpha < \beta$ がある場合，$t=\sqrt{\dfrac{x-\alpha}{\beta-x}}$ を考えることで不定積分はどうなるか調べよ.

7.2　広義積分

今までは，積分の区間は**有界**で，関数も**有界**だった．この章では，それぞれが**非有界** (= 有界でない) の場合の積分を考える.

> **定義 7.1** (積分区間は有界で，関数が非有界な場合)
>
> $f:(a,b)\to\mathbb{R}$ とし，$\displaystyle\lim_{x\to a+0} f(x)=\infty$ とする.
>
> f が (a,b) で**広義積分可能**
>
> $$\overset{\text{def}}{\Longleftrightarrow} \begin{cases} (\text{i}) & \forall\varepsilon>0 \text{ に対し，} f \text{ が } (a+\varepsilon,b) \text{ で有界かつ積分可能} \\ (\text{ii}) & \displaystyle\lim_{\varepsilon\to+0}\int_{a+\varepsilon}^{b} f(x)dx \text{ が存在する.} \end{cases}$$
>
> このとき，$\displaystyle\int_a^b f(x)dx \overset{\text{def}}{\Longleftrightarrow} \lim_{\varepsilon\to+0}\int_{a+\varepsilon}^{b} f(x)dx$ と定義する.

注意 7.1　$\displaystyle\lim_{x\to a+0} f(x)=-\infty$ や $\displaystyle\lim_{x\to b-0} f(x)=\pm\infty$ も同様に広義積分を定義する.

例 7.9　$f:(0,1)\to\mathbb{R}$ を $f(x)=\dfrac{1}{x^a}$ で定義する．$0<a<1$ のとき，f は $(0,1)$ で広義積分可能になる.

例 7.10 (広義積分が可能でない場合：有界区間)　$\displaystyle\int_{-1}^{1}\frac{1}{x}dx$ を次の極限で定義したらどうか.

$$\int_{-1}^{1} \frac{1}{x} = \lim_{\varepsilon \to 0+} \int_{\varepsilon}^{1} \frac{1}{x} dx + \lim_{\delta \to 0+} \int_{-1}^{-\delta} \frac{1}{x} dx = -\lim_{\varepsilon \to 0} \log \varepsilon + \lim_{\delta \to 0} \log \delta$$

しかし，$\varepsilon, \delta > 0$ の極限の取り方はいろいろある．

$$-\log \varepsilon + \log \delta = \log \frac{\delta}{\varepsilon} = \begin{cases} 0 & (\delta = \varepsilon \text{のとき}) \\ \infty & (\delta = \sqrt{\varepsilon} \text{のとき}) \\ -\infty & (\delta = \varepsilon^2 \text{のとき}) \\ \log a & (\delta = a\varepsilon \text{のとき},\ a > 0) \end{cases}$$

このように，ε と δ の極限のとり方で一定に決まらない．$\varepsilon = \delta$ として極限を取った場合を $\displaystyle\int_{-1}^{1} \frac{1}{x} dx$ の**主値**といい，次のように書く．

$$(P) \int_{-1}^{1} \frac{1}{x} dx = \lim_{\varepsilon \to 0+} \left(\int_{\varepsilon}^{1} \frac{1}{x} dx + \int_{-1}^{-\varepsilon} \frac{1}{x} dx \right)$$

この場合，右辺は 0 になる．

演習 7.4 $f(x) = \dfrac{1}{\sqrt{x(1-x)}}$ は $(0,1)$ で広義積分可能かどうか？ 理由も述べよ．

定義 7.2 (無限区間 $[a, \infty)$ の場合)

$f : [a, \infty) \to \mathbb{R}$ が $[a, \infty)$ で**広義積分可能**

$$\overset{\text{def}}{\Longleftrightarrow} \begin{cases} (\text{i}) & \forall b > a \text{ に対し，} f \text{ が } [a, b] \text{ で有界かつ積分可能} \\ (\text{ii}) & \displaystyle\lim_{b \to \infty} \int_a^b f(x) dx \text{ が存在する．} \end{cases}$$

例 7.11 $f(x) = \sin x$ は $\forall a > 0$ に対し，$[0, a]$ で (連続関数だから) 積分可能である．また，$\displaystyle\int_0^{2n\pi} \sin x dx = 0$ だから，$\displaystyle\lim_{n \to \infty} \int_0^{2n\pi} \sin x dx = 0$ なので，$(0, \infty)$ で積分可能となる，としてはいけない．$\displaystyle\lim_{a \to \infty} \int_0^{a} \sin x dx$ は存在しないからである．(例えば，$a = (2n+1)\pi$ とすると，$\displaystyle\int_0^{(2n+1)\pi} \sin x dx = 2$ となる．)

注意 7.2　$\displaystyle\int_{-\infty}^{a} f(x)dx$ も同様に広義積分を定義する．

注意 7.3　$-\infty \leq a < b \leq \infty$ のとき，f が (a,b) で広義積分可能であることを「$\displaystyle\int_a^b f(x)dx$ が収束する」ということもある．また，f が (a,b) で広義積分可能でないことを「$\displaystyle\int_a^b f(x)dx$ が発散する」ということもある．広義積分が発散する場合の中で，$\displaystyle\lim_{b\to\infty}\int_a^b f(x)dx = \pm\infty$ のときは，$\displaystyle\int_a^{\infty} f(x)dx = \pm\infty$ と書く (複合同順)．$(-\infty, a)$ や $(-\infty,\infty)$ も同様な表し方をする．

例 7.12　$a \neq 1$ に対し，$\displaystyle\int_1^{\infty}\frac{1}{x^a}dx = \lim_{b\to\infty}\left[\frac{1}{1-a}x^{1-a}\right]_1^b$ なので，$a > 1$ のとき極限は有限値 $\dfrac{1}{a-1}$ になる．

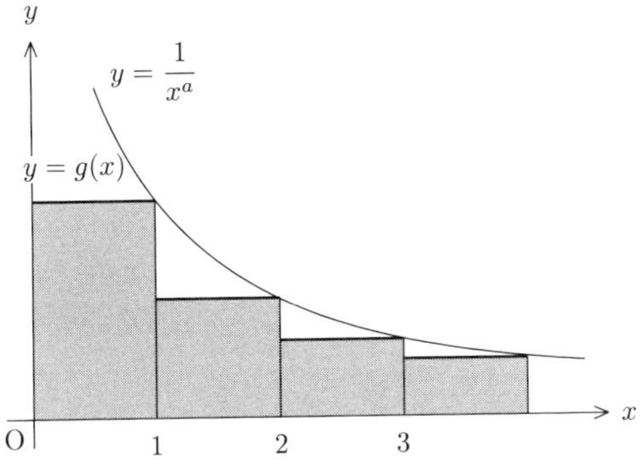

図 7.1　例 7.12 のイメージ

これを利用して，級数 $\displaystyle\sum_{n=1}^{\infty}\frac{1}{n^a}$ は $a > 1$ のとき収束することを示す．実際，$n-1 \leq x < n$ に対し，$g(x) = \dfrac{1}{n^a}$ とおくと $g(x) \leq \dfrac{1}{x^a}$ である．一方，$m \geq 2$ に対し，$\displaystyle\sum_{n=2}^{m}\frac{1}{n^a} = \int_1^m g(x)dx \leq \int_1^m f(x)dx$ である．この左辺は m について単調増加列であり，右辺より $\dfrac{1}{a-1}$ の方が大きいから，有界になる．よって級

数 $\sum \frac{1}{n^a}$ は収束する.

演習 7.5 $\displaystyle\int_2^\infty \frac{1}{x(\log x)^a}dx$ は $a \in \mathbb{R}$ がどのような値のとき，収束・発散するか調べよ.

広義積分でも積分の線形性が成り立つ.

命題 7.1* **(線形性)**

$-\infty \leq a < b \leq \infty$ に対し，f, g が (a,b) で広義積分可能

$$\Rightarrow \begin{cases} \forall s, t \in \mathbb{R} \text{ に対し，} sf + tg \text{ も } (a,b) \text{ で広義積分可能かつ} \\ \displaystyle\int_a^b \{sf(x) + tg(x)\}dx = s\int_a^b f(x)dx + t\int_a^b g(x)dx \text{ が成り立つ.} \end{cases}$$

演習 7.6 命題 7.1 を証明せよ.

広義積分可能となる条件の一つをあげる.

命題 7.2 (コーシーの判定条件)

(1) $f : (a,b) \to \mathbb{R}$ が $\displaystyle\lim_{x \to a+} f(x) = \pm\infty$ で，$\forall\varepsilon \in (0, b-a)$ に対し，$(a+\varepsilon, b)$ 上で f は有界かつ積分可能とする.

f が (a,b) で広義積分可能

$$\Longleftrightarrow \begin{cases} \forall\varepsilon > 0 \text{ に対し，次を満たす} \delta_\varepsilon \in (0, b-a) \text{ がある.} \\ \text{「}\forall c, c' \in (a, a+\delta_\varepsilon) \Rightarrow \left|\displaystyle\int_c^{c'} f(x)dx\right| < \varepsilon\text{」} \end{cases}$$

(2) $f : [a, \infty) \to \mathbb{R}$ が有界関数で，$\forall b > a$ に対し，$[a,b]$ で f が積分可能とする.

f が $[a,\infty)$ で広義積分可能

$$\Longleftrightarrow \begin{cases} \forall\varepsilon > 0 \text{ に対し，次を満たす } K_\varepsilon > a \text{ がある.} \\ \text{「}\forall b, b' > K_\varepsilon \Rightarrow \left|\displaystyle\int_b^{b'} f(x)dx\right| < \varepsilon\text{」} \end{cases}$$

演習 7.7 命題 7.2 を証明せよ.

例 7.13 $\displaystyle\int_0^\infty \frac{\sin x}{x}dx$ は広義積分可能である. 実際, $0 < a < b$ に対し,

$$\int_a^b \frac{\sin x}{x}dx = \left[\frac{-\cos x}{x}\right]_a^b - \int_a^b \frac{\cos x}{x^2}dx$$

なので, 次の不等式より, $a \to \infty$ のとき 0 に収束する.

$$\left|\int_a^b \frac{\sin x}{x}dx\right| \leq \frac{1}{a} + \frac{1}{b} + \left[\frac{1}{x}\right]_a^b \leq \frac{3}{a}$$

命題 7.2 より, 広義積分可能である.

注意 7.4 広義積分の複合形もある. 例えば以下のような場合である.

$f : (a,\infty) \to \mathbb{R}$ で $\displaystyle\lim_{x\to a+0} f(x) = \infty$ のときは, 適当な $b > a$ に対して, $\displaystyle\lim_{\varepsilon\to 0}\int_{a+\varepsilon}^b f(x)dx$ と $\displaystyle\lim_{L\to\infty}\int_b^L f(x)dx$ が存在するとき, f を (a,∞) で広義積分可能といい, $\displaystyle\int_a^\infty f(x)dx$ の値を二つの広義積分の和で定義する.

例 7.14 (ガンマ関数) ガンマ関数 $\Gamma : (0,\infty) \to \mathbb{R}$ は次で定義される.

$$\Gamma(s) = \int_0^\infty e^{-x}x^{s-1}dx$$

上の注意で $a = 0, b = 1$ として, $\displaystyle\Gamma_0(s) = \int_0^1 e^{-x}x^{s-1}dx$ と $\Gamma_1(s) = \displaystyle\int_1^\infty e^{-x}x^{s-1}dx$ とおいて, それぞれ積分が広義積分可能であることを調べる.

例えば, $\displaystyle\int_\varepsilon^{\varepsilon'} e^{-x}x^{s-1}dx \leq \int_\varepsilon^{\varepsilon'} x^{s-1}dx = \frac{1}{s}(\varepsilon'^s - \varepsilon^s)$ となり, Γ_0 は広義積分可能である.

演習 7.8 $\Gamma_1(s)$ も定義できることを示し, $\displaystyle\Gamma\left(\frac{1}{2}\right) = 2\int_0^\infty e^{-x^2}dx$ を導け.
注意：右辺の値が $\sqrt{\pi}$ になることは, 例 13.5 を参照せよ.

例 7.15 (**ベータ関数**) $p, q > 0$ に対し，ベータ関数 $B(p, q)$ を次で定義する．

$$B(p,q) = \int_0^1 x^{p-1}(1-x)^{q-1}dx$$

演習 7.9 $p, q > 0$ に対し，$B(p, q)$ が定義できることを示せ．

7.3 問題

問題 7.1 次の関数の不定積分を求めよ．$a \neq 0, b \neq 0$ とする．

(1) $\dfrac{1}{x^3+1}$ (2) $\dfrac{1}{(x^2-1)^2}$ (3) $\dfrac{1}{x^4+1}$

(4) $\dfrac{x}{x^2-2x+2}$ (5) $\dfrac{x^4+2x^2}{x^3-1}$ (6) $\dfrac{1}{x(x^4-1)}$

(7) $\dfrac{1}{(x+1)^2(x^2+1)}$ (8) $\dfrac{1}{\sin^2 x}$ (9) $\dfrac{1}{\cos x}$

(10) $\dfrac{1}{1+\sin x}$ (11) $\dfrac{1}{a+\cos x}$ (12) $\dfrac{1}{a\cos^2 x + b\sin^2 x}$

(13) $\dfrac{\cos x}{\sin x(1+\cos x)}$ (14) $\dfrac{1}{a+\tan x}$ (15) $\sqrt{\dfrac{1-x}{x}}$

(16) $\sqrt{\dfrac{x-1}{2-x}}$

問題 7.2 $0 < a < 1$ のとき，$\sum \dfrac{1}{n^a} = \infty$ になることを示せ．

問題 7.3 次の広義積分を求めよ．ただし，$a > 0, b \in \mathbb{R}$ とする．

(1) $\displaystyle\int_0^\infty e^{-ax}\cos(bx)dx$ (2) $\displaystyle\int_0^1 \log x dx$

(3) $\displaystyle\int_{-1}^1 \frac{1}{\sqrt{1-x^2}}dx$ (4) $\displaystyle\int_{-\infty}^\infty \frac{1}{1+x^2}dx$

(5) $\displaystyle\int_0^\infty \frac{1}{e^x+e^{-x}}dx$ (6) $\displaystyle\int_0^{\frac{\pi}{2}} \log(\sin x)dx$

問題 7.4 $s > 0$ に対し，$s\Gamma(s) = \Gamma(s+1)$ が成り立つことを示せ．さらに，自然数 n に対し，$\Gamma(n+1) = n!$ となることを示せ．

第 8 章

関数列

区間 I 上の関数が $f_1, f_2, f_3, \cdots$ と無限個ある場合，数列に対応させて**関数列**とよぶ．この章での結果は，後述の多変数関数でも成立することであるが，本書では多変数版は述べない．難しくないので，多変数関数の微分積分を勉強した後で各自考えてみるとよい．

8.1 一様収束

定義 8.1 関数列 $f_n : I \to \mathbb{R}$ と関数 $f : I \to \mathbb{R}$, $\alpha \in I$ に対し，

f_n が I 上で f に**各点収束** $\overset{\text{def}}{\Longleftrightarrow}$ $\forall x \in I$ に対し，$\displaystyle\lim_{n\to\infty} f_n(x) = f(x)$

f_n が I 上で f に**一様収束**

$$\overset{\text{def}}{\Longleftrightarrow} \begin{cases} \forall \varepsilon > 0 \text{ に対し，次を満たす } N_\varepsilon \in \mathbb{N} \text{ がある．} \\ \qquad\text{「}n \geq N_\varepsilon \Rightarrow |f_n(x) - f(x)| < \varepsilon \ (\forall x \in I)\text{」} \end{cases}$$

注意 8.1 (1) 一様収束は次のように言い換えられる．

$\forall \varepsilon > 0$ に対し，「$n \geq N_\varepsilon \Rightarrow \displaystyle\sup_{x \in I} |f_n(x) - f(x)| < \varepsilon$」となる $N_\varepsilon \in \mathbb{N}$ がある．

(2) 上の表現で「f_n は I で各点・一様収束する」のように，収束する極限関数を書かないこともある．

例 8.1 $f_n : [0,1] \to \mathbb{R}$ を $f_n(x) = x^n$ とする．極限は，

$$\lim_{n\to\infty} f_n(x) = \begin{cases} 0 & (x \in [0,1) \text{ のとき}) \\ 1 & (x = 1 \text{ のとき}) \end{cases}$$

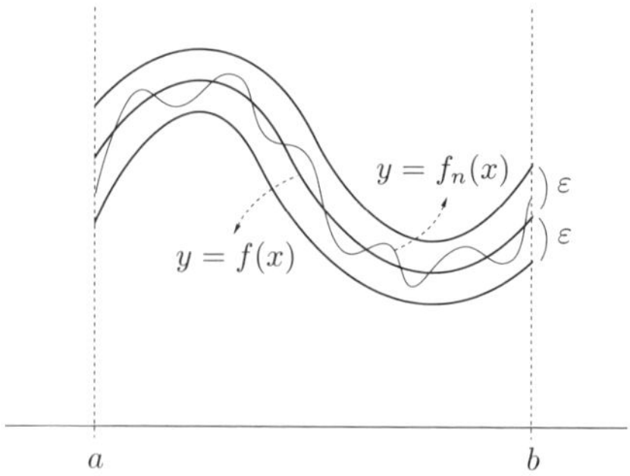

図 **8.1** 一様収束のイメージ

となる．この右辺を $f(x)$ とおけば，f_n は f に I 上で各点収束する．しかし，一様収束はしない．なぜなら，もし一様収束したとすると，$\varepsilon = \dfrac{1}{2}$ として，任意の $0 < x < 1$ に対し，$|f_{N_0}(x) - f(x)| = x^{N_0} < \dfrac{1}{2}$ となる $N_0 \in \mathbb{N}$ が x に無関係にとれなくてはならない．しかし，$N_0 > \dfrac{-\log 2}{\log x}$ となるが，$x = 1 - \dfrac{1}{n}$ $(n \geq 2)$ とおくと $N_0 > \dfrac{-\log 2}{\log(1-\frac{1}{n})}$ である．この右辺は $\displaystyle\lim_{n\to\infty} \frac{-\log 2}{\log(1-\frac{1}{n})} = \infty$ となり，矛盾する．

上の例 8.1 は，次の定理からも一様収束していないことがわかる．

定理 8.1* (一様収束極限の連続性)

区間 I に対し，$f_n \in C(I)$ が I で関数 $f : I \to \mathbb{R}$ に一様収束する

$$\Rightarrow f \in C(I)$$

注意 8.2 この定理の I は有界区間でなくてもよい．

定理 8.1 の証明 $\forall \alpha \in I$ で f が連続であることを示す．

一様収束するから，$\forall \varepsilon > 0$ に対し，「$n \geq N_\varepsilon \Rightarrow |f_n(x) - f(x)| < \dfrac{\varepsilon}{3}$ $(\forall x \in I)$」となる $N_\varepsilon \in \mathbb{N}$ がある．

f_{N_ε} は α で連続だから,「$x \in I$ が $|x-\alpha| < \delta_\varepsilon \Rightarrow |f_{N_\varepsilon}(x) - f_{N_\varepsilon}(\alpha)| < \dfrac{\varepsilon}{3}$」を満たす $\delta_\varepsilon > 0$ がある. よって, $x \in I$ が $|x-\alpha| < \delta_\varepsilon$ ならば, 次が成り立つ.

$$|f(x) - f(\alpha)| \leq |f(x) - f_{N_\varepsilon}(x)| + |f_{N_\varepsilon}(x) - f_{N_\varepsilon}(\alpha)| + |f_{N_\varepsilon}(\alpha) - f(\alpha)| < \varepsilon \quad \square$$

8.2 積分と関数列の極限の交換

関数列が一様収束すると積分と極限が交換する. 言い換えると, 一様収束は積分と関数列の極限の交換が成り立つための十分条件である.

定理 8.2* **(積分と関数列の極限の交換)****

$f_n \in C[a,b]$ が $[a,b]$ 上で f に一様収束する

$$\Rightarrow \lim_{n\to\infty} \int_a^b f_n dx = \int_a^b \lim_{n\to\infty} f_n dx = \int_a^b f dx$$

注意 8.3 この定理は無限区間では成立しない. 例えば,

$$f_n(x) = \begin{cases} -\dfrac{1}{2n^2}x + \dfrac{1}{n} & (0 \leq x \leq 2n \text{ のとき}) \\ 0 & (x > 2n \text{ のとき}) \end{cases}$$

とおくと, $f_n \in C([0,\infty))$ で, $\forall n \in \mathbb{N}$ に対し, $\displaystyle\int_0^\infty f_n dx = 1$ である. f_n は 0 に $[0,\infty)$ で一様収束する (つまり, $\displaystyle\lim_{n\to\infty} f_n(x) = 0$). よって,

$$\lim_{n\to\infty} \int_0^\infty f_n dx = 1 \neq 0 = \int_0^\infty \lim_{n\to\infty} f_n dx$$

となり, 積分と関数列の極限は交換しない.

定理 8.2 の証明 定理 8.1 より, $f \in C[a,b]$ であり, $[a,b]$ で積分可能であることに注意する (定理 5.4).

$\forall \varepsilon > 0$ に対し,「$n \geq N_\varepsilon \Rightarrow \displaystyle\sup_{x\in[a,b]} |f_n(x) - f(x)| < \frac{\varepsilon}{b-a}$」となる $N_\varepsilon \in \mathbb{N}$ が存在する. よって, 定理 5.6 より次が成り立ち, 証明が終わる.

$$\left|\int_a^b f_n dx - \int_a^b f dx\right| \leq \int_a^b |f_n - f| dx \leq \frac{\varepsilon}{b-a}\int_a^b dx = \varepsilon \qquad \square$$

次の系は上の定理 8.2 より簡単に示せるので証明を略す.

系 8.3 (項別積分)

$f_n \in C[a,b]$ に対し, $\sum_{k=1}^{n} f_k(x)$ が $[a,b]$ で一様収束する

$$\Rightarrow \int_a^b \sum_{n=1}^{\infty} f_n dx = \sum_{n=1}^{\infty} \int_a^b f_n dx$$

8.3 問題

問題 8.1 次の関数列 $\{f_n\}$ が, 定義域 I で一様収束するかどうかを調べよ.

(1) $f_n(x) = \dfrac{x^n}{(1+x^2)^n}, \quad I = \mathbb{R}$

(2) $f_n(x) = nx(1-x)^n, \quad I = [0,1]$

(3) $f_n(x) = n\sin\dfrac{x}{n}, \quad I = [0,\pi]$

問題 8.2 (ディニ[1]の定理) $f_n \in C[a,b]$ が $\forall x \in [a,b]$ と $n \in \mathbb{N}$ に対し, $f_n(x) \leq f_{n+1}(x)$ を満たし, $f(x) = \lim_{n\to\infty} f_n(x)$ とする.

$f \in C[a,b] \Rightarrow f_n$ は f に一様収束することを示せ.

---

[1] Dini (1845-1918)

第 III 部

多変数関数の微分積分

第9章

$\mathbb{R}$ から $\mathbb{R}^N$ へ

この章から 13 章まで N を 2 以上の自然数とする.

$\mathbb{R}^N$ は, $\mathbb{R}$ の N 個の直積を表す. つまり, $\boldsymbol{x} \in \mathbb{R}^N$ は列ベクトル $\boldsymbol{x} = \begin{pmatrix} x_1 \\ x_2 \\ \vdots \\ x_N \end{pmatrix}$ $(x_j \in \mathbb{R})$ とし, $\boldsymbol{x}$ を $\mathbb{R}^N$ の**点**とよぶ. x_j を $\boldsymbol{x}$ の**第 j 成分**とよぶ. $\mathbb{Z}^N, \mathbb{Q}^N$ も同様に定義する.

しかし, 列ベクトルは幅をとってしまうので, 行と列を入れ替えた転置行列の記号「^{t}」を用いて $\boldsymbol{x} = {}^t(x_1, x_2, \cdots, x_N)$ などと書く. (線形代数では行ベクトルでも成分の間のカンマ「,」を書かないが, 本書では付けることにする.)

さらに, $\boldsymbol{x} = {}^t(x_1, x_2, \cdots, x_N), \boldsymbol{y} = {}^t(y_1, y_2, \cdots, y_N) \in \mathbb{R}^N$ に対し, 和 $\boldsymbol{x} + \boldsymbol{y}$ 及び, $\alpha \in \mathbb{R}$ に対し α 倍 $\alpha\boldsymbol{x}$ を線形代数と同じように定義する.

$$\boldsymbol{x} + \boldsymbol{y} \overset{\text{def}}{\Longleftrightarrow} {}^t(x_1 + y_1, x_2 + y_2, \cdots, x_N + y_N)$$
$$\alpha\boldsymbol{x} \overset{\text{def}}{\Longleftrightarrow} {}^t(\alpha x_1, \alpha x_2, \cdots, \alpha x_N)$$

もう一つ, 内積の記号を決めておく.

記号　$\boldsymbol{x} = {}^t(x_1, \cdots, x_N)$, $\boldsymbol{y} = {}^t(y_1, \cdots, y_N) \in \mathbb{R}^N$ に対し,

$$\boldsymbol{x} \text{ と } \boldsymbol{y} \text{ の内積 } \langle \boldsymbol{x}, \boldsymbol{y} \rangle \overset{\text{def}}{\Longleftrightarrow} \sum_{j=1}^{N} x_j y_j$$

なるべく, 一般の $N \geq 2$ で定義や命題を述べるが, 証明や具体例は $N = 2$ や $N = 3$ で示すことがある. $N = 2$ のとき, $\boldsymbol{x} = {}^t(x_1, x_2)$ の代わりに $\boldsymbol{x} = {}^t(x, y)$ を用い, $N = 3$ のとき, $\boldsymbol{x} = {}^t(x_1, x_2, x_3)$ の代わりに $\boldsymbol{x} = {}^t(x, y, z)$ を

用いる．また，$\forall m \in \mathbb{N}$ に対し，$\mathbf{0} \in \mathbb{R}^m$ ですべての成分がゼロの点を表す．

9.1　$\mathbb{R}^N$ の点

まず，$\mathbb{R}$ における絶対値に代る概念を導入する．

記号　$\boldsymbol{x} = {}^t(x_1, x_2, \cdots, x_N) \in \mathbb{R}^N$ に対し，

$$\boldsymbol{x} \text{ のノルム } \|\boldsymbol{x}\| \overset{\text{def}}{\iff} \sqrt{x_1^2 + x_2^2 + \cdots + x_N^2} = \left(\sum_{j=1}^{N} x_j^2\right)^{\frac{1}{2}}$$

ノルムと内積は，$\mathbb{R}^N$ の N が異なっても同じ記号を使う習慣である．

ノルムは絶対値と同じ性質を持ち，この章での証明のうち絶対値をノルムに置き換えただけでできるものは略し，その他の証明も 15 章で述べる．

命題 9.1* (ノルムの性質)

$\forall \boldsymbol{x}, \boldsymbol{y} \in \mathbb{R}^N$, $a \in \mathbb{R}$ に対し，

$$\begin{cases} \text{(i)} & \|\boldsymbol{x}\| \geq 0 \\ \text{(ii)} & \|\boldsymbol{x}\| = 0 \iff \boldsymbol{x} = \mathbf{0} \\ \text{(iii)} & \|a\boldsymbol{x}\| = |a| \cdot \|\boldsymbol{x}\| \\ \text{(iv)} & \|\boldsymbol{x} + \boldsymbol{y}\| \leq \|\boldsymbol{x}\| + \|\boldsymbol{y}\| \quad \text{(三角不等式)} \end{cases}$$

$\mathbb{R}$ の数列に対応する概念を導入する．

定義 9.1

$\{\boldsymbol{a}_n\}_{n=1}^{\infty}$ が点列 $\overset{\text{def}}{\iff}$ $\boldsymbol{a}_n \in \mathbb{R}^N$ を $n = 1, 2, \cdots$ の順に並べたもの

$\{\boldsymbol{a}_n\}$ と略して書く．

点列の収束の概念も数列の定義の絶対値をノルムに代えるだけである．

定義 9.2 点列 $\{\boldsymbol{a}_n\}$ と $\boldsymbol{a} \in \mathbb{R}^N$ に対し,

$$\boldsymbol{a}_n \text{ が } \boldsymbol{a} \text{ に収束する} \overset{\text{def}}{\iff} \begin{cases} \forall \varepsilon > 0 \text{ に対し,} \\ \text{「} n \geq N_\varepsilon \Rightarrow \|\boldsymbol{a}_n - \boldsymbol{a}\| < \varepsilon \text{」} \\ \text{となる } N_\varepsilon \in \mathbb{N} \text{ がある.} \end{cases}$$

このとき, $\lim_{n\to\infty} \boldsymbol{a}_n = \boldsymbol{a}$ と書き, $\boldsymbol{a}$ を $\{\boldsymbol{a}_n\}$ の**極限**とよぶ.

$\{\boldsymbol{a}_n\}$ が**収束列** $\overset{\text{def}}{\iff}$ $\lim_{n\to\infty} \boldsymbol{a}_n = \boldsymbol{a}$ となる $\boldsymbol{a} \in \mathbb{R}^N$ が存在する.

$\mathbb{R}$ の部分集合と同様に有界の概念を導入する.

定義 9.3 $A \subset \mathbb{R}^N$ に対し,

A が**有界** $\overset{\text{def}}{\iff}$ 「$\forall \boldsymbol{x} \in A \Rightarrow \|\boldsymbol{x}\| \leq M$」となる $M > 0$ がある.

A が**非有界** $\overset{\text{def}}{\iff}$ A は有界でない.

注意 9.1 $\mathbb{R}$ と違い, $\mathbb{R}^N$ の部分集合に上・下に有界という概念はない. よって, $\mathbb{R}^N$ の部分集合に上限・下限・最大・最小もない.

次の定理はボルツァノ・ワイエルストラスの定理 (定理 2.10) の $\mathbb{R}^N$ 版「有界点列は, 収束する部分列を持つ」である.

定理 9.2** **(ボルツァノ・ワイエルシュトラスの定理)**

$$\{\boldsymbol{x}_n\} \subset \mathbb{R}^N \text{ が有界} \Rightarrow \begin{cases} \text{部分列 } \{n_k\}_{k=1}^{\infty} \subset \mathbb{N} \text{ と } \boldsymbol{x} \in \mathbb{R}^N \text{ で} \\ \lim_{k\to\infty} \boldsymbol{x}_{n_k} = \boldsymbol{x} \text{ となるものがある.} \end{cases}$$

$\mathbb{R}^N$ でも $\mathbb{R}$ と同じく, 収束列とコーシー列は同値である.

定義 9.4

$$\{\boldsymbol{x}_n\} \text{ がコーシー列} \overset{\text{def}}{\iff} \begin{cases} \forall\varepsilon > 0 \text{ に対し,「} m, n \geq N_\varepsilon \Rightarrow \\ \|\boldsymbol{x}_m - \boldsymbol{x}_n\| < \varepsilon \text{」となる } N_\varepsilon \in \mathbb{N} \text{ がある.} \end{cases}$$

次の定理は ℝ で成立することの $\mathbb{R}^N$ 版である.

定理 9.3** (コーシーの判定条件)

$$\{\boldsymbol{x}_n\} \subset \mathbb{R}^N \text{ が収束列} \iff \{\boldsymbol{x}_n\} \text{ がコーシー列}$$

演習 9.1　定理 9.3 の証明をせよ. ヒント：定理 2.11 の証明を参照.

9.2　$\mathbb{R}^N$ の部分集合

多変数の微分積分に必要な $\mathbb{R}^N$ の**位相**について最小限の知識を紹介する. 詳しくは本シリーズ『位相空間』を参照のこと. まず, 記号を確認しておく.

記号　$A \subset \mathbb{R}^N$ に対し,

$$A \text{ の\textbf{補集合} } A^c \overset{\text{def}}{\iff} \mathbb{R}^N \setminus A = \{\boldsymbol{x} \in \mathbb{R}^N \mid \boldsymbol{x} \notin A\}$$

次に, ℝ の開区間・閉区間を一般化した概念を導入する.

定義 9.5　$A \subset \mathbb{R}^N$ に対し,

$$A \text{ が\textbf{閉集合}} \overset{\text{def}}{\iff} \{\boldsymbol{a}_n\} \subset A \text{ が収束列} \Rightarrow \lim_{n\to\infty} \boldsymbol{a}_n \in A$$

$$A \text{ が\textbf{開集合}} \overset{\text{def}}{\iff} A^c \text{ が閉集合}$$

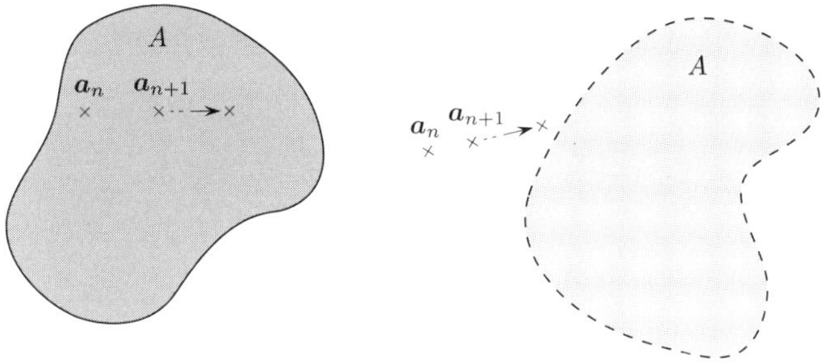

図 9.1 閉集合 (左) と開集合 (右)

注意 9.2 開集合でなくても閉集合とは限らないことに注意せよ．開集合でも閉集合でもない集合はたくさんあるし，開集合かつ閉集合となる集合もある．

> 記号
>
> 半径 $\varepsilon > 0$，中心 $\boldsymbol{x} \in \mathbb{R}^N$ の**開球** $B_\varepsilon(\boldsymbol{x}) \overset{\text{def}}{\Longleftrightarrow} \{\boldsymbol{y} \in \mathbb{R}^N \mid \|\boldsymbol{y} - \boldsymbol{x}\| < \varepsilon\}$

例 9.1 $\forall\varepsilon > 0$ と $\forall\boldsymbol{x} \in \mathbb{R}^N$ に対し，$B_\varepsilon(\boldsymbol{x})$ は開集合で，$\{\boldsymbol{y} \in \mathbb{R}^N \mid \|\boldsymbol{x}\| \leq \varepsilon\}$ は閉集合になる．後者を $\overline{B}_\varepsilon(\boldsymbol{x})$ と書く．

また，$\mathbb{R}^N$ と空集合 $\varnothing$ は開集合でも閉集合でもある．

$N = 1$ のとき，(a, b) は開集合，$[a, b]$ は閉集合だが，$[a, b)$ や $(a, b]$ はどちらでもない．

> **命題 9.4****
>
> $$A \subset \mathbb{R}^N \text{ が開集合} \Longleftrightarrow \begin{cases} \forall\boldsymbol{x} \in A \text{ に対し，} B_{\varepsilon_{\boldsymbol{x}}}(\boldsymbol{x}) \subset A \\ \text{となる } \varepsilon_{\boldsymbol{x}} > 0 \text{ が存在する．} \end{cases}$$

演習 9.2 例 9.1 $B_\varepsilon(\boldsymbol{x})$ と $\overline{B}_\varepsilon(\boldsymbol{x})$ がそれぞれ開集合・閉集合であることを示せ．また，それぞれが閉集合・開集合でないことを示せ．

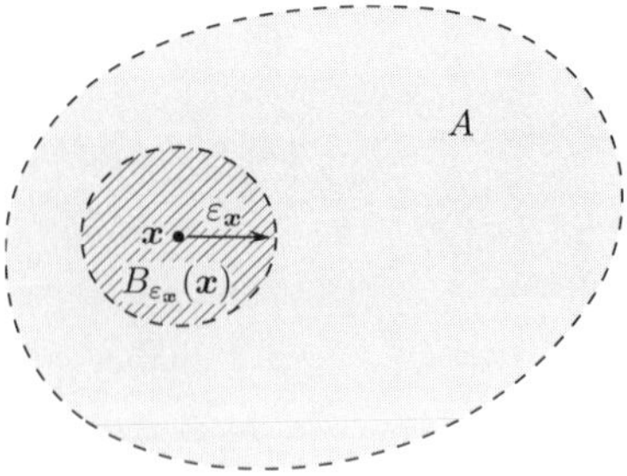

図 **9.2** 開集合の別表現

9.3 多変数関数の連続性

1 変数関数の最大値・最小値原理 (定理 3.12) に対応する多変数関数の最大値・最小値原理を述べる．1 変数のとき，有界閉区間上の連続関数に対して最大値・最小値原理が成り立つが，多変数の関数で「有界閉区間」に対応するのは有界な閉集合である．今後，**有界閉集合**と略してよぶ．

ここでは N 個の変数を持った関数の連続性を考えるが，まず関数 $f : D \to \mathbb{R}$ の定義域 $D \subset \mathbb{R}^N$ は，開集合または閉集合としておく．

定義など，1 変数の連続性で述べたことを絶対値の代りにノルム $\|\cdot\|$ とするだけなので，羅列することにする．

定義 9.6 $D \subset \mathbb{R}^N$ と関数 $f : D \to \mathbb{R}$, $\boldsymbol{a} \in D$, $l \in \mathbb{R}$ に対し，

f が $\boldsymbol{a}$ で l に**収束**する

$$\overset{\text{def}}{\Longleftrightarrow} \begin{cases} \forall\varepsilon > 0 \text{ に対し,「}\boldsymbol{x} \in D \text{ が } 0 < \|\boldsymbol{x} - \boldsymbol{a}\| < \delta_{\varepsilon,\boldsymbol{a}} \text{ を満たす} \\ \Rightarrow |f(\boldsymbol{x}) - l| < \varepsilon \text{」となる } \delta_{\varepsilon,\boldsymbol{a}} > 0 \text{ が存在する.} \end{cases}$$

このとき，l を f の $\boldsymbol{x} \to \boldsymbol{a}$ での**極限値**とよび，$\displaystyle\lim_{\boldsymbol{x} \in D \to \boldsymbol{a}} f(\boldsymbol{x}) = l$ と書く．今後，$\displaystyle\lim_{\boldsymbol{x} \to \boldsymbol{a}} f(\boldsymbol{x}) = l$ と略して書く．

1 変数関数の収束を数列で言い換えた (命題 3.1) ように，多変数関数の収束も点列で言い換えられる．

命題 9.5*

$f: D \to \mathbb{R}$ と $\boldsymbol{a} \in D$ に対し，

$$\lim_{\boldsymbol{x}\to\boldsymbol{a}} f(\boldsymbol{x}) = l \iff \text{「}\{\boldsymbol{x}_n\} \subset D \text{ が } \lim_{n\to\infty} \boldsymbol{x}_n = \boldsymbol{a} \Rightarrow \lim_{n\to\infty} f(\boldsymbol{x}_n) = l\text{」}$$

関数 $f: D \to \mathbb{R}$ と $\boldsymbol{x} = {}^t(x_1, x_2, \cdots, x_N) \in D$ に対し，$f(\boldsymbol{x})$ の $\boldsymbol{x}$ を成分で書く場合に括弧内は列ベクトルが入るが幅を取るので次のように記述する．

記号　$D \subset \mathbb{R}^N$, $f: D \to \mathbb{R}$, $\boldsymbol{x} = {}^t(x_1, x_2, \cdots, x_N) \in D$ に対し，

$$f(\boldsymbol{x}) = f(x_1, x_2, \cdots, x_N) \text{ と書く．}$$

さらに，一般の陰関数定理 (定理 11.4) やラグランジュの未定乗数法 (定理 11.9) では $D \subset \mathbb{R}^{N\times M}$ に対し，関数 $F: D \to \mathbb{R}$ が登場する．

$\boldsymbol{z} \in D$ を $\boldsymbol{z} = {}^t(x_1, \cdots, x_N, y_1, \cdots, y_M)$ と成分で書くとする．$\boldsymbol{x} = {}^t(x_1, \cdots, x_N)$, $\boldsymbol{y} = {}^t(y_1, \cdots, y_M)$ とおくと，本来は $\boldsymbol{z} = {}^t({}^t\boldsymbol{x}, {}^t\boldsymbol{y})$ だが，転置の記号を書くのは煩わしい．そこで，本書では次のような記号を用いる．

記号　$\boldsymbol{x} = {}^t(x_1, \cdots, x_N) \in \mathbb{R}^N$, $\boldsymbol{y} = {}^t(y_1, \cdots, y_M) \in \mathbb{R}^M$ に対し，$(\boldsymbol{x}, \boldsymbol{y})$ を $\boldsymbol{z} = {}^t(x_1, \cdots, x_N, y_1, \cdots, y_M) \in \mathbb{R}^{N+M}$ と同じとする．

つまり，$\mathbb{R}^M \times \mathbb{R}^N = \mathbb{R}^{M+N}$ とみなす．

さらに，$F: D \to \mathbb{R}$ に対し，$F(\boldsymbol{z}) = F(\boldsymbol{x}, \boldsymbol{y})$ と書く．

次の命題は，極限が存在すれば各変数について 1 変数関数として極限を順々に計算すればよいことを保証している．表記が面倒なので，$N = 2$ で述べる．

命題 9.6*

$D \subset \mathbb{R}^2$，$f: D \to \mathbb{R}$ と $\forall \boldsymbol{z} \in B_r(\boldsymbol{a}) \subset D$ に対し，$\lim_{\boldsymbol{x}\to\boldsymbol{z}} f(\boldsymbol{x})$ が存在する $r > 0$ があるとする (ただし，$\boldsymbol{a} = {}^t(a, b)$, $\boldsymbol{x} = {}^t(x, y)$ とする)

$$\Rightarrow \lim_{\boldsymbol{x}\to\boldsymbol{a}} f(\boldsymbol{x}) = \lim_{x\to a}\left(\lim_{y\to b} f(x, y)\right) = \lim_{y\to b}\left(\lim_{x\to a} f(x, y)\right)$$

注意 9.3 命題 9.6 の仮定は，結論の式の第 2・3 項が意味を持てばよいので，弱めることはできる．

演習 9.3 命題 9.6 を N 変数で書け．

多変数関数の連続性の定義も一変数と同じく極限を用いる．

定義 9.7 $D \subset \mathbb{R}^N$ 上の関数 $f : D \to \mathbb{R}$ と $\boldsymbol{a} \in D$ に対し，

$$f \text{ が } \boldsymbol{a} \text{ で}\textbf{連続} \overset{\text{def}}{\Longleftrightarrow} \lim_{\boldsymbol{x}\to\boldsymbol{a}} f(\boldsymbol{x}) = f(\boldsymbol{a})$$
$$f \text{ が } D \text{ 上で}\textbf{連続} \overset{\text{def}}{\Longleftrightarrow} \forall \boldsymbol{x} \in D \text{ に対し，} f \text{ が } \boldsymbol{x} \text{ で連続}$$
$$C(D) \overset{\text{def}}{\Longleftrightarrow} \{f : D \to \mathbb{R} \mid f \text{ は } D \text{ 上で連続 }\}$$

演習 9.4 $f(\boldsymbol{x}) = \|\boldsymbol{x}\|^2$ とすると，f は $\mathbb{R}^N$ 上で連続関数となることを示せ．

次に定理 3.3 に対応する定理を述べる．

定理 9.7 (連続性の基本性質)

$f,\ g : D \to \mathbb{R}$ が $\boldsymbol{a} \in D$ で連続とする．

(i) $\forall s, t \in \mathbb{R}$ に対し，$sf + tg$ は $\boldsymbol{a}$ で連続で，
$\displaystyle\lim_{\boldsymbol{x}\to\boldsymbol{a}} \{sf(\boldsymbol{x}) + tg(\boldsymbol{x})\} = sf(\boldsymbol{a}) + tg(\boldsymbol{a})$ が成り立つ．

(ii) fg は $\boldsymbol{a}$ で連続で，$\displaystyle\lim_{\boldsymbol{x}\to\boldsymbol{a}} f(\boldsymbol{x})g(\boldsymbol{x}) = f(\boldsymbol{a})g(\boldsymbol{a})$ が成り立つ．

(iii) $f(\boldsymbol{a}) \neq 0 \Rightarrow \dfrac{g}{f}$ は $\boldsymbol{a}$ で連続で，$\displaystyle\lim_{\boldsymbol{x}\to\boldsymbol{a}} \frac{g(\boldsymbol{x})}{f(\boldsymbol{x})} = \frac{g(\boldsymbol{a})}{f(\boldsymbol{a})}$ が成り立つ．

演習 9.5 上の定理 9.7 を証明せよ．(命題 9.5 を利用してもよい．)
また，f, g を D 上で連続な関数の場合に定理を書き換えよ．

例 9.2 $N = 2$ とする．関数 $f : \mathbb{R}^2 \to \mathbb{R}$ を次で与える．

$$f(\boldsymbol{x}) = \begin{cases} \dfrac{xy}{x^2 + y^2} & (\boldsymbol{x} = {}^t(x, y) \neq \boldsymbol{0} \text{ のとき}) \\ 0 & (\boldsymbol{x} = \boldsymbol{0} \text{ のとき}) \end{cases}$$

f は $\mathbf{0}$ で収束しない．実際，$f(x,0) = f(0,y) = 0$ なので，

$$\lim_{x \to 0} f(x,0) = \lim_{y \to 0} f(0,y) = 0$$

となるが，$f(x,x) = \dfrac{1}{2}$ であり，$\displaystyle\lim_{x \to 0} f(x,x) = \frac{1}{2}$ となる．つまり，$\boldsymbol{x}$ が $\mathbf{0}$ に近づく「近づき方」で極限の値が変わるので収束しない．

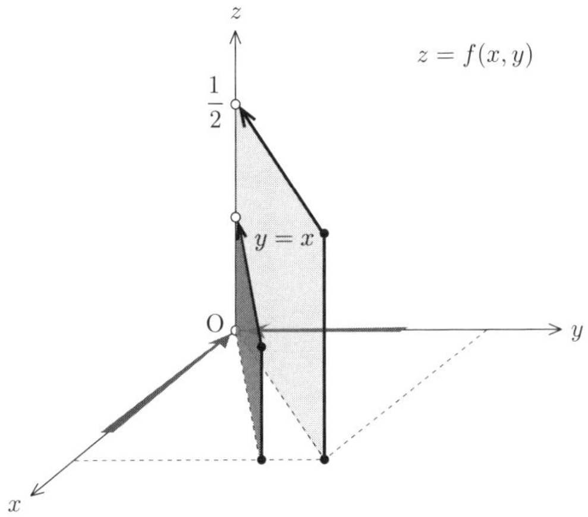

図 **9.3**　例 9.2 のイメージ

演習 9.6　$D \subset \mathbb{R}^N$ と $\boldsymbol{a} \in D$ に対し，関数 $f : D \to \mathbb{R}$ が $\boldsymbol{a}$ で連続で，$f(\boldsymbol{a}) > 0$ を満たすとする.「$\boldsymbol{x} \in B_{\delta_0}(\boldsymbol{a}) \cap D \Rightarrow f(\boldsymbol{x}) > 0$」となる $\delta_0 > 0$ が存在することを示せ.

定義域 D が有界閉集合の場合に成り立つ重要な定理を述べる.

定理 9.8** (最大値・最小値原理)

$D \subset \mathbb{R}^N$ を有界閉集合，$f \in C(D)$

$$\Rightarrow \begin{cases} f(\boldsymbol{a}) = \max\{f(\boldsymbol{x}) \mid \boldsymbol{x} \in D\},\ f(\boldsymbol{b}) = \min\{f(\boldsymbol{x}) \mid \boldsymbol{x} \in D\} \\ \text{となる } \boldsymbol{a}, \boldsymbol{b} \in D \text{ が存在する.} \end{cases}$$

$f(\boldsymbol{a})$, $f(\boldsymbol{b})$ を f の D での最大値・最小値とよぶ.

多変数の場合も一様連続性は同様の定義である.

定義 9.8 $D \subset \mathbb{R}^N$ と $f : D \to \mathbb{R}$ に対し,

f が D 上で**一様連続**

$$\overset{\text{def}}{\Longleftrightarrow} \begin{cases} \forall\varepsilon > 0 \text{ に対し,} \\ \text{「}\boldsymbol{x}, \boldsymbol{y} \in D \text{ が } \|\boldsymbol{x} - \boldsymbol{y}\| < \delta_\varepsilon \Rightarrow |f(\boldsymbol{x}) - f(\boldsymbol{y})| < \varepsilon\text{」} \\ \text{となる } \delta_\varepsilon > 0 \text{ が存在する.} \end{cases}$$

演習 9.7 $g(\boldsymbol{x}) = \|\boldsymbol{x}\|$ とおくと, $g : \mathbb{R}^N \to \mathbb{R}$ は $\mathbb{R}^N$ 上で一様連続になることを示せ. また, 演習 9.4 の f は $\mathbb{R}^N$ 上で一様連続にならないことを示せ.

次の定理は有界閉集合が有界閉区間の一般化であることの根拠でもある.

定理 9.9** **(一様連続性)**

$D \subset \mathbb{R}^N$ を有界閉集合, $f \in C(D) \Rightarrow f$ は D 上で一様連続

演習 9.8 定理 9.9 を証明せよ. ヒント：証明は一変数と同様.

合成関数の連続性も述べておく.

命題 9.10* **(合成関数の連続性)**

$D \subset \mathbb{R}^N$ に対し, $f_i : D \to \mathbb{R}$ $(i = 1, 2, \cdots, M)$ が $\boldsymbol{a} \in D$ で連続とし,
$\boldsymbol{f} = {}^t(f_1, \cdots, f_M) : D \to \mathbb{R}^M$, $E = \{\boldsymbol{f}(\boldsymbol{x}) \mid \boldsymbol{x} \in D\}$ とおく.
関数 $g : E \to \mathbb{R}$ が $\boldsymbol{f}(\boldsymbol{a})$ で連続

$\Rightarrow g \circ \boldsymbol{f} : D \to \mathbb{R}$ は $\boldsymbol{a}$ で連続. ただし, $g \circ \boldsymbol{f}(\boldsymbol{x}) = g(\boldsymbol{f}(\boldsymbol{x}))$ とする.

演習 9.9 命題 9.10 を証明せよ. ヒント：証明は 1 変数と同様.

9.4 行列のノルム

線形代数では行列の「位相的」性質には触れないことが多いので，多変数の微分積分で必要な準備をする．自然数 $M, N \in \mathbb{N}$ に対し，次の記号を用いる．

記号 $\mathcal{M}(M,N) \overset{\text{def}}{\Longleftrightarrow} \{M \times N \text{ 行列}\}$

定義 9.9 i 行 j 列成分が a_{ij} となる $A \in \mathcal{M}(M,N)$ に対し，

$$A \text{ のノルム } \|A\| \overset{\text{def}}{\Longleftrightarrow} \sqrt{\sum_{i=1}^{M}\sum_{j=1}^{N} a_{ij}^2}$$

注意 9.4 この定義から，行ベクトル $(x_1, x_2, \cdots, x_N)$ のノルムと列ベクトル ${}^t(x_1, x_2, \cdots, x_N)$ のノルムは一致することに注意せよ．

O はすべての成分がゼロの M 行 N 列の行列とする．$A, B \in \mathcal{M}(M,N)$ に対し，行列の和 $A+B$ や実数 $\alpha \in \mathbb{R}$ 倍 αA は，それぞれ各成分の和で，各成分の α 倍で定義する (本シリーズ『線形代数』参照)．

命題 9.11 (ノルムの性質)
$A, B \in \mathcal{M}(M,N)$ に対し，次が成り立つ．

(i) $\|A\| \geq 0$

(ii) $\|A\| = 0 \Longleftrightarrow A = O$

(iii) $a \in \mathbb{R} \Rightarrow \|aA\| = |a| \cdot \|A\|$

(iv) $\|A+B\| \leq \|A\| + \|B\|$

演習 9.10 $A \in \mathcal{M}(M,N)$ と $\boldsymbol{x} \in \mathbb{R}^N$ に対し，$\|A\boldsymbol{x}\| \leq \|A\|\|\boldsymbol{x}\|$ が成り立つことを示せ．$A\boldsymbol{x}$ の定義も『線形代数』参照．

この章の最後に，行列式の記号を決めておく．その定義は本シリーズ『線形代数』を参照．

記号 $A \in \mathcal{M}(N,N)$ の行列式 $\overset{\text{def}}{\Longleftrightarrow}$ $\det A$ と書く.

9.5 最大値ノルム

多変数関数の積分における変数変換の章で必要となる $\mathbb{R}^N$ のもう一つのノルムを導入する.

記号 $\boldsymbol{x} = {}^t(x_1, x_2, \cdots, x_N)$ に対し,

最大値ノルム $\|\boldsymbol{x}\|_\infty \overset{\text{def}}{\Longleftrightarrow} \max\{|x_1|, |x_2|, \cdots, |x_N|\}$

例 9.3 $\boldsymbol{a} = {}^t(a_1, a_2, \cdots, a_N) \in \mathbb{R}^N$ と $r > 0$ に対し, $Q_r(\boldsymbol{a}) = \{\boldsymbol{x} \in \mathbb{R}^N \mid \|\boldsymbol{x} - \boldsymbol{a}\|_\infty \leq r\}$ とおくと, $\boldsymbol{a}$ を中心とした, 一辺が $2r$ の N 次元立方体になる. つまり, $Q_r(\boldsymbol{a}) = \{{}^t(x_1, x_2, \cdots, x_N) \mid |x_k - a_k| \leq r \ (k = 1, 2, \cdots, N)\}$ である.

演習 9.11 $\|\cdot\|_\infty$ は $\mathbb{R}^N$ のノルムであり, 次の式も成り立つことを示せ. ただし, $\|\cdot\|$ は通常のノルムであり, ユークリッド[1)]・ノルムともよばれる.

$$\|\boldsymbol{x}\|_\infty \leq \|\boldsymbol{x}\| \leq \sqrt{N}\|\boldsymbol{x}\|_\infty$$

9.6 問題

問題 9.1 $\{\boldsymbol{a}_n\}$ を収束列とする. 次を示せ.

(1) その極限は一つである. (2) $\{\boldsymbol{a}_n\}$ は有界である.

問題 9.2 $\boldsymbol{a} \in \mathbb{R}^N$ とする. $\{\boldsymbol{a}\}$ は閉集合であることを示せ.

問題 9.3 $F_1, \cdots, F_m \subset \mathbb{R}^N$ が閉集合ならば $\bigcup_{k=1}^{m} F_k$ も閉集合であることを示せ.

また, $O_1, \cdots, O_m \subset \mathbb{R}^N$ が開集合ならば $\bigcap_{k=1}^{m} O_k$ も開集合であることを示せ.

---

1) Euclid (紀元前 365?-紀元前 275?)

問題 9.4 $N=2$ とする．次の極限値は存在するか？　存在する場合はその値を求めよ．

（1）$\displaystyle\lim_{\boldsymbol{x}\to\boldsymbol{0}}\frac{x^2-y^2}{x^2+y^2}$ （2）$\displaystyle\lim_{\boldsymbol{x}\to\boldsymbol{0}}\frac{xy^2}{x^2+y^2}$ （3）$\displaystyle\lim_{\boldsymbol{x}\to\boldsymbol{0}}\frac{xy^2}{x^2+y^4}$

問題 9.5 $n\in\mathbb{N}$ に対し，$f_n\in C(\mathbb{R}^N)$ とする．次を示せ．

（1）$\{\boldsymbol{x}\in\mathbb{R}^N \mid f_n(\boldsymbol{x})=0,\forall n\in\mathbb{N}\}$ は閉集合．

（2）$\forall n\in\mathbb{N}$ に対し，$A_n\subset\mathbb{R}$ が閉集合ならば $\{\boldsymbol{x}\in\mathbb{R}^N \mid f_n(\boldsymbol{x})\in A_n,\forall n\in\mathbb{N}\}$ は閉集合．

問題 9.6 次が成り立つことを示せ．

（1）$A\in\mathcal{M}(L,M), B\in\mathcal{M}(M,N)\Rightarrow\|AB\|\le\|A\|\|B\|$

（2）$A\in\mathcal{M}(N,N)$ が逆行列 A^{-1} を持つ $\Rightarrow\|A^{-1}\|>0$

問題 9.7 この章での記号 $\overline{B}_r(\boldsymbol{a}), Q_r(\boldsymbol{a})$ を使うと次が成り立つことを示せ．

$$\overline{B}_r(\boldsymbol{a})\subset Q_r(\boldsymbol{a})\subset\overline{B}_{\sqrt{N}r}(\boldsymbol{a})$$

第 10 章

多変数関数の微分の基礎

偏微分は，多変数関数の各成分に関した微分である．1 変数関数の微分と多変数関数の偏微分の違いを調べ，全微分可能の概念を導入する．さらにテイラーの定理 (定理 4.15) の多変数版と合成関数の偏微分，連鎖公式を示す．

記号 $j \in \{1, 2, \cdots, N\}$ に対し，$\boldsymbol{e}_j \overset{\text{def}}{\Longleftrightarrow} {}^t\bigl(0, \cdots, 0, \overset{j\text{ 列目}}{1}, 0, \cdots, 0\bigr)$

10.1 偏微分可能・全微分可能

$D \subset \mathbb{R}^N$ を開集合とする．偏微分可能性の定義から始める．

定義 10.1 関数 $f : D \to \mathbb{R}$, $\boldsymbol{a} \in D$ と $j \in \{1, 2, \cdots, N\}$ に対し，

$$f \text{ が } \boldsymbol{a} \text{ で } x_j \textbf{ 偏微分可能 } \overset{\text{def}}{\Longleftrightarrow} \lim_{h \to 0} \frac{f(\boldsymbol{a} + h\boldsymbol{e}_j) - f(\boldsymbol{a})}{h} \text{ が存在する．}$$

このとき，$\dfrac{\partial f}{\partial x_j}(\boldsymbol{a}) = \lim_{h \to 0} \dfrac{f(\boldsymbol{a} + h\boldsymbol{e}_j) - f(\boldsymbol{a})}{h}$ と書き，f の $\boldsymbol{a}$ での x_j **偏微分係数**とよぶ．

$$f \text{ が } D \text{ 上で } x_j \textbf{ 偏微分可能 } \overset{\text{def}}{\Longleftrightarrow} \forall \boldsymbol{x} \in D \text{ で } f \text{ が } x_j \text{ 偏微分可能}$$

このとき，関数 $\boldsymbol{x} \to \dfrac{\partial f}{\partial x_j}(\boldsymbol{x})$ を f の D 上の x_j **偏導関数**とよぶ．

例 10.1 $\boldsymbol{a} = {}^t(a_1, a_2, \cdots, a_N) \in D$ での $\dfrac{\partial f}{\partial x_j}(\boldsymbol{a})$ は，j 番目以外の成分を

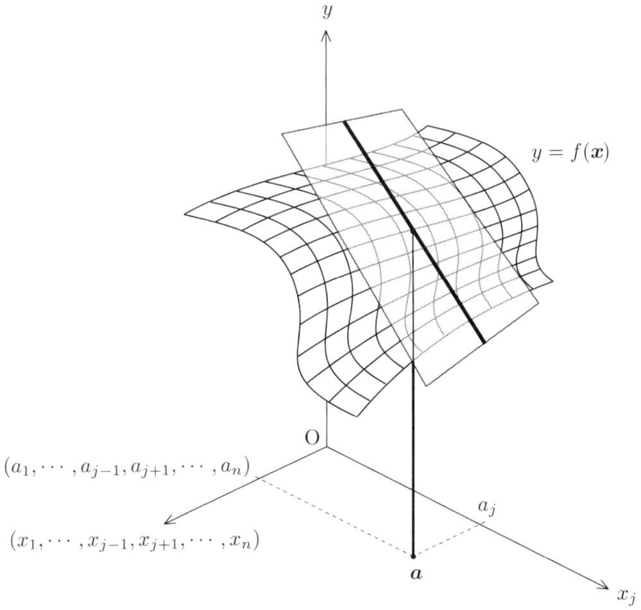

図 10.1 x_j 偏微分のイメージ

a_i で固定して，1 変数関数 $t \to f(a_1, \cdots, a_{j-1}, t, a_{j+1}, \cdots, a_N)$ の $t = a_j$ での微分に他ならない．

例えば，$f(\boldsymbol{x}) = \|\boldsymbol{x}\|$ とおく．$\boldsymbol{a} = {}^t(a_1, \cdots, a_N) \neq \boldsymbol{0}$, $1 \leq j \leq N$ とする．$c = \|\boldsymbol{a}\|^2 - a_j^2$ とおくと (つまり，$\|\boldsymbol{a}\|^2 = c + a_j^2$),

$$\frac{f(\boldsymbol{a} + h\boldsymbol{e}_j) - f(\boldsymbol{a})}{h} = \frac{\sqrt{c + (a_j + h)^2} - \sqrt{c + a_j^2}}{h}$$

なので，一変数関数の合成関数の公式 (定理 4.5) から次のようになる．

$$\frac{\partial f}{\partial x_j}(\boldsymbol{a}) = \frac{a_j}{\|\boldsymbol{a}\|}$$

注意 10.1 $\dfrac{\partial f}{\partial x_j}$ を簡単に f_{x_j} と書くことがある．特に，スペースを節約したいときや早く書きたいときに使う．

記述を簡単にするため次の定義を導入する．

定義 10.2 関数 $f: D \to \mathbb{R}$, $\boldsymbol{a} \in D$ に対し，

$$f \text{ が } \boldsymbol{a} \text{ で偏微分可能} \overset{\text{def}}{\Longleftrightarrow} \begin{cases} \forall j \in \{1, 2, \cdots, N\} \text{ に対し，} \\ f \text{ が } \boldsymbol{a} \text{ で } x_j \text{ 偏微分可能} \end{cases}$$

演習 10.1 次の関数を $f(\boldsymbol{x})$ としたとき，$\dfrac{\partial f}{\partial x_j}(\boldsymbol{x})$ を求めよ．

(1) $e^{x_1 x_2 \cdots x_N}$ (2) $\log \|\boldsymbol{x}\|$ $(\boldsymbol{x} \neq \boldsymbol{0})$

1 変数関数の場合，$f: (a, b) \to \mathbb{R}$ が $\alpha \in (a, b)$ で微分可能ならば連続となる (命題 4.2)．しかし，多変数関数の場合，$\boldsymbol{a}$ で偏微分可能でもその点で連続でない関数が存在する．

例 10.2 (偏微分可能だが連続でない関数) $N = 2$ で，2 変数関数

$$f(x, y) = \begin{cases} \dfrac{xy}{x^2 + y^2} & (\boldsymbol{x} \neq \boldsymbol{0} \text{ のとき}) \\ 0 & (\boldsymbol{x} = \boldsymbol{0} \text{ のとき}) \end{cases}$$

を考える．f は $\boldsymbol{0}$ で x 偏微分可能かつ y 偏微分可能である．実際，定義から $f_x(\boldsymbol{0}) = f_y(\boldsymbol{0}) = 0$ となる．

しかし，例 9.2 より f は $\boldsymbol{0}$ で連続にならない．

多変数関数の場合，このように偏微分可能だけでは "良い" 関数の特徴として充分でない．次の概念が 1 変数関数の微分可能性に対応する概念である．

定義 10.3 関数 $f: D \to \mathbb{R}$ と $\boldsymbol{a} \in D$ に対し，

$$f \text{ が } \boldsymbol{a} \text{ で全微分可能} \overset{\text{def}}{\Longleftrightarrow} \begin{cases} \text{「} \displaystyle\lim_{\boldsymbol{x} \to \boldsymbol{a}} \frac{f(\boldsymbol{x}) - f(\boldsymbol{a}) - \langle \boldsymbol{p}, \boldsymbol{x} - \boldsymbol{a} \rangle}{\|\boldsymbol{x} - \boldsymbol{a}\|} = 0 \text{」} \\ \text{となる } \boldsymbol{p} \in \mathbb{R}^N \text{ がある．} \end{cases}$$

注意 10.2 問題 4.1 で与えた関数 $f(x)$(0 で微分可能になる a_n に対し) も $g(x,y)=f(x)$ とすれば g は $(0,y)$ で全微分可能である. ($\boldsymbol{p}=\boldsymbol{0}$ となる.)

f が $\boldsymbol{a}$ で全微分可能なとき, $\boldsymbol{x}=\boldsymbol{a}+h\boldsymbol{e}_j$ とおいて $h\to 0$ を計算すると, $\boldsymbol{p}={}^t(f_{x_1}(\boldsymbol{a}),\cdots,f_{x_N}(\boldsymbol{a}))$ となることがわかる.

命題 4.1 と同様に, 全微分可能を点列で言い換えられる.

命題 10.1

開集合 $D\subset\mathbb{R}^N$, $f:D\to\mathbb{R}$ と $\boldsymbol{a}\in D$ に対し, 次が成り立つ.

$$f \text{ が } \boldsymbol{a} \text{ で全微分可能}$$
$$\Longleftrightarrow \begin{cases} \text{次を満たす } \boldsymbol{p}\in\mathbb{R}^N \text{ が存在する.} \\ \text{「}\boldsymbol{x}_n\in D\setminus\{\boldsymbol{a}\} \text{ が } \displaystyle\lim_{n\to\infty}\boldsymbol{x}_n=\boldsymbol{a} \text{ を満たす} \\ \Rightarrow \displaystyle\lim_{n\to\infty}\frac{f(\boldsymbol{x}_n)-f(\boldsymbol{a})-\langle\boldsymbol{p},\boldsymbol{x}_n-\boldsymbol{a}\rangle}{\|\boldsymbol{x}_n-\boldsymbol{a}\|}=0\text{ 」} \end{cases}$$

このとき, $\boldsymbol{p}={}^t(f_{x_1}(\boldsymbol{a}),\cdots,f_{x_N}(\boldsymbol{a}))$ となる.

演習 10.2 命題 10.1 を証明せよ. ヒント:命題 4.1 の直前の文章を参照.

命題 10.2*

$$f:D\to\mathbb{R} \text{ が } \boldsymbol{a}\in D \text{ で全微分可能} \Rightarrow \begin{cases} \text{(i)} \quad f \text{ は } \boldsymbol{a} \text{ で連続} \\ \text{(ii)} \quad f \text{ は } \boldsymbol{a} \text{ で偏微分可能} \end{cases}$$

命題 10.2 の証明 (i) $\boldsymbol{x}\neq\boldsymbol{a}$ に対し, $\omega(\boldsymbol{x})=\dfrac{1}{\|\boldsymbol{x}-\boldsymbol{a}\|}\{f(\boldsymbol{x})-f(\boldsymbol{a})-\langle\boldsymbol{p},\boldsymbol{x}-\boldsymbol{a}\rangle\}$ とおく.

$\boldsymbol{p}\neq\boldsymbol{0}$ と仮定する ($\boldsymbol{p}=\boldsymbol{0}$ のときの証明は演習にする). 定義から $\forall\varepsilon>0$ に対し,「$\|\boldsymbol{x}-\boldsymbol{a}\|<\delta_\varepsilon\Rightarrow|\omega(\boldsymbol{x}-\boldsymbol{a})|<\dfrac{\varepsilon}{2}$」となる $\delta_\varepsilon\in\left(0,\min\left\{1,\dfrac{\varepsilon}{2\|\boldsymbol{p}\|}\right\}\right)$ が存在する. よって, 次のように証明が終わる.

$$\|\boldsymbol{x}-\boldsymbol{a}\|<\delta_\varepsilon\Rightarrow|f(\boldsymbol{x})-f(\boldsymbol{a})|<|\langle\boldsymbol{p},\boldsymbol{x}-\boldsymbol{a}\rangle|+\frac{\varepsilon}{2}\|\boldsymbol{x}-\boldsymbol{a}\|\leq\|\boldsymbol{p}\|\delta_\varepsilon+\frac{\varepsilon}{2}\leq\varepsilon$$

(ii) $\forall j \in \{1, 2, \cdots, N\}$ と $\boldsymbol{x} = \boldsymbol{a} + h\boldsymbol{e}_j$ に対し，次が成り立つ．

$$\lim_{h \to 0} \left| \frac{f(\boldsymbol{a} + h\boldsymbol{e}_j) - f(\boldsymbol{a})}{h} - \langle \boldsymbol{p}, \boldsymbol{e}_j \rangle \right| = 0$$

これは，$\displaystyle\lim_{h \to 0} \frac{f(\boldsymbol{a} + h\boldsymbol{e}_j) - f(\boldsymbol{a})}{h}$ が存在し，$\langle \boldsymbol{p}, \boldsymbol{e}_j \rangle \in \mathbb{R}$ と一致するので，f が $\boldsymbol{a}$ で x_j 偏微分可能となる． □

演習 10.3 命題 10.2 (i) を $\boldsymbol{p} = \boldsymbol{0}$ のときに証明せよ．

全微分可能になるための条件を与える前に記号を導入する．

定義 10.4 $D \subset \mathbb{R}^N$，$f : D \to \mathbb{R}$ に対し，

f が D で C^1 級

$$\overset{\text{def}}{\Longleftrightarrow} \begin{cases} \text{(i)} & D \subset U \text{ となる開集合 } U \text{ に } f \text{ は拡張でき，} U \text{ 上で } f \text{ は偏微分可能} \\ \text{(ii)} & \forall j \in \{1, 2, \cdots, N\} \text{ に対し，} f_{x_j} \text{ が } D \text{ 上で連続} \end{cases}$$

$C^1(D) \overset{\text{def}}{\Longleftrightarrow} \{f : D \to \mathbb{R} \mid f$ は D で C^1 級 $\}$ とおく．

注意 10.3 上の定義 (i) で U が登場するが，f が U 上で偏微分可能となる開集合 U で $D \subset U$ となるものが存在すればよい．例えば，D が閉集合の場合，D の "端" の点で偏微分を定義するのは 1 変数関数に比べ面倒なので，このような表現が必要になる．

D が開集合なら $U = D$ とできるので，U を用いなくてよい．

命題 10.3*

$$f \in C^1(D) \Rightarrow f \text{ は } \forall \boldsymbol{a} \in D \text{ で全微分可能}$$

命題 10.3 の証明 $\forall \boldsymbol{a} = {}^t(a_1, a_2, \cdots, a_N) \in D$ と開集合 U で $D \subset U$ かつ $f \in C^1(U)$ となるものを固定する．さらに，$B_\varepsilon(\boldsymbol{a}) \subset U$ となる $\varepsilon > 0$ を選ぶ (命題 9.4)．$\boldsymbol{h} = {}^t(h_1, h_2, \cdots, h_N) \in \mathbb{R}^N$ が $\|\boldsymbol{h}\| < \varepsilon$ を満たすとすれば，$\boldsymbol{a} + \boldsymbol{h} \in B_\varepsilon(\boldsymbol{a})$ に注意する．次の等式が成り立つ．

$$\begin{aligned} f(\boldsymbol{a}+\boldsymbol{h})-f(\boldsymbol{a}) &= f(\boldsymbol{a}+\boldsymbol{h})-f\left(\boldsymbol{a}+\sum_{k=2}^{N}h_k\boldsymbol{e}_k\right) \\ &\quad + f\left(\boldsymbol{a}+\sum_{k=2}^{N}h_k\boldsymbol{e}_k\right)-f\left(\boldsymbol{a}+\sum_{k=3}^{N}h_k\boldsymbol{e}_k\right) \\ &\quad + \cdots \\ &\quad + f(\boldsymbol{a}+h_N\boldsymbol{e}_N)-f(\boldsymbol{a}) \end{aligned}$$

平均値の定理 (定理 4.12) より,

$$\begin{aligned} f(\boldsymbol{a}+\boldsymbol{h})-f(\boldsymbol{a}) &= \sum_{j=1}^{N} f_{x_j}(\boldsymbol{a}+\theta_j h_j\boldsymbol{e}_j+h_{j+1}\boldsymbol{e}_{j+1}+\cdots+h_N\boldsymbol{e}_N)h_j \\ &= \sum_{j=1}^{N} f_{x_j}(\boldsymbol{a}+\theta_j h_j\boldsymbol{e}_j+h_{j+1}\boldsymbol{e}_{j+1}+\cdots+h_N\boldsymbol{e}_N)h_j \end{aligned}$$

となる $\theta_j \in (0,1)$ $(j=1,2,\cdots,N)$ がある. ここで, 次のようにおく.

$$\varepsilon_j(\boldsymbol{h}) = \frac{h_j}{\|\boldsymbol{h}\|}\left\{f_{x_j}(\boldsymbol{a}+\theta_j h_j\boldsymbol{e}_j+h_{j+1}\boldsymbol{e}_{j+1}+\cdots+h_N\boldsymbol{e}_N)-f_{x_j}(\boldsymbol{a})\right\}$$

$f \in C^1(D)$ なので, $\lim_{\boldsymbol{h}\to\boldsymbol{0}} \varepsilon_j(\boldsymbol{h}) = 0$ となるが, 次が成り立ち証明が終わる.

$$\begin{aligned} \left|\frac{1}{\|\boldsymbol{h}\|}\left\{f(\boldsymbol{a}+\boldsymbol{h})-f(\boldsymbol{a})-\sum_{j=1}^{N}f_{x_j}(\boldsymbol{a})h_j\right\}\right| &= \left|\sum_{j=1}^{N}\varepsilon_j(\boldsymbol{h})\right| \\ &\le \sum_{j=1}^{N}|\varepsilon_j(\boldsymbol{h})| \end{aligned}$$

□

10.2 高階偏微分・高階偏導関数

1 変数関数同様, 高階の偏微分を導入する.

定義 10.5 $i,j \in \{1,2,\cdots,N\}$ と $D \subset \mathbb{R}^N$ 上で x_i 偏微分可能な $f : D \to \mathbb{R}$ に対し,

$$f \text{ が } \boldsymbol{a} \in D \text{ で } x_i x_j \text{ 偏微分可能} \overset{\text{def}}{\Longleftrightarrow} f_{x_i} \text{ が } \boldsymbol{a} \text{ で } x_j \text{ 偏微分可能}$$

$$\text{このとき, } f_{x_i x_j}(\boldsymbol{a}) \overset{\text{def}}{\Longleftrightarrow} \lim_{h\to 0}\frac{f_{x_i}(\boldsymbol{a}+h\boldsymbol{e}_j)-f_{x_i}(\boldsymbol{a})}{h} \text{ とおく.}$$

注意 10.4 この定義では，$f_{x_i x_j}$ は $(f_{x_i})_{x_j}$ の略であり，x_i 偏微分を先に行っていることを表す．つまり，

$$f_{x_j x_i}(\boldsymbol{x}) \overset{\text{def}}{\Longleftrightarrow} \lim_{h\to 0} \frac{f_{x_j}(\boldsymbol{x}+h\boldsymbol{e}_i) - f_{x_j}(\boldsymbol{x})}{h}$$

なので，偏微分する順番が違うことに注意せよ．

例 10.3 (偏微分の順番により 2 階偏微分の値が異なる例) $N = 2$ のとき，$f(x,y) = \dfrac{xy(x^2-y^2)}{x^2+y^2}$ とすると，$f_{xy}(\mathbf{0}) \neq f_{yx}(\mathbf{0})$ である．

具体的に計算すると $f_x(0,y) = -y$ なので $f_{xy}(\mathbf{0}) = -1$ であるが，$f_y(x,0) = x$ なので $f_{yx}(\mathbf{0}) = 1$ となる．

偏微分の順番まで気にするのは煩わしいので，後で偏微分の順番を変えても値が同じになる条件を与える．そのために記号を準備する．

1 変数関数と同様に，f の高階の偏微分も定義できる．例えば，

$$\frac{\partial^{a_1+a_2+\cdots+a_N} f}{\partial x_1^{a_1} \partial x_2^{a_2} \cdots \partial x_n^{a_N}}$$

などである．ただし，$a_1, \cdots, a_N \in \{0, 1, 2, \cdots\}$ とし，$\dfrac{\partial^0 f}{\partial x_j^0} = f$ のこととする．

$$\mathbb{Z}_+ = \{0, 1, 2, \cdots\} = \{0\} \cup \mathbb{N} \quad (\text{非負整数})$$
$$\mathbb{Z}_+^N = \{\boldsymbol{x} = {}^t(x_1, \cdots, x_N) \mid x_j \in \mathbb{Z}_+ \ (j = 1, 2, \cdots, N)\}$$

記号 $\quad \boldsymbol{a} = {}^t(a_1, a_2, \cdots, a_N) \in \mathbb{Z}_+^N$ に対し，$|\boldsymbol{a}| \overset{\text{def}}{\Longleftrightarrow} \displaystyle\sum_{j=1}^N a_j$

注意 10.5 $\boldsymbol{a} = {}^t(a_1, a_2, \cdots, a_N) \in \mathbb{Z}_+^N$ に対し，ノルム $\|\boldsymbol{a}\|$ と $|\boldsymbol{a}|$ は値が違うことに注意せよ．

次に 1 変数関数に対して定めた記号 $C^n(I)$ を多変数関数に対して導入する．

定義 10.6　$n \in \mathbb{N}$ に対し，

$f : D \to \mathbb{R}$ が D で C^n 級

$$\overset{\text{def}}{\Longleftrightarrow} \begin{cases} \boldsymbol{a} = {}^t(a_1, a_2, \cdots, a_N) \in \mathbb{Z}_+^N \text{ で } 0 \leq |\boldsymbol{a}| \leq n \text{ に対し,} \\ \text{(i)} \quad \text{「} D \subset U \text{ かつ, } f \text{ が } U \text{ に拡張でき, } \boldsymbol{x} \in U \text{ に対し} \\ \qquad \dfrac{\partial^{|\boldsymbol{a}|} f}{\partial x_1^{a_1} \cdots \partial x_N^{a_N}}(\boldsymbol{x}) \text{ が存在する」を満たす開集合 } U \text{ がある.} \\ \text{(ii)} \quad \dfrac{\partial^{|\boldsymbol{a}|} f}{\partial x_1^{a_1} \cdots \partial x_N^{a_N}} \text{ が } D \text{ 上で連続関数} \end{cases}$$

このとき，$C^n(D) \overset{\text{def}}{\Longleftrightarrow} \{f : D \to \mathbb{R} \mid f \text{ は } D \text{ で } C^n \text{級}\}$ とおく．

偏微分の順番を変えても値が同じになるための条件を与える．

定理 10.4

$$\left.\begin{array}{l} \text{開集合 } D \subset \mathbb{R}^N \text{ と } f : D \to \mathbb{R}, \\ \varepsilon > 0,\ B_\varepsilon(\boldsymbol{a}) \subset D \text{ に対し,} \\ f \in C^2(B_\varepsilon(\boldsymbol{a})),\ 1 \leq i, j \leq N \end{array}\right\} \Rightarrow \frac{\partial^2 f}{\partial x_i \partial x_j}(\boldsymbol{a}) = \frac{\partial^2 f}{\partial x_j \partial x_i}(\boldsymbol{a})$$

定理 10.4 の証明　簡単のため $N = 2$ とし，$i = 1,\ j = 2$ で示す．N 変数でも本質的に変わらない．

$\boldsymbol{a} = {}^t(a, b) \in D$ を固定する．$\boldsymbol{h} = {}^t(h, k)$ が $h \neq 0$ と $k \neq 0$ を満たすとする．

$\phi(x) = f(x, b+k) - f(x, b),\ \psi(y) = f(a+h, y) - f(a, y)$ とおくと，次が成り立つことに注意する．

$$\phi(a+h) - \phi(a) = \psi(b+k) - \psi(b) \tag{10.1}$$

(10.1) 式の左辺と右辺に平均値の定理 (定理 4.12) を適用して，$\phi'(a + \theta_1 h)h = \psi'(b + \theta_2 k)k$ となる $\theta_1, \theta_2 \in (0, 1)$ が選べる．f に戻すと，

$$\begin{aligned} &\{f_x(a + \theta_1 h, b + k) - f_x(a + \theta_1 h, b)\}h \\ &= \{f_y(a + h, b + \theta_2 k) - f_y(a, b + \theta_2 k)\}k \end{aligned}$$

となる．右辺と左辺にまた平均値の定理を適用すると，

$$f_{xy}(a+\theta_1 h, b+\theta_2' k)hk = f_{yx}(a+\theta_1' h, b+\theta_2 k)hk$$

となる $\theta_1', \theta_2' \in (0,1)$ が存在する．両辺を $hk \neq 0$ で割り，$\boldsymbol{h} = {}^t(h,k) \to \boldsymbol{0}$ とすると両辺とも連続だから $f_{xy}(\boldsymbol{a}) = f_{yx}(\boldsymbol{a})$ が成り立つ． □

10.3 合成関数の偏微分

定理 10.5 * (合成関数の微分)

開集合 $D \subset \mathbb{R}^N$ で $f : D \to \mathbb{R}$ が D 上で全微分可能，$x_j \in C^1(0,1)(j = 1, 2, \cdots, N)$ に対し，$\boldsymbol{x}(t) = {}^t(x_1(t), x_2(t), \cdots, x_N(t))$ とおく．

$$\boldsymbol{x}(t) \in D \ (\forall t \in (0,1)) \Rightarrow \frac{df \circ \boldsymbol{x}}{dt}(t) = \sum_{j=1}^N f_{x_j}(\boldsymbol{x}(t)) \frac{dx_j}{dt}(t) \quad (t \in (0,1))$$

定理 10.5 の証明　$t \in (0,1)$ を固定し，$\boldsymbol{a} = {}^t(a_1, \cdots, a_N) = \boldsymbol{x}(t)$ とおく．$\forall j \in \{1, 2, \cdots, N\}$ に対し，x_j は微分可能なので，

$$\omega_j(h) = \frac{x_j(t+h) - a_j}{h} - x_j'(t) \qquad (h \neq 0)$$

とすると，$\lim_{h \to 0} \omega_j(h) = 0$ であり，さらに

$$\hat{\omega}(\boldsymbol{h}) = \frac{1}{\|\boldsymbol{h}\|} \left\{ f(\boldsymbol{a}+\boldsymbol{h}) - f(\boldsymbol{a}) - \sum_{j=1}^N h_j f_{x_j}(\boldsymbol{a}) \right\}$$

とおくと，$\lim_{\boldsymbol{h} \to \boldsymbol{0}} \hat{\omega}(\boldsymbol{h}) = 0$ となる．よって，$\boldsymbol{h} = {}^t(h_1, \cdots, h_N) = \boldsymbol{x}(t+h) - \boldsymbol{a}$ と選べば，$h_j = h\{\omega_j(h) + x_j'(t)\}$ である．一方，

$$\begin{aligned} &\frac{f(\boldsymbol{x}(t+h)) - f(\boldsymbol{a})}{h} - \sum_{j=1}^N f_{x_j}(\boldsymbol{a}) x_j'(t) \\ &= \frac{1}{h} \left\{ \|\boldsymbol{h}\| \hat{\omega}(\boldsymbol{h}) + \sum_{j=1}^N h_j f_{x_j}(\boldsymbol{a}) \right\} - \sum_{j=1}^N f_{x_j}(\boldsymbol{a}) x_j'(t) \end{aligned}$$

$$= \frac{1}{h}\|\boldsymbol{h}\|\hat{\omega}(\boldsymbol{h}) + \sum_{j=1}^{N} \omega_j(h) f_{x_j}(\boldsymbol{a})$$

であり，$h \to 0$ ならば $\frac{1}{h}\|\boldsymbol{h}\|\hat{\omega}(\boldsymbol{h}) \to 0$ なので証明が終わる． □

もっと一般の合成関数の偏微分の公式を与えるために記号を導入する．

記号 $\nabla \overset{\text{def}}{\Longleftrightarrow} \left(\frac{\partial}{\partial x_1}, \frac{\partial}{\partial x_2}, \cdots, \frac{\partial}{\partial x_N}\right)$ と書き，

関数 f に対し，$\nabla f = \left(\frac{\partial f}{\partial x_1}, \frac{\partial f}{\partial x_2}, \cdots, \frac{\partial f}{\partial x_N}\right)$ とする．

関数 $f_1, \cdots, f_M$ に対し，$\boldsymbol{f} = {}^t(f_1, \cdots, f_M)$ とおき，

$\nabla \boldsymbol{f}(\boldsymbol{x}) \overset{\text{def}}{\Longleftrightarrow} i$ 行 j 列成分が関数 $\frac{\partial f_i}{\partial x_j}(\boldsymbol{x})$ の $M \times N$ 行列

注意 10.6 他の変数の "∇" も考える場合があり，区別するため $\nabla_{\boldsymbol{x}}$ と書くこともある．例えば，$\boldsymbol{y} \in \mathbb{R}^M$ に対応するものは次のようになる．

$$\nabla_{\boldsymbol{y}} = \left(\frac{\partial}{\partial y_1}, \frac{\partial}{\partial y_2}, \cdots, \frac{\partial}{\partial y_M}\right)$$

定理 10.6** **(連鎖公式)**

開集合 $D \subset \mathbb{R}^N$ と $\Omega \subset \mathbb{R}^M$ に対し，$f : D \to \mathbb{R}$ が D 上で全微分可能，$j \in \{1, 2, \cdots, N\}$ に対し，$x_j : \Omega \to \mathbb{R}$ が Ω で偏微分可能，$\forall \boldsymbol{y} \in \Omega$ に対し，$\boldsymbol{x}(\boldsymbol{y}) = {}^t(x_1(\boldsymbol{y}), x_2(\boldsymbol{y}), \cdots, x_N(\boldsymbol{y})) \in D$ とする

$$\Rightarrow \nabla_{\boldsymbol{y}} f \circ \boldsymbol{x}(\boldsymbol{y}) = \nabla_{\boldsymbol{x}} f(\boldsymbol{x}(\boldsymbol{y})) \nabla_{\boldsymbol{y}} \boldsymbol{x}(\boldsymbol{y})$$

注意 10.7 行列とベクトルの積の形で書くと，次のようになる．

$$
\nabla_{\boldsymbol{y}}(f\circ\boldsymbol{x})(\boldsymbol{y}) = \nabla_{\boldsymbol{x}} f(\boldsymbol{x}(\boldsymbol{y}))
\overset{j\ \text{列目}}{\begin{pmatrix}
\frac{\partial x_1}{\partial y_1}(\boldsymbol{y}) & \cdots & \cdot & \cdots & \frac{\partial x_1}{\partial y_M}(\boldsymbol{y}) \\
\cdot & \cdots & \cdot & \cdots & \cdot \\
\cdot & \cdots & \cdot & \cdots & \cdot \\
\cdot & \cdots & \frac{\partial x_i}{\partial y_j}(\boldsymbol{y}) & \cdots & \cdot \\
\cdot & \cdots & \cdot & \cdots & \cdot \\
\cdot & \cdots & \cdot & \cdots & \cdot \\
\frac{\partial x_N}{\partial y_1}(\boldsymbol{y}) & \cdots & \cdot & \cdots & \frac{\partial x_N}{\partial y_M}(\boldsymbol{y})
\end{pmatrix}} i\ \text{行目}
$$

両辺の j 列成分を具体的に書いておく.

$$
\frac{\partial f\circ\boldsymbol{x}}{\partial y_j}(\boldsymbol{y}) = \sum_{i=1}^{N} \frac{\partial f}{\partial x_i}(\boldsymbol{x}(\boldsymbol{y}))\frac{\partial x_i}{\partial y_j}(\boldsymbol{y})
$$

定理 10.6 の証明 $\forall j \in \{1, 2, \cdots, M\}$ を固定して, $\boldsymbol{x}$ を y_j だけの関数とみなせば定理 10.5 より公式が証明できる. □

例 10.4 (2 次元極座標) $N = 2$ で, $x = r\cos\theta$, $y = r\sin\theta$ とおく. ただし, $r = \sqrt{x^2+y^2}$ および, $\theta = \tan^{-1}\dfrac{y}{x}$ $(x \neq 0)$ とする.

$f \in C^2(\mathbb{R}^2)$ とする. $g(r,\theta) = f(r\cos\theta, r\sin\theta)$ とおく. 変数を略して連鎖公式 (定理 10.6) より, 次のようになる.

$$
\begin{aligned}
\frac{\partial g}{\partial r} &= \frac{\partial f}{\partial x}\frac{\partial x}{\partial r} + \frac{\partial f}{\partial y}\frac{\partial y}{\partial r} = f_x\cos\theta + f_y\sin\theta \\
\frac{\partial g}{\partial \theta} &= \frac{\partial f}{\partial x}\frac{\partial x}{\partial \theta} + \frac{\partial f}{\partial y}\frac{\partial y}{\partial \theta} = -f_x r\sin\theta + f_y r\cos\theta
\end{aligned}
$$

行列とベクトルの積で書くと,

$$
\begin{pmatrix} g_r \\ g_\theta \end{pmatrix} = \begin{pmatrix} \cos\theta & \sin\theta \\ -r\sin\theta & r\cos\theta \end{pmatrix}\begin{pmatrix} f_x \\ f_y \end{pmatrix}
$$

である. 右辺の逆行列を両辺の右からかけると f_x, f_y を g_r, g_θ で表せる.

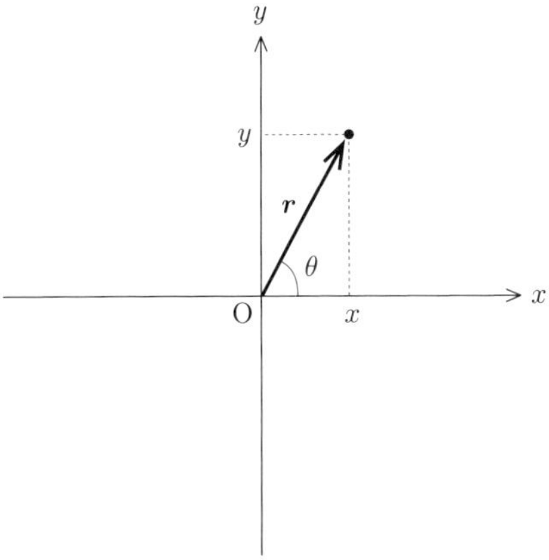

図 **10.2**　2 次元極座標変換

$$\begin{pmatrix} f_x \\ f_y \end{pmatrix} = \begin{pmatrix} \cos\theta & -\dfrac{\sin\theta}{r} \\ \sin\theta & \dfrac{\cos\theta}{r} \end{pmatrix} \begin{pmatrix} g_r \\ g_\theta \end{pmatrix}$$

演習 10.4　2 次元の極座標変換を用いて次の公式を示せ．ただし，記号は例 10.4 の記号を使う．

（1）　$f_x^2 + f_y^2 = g_r^2 + \dfrac{1}{r^2} g_\theta^2$

（2）　$f_{xx} + f_{yy} = g_{rr} + \dfrac{1}{r} g_r + \dfrac{1}{r^2} g_{\theta\theta}$

ヒント：f_{xx} を変数変換するためには，$h(r, \theta) = f_x(r\cos\theta, r\sin\theta)$ とおけば，$f_{xx} = h_r \cos\theta - \dfrac{h_\theta}{r} \sin\theta$ である．さらに，$h = g_r \cos\theta - \dfrac{g_\theta}{r} \sin\theta$ に注意して計算する．

10.4　テイラーの定理

1 変数のテイラーの定理 4.15 の 2 変数版を述べる．N 変数版は追加事項参照．

定理 10.7* (テイラーの定理)

$D \subset \mathbb{R}^2$, $m \in \mathbb{N}$, $f \in C^m(D)$ に対し，$\boldsymbol{a} = {}^t(a,b), \boldsymbol{x} = {}^t(x,y) \in D$ が $\forall t \in (0,1)$ に対し $\boldsymbol{a} + t(\boldsymbol{x} - \boldsymbol{a}) \in D$ を満たすとする．

$$
\begin{aligned}
f(\boldsymbol{x}) &= \sum_{k=0}^{m-1} \frac{1}{k!} \sum_{j=0}^{k} {}_kC_j (x-a)^j (y-b)^{k-j} \frac{\partial^k f}{\partial x^j \partial y^{k-j}}(\boldsymbol{a}) \\
&\quad + \frac{1}{m!} \sum_{j=0}^{m} {}_mC_j (x-a)^j (y-b)^{m-j} \frac{\partial^m f}{\partial x^j \partial y^{m-j}}(\boldsymbol{a} + \theta(\boldsymbol{x} - \boldsymbol{a}))
\end{aligned}
$$

となる $\theta \in (0,1)$ が存在する．

注意 10.8　$m = 1$ の場合は，多変数関数の**平均値の定理**とよばれる．

定理 10.7 の証明　数学的帰納法で示す．$g(t) = f(\boldsymbol{a} + t(\boldsymbol{x} - \boldsymbol{a}))$ とおくと，$g \in C^m[0,1]$ である．合成関数の微分定理 (定理 10.5) より，

$$
\frac{dg}{dt}(t) = (x-a) f_x(\boldsymbol{a} + t(\boldsymbol{x} - \boldsymbol{a})) + (y-b) f_y(\boldsymbol{a} + t(\boldsymbol{x} - \boldsymbol{a}))
$$

となる．$1 \leq n \leq m-1$ で次が成り立つとする．

$$
\frac{d^n g}{dt^n}(t) = \sum_{j=0}^{n} {}_nC_j (x-a)^j (y-b)^{n-j} \frac{\partial^n f}{\partial x^j \partial y^{n-j}}(\boldsymbol{a} + t(\boldsymbol{x} - \boldsymbol{a})) \tag{10.2}
$$

両辺をもう一度微分すると次を得る．

$$
\begin{aligned}
\frac{d^{n+1} g}{dt^{n+1}}(t) &= \sum_{j=0}^{n} {}_nC_j (x-a)^{j+1} (y-b)^{n-j} \frac{\partial^{n+1} f}{\partial x^{j+1} \partial y^{n-j}}(\boldsymbol{a} + t(\boldsymbol{x} - \boldsymbol{a})) \\
&\quad + \sum_{j=0}^{n} {}_nC_j (x-a)^j (y-b)^{n-j+1} \frac{\partial^{n+1} f}{\partial x^j \partial y^{n-j+1}}(\boldsymbol{a} + t(\boldsymbol{x} - \boldsymbol{a}))
\end{aligned}
$$

二項定理 (命題 2.8) より右辺は

$$
\sum_{j=0}^{n+1} {}_{n+1}C_j (x-a)^j (y-b)^{n+1-j} \frac{\partial^{n+1} f}{\partial x^j \partial y^{n+1-j}}(\boldsymbol{a} + t(\boldsymbol{x} - \boldsymbol{a}))
$$

となるので数学的帰納法より，(10.2) が $n = 1, 2, \cdots, m$ で成り立つことが示せた．1 変数のテイラーの定理 (定理 4.15) より

$$g(1)=\sum_{j=0}^{m-1}\frac{g^{(j)}}{j!}(0)+\frac{g^{(m)}}{m!}(\theta)$$

を満たす $\theta\in(0,1)$ がある．後は，g を f に直せばよい． □

演習 10.5 定理 10.7 を $m=2,3,4$ で確かめよ．

10.5 問題

問題 10.1 $N=2$ のとき，次の関数 f の f_x, f_y を求めよ．

(1) $e^{-x^2-y^2}$ (2) $y\sin(2x+3y)$ (3) $e^{-\sqrt{x^2+y^2}}$ (4) $\dfrac{y}{x}+\dfrac{x}{y}$

(5) $\sin^{-1}\dfrac{y}{x}$ (6) $(x^2y+y^3)\sin\dfrac{y}{x}$ (7) $\dfrac{x-y}{y+x}\log\dfrac{y}{x}$ (8) $\tan^{-1}\dfrac{y}{x}$

問題 10.2 f が $\boldsymbol{a}$ で全微分可能とすると，定義の中の $\boldsymbol{p}\in\mathbb{R}^N$ は一意的に決まることを示せ．

ヒント：つまり，定義を満たす $\boldsymbol{p}$ の他に $\boldsymbol{q}$ $(\boldsymbol{q}\neq\boldsymbol{p})$ も定義を満たすと仮定して，矛盾することを示す．

問題 10.3 次の 2 階の偏導関数を求めよ．$N=2$ のときは，$f_{xx}, f_{xy}, f_{yx}, f_{yy}$ すべてを求めよ．$N=3$ のときも同様．

(1) $\dfrac{x-y}{x+y}$ (2) $xy(1-x-y)$ (3) $\dfrac{1}{\sqrt{x-y}}$ (4) $e^{-x^2-y^2-z^2}$

(5) $\dfrac{x+z}{x+y}$ (6) $x^2+y^2+z^2$ (7) $\sin(xy)$ (8) $\tan^{-1}(x+y+z)$

問題 10.4 次の関数は，$\boldsymbol{x}=\boldsymbol{0}$ で偏微分可能かどうか，全微分可能かどうかを調べよ．

(1) $|xy|$ (2) $\sqrt{x^4+y^4}$ (3) $xy\sin\sqrt{x^2+y^2}$

(4) $\begin{cases} x\tan^{-1}\dfrac{y}{x} & (\boldsymbol{x}\neq\boldsymbol{0} \text{ のとき}) \\ 0 & (\boldsymbol{x}=\boldsymbol{0} \text{ のとき}) \end{cases}$

(5) $\begin{cases} xy\sin\dfrac{1}{\sqrt{x^2+y^2}} & (\boldsymbol{x}\neq\boldsymbol{0} \text{ のとき}) \\ 0 & (\boldsymbol{x}=\boldsymbol{0} \text{ のとき}) \end{cases}$

(6) $\begin{cases} \dfrac{xy}{x^2+y^2} & (\boldsymbol{x} \neq \boldsymbol{0} \text{ のとき}) \\ 0 & (\boldsymbol{x} = \boldsymbol{0} \text{ のとき}) \end{cases}$

(7) $\begin{cases} xy\sin^{-1}\dfrac{x^2-y^2}{x^2+y^2} & (\boldsymbol{x} \neq \boldsymbol{0} \text{ のとき}) \\ 0 & (\boldsymbol{x} = \boldsymbol{0} \text{ のとき}) \end{cases}$

問題 10.5 開集合 $D \subset \mathbb{R}^N$ に対し，$\boldsymbol{x}, \boldsymbol{y} \in D$ が $\boldsymbol{x} + t(\boldsymbol{y} - \boldsymbol{x}) \in D$ $(\forall t \in (0,1))$ を満たすとする．$f \in C^1(D)$ に対し，次が成り立つことを示せ．

$$f(\boldsymbol{x}) - f(\boldsymbol{y}) = \int_0^1 \sum_{k=1}^N f_{x_k}(\boldsymbol{x} + t(\boldsymbol{y} - \boldsymbol{x}))dt(y_k - x_k)$$

ヒント：$g(t) = f(\boldsymbol{x} + t(\boldsymbol{y} - \boldsymbol{x}))$ とおく．

問題 10.6 $N = 2$ のとき，次の関数 $f(x,y)$ の $f_{xx} + f_{yy}$ を計算せよ．$a \neq 0, b \neq 0$ とする．

(1) $f(x,y) = e^{ax}(\cos by + \sin by)$ (2) $f(x,y) = \dfrac{xy}{x^2+y^2}$

(3) $f(x,y) = \log\sqrt{x^2+y^2}$

問題 10.7 変数 (x,y) と (u,v) に次の関係があるとする．g が (u,v) の関数のとき $f(x,y) = g(u(x,y), v(x,y))$ で定義する．それぞれの関係式を示せ．

(1) $u = x + y$, $vu = x - y$, $xf_{xx} + yf_{xy} + f_x = ug_{uu} - vg_{uv} + g_u$

(2) $x + y = e^{u+v}$, $x - y = e^{u-v}$, $f_{xx} - f_{yy} = e^{-2u}(g_{uu} - g_{vv})$

第 11 章

陰関数定理とその応用

1 変数関数 f の場合 $y = f(x)$ とおいて，xy 平面上に関数のグラフを考えることができる．そのグラフとは関係式 $y = f(x)$ を満たす点 ${}^t(x, y) \in \mathbb{R}^2$ を xy 平面に描いたものである．

一般に，x と y の関係式は $y = f(x)$ という形とは限らない．例えば，半径 1 の円は $x^2 + y^2 = 1$ を満たすように，直接には $y = f(x)$ の形になってないこともある．この場合は，$y = \pm\sqrt{1 - x^2}$ と表せるが，これは厳密には関数とは言えない．関数とは，x の値を一つ決めると $f(x)$ の値が一つ決まらなくてはならないからである．しかし，少し複雑になると $F(x, y) = 0$ を $y = f(x)$ に変形できなくなる．例えば，$1 + xe^y - y = 0$ を $y = f(x)$ の形に変えるのは難しい．

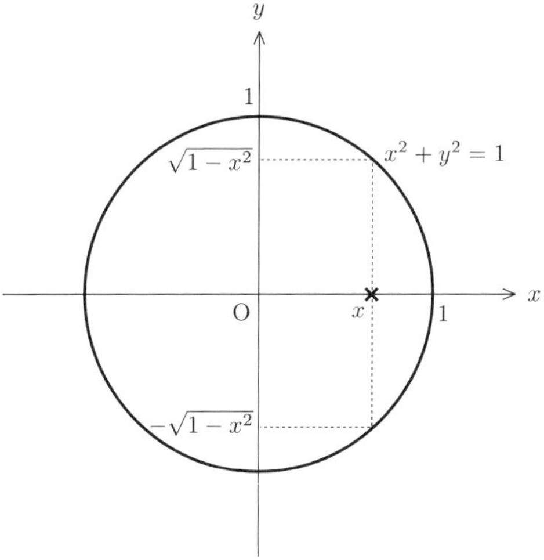

図 11.1　$x^2 + y^2 = 1$ のグラフ

一般に，$F(x, y) = 0$ を満たす点 (x, y) の集まりが，適当な条件の下で $y =$

$f(x)$ と表せる関数 f の存在を保証するのが陰関数定理である．このとき，f を**陰関数**とよぶ．

11.1 陰関数定理

まず，最も単純な場合を示す．

> **定理 11.1*** (陰関数定理：その 1)
>
> 開集合 $D \subset \mathbb{R}^2$ に対し，$F \in C^1(D)$ とする．
>
> ${}^t(a,b) \in D$ で $F(a,b) = 0$ と $F_y(a,b) \neq 0$ が成り立つと仮定する
> $\Rightarrow$ 次を満たす $r > 0$ と $f \in C^1(a-r, a+r)$ が存在する．
>
> (i) $b = f(a)$
>
> (ii) $F(x, f(x)) = 0 \quad (|x-a| < r)$
>
> (iii) $f'(x) = -\dfrac{F_x(x, f(x))}{F_y(x, f(x))}$
>
> さらに，$F \in C^m(D) \Rightarrow f \in C^m(a-r, a+r)$.

演習 11.1 F が C^2 級のとき，$f''(x)$ を F の ${}^t(x, f(x))$ における偏微分係数を用いて表せ．ただし，$f'(x)$ は使ってはいけない．

例 11.1 $\alpha^2x^2 + \beta^2y^2 - 1 = 0\ (\alpha, \beta > 0)$ のとき，陰関数が存在する点 ${}^t(a,b)$ を定め，その点での陰関数 f および，f' を求める．

$F(x,y) = \alpha^2x^2 + \beta^2y^2 - 1$ とおき，$F(a,b) = 0$ かつ $F_y(a,b) \neq 0$ を満たす点 ${}^t(a,b)$ を見つける．すると $0 < |b| \neq \dfrac{1}{\beta}$ で，$a = \pm\dfrac{\sqrt{1-\beta^2b^2}}{\alpha}$ となる．

例えば，$\left(\dfrac{\sqrt{1-\beta^2b^2}}{\alpha}, b\right)$ のときは，$f(x) = \dfrac{\sqrt{1-\alpha^2x^2}}{\beta}$ となる．

定理 11.1 の証明 $\boldsymbol{a} = {}^t(a,b), \boldsymbol{x} = {}^t(x,y)$ と書く．$F_y(\boldsymbol{a}) > 0$ の場合に証明する．F_y は連続だから,「$\boldsymbol{x} \in B_{\sqrt{2}\delta_0}(\boldsymbol{a}) \subset D \Rightarrow F_y(\boldsymbol{x}) > 0$」となる $\delta_0 > 0$ が存在する．(ここで $\sqrt{2}$ を付けたのは，$(a-\delta_0, a+\delta_0) \times (b-\delta_0, b+\delta_0) \subset$

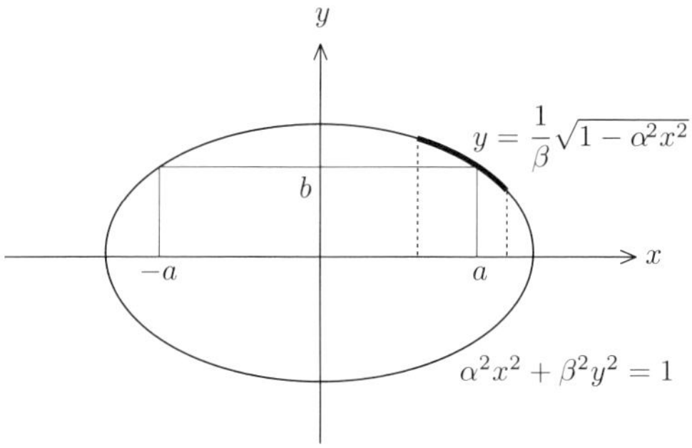

図 11.2 例 11.1 の陰関数

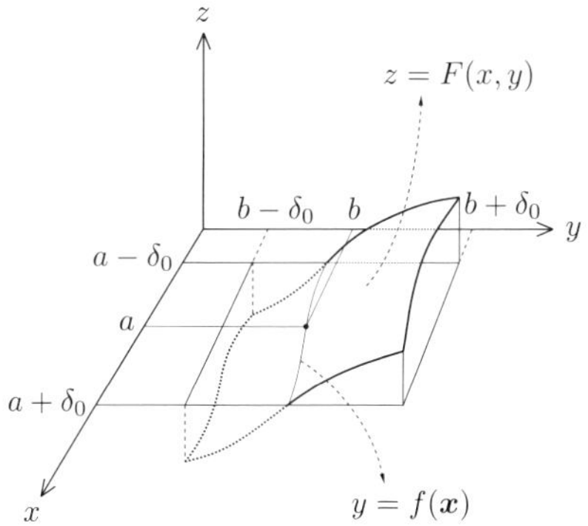

図 11.3 陰関数定理の証明のイメージ

$B_{\sqrt{2}\delta_0}(\boldsymbol{a})$ が成り立つからである.)

$y\in[b-\delta_0,b+\delta_0]\to F(a,y)$ は狭義増加関数だから (命題 4.14), $F(a,b-\delta_0)<F(\boldsymbol{a})=0<F(a,b+\delta_0)$ となる. F の連続性から,「$|x-a|\le r\Rightarrow F(x,b-\delta_0)<0<F(x,b+\delta_0)$」となる $r\in(0,\delta_0)$ がある. $I=[a-r,a+r]$ とおく. 中間値の定理 (定理 3.11) より, $x\in I$ ならば $|y(x)-b|<\delta_0$ で $F(x,y(x))=0$ となる $y(x)$ がある. $x\in I$ を固定し, 関数 $F(x,\cdot):t\in[b-\delta_0,b+\delta_0]\to F(x,t)\in\mathbb{R}$ は狭義増加だから, $F(x,y(x))=0$ となる $y(x)\in[b-\delta_0,b+\delta_0]$ は一つしかない. そこで $y(x)$ を $f(x)$ と書く.

<u>$f: I \to \mathbb{R}$ の連続性</u>　もし，f が I で連続でないとすると，$x_n, x_0 \in I$ と $\varepsilon_0 > 0$ で次を満たすものがある．

$$「\lim_{n\to\infty} x_n = x_0, \quad |f(x_n) - f(x_0)| \geq \varepsilon_0」 \tag{11.1}$$

$f(x_n) \in [b-\delta_0, b+\delta_0]$ より，$\{f(x_n)\}$ は有界数列であり，ボルツァノ・ワイエルストラスの定理 (定理 2.10) より，極限 $\lim_{k\to\infty} f(x_{n_k})$ が存在するような部分列 $\{f(x_{n_k})\}$ がある．この極限を y_0 とおくと $y_0 \in [b-\delta_0, b+\delta_0]$ であり，F の連続性から $0 = \lim_{k\to\infty} F(x_{n_k}, f(x_{n_k})) = F(x_0, y_0)$ となる．しかし，$F(x_0, y) = 0$ を満たす $y \in [b-\delta_0, b+\delta_0]$ は $f(x_0)$ しかないから (11.1) に矛盾する．

<u>f の微分可能性</u>　$I = (a-r, a+r)$ とする．$x, x+h \in I$ とし，$f(x+h) - f(x) = k(h)$ とおくと，f の連続性から $\lim_{h\to 0} k(h) = 0$ となる．以下，$k(h)$ を k と略す．テイラーの定理 (定理 10.7) の $m = 1$ の場合で，

$$\begin{aligned}&「F(x+h, f(x+h))\\ &\quad = F(x, f(x)) + F_x(x+\theta h, f(x)+\theta k)h + F_y(x+\theta h, f(x)+\theta k)k」\end{aligned}$$

となる $\theta \in (0,1)$ がある．$F(x, f(x)) = F(x+h, f(x+h)) = 0$ より，

$$\frac{f(x+h)-f(x)}{h} = \frac{k}{h} = -\frac{F_x(x+\theta h, f(x)+\theta k)}{F_y(x+\theta h, f(x)+\theta k)}$$

となる．右辺の分母・分子は $h \to 0$ のとき収束して次式が成り立つ．

$$f'(x) = -\frac{F_x(x, f(x))}{F_y(x, f(x))} \tag{11.2}$$

よって，f は x で微分可能である．f, F_x, F_y は連続だから (11.2) より，f' は I で連続となる．つまり，$f \in C^1(I)$ となる．

さらに，$F \in C^2(D)$ ならば，合成関数の微分公式 (定理 10.5) より，

$$\frac{d}{dx}F_x(x, f(x)) = F_{xx}(x, f(x)) + F_{xy}(x, f(x))f'(x)$$

となる．右辺は連続になるので関数 $x \in I \to F_x(x, f(x))$ は $C^1(I)$ に属する．同様に $F_y(\cdot, f(\cdot)) \in C^1(I)$ なので，(11.2) に戻ると $f' \in C^1(I)$ が成り立つ．つまり，$f \in C^2(I)$.

さらに，$F \in C^3$ 級とする．(11.2) を x で微分すると $f'' = -\dfrac{1}{F_y^2}\{(F_x)'F_y - F_x(F_y)'\}$ となる．ただし，$(\cdot)' = \dfrac{d(\cdot)}{dx}$ である．ところで $(F_x)' = F_{xx} + F_{xy}f'$, $(F_y)' = F_{xy} + F_{yy}f'$ に注意して，(11.2) を用いれば f の微分を使わずに表せる．つまり，f'' が F の 2 階までの偏微分で表せる (分母も 0 にならない) ので，$f'' \in C^1(I)$ となる．すなわち，$f \in C^3(I)$ である．

これを繰り返すと，

$$F \in C^m(D) \text{ ならば } f \in C^m(I)$$

が示せる． □

演習 11.2 上の証明で，$F_y(a,b) < 0$ の場合に示せ．また，$F \in C^m(D) \Rightarrow f \in C^m(I)$ を数学的帰納法を使って厳密に示せ．

演習 11.3 $F : \mathbb{R}^2 \to \mathbb{R}$ が次で与えられるとき，$F(x, f(x)) = 0$ を満たす陰関数 f が存在する点 ${}^t(a,b)$ を求め，その点で陰関数 f の導関数 f' を x と $y = f(x)$ を用いて表せ．

(1) $1 + xe^y - y$ (2) $x^3 + y^3 - 3xy$ (3) $x^3y^3 + y - x$

次の二つの陰関数定理：その 2・その 3 は，もっと一般化した形の証明を付録で述べるので証明は略す．

定理 11.2 (陰関数定理：その 2)

開集合 $D \subset \mathbb{R}^N \times \mathbb{R}$ に対し，$F \in C^1(D)$ とする．

$(\boldsymbol{a}, b) \in D$ で $F(\boldsymbol{a}, b) = 0$ と $F_y(\boldsymbol{a}, b) \neq 0$ が成り立つと仮定する
$\Rightarrow$ 次を満たす $r > 0$ と $f \in C^1(B_r(\boldsymbol{a}))$ が存在する．

(i) $b = f(\boldsymbol{a})$

(ii) $F(\boldsymbol{x}, f(\boldsymbol{x})) = 0 \quad (\boldsymbol{x} \in B_r(\boldsymbol{a}))$

(iii) $\nabla_{\boldsymbol{x}} f(\boldsymbol{x}) = -\dfrac{\nabla_{\boldsymbol{x}} F(\boldsymbol{x}, f(\boldsymbol{x}))}{F_y(\boldsymbol{x}, f(\boldsymbol{x}))}$

さらに，$F \in C^m(D) \Rightarrow f \in C^m(B_r(\boldsymbol{a}))$.

例 11.2 $\alpha, \beta, \gamma > 0$ に対し，$F(x, y, z) = \alpha^2 x^2 + \beta^2 y^2 + \gamma^2 z^2 - 1$ とする．$F_z(a, b, c) \neq 0$ より，$c \neq 0$ であり，そのとき

$$f(x, y) = \frac{1}{\gamma}\sqrt{1 - \alpha^2 x^2 - \beta^2 y^2}$$

と表せる．

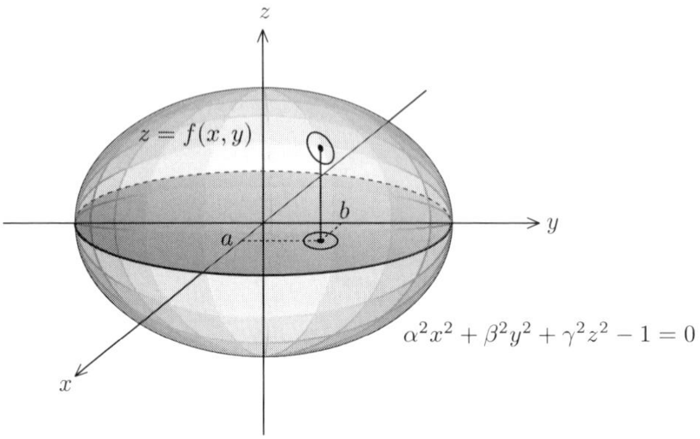

図 **11.4**　例 11.2 の陰関数

演習 11.4　定理 11.2 の f に対し，$f_{x_i x_j}$ を F の 2 階までの偏微分を用いて表せ．

演習 11.5　$F : \mathbb{R}^3 \to \mathbb{R}$ が次で与えられるとき，$F(x, y, f(x, y)) = 0$ を満たす陰関数 f が存在する点 $\boldsymbol{a} \in \mathbb{R}^3$ を求め，その点で陰関数 f の導関数 f_x, f_y を x, y と $z = f(x, y)$ を用いて表せ．

（1）$xy + yz + zx - 1$　（2）$\dfrac{x}{y} + \dfrac{y}{z} + \dfrac{z}{x} - 1$　（3）$x^x y^y z^z - 1$

次は，与えられた方程式が二つの場合を考える．この場合，$F_y \neq 0$ などの代わりに仮定に行列式が登場する．

定理 11.3 (陰関数定理：その 3)

$D \subset \mathbb{R}^3$ に対し，$F, G \in C^1(D)$ とし，$\boldsymbol{F} = {}^t(F, G)$ とおく．

$\boldsymbol{a} = {}^t(a, b, c) \in D$ で $\boldsymbol{F}(\boldsymbol{a}) = \boldsymbol{0}$ と $\det(\nabla_{\boldsymbol{y}}\boldsymbol{F}(\boldsymbol{a})) \neq 0$ が成り立つと仮定する (ただし，$\boldsymbol{y} = {}^t(y, z)$)

$\Rightarrow$ 次を満たす $r > 0$ と $f, g \in C^1(a - r, a + r)$ が存在する．

(i) $b = f(a)$, $c = g(a)$

(ii) $F(x, f(x), g(x)) = G(x, f(x), g(x)) = 0 \quad (|x - a| < r)$

(iii) $\begin{pmatrix} f'(x) \\ g'(x) \end{pmatrix} = -(\nabla_{\boldsymbol{y}}\boldsymbol{F})^{-1}(x) \begin{pmatrix} F_x(x, f(x), g(x)) \\ G_x(x, f(x), g(x)) \end{pmatrix}$

$(|x - a| < r)$

さらに，$F, G \in C^m(D) \Rightarrow f, g \in C^m(a - r, a + r)$.

注意 11.1 (iii) の右辺の $\nabla_{\boldsymbol{y}}\boldsymbol{F}(x)$ は正確には次のようになる．

$$\nabla_{\boldsymbol{y}}\boldsymbol{F}(x) = \begin{pmatrix} F_y(x, f(x), g(x)) & F_z(x, f(x), g(x)) \\ G_y(x, f(x), g(x)) & G_z(x, f(x), g(x)) \end{pmatrix}$$

ここでは，(iii) を形式的に導いてみる．陰関数 f, g が存在するとして，x で偏微分すると，

$$F_x(x, f(x), g(x)) + F_y(x, f(x), g(x))f'(x) + F_z(x, f(x), g(x))g'(x) = 0$$

$$G_x(x, f(x), g(x)) + G_y(x, f(x), g(x))f'(x) + G_z(x, f(x), g(x))g'(x) = 0$$

が成り立つ．行列とベクトルの積の形で書き直せば，次のようになる．

$$\begin{pmatrix} F_x(x, f(x), g(x)) \\ G_x(x, f(x), g(x)) \end{pmatrix} = -\nabla_{\boldsymbol{y}}\boldsymbol{F}(x) \begin{pmatrix} f'(x) \\ g'(x) \end{pmatrix}$$

右辺の最初の行列は，x が a に近ければ，仮定から逆行列があり (iii) 式が得られる．

例 11.3 関数 $F, G : \mathbb{R}^3 \to \mathbb{R}$ を $\boldsymbol{x} = {}^t(x, y, z)$ に対し,

$$F(\boldsymbol{x}) = x^2 + y^2 + z^2 - 1,\ G(\boldsymbol{x}) = x + my + nz$$

とおく．ただし，$m, n \in \mathbb{R}$ は $mn \neq 0$ を満たすとする．

$F(x, y, z) = G(x, y, z) = 0$ となる点 (x, y, z) の集まりは，半径 1 の原点中心の球面を平面 $G(x, y, z) = 0$ で切った円になる．

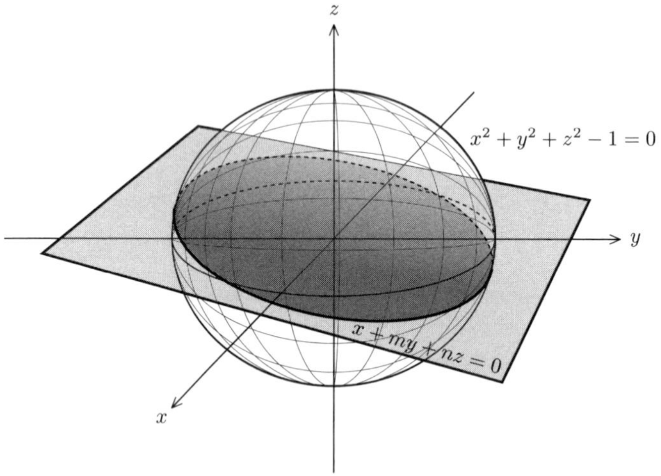

図 11.5 例 11.3 のイメージ

$\boldsymbol{F} = {}^t(F, G)$, $\boldsymbol{y} = {}^t(y, z)$ とする．$\boldsymbol{a} = {}^t(a, b, c)$ が $\boldsymbol{F}(\boldsymbol{a}) = \boldsymbol{0}$ が成り立つ点で，$\det(\nabla_{\boldsymbol{y}} \boldsymbol{F}(\boldsymbol{a})) = 2(nb - mc)$ なので，$nb \neq mc$ を満たせばよい．

演習 11.6 例 11.3 において，$m = n = 1$ の場合に，f と g を求めよ．

もっとも一般的な陰関数定理を述べる．下記の定理で $\boldsymbol{z} \in \mathbb{R}^{N+M}$ を $\boldsymbol{x} \in \mathbb{R}^N$, $\boldsymbol{y} \in \mathbb{R}^M$ を用いて $\boldsymbol{z} = (\boldsymbol{x}, \boldsymbol{y})$ と書く．

定理 11.4** **(陰関数定理：その 4)** (証明は 15 章)

開集合 $D \subset \mathbb{R}^{N+M}$ と $F_1, \cdots, F_M \in C^1(D)$ に対し，$\boldsymbol{F}(\boldsymbol{z}) = {}^t(F_1(\boldsymbol{z}), \cdots, F_M(\boldsymbol{z}))$ $(\boldsymbol{z} = (\boldsymbol{x}, \boldsymbol{y}) \in D)$ とおく．

$\boldsymbol{a} \in \mathbb{R}^N$, $\boldsymbol{b} \in \mathbb{R}^M$ が $(\boldsymbol{a}, \boldsymbol{b}) \in D$ を満たし，$\boldsymbol{F}(\boldsymbol{a}, \boldsymbol{b}) = \boldsymbol{0}$ と $\det(\nabla_{\boldsymbol{y}} \boldsymbol{F}(\boldsymbol{a}, \boldsymbol{b})) \neq 0$ が成り立つと仮定する

$\Rightarrow$ 次を満たす $r > 0$ と $f_j \in C^1(B_r(\boldsymbol{a}))$ $(j = 1, 2, \cdots, M)$ が存在する．

(i) $\boldsymbol{b} = \boldsymbol{f}(\boldsymbol{a})$, ただし，$\boldsymbol{f}(\boldsymbol{x}) = {}^t(f_1(\boldsymbol{x}), \cdots, f_M(\boldsymbol{x}))$ とおく．

(ii) $\boldsymbol{F}(\boldsymbol{x}, \boldsymbol{f}(\boldsymbol{x})) = \boldsymbol{0} \quad (\boldsymbol{x} \in B_r(\boldsymbol{a}))$

(iii) $\nabla_{\boldsymbol{x}} \boldsymbol{f}(\boldsymbol{x}) = -(\nabla_{\boldsymbol{y}} \boldsymbol{F})^{-1}(\boldsymbol{x}, \boldsymbol{f}(\boldsymbol{x})) \nabla_{\boldsymbol{x}} \boldsymbol{F}(\boldsymbol{x}, \boldsymbol{f}(\boldsymbol{x})) \quad (\boldsymbol{x} \in B_r(\boldsymbol{a}))$

さらに，$F_1, \cdots, F_M \in C^m(D) \Rightarrow f_1, \cdots, f_M \in C^m(B_r(\boldsymbol{a}))$ になる．

注意 11.2 上の (iii) を正確に書くと，

$$\nabla_{\boldsymbol{x}} \boldsymbol{f}(\boldsymbol{x}) = \begin{pmatrix} f_{1,x_1}(\boldsymbol{x}) & \cdots & f_{1,x_N}(\boldsymbol{x}) \\ \cdots & \cdots & \cdots \\ f_{M,x_1}(\boldsymbol{x}) & \cdots & f_{M,x_N}(\boldsymbol{x}) \end{pmatrix}$$

$$\nabla_{\boldsymbol{y}} \boldsymbol{F}(\boldsymbol{x}, \boldsymbol{y}) = \begin{pmatrix} F_{1,y_1}(\boldsymbol{x}, \boldsymbol{y}) & \cdots & F_{1,y_M}(\boldsymbol{x}, \boldsymbol{y}) \\ \cdots & \cdots & \cdots \\ F_{M,y_1}(\boldsymbol{x}, \boldsymbol{y}) & \cdots & F_{M,y_M}(\boldsymbol{x}, \boldsymbol{y}) \end{pmatrix}$$

$$\nabla_{\boldsymbol{x}} \boldsymbol{F}(\boldsymbol{x}, \boldsymbol{y}) = \begin{pmatrix} F_{1,x_1}(\boldsymbol{x}, \boldsymbol{y}) & \cdots & F_{1,x_N}(\boldsymbol{x}, \boldsymbol{y}) \\ \cdots & \cdots & \cdots \\ F_{M,x_1}(\boldsymbol{x}, \boldsymbol{y}) & \cdots & F_{M,x_N}(\boldsymbol{x}, \boldsymbol{y}) \end{pmatrix}$$

陰関数定理の応用として，逆関数定理を述べる．次の定理では，E_N で N 次の単位行列を表す．

定理 11.5** (逆関数定理)

開集合 $D \subset \mathbb{R}^N$, $f_1, \cdots, f_N \in C^1(D)$, $\boldsymbol{f} = {}^t(f_1, \cdots, f_N)$ とおき，$\boldsymbol{a} \in D$ で，$\det(\nabla_{\boldsymbol{x}} \boldsymbol{f}(\boldsymbol{a})) \neq 0$ が成り立つとする．$\boldsymbol{b} = \boldsymbol{f}(\boldsymbol{a})$ とおく．

$\Rightarrow$ 次を満たす $r > 0$ と $g_k \in C^1(B_r(\boldsymbol{b}))$ $(k = 1, 2, \cdots, N)$ が存在する．

(i) $\boldsymbol{a} = \boldsymbol{g}(\boldsymbol{b})$，ただし，$\boldsymbol{g} = {}^t(g_1, \cdots, g_N)$ とおく．

(ii) $\boldsymbol{f}(\boldsymbol{g}(\boldsymbol{y})) = \boldsymbol{y} \quad (\boldsymbol{y} \in B_r(\boldsymbol{b}))$

(iii) $(\nabla_{\boldsymbol{x}} \boldsymbol{f}(\boldsymbol{g}(\boldsymbol{y})))^{-1} \nabla_{\boldsymbol{y}} \boldsymbol{g}(\boldsymbol{y}) = E_N \quad (\boldsymbol{y} \in B_r(\boldsymbol{b}))$

さらに，$f_1, \cdots, f_N \in C^m(D) \Rightarrow g_1, \cdots, g_N \in C^m(B_r(\boldsymbol{b}))$ になる．

注意 11.3 1 変数関数と同様に，(ii) を満たす $\boldsymbol{g}$ を $\boldsymbol{f}$ の**逆関数**と呼び，$\boldsymbol{f}^{-1}$ と書くことがある．

定理 11.5 の証明 $\boldsymbol{F} : \mathbb{R}^N \times \mathbb{R}^N \to \mathbb{R}^N$ を $\boldsymbol{F}(\boldsymbol{x}, \boldsymbol{y}) = \boldsymbol{f}(\boldsymbol{x}) - \boldsymbol{y}$ と定める．次の性質が成り立つことは，簡単にわかる．

$$\boldsymbol{F}(\boldsymbol{a}, \boldsymbol{b}) = \boldsymbol{0}, \quad \det(\nabla_{\boldsymbol{x}} \boldsymbol{F}(\boldsymbol{a}, \boldsymbol{b})) = \det(\nabla_{\boldsymbol{x}} \boldsymbol{f}(\boldsymbol{a})) \neq 0$$

よって陰関数定理 (定理 11.4) を $\boldsymbol{x}$ と $\boldsymbol{y}$ の役割を入れ替えて適用すると，$r > 0$ および，次の性質を満たす関数 $g_1, \cdots, g_N \in C^1(B_r(\boldsymbol{b}))$ が存在する．

$$\boldsymbol{g}(\boldsymbol{b}) = \boldsymbol{a}, \qquad \boldsymbol{F}(\boldsymbol{g}(\boldsymbol{y}), \boldsymbol{y}) = \boldsymbol{0} \quad (\boldsymbol{y} \in B_r(\boldsymbol{b}))$$

ここで，$\boldsymbol{g} = {}^t(g_1, \cdots, g_N)$ とおいた．よって，(i) (ii) が成り立つ．

さらに，(ii) を $\boldsymbol{y}$ で微分すると，連鎖公式 (定理 10.6) により，

$$\nabla_{\boldsymbol{x}} \boldsymbol{f}(\boldsymbol{g}(\boldsymbol{y})) \nabla_{\boldsymbol{y}} \boldsymbol{g}(\boldsymbol{y}) = E_N \quad (\boldsymbol{y} \in B_r(\boldsymbol{b}))$$

となるので，(iii) も成り立つ． □

演習 11.7 定理 11.5 の「さらに,」以下を示せ．

ヒント：定理 11.4 をよく見る．

11.2 極値 (多変数)

1 変数関数で定義した極大・極小などを定義する．

定義 11.1 開集合 $D \subset \mathbb{R}^N$, $f : D \to \mathbb{R}$, $\boldsymbol{a} \in D$ に対し,

$$f \text{ は } \boldsymbol{a} \text{ で}\textbf{極大}\text{をとる} \overset{\text{def}}{\Longleftrightarrow} \begin{cases} \text{次を満たす } \varepsilon > 0 \text{ がある.} \\ \text{「} \boldsymbol{x} \in B_\varepsilon(\boldsymbol{a}) \Rightarrow f(\boldsymbol{x}) \leq f(\boldsymbol{a}) \text{」} \end{cases}$$

このとき, $f(\boldsymbol{a})$ を**極大値**とよぶ.

$$f \text{ は } \boldsymbol{a} \text{ で}\textbf{極小}\text{をとる} \overset{\text{def}}{\Longleftrightarrow} \begin{cases} \text{次を満たす } \varepsilon > 0 \text{ がある.} \\ \text{「} \boldsymbol{x} \in B_\varepsilon(\boldsymbol{a}) \Rightarrow f(\boldsymbol{x}) \geq f(\boldsymbol{a}) \text{」} \end{cases}$$

このとき, $f(\boldsymbol{a})$ を**極小値**とよぶ.

注意 11.4 $f : D \to \mathbb{R}$ が $\boldsymbol{a} \in D$ で極大または極小になるとき, f は $\boldsymbol{a}$ で**極値**をとるという.

上の定義で, f が $B_\varepsilon(\boldsymbol{a}) \subset D$ とは限らないが, 命題 9.4 より, 必要なら $\varepsilon > 0$ をより小さくとって $B_\varepsilon(\boldsymbol{a}) \subset D$ とできる.

また, 1 変数の極大・極小と同じく, 狭義の極大・極小もある. 定義の後の注意 6.3 を参照せよ.

命題 11.6*

$$\left.\begin{array}{l} \text{開集合 } D \subset \mathbb{R}^N,\ f : D \to \mathbb{R} \text{ に対し,} \\ f \text{ が } \boldsymbol{a} \in D \text{ で極値をとり, 偏微分可能} \end{array}\right\} \Rightarrow \nabla f(\boldsymbol{a}) = (0, 0, \cdots, 0)$$

演習 11.8 命題 11.6 を証明せよ. ヒント : 1 変数の場合 (命題 6.6) と同様.

極値をとるための条件を $N = 2$ の場合に述べる.

命題 11.7

開集合 $D \subset \mathbb{R}^2$ と $f \in C^2(D)$ が $\boldsymbol{a} \in D$ で, $\nabla f(\boldsymbol{a}) = (0, 0)$ を満たす.

$\Delta = (f_{xy}(\boldsymbol{a}))^2 - f_{xx}(\boldsymbol{a}) f_{yy}(\boldsymbol{a})$ とおく.

(i) $\Delta < 0$ かつ $f_{xx}(\boldsymbol{a}) > 0 \Rightarrow f$ は $\boldsymbol{a}$ で (狭義の) 極小となる.

(ii) $\Delta < 0$ かつ $f_{xx}(\boldsymbol{a}) < 0 \Rightarrow f$ は $\boldsymbol{a}$ で (狭義の) 極大となる.

(iii) $\Delta > 0 \Rightarrow f$ は $\boldsymbol{a}$ で極値をとらない.

命題 11.7 の証明 (i) $\boldsymbol{a} = {}^t(a, b)$ とする. $\Delta(\boldsymbol{x}) = (f_{xy}(\boldsymbol{x}))^2 - f_{xx}(\boldsymbol{x}) f_{yy}(\boldsymbol{x})$ とおくと, $f \in C^2(D)$ なので,「$\boldsymbol{x} \in B_r(\boldsymbol{a}) \Rightarrow \Delta(\boldsymbol{x}) < 0$ かつ $f_{xx}(\boldsymbol{x}) > 0$」となる $r > 0$ がある. テイラーの定理 (定理 10.7) より, $\boldsymbol{x} \in B_r(\boldsymbol{a})$ に対し,

$$f(\boldsymbol{x}) = f(\boldsymbol{a}) + \frac{1}{2}\left((x-a)\frac{\partial}{\partial x} + (y-b)\frac{\partial}{\partial y}\right)^2 f(\boldsymbol{a} + \theta_{\boldsymbol{x}}(\boldsymbol{x} - \boldsymbol{a}))$$

となる $\theta_{\boldsymbol{x}} \in (0, 1)$ が存在する. $\boldsymbol{a}_{\boldsymbol{x}} = \boldsymbol{a} + \theta_{\boldsymbol{x}}(\boldsymbol{x} - \boldsymbol{a})$, $h = x - a$, $k = y - b$ とおくと, 右辺第 2 項は

$$h^2 f_{xx}(\boldsymbol{a}_{\boldsymbol{x}}) + 2hk f_{xy}(\boldsymbol{a}_{\boldsymbol{x}}) + k^2 f_{yy}(\boldsymbol{a}_{\boldsymbol{x}})$$

である. $k \neq 0$ とし, $t = \dfrac{h}{k}$ とおけば次のようになる.

$$f(\boldsymbol{x}) = f(\boldsymbol{a}) + k^2\{t^2 f_{xx}(\boldsymbol{a}_{\boldsymbol{x}}) + 2t f_{xy}(\boldsymbol{a}_{\boldsymbol{x}}) + f_{yy}(\boldsymbol{a}_{\boldsymbol{x}})\}$$

$f_{xx}(\boldsymbol{a}_{\boldsymbol{x}}) > 0$ なので $\{\cdots\} > 0$ となるので, $\boldsymbol{a}$ で (狭義の) 極小になる.

(iii) 最後の式で $\{\cdots\}$ は $t \in \mathbb{R}$ によって正にも負にもなるので, 極値にはならない. □

演習 11.9 命題 11.7 の (ii) を証明せよ.

例 11.4 $f(x, y) = x^4 + y^4 + a(x+y)^2$ の極値を求める.

$\boldsymbol{x} = {}^t(x, y)$ が極値とすると, 命題 11.6 より, $f_x(\boldsymbol{x}) = f_y(\boldsymbol{x}) = 0$ となる. つまり次を満たす.

$$f_x(\boldsymbol{x}) = 4x^3 + 2a(x+y) = 0, \quad f_y(\boldsymbol{x}) = 4y^3 + 2a(x+y) = 0 \tag{11.3}$$

また, $\Delta(\boldsymbol{x}) = f_{xy}^2(\boldsymbol{x}) - f_{xx}(\boldsymbol{x}) f_{yy}(\boldsymbol{x})$ とおいて計算すると,

$$\Delta(\boldsymbol{x}) = 4a^2 - (12x^2 + 2a)(12y^2 + 2a) = -24\{6x^2y^2 + a(x^2 + y^2)\}$$

となる. (11.3) より, $x^3 = y^3$ に注意すると, $x = y$ になる.

$a \geq 0$ のときは, $x(x^2 + a) = 0$ なので $x = y = 0$ でしか $f_x = f_y = 0$ を満たさない. このとき, $\Delta(\mathbf{0}) = 0$ なので命題 11.7 は適用できないが, $\boldsymbol{x} \neq \mathbf{0} \Rightarrow f(\boldsymbol{x}) > f(\mathbf{0}) = 0$ が直接わかるので, $\mathbf{0}$ は (狭義の) 極小になる.

$a < 0$ のときは, $\boldsymbol{x} = \mathbf{0}$ または $\boldsymbol{x} = \pm{}^t(\sqrt{-a}, \sqrt{-a})$ が $f_x(\boldsymbol{x}) = f_y(\boldsymbol{x}) =$

0 を満たす．$\boldsymbol{a} = \pm{}^t(\sqrt{-a}, \sqrt{-a})$ とおくと，$f_{xx}(\boldsymbol{a}) = -10a > 0$, $\Delta(\boldsymbol{a}) = -144a^2 < 0$ なので，$\boldsymbol{a}$ で極小となる (命題 11.7).

$\boldsymbol{x} = \boldsymbol{0}$ の場合は，命題 11.7 は適用できない．$0 < |x| < \sqrt{-a}$ のとき $f(x, x) = 2x^2(x^2 + a) < 0$ であるが，$f(x, -x) = 2x^4 > 0$ なので極値にならない．

演習 11.10 次の関数の極値を求めよ．$a > b > 0$ とする．

(1) $xy(x^2 + y^2 - 1)$ (2) $xy + \dfrac{a}{x} + \dfrac{a}{y}$ (3) $e^{-x^2+y^2}(ax^2 + by^2)$

11.3 条件付極値

陰関数定理の応用として，ある条件の下での極値問題を考えることができる．これは，高度の数学や工学などへの具体的な応用がある．

まず，3 変数の場合から述べる．

定理 11.8* (ラグランジュの未定乗数法：その 1)

開集合 $D \subset \mathbb{R}^3$ に対し，$F, H \in C^1(D)$ とし，$\boldsymbol{a} \in D$ が $F(\boldsymbol{a}) = 0$, $F_z(\boldsymbol{a}) \neq 0$ を満たし，次が成り立つ $r > 0$ があるとする．

$$「\boldsymbol{x} \in B_r(\boldsymbol{a}) \text{ が } F(\boldsymbol{x}) = 0 \text{ を満たす} \Rightarrow H(\boldsymbol{x}) \geq H(\boldsymbol{a})」 \tag{11.4}$$

$\Rightarrow \nabla_{\boldsymbol{x}} H(\boldsymbol{a}) = \lambda \nabla_{\boldsymbol{x}} F(\boldsymbol{a})$ となる $\lambda \in \mathbb{R}$ が存在する．

注意 11.5 この λ を**ラグランジュの未定乗数**とよぶ．

D は開集合なので，(必要なら $r > 0$ を小さくとり直して) $B_r(\boldsymbol{a}) \subset D$ と仮定してよい．また，(11.4) を次で置き換えても同じ結論を得る．

$$\boldsymbol{x} \in B_r(\boldsymbol{a}) \text{ が } F(\boldsymbol{x}) = 0 \text{ を満たす} \Rightarrow H(\boldsymbol{x}) \leq H(\boldsymbol{a})$$

なぜなら，H の代わりに $-H$ を考えればよいからである．

例 11.5 定数 $p, q, r > 0$ を固定する．$x, y, z \geq 0$ が $x + y + z = 1$ を満たすとき，$x^p y^q z^r$ の最大値を求めよ．

$\boldsymbol{x} = {}^t(x, y, z)$ に対し，$F(\boldsymbol{x}) = x + y + z - 1$ とおき，$H(\boldsymbol{x}) = x^p y^q z^r$ とす

る．$D_0 = \{\boldsymbol{x} \mid x, y, z \geq 0,\ F(\boldsymbol{x}) = 0\}$ とおくと，D_0 は有界閉集合であり (問題 9.5)，最大値・最小値原理 (定理 9.8) より H は $H(\boldsymbol{x}) \leq H(\boldsymbol{a})$ $(\forall \boldsymbol{x} \in D_0)$ となる $\boldsymbol{a} = {}^t(a, b, c) \in D_0$ が存在する．

$\nabla F(\boldsymbol{a}) = (1, 1, 1) \neq \boldsymbol{0}$ であり，$\lambda \nabla F(\boldsymbol{a}) = \nabla H(\boldsymbol{a})$ となる $\lambda \in \mathbb{R}$ がある (ラグランジュの未定乗数法：その 1)．

$\lambda = 0$ の場合は，$abc = 0$ となり，$H(\boldsymbol{a}) = 0$ が最小値になる．よって，$\lambda \neq 0$ としてよい．

λを消去することを考える. $\lambda \nabla F(\boldsymbol{a}) = \nabla H(\boldsymbol{a})$ を次のように変形する．

$$\frac{1}{\lambda} a^p b^q c^r = \frac{a}{p} = \frac{b}{q} = \frac{c}{r}$$

$c = 1 - a - b$ を最後の等式に代入して，b を求めると $b = \dfrac{q(1-a)}{q+r}$ となる．これを真ん中の等式に代入し $a = \dfrac{p}{p+q+r}$ が求まる．さらに b, c を計算すると，$\boldsymbol{a} = \dfrac{1}{p+q+r}\,{}^t(p, q, r)$ となる．

定理 11.8 の証明　$\boldsymbol{a} = {}^t(a, b, c)$ とする．陰関数定理：その 2 (定理 11.2) より，次を満たす $r > 0$ と $f \in C^1(B_r(\boldsymbol{a}'))$ がある．ただし，$\boldsymbol{a}' = {}^t(a, b) \in \mathbb{R}^2$ とする．

$$f(\boldsymbol{a}') = c, \quad F(x, y, f(x, y)) = 0 \quad (\forall\, {}^t(x, y) \in B_r(\boldsymbol{a}'))$$

$g(x, y) = F(x, y, f(x, y))$ とおくと，$g \in C^1(B_r(\boldsymbol{a}'))$ であり，$g_x(\boldsymbol{a}') = g_y(\boldsymbol{a}') = 0$ なので次が成り立つ．

$$f_x(\boldsymbol{a}') = -\frac{F_x(\boldsymbol{a})}{F_z(\boldsymbol{a})}, \quad f_y(\boldsymbol{a}') = -\frac{F_y(\boldsymbol{a})}{F_z(\boldsymbol{a})} \tag{11.5}$$

$h(x, y) = H(x, y, f(x, y))$ とおくと，$h \in C^1(B_r(\boldsymbol{a}'))$ である．h は $\boldsymbol{a}'$ で極大なので，$h_x(\boldsymbol{a}') = h_y(\boldsymbol{a}') = 0$ となり，次が成り立つ．

$$f_x(\boldsymbol{a}') = -\frac{H_x(\boldsymbol{a})}{H_z(\boldsymbol{a})}, \quad f_y(\boldsymbol{a}') = -\frac{H_y(\boldsymbol{a})}{H_z(\boldsymbol{a})}$$

これと，(11.5) と組み合わせると，$\lambda = \dfrac{H_z(\boldsymbol{a})}{F_z(\boldsymbol{a})}$ とおけばよいことがわかる．□

一般的なラグランジュの未定乗数法を述べる．

定理 11.9* (ラグランジュの未定乗数法：その 2)　　(証明は 15 章)

開集合 $D \subset \mathbb{R}^{N+M}$, $F_k \in C^1(D)$ $(k = 1, 2, \cdots, N)$, $H \in C^1(D)$ に対し，$\boldsymbol{F} = {}^t(F_1, \cdots, F_N)$ とおく．$\boldsymbol{a} \in \mathbb{R}^{N+M}$ が $\boldsymbol{F}(\boldsymbol{a}) = \boldsymbol{0}$, $\det(\nabla_{\boldsymbol{x}}\boldsymbol{F}(\boldsymbol{a})) \neq 0$ を満たし，次が成り立つ $r > 0$ がある．

$$「\boldsymbol{z} \in B_r(\boldsymbol{a}) \text{ が } \boldsymbol{F}(\boldsymbol{z}) = \boldsymbol{0} \text{ を満たす} \Rightarrow H(\boldsymbol{z}) \geq H(\boldsymbol{a})」 \tag{11.6}$$

$\Rightarrow \nabla_{\boldsymbol{z}}H(\boldsymbol{a}) = \boldsymbol{\lambda}\nabla_{\boldsymbol{z}}\boldsymbol{F}(\boldsymbol{a})$ となる $\boldsymbol{\lambda} = (\lambda_1, \cdots, \lambda_N)$ がある．

注意 11.6　この $\lambda_1, \cdots, \lambda_N$ もラグランジュの未定乗数とよぶ．$\boldsymbol{\lambda}$ は行ベクトルなので，結論の右辺を成分で書くと次のようになる．

$$H_{z_k}(\boldsymbol{a}) = \sum_{j=1}^{N} \lambda_j F_{j,z_k}(\boldsymbol{a}) \qquad (k = 1, 2, \cdots, N, \cdots, N+M)$$

(11.6) は次で置き換えても同じ結果が成り立つ．

$$\boldsymbol{z} \in B_r(\boldsymbol{a}) \text{ が } \boldsymbol{F}(\boldsymbol{z}) = \boldsymbol{0} \text{ を満たす} \Rightarrow H(\boldsymbol{z}) \leq H(\boldsymbol{a})$$

また，D は開集合だから命題 9.4 より $B_r(\boldsymbol{a}) \subset D$ と仮定してよい．

例 11.6　条件 $x^2 + y^2 + z^2 = 1$, $x + y + z = 0$ の下で，xyz の最大値・最小値を求める．

$N = 2$, $M = 1$ の場合に対応する．$\boldsymbol{x} = {}^t(x, y, z)$, $\boldsymbol{x}' = {}^t(x, y)$ と書くことにする．

$F(\boldsymbol{x}) = x^2 + y^2 + z^2 - 1$, $G(\boldsymbol{x}) = x + y + z$, $\boldsymbol{F} = {}^t(F, G)$, および，$H(\boldsymbol{x}) = xyz$ とおく．$D_0 = \{\boldsymbol{x} \mid \boldsymbol{F}(\boldsymbol{x}) = \boldsymbol{0}\}$ とすると D_0 は有界閉集合となるので (問題 9.5)，H は D_0 上で最大値をとる $\boldsymbol{a} \in D_0$ がある (定理 9.8)．つまり，$H(\boldsymbol{a}) \geq H(\boldsymbol{x})$ $(\forall \boldsymbol{x} \in D_0)$ となる $\boldsymbol{a} = {}^t(a, b, c) \in D_0$ が存在する．

$\det(\nabla_{\boldsymbol{x}'}\boldsymbol{F}(\boldsymbol{a})) = \det\begin{pmatrix} 2a & 2b \\ 1 & 1 \end{pmatrix} = 2(a - b)$ となる．

<u>$a \neq b$ と仮定する.</u> 定理 11.9 より, $\nabla_{\boldsymbol{z}} H(\boldsymbol{a}) = (\lambda_1, \lambda_2)\nabla_{\boldsymbol{z}} \boldsymbol{F}(\boldsymbol{a})$ となる λ_1, λ_2 がある. つまり次を満たす.

$$bc = 2a\lambda_1 + \lambda_2, \quad ac = 2b\lambda_1 + \lambda_2, \quad ab = 2c\lambda_1 + \lambda_2$$

まず, λ_2 を消去して $bc - 2a\lambda_1 = ac - 2b\lambda_1 = ab - 2c\lambda_1$ を得る. $a \neq b$ なので最初の等式から, $\lambda_1 = -\dfrac{c}{2}$ となる. これを代入して, 2 番目の等式から $ac + bc = ab + c^2$ となり変形して $(a-c)(b-c) = 0$ が導かれる.

$a = c$ の場合 ($b \neq c$ となる), ${}^t(a, b, c) \in D_0$ の条件から $\boldsymbol{a} = \dfrac{1}{\sqrt{6}}\,{}^t(1, -2, 1)$ または $\dfrac{-1}{\sqrt{6}}\,{}^t(1, -2, 1)$ を得る. $b = c$ のときは $a \neq c$ であり, $\dfrac{\pm 1}{\sqrt{6}}\,{}^t(-2, 1, 1)$ となる.

<u>$a = b$ を仮定する.</u> $\boldsymbol{a} \in D_0$ の条件から $\boldsymbol{a} = \dfrac{\pm 1}{\sqrt{6}}\,{}^t(1, 1, -2)$ となる.

結局, $\dfrac{1}{\sqrt{6}}\,{}^t(-1, -1, 2), \dfrac{1}{\sqrt{6}}\,{}^t(-1, 2, -1), \dfrac{1}{\sqrt{6}}\,{}^t(2, -1, -1)$ で最大値 $\dfrac{1}{3\sqrt{6}}$ をとる. (最小値も同様なので省略.)

11.4 問題

問題 11.1 陰関数定理：その 2 (定理 11.2) を証明せよ.
ヒント：その 1 の証明で, 絶対値をノルムで置き換える.

問題 11.2 $a, b, c \in \mathbb{R}$ に対し, $u = u(x, y, z)$ が次の式を満たすとする.

$$\frac{x^2}{a^2 + u} + \frac{y^2}{b^2 + u} + \frac{z^2}{c^2 + u} = 1$$

すると, $u_x^2 + u_y^2 + u_z^2 = 2(xu_x + yu_y + zu_z)$ が成り立つことを示せ.

問題 11.3 2 メートルのひもで三角形を作るとき, 面積最大の三角形は正三角形であることを示せ.

ヒント：一辺の長さを x, y, z とすると, ヘロンの公式より三角形の面積 S は $S^2 = (1-x)(1-y)(1-z)$ を満たすことが知られている.

問題 11.4 次の関数の極値を求めよ.

(1) $x^2 + y^2 + xy + 3\dfrac{x+y}{xy}$ (2) $3\log x + 2\log y + \log(10 - x - y)$

(3) $\sin x + \sin y + \sin(x+y)$ $(0 \leq x < 2\pi, 0 \leq y < 2\pi)$

(4) $\tan x + \tan y - \tan(x+y)$ $(0 \leq x < \pi,\ 0 \leq y < \pi)$

問題 11.5 半径 1 の円に内接する 3 角形のうち，面積最大のものを求めよ. ヒント：中心角 $x, y, 2\pi - x - y$ を用いて面積を表す.

問題 11.6 半径 1 の円に内接する 3 角形のうち，周が最大のものを求めよ. ヒント：中心角 $2x, 2y, 2(\pi - x - y)$ を用いて周を表す. 問題 11.4 も参照.

問題 11.7 $x + y + z = 1$ のとき，$xy + yz + zx$ の極大・極小を求めよ.

問題 11.8 $x^2 + y^2 + z^2 = 1$ のもとで，$x^2 + 2y^2 + 3z^2$ の最大・最小を求めよ.

第 12 章

多変数関数の積分の基礎

1 変数関数に対して，最初に有界区間上で積分を定義した．N 変数関数では，まず N 次元直方体上での積分の定義を与え，その後もっと一般の集合上での積分を考える．

多変数関数の積分値の具体的な計算は，1 変数ずつ計算していくだけなので 1 変数の積分計算ができれば多変数でも原理的には難しくない．さらに，この章で多変数関数の広義積分も述べる．

12.1　直方体上の積分

N 次元直方体 R を固定する．以降,「N 次元」は省略することがある．

$$R = \{\boldsymbol{x} = {}^t(x_1, x_2, \cdots, x_N) \in \mathbb{R}^N \mid a_j \leq x_j \leq b_j, \forall j = 1, 2, \cdots, N\}$$
$$= [a_1, b_1] \times [a_2, b_2] \times \cdots \times [a_N, b_N] = \prod_{j=1}^{N} [a_j, b_j] \quad \text{とも書く．}$$

演習 12.1　直方体は閉集合であることを示せ．

$N = 2$ での直方体 (= 長方形) の面積，$N = 3$ での直方体の体積の自然な拡張として，N 次元の直方体の体積を次で定義する．

定義 12.1　$R = \prod_{j=1}^{N} [a_j, b_j]$ に対し，

$$R \text{ の体積 } |R| \overset{\text{def}}{\Longleftrightarrow} (b_1 - a_1) \cdots (b_N - a_N)$$

例 12.1　$N = 1$ のとき，$R = [a_1, b_1]$ の体積 (= 長さ) は $|R| = b_1 - a_1$ で

ある．$N=2$ のとき，$R=[a_1,b_1]\times[a_2,b_2]$ の体積 (= 面積) は $|R|=(b_1-a_1)(b_2-a_2)$ である．

注意 12.1 ここでは直方体 R に対してだけ体積 $|R|$ を定義している．例えば，三角形にも体積 (= 面積) はまだ定義はしていない (問題 12.2 参照).

12.2 節で，“ある種の” 有界集合に対して体積を定義する．その定義で計算できる直方体の体積と上述の体積はもちろん一致する (注意 12.7).

5 章で用いた記号を多変数関数でも使用する．

記号 $A\subset D\subset\mathbb{R}^N$ と関数 $f:D\to\mathbb{R}$ に対し，

$$f(A)\overset{\text{def}}{\Longleftrightarrow}\{f(\boldsymbol{x})\in\mathbb{R}\mid \boldsymbol{x}\in A\}$$

定義 12.2 $D\subset\mathbb{R}^N$ と関数 $f:D\to\mathbb{R}$ に対し，

$$f \text{ が } D \text{ で}\textbf{有界} \overset{\text{def}}{\Longleftrightarrow} f(D)\subset\mathbb{R} \text{ が有界}$$

この章では，「広義積分」が現れるまで関数 $f:R\to\mathbb{R}$ は有界とする．

$R=\prod_{j=1}^{N}[a_j,b_j]$ の分割を導入する．$\forall j\in\{1,2,\cdots,N\}$ に対し，$[a_j,b_j]$ を $a_j=a_{j,0}<a_{j,1}<\cdots<a_{j,m_j}=b_j$ と分割し，区間 $I_j^k=[a_{j,k-1},a_{j,k}]$ $(1\leq k\leq m_j)$ とする．$k_j\in\mathbb{N}$ が $1\leq k_j\leq m_j$ を満たすとし，$\boldsymbol{k}=(k_1,\cdots,k_N)$ とおく．R を分割する小直方体を，$\boldsymbol{k}=(k_1,\cdots,k_N)$ $(1\leq k_j\leq m_j)$ に対し，次のように書く．

$$R_{\boldsymbol{k}}=R_{(k_1,\cdots,k_N)}=\prod_{j=1}^{N}I_j^{k_j}$$

定義 12.3 $R\subset\mathbb{R}^N$ に対し，

$$R \text{ の}\textbf{分割 } \Delta \overset{\text{def}}{\Longleftrightarrow} \{R_{\boldsymbol{k}}\mid \boldsymbol{k}=(k_1,\cdots,k_N), 1\leq k_j\leq m_j\}$$

$\{R_{\boldsymbol{k}}\}$ と略して書く．

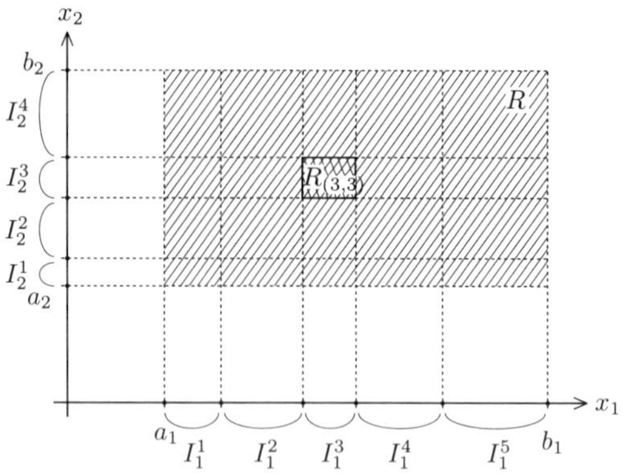

図 12.1 $N = 2$ のときの分割

1 変数関数と同様に，上・下リーマン和を定義する．

定義 12.4 有界関数 $f : R \to \mathbb{R}$ と分割 $\Delta = \{R_{\boldsymbol{k}}\}$ に対し，

$$
\begin{aligned}
&f \text{ の } \Delta \text{ による} \textbf{上リーマン和}\ \overline{S}[f, R, \Delta] \\
&\overset{\text{def}}{\Longleftrightarrow} \sum_{\boldsymbol{k}} \sup f(R_{\boldsymbol{k}})|R_{\boldsymbol{k}}| = \sum_{k_1=1}^{m_1} \cdots \sum_{k_N=1}^{m_N} \sup f(R_{\boldsymbol{k}})|R_{\boldsymbol{k}}| \\
&f \text{ の } \Delta \text{ による} \textbf{下リーマン和}\ \underline{S}[f, R, \Delta] \\
&\overset{\text{def}}{\Longleftrightarrow} \sum_{\boldsymbol{k}} \inf f(R_{\boldsymbol{k}})|R_{\boldsymbol{k}}| = \sum_{k_1=1}^{m_1} \cdots \sum_{k_N=1}^{m_N} \inf f(R_{\boldsymbol{k}})|R_{\boldsymbol{k}}|
\end{aligned}
$$

注意 12.2 $\sup f(R_{\boldsymbol{k}}) \geq \inf f(R_{\boldsymbol{k}})$ だから，$\overline{S}[f, R, \Delta] \geq \underline{S}[f, R, \Delta]$ はつねに成り立つ．

1 変数関数同様に，上・下積分を定義する．

定義 12.5 有界関数 $f : R \to \mathbb{R}$ に対し，

$$
\begin{aligned}
&f \text{ の } R \text{ 上の} \textbf{上積分}\ \overline{S}[f, R] \overset{\text{def}}{\Longleftrightarrow} \inf\{\overline{S}[f, R, \Delta] \mid \Delta \text{は } R \text{ の分割}\} \\
&f \text{ の } R \text{ 上の} \textbf{下積分}\ \underline{S}[f, R] \overset{\text{def}}{\Longleftrightarrow} \sup\{\underline{S}[f, R, \Delta] \mid \Delta \text{は } R \text{ の分割}\}
\end{aligned}
$$

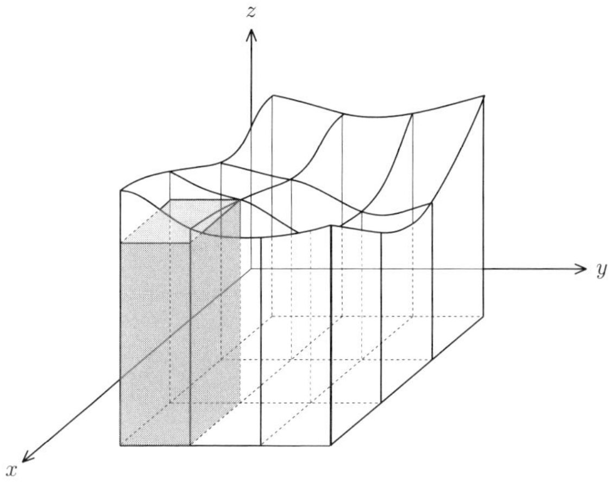

図 **12.2** 下リーマン和のイメージ

注意 12.3 定義から，$\overline{S}[f, R] \geq \underline{S}[f, R]$ はつねに成り立つ (演習 12.4 を参照).

> **定義 12.6** 有界関数 $f : R \to \mathbb{R}$ に対し，
>
> $$f \text{ が } R \text{ で}\textbf{積分可能} \overset{\text{def}}{\iff} \overline{S}[f, R] = \underline{S}[f, R]$$
>
> このとき，$\displaystyle\int_R f(\boldsymbol{x})d\boldsymbol{x} \overset{\text{def}}{\iff} \overline{S}[f, R] = \underline{S}[f, R]$ とおく.

例 12.2 $f : R \to \mathbb{R}$ を $f(\boldsymbol{x}) = 1$ $(\forall \boldsymbol{x} \in R)$ とする．分割 $\Delta = \{R_{\boldsymbol{k}}\}$ に対し，$\sup f(R_{\boldsymbol{k}}) = \inf f(R_{\boldsymbol{k}}) = 1$ なので，$\overline{S}[f, R, \Delta] = \underline{S}[f, R, \Delta] = |R|$ となる (最後の等式は，証明が必要である．演習 12.2)．ゆえに，$\displaystyle\int_R d\boldsymbol{x} = |R|$ を得る.

演習 12.2 $N = 2$ のとき，$f(\boldsymbol{x}) = 1$ $(\forall \boldsymbol{x} \in R)$ のとき，$\displaystyle\int_R f(\boldsymbol{x})d\boldsymbol{x} = |R|$ を計算で確かめよ．一般の N でも成り立つことを示せ (直感的には自明).

積分可能性の定義はできたが，積分の性質を示すためには 1 変数と同様，分割の細分を導入しなくてはならない.

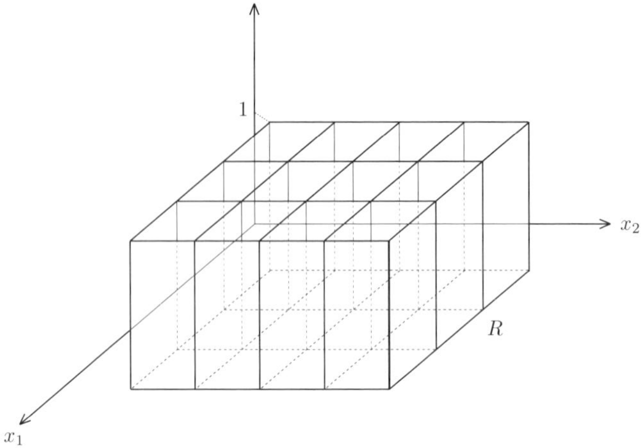

図 12.3 演習 12.2 のヒント

以降，分割 Δ は定義 12.3 の記号を用い，分割 Δ' を次で与える．

$$\Delta' = \left\{ R'_{\boldsymbol{k}} = \prod_{j=1}^{N} [b_{j,k_j-1}, b_{j,k_j}] \;\middle|\; \begin{array}{c} \boldsymbol{k} = (k_1, \cdots, k_N), \\ 1 \leq k_j \leq m'_j \ (j = 1, \cdots, N) \end{array} \right\} \tag{12.1}$$

ただし，$a_j = b_{j,0} < b_{j,1} < \cdots < b_{j,m'_j} = b_j$ とする．

定義 12.7 R の分割 $\Delta = \{R_{\boldsymbol{k}}\}$ と $\Delta' = \{R'_{\boldsymbol{k}}\}$ に対し，

$$\Delta' \text{ が } \Delta \text{ の細分} \overset{\text{def}}{\Longleftrightarrow} \begin{cases} \forall j \in \{1, 2, \cdots, N\} \text{ に対し,} \\ \{a_{j,k} \mid 0 \leq k \leq m_j\} \subset \{b_{j,k} \mid 0 \leq k \leq m'_j\} \end{cases}$$

命題 12.1*

$$R \text{ の分割 } \Delta, \Delta' \text{ に対し，} \Delta' \text{ が } \Delta \text{ の細分}$$
$$\Rightarrow \begin{cases} (\text{i}) & \overline{S}[f, R, \Delta] \geq \overline{S}[f, R, \Delta'] \\ (\text{ii}) & \underline{S}[f, R, \Delta] \leq \underline{S}[f, R, \Delta'] \end{cases}$$

命題 12.1 の証明　(i) のみ示す．$R_{\boldsymbol{k}} \in \Delta$ を一つとると，$\bigcup_{j=1}^{l} R'_{\boldsymbol{k}_j} = R_{\boldsymbol{k}}$ となる $R'_{\boldsymbol{k}_j} \in \Delta'$ $(j = 1, \cdots, l)$ がある．

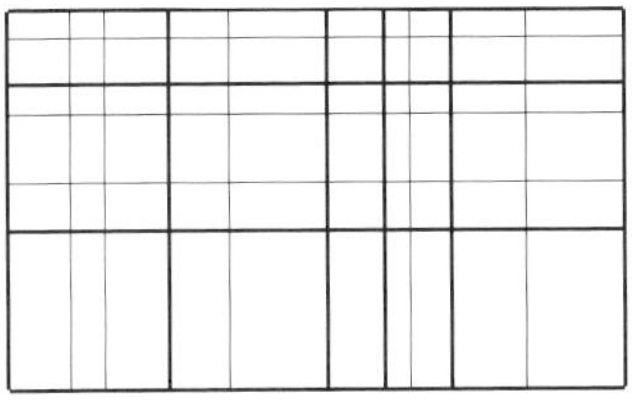

図 12.4　Δ と Δ の細分 Δ'

$$\sup f(R_{\boldsymbol{k}})|R_{\boldsymbol{k}}| = \sup f(R_{\boldsymbol{k}}) \sum_{j=1}^{l} |R'_{\boldsymbol{k}_j}| \geq \sum_{j=1}^{l} \sup f(R'_{\boldsymbol{k}_j})|R'_{\boldsymbol{k}_j}|$$

が成り立つから，$R_{\boldsymbol{k}} \in \Delta$ となるすべての $\boldsymbol{k}$ について和をとれば，$\overline{S}[f, R, \Delta] \geq \overline{S}[f, R, \Delta']$ が成り立つ．□

演習 12.3　命題 12.1 (ii) を証明せよ．

二つの分割 Δ, Δ' を以前と同じ記号で表すときに，各 $j \in \{1, 2, \cdots, N\}$ に対し，$\{a_{j,k} \mid 0 \leq k \leq m_j\} \cup \{b_{j,k} \mid 0 \leq k \leq m'_j\}$ を $a_j = c_{j,0} < c_{j,1} < \cdots < c_{j,M_j} = b_j$ (重複を同じとみなして) と並べ替えて $\{c_{j,k} \mid 0 \leq k \leq M_j\}$ とする．

1 変数同様，Δ と Δ' の "和" を次のように書く．

> **定義 12.8**　R の分割 Δ と Δ' に対し，
>
> $$\Delta \cup \Delta' \overset{\text{def}}{\Longleftrightarrow} \left\{ R''_{\boldsymbol{k}} = \prod_{j=1}^{N} [c_{j,k_j-1}, c_{j,k_j}] \;\middle|\; \begin{array}{c} \boldsymbol{k} = (k_1, \cdots, k_N), \\ 1 \leq k_j \leq M_j \ (j = 1, \cdots, N) \end{array} \right\}$$

注意 12.4　$\Delta \cup \Delta'$ は，Δ と Δ' の細分である．よって，次が成り立つ．

$$\overline{S}[f, R, \Delta \cup \Delta'] \leq \overline{S}[f, R, \Delta], \qquad \underline{S}[f, R, \Delta \cup \Delta'] \geq \underline{S}[f, R, \Delta]$$

演習 12.4 $f : R \to \mathbb{R}$ が R で有界とする．$\overline{S}[f, R] \geq \underline{S}[f, R]$ を示せ (命題 5.2 参照).

積分可能性を確かめるには，次の補題が役に立つ (1 変数関数の補題 5.3 に対応する).

補題 12.2★★

直方体 $R \subset \mathbb{R}^N$ と有界な関数 $f : R \to \mathbb{R}$ に対し，

$$f \text{ が } R \text{ で積分可能} \iff \begin{cases} \forall\varepsilon > 0 \text{ に対し，} \overline{S}[f, R, \Delta_\varepsilon] - \underline{S}[f, R, \Delta_\varepsilon] < \varepsilon \\ \text{となる } R \text{ の分割 } \Delta_\varepsilon \text{ が存在する．} \end{cases}$$

補題 12.2 の証明 $\Rightarrow$ の証明　$\varepsilon > 0$ に対し，上限・下限の定義から次を満たす分割 Δ_1, Δ_2 が存在する．

$$\overline{S}[f, R] + \frac{\varepsilon}{2} > \overline{S}[f, R, \Delta_1], \quad \underline{S}[f, R] - \frac{\varepsilon}{2} < \underline{S}[f, R, \Delta_2]$$

$\Delta_\varepsilon = \Delta_1 \cup \Delta_2$ とおくと，Δ_ε は Δ_1 および Δ_2 の細分になるから，命題 12.1 より，$\overline{S}[f, R, \Delta_1] \geq \overline{S}[f, R, \Delta_\varepsilon]$ かつ $\underline{S}[f, R, \Delta_2] \leq \underline{S}[f, R, \Delta_\varepsilon]$ となる．ゆえに，

$$0 \leq \overline{S}[f, R, \Delta_\varepsilon] - \underline{S}[f, R, \Delta_\varepsilon] < \overline{S}[f, R] - \underline{S}[f, R] + \varepsilon$$

となるが，仮定から $\overline{S}[f, R] = \underline{S}[f, R]$ なので証明が終わる．

$\Leftarrow$ の証明　$\forall\varepsilon > 0$ に対し，仮定から $0 \leq \overline{S}[f, R, \Delta_\varepsilon] - \underline{S}[f, R, \Delta_\varepsilon] < \varepsilon$ となる分割 Δ_ε がある．上・下積分の定義から $\overline{S}[f, R] - \underline{S}[f, R] < \varepsilon$ となる．この左辺は $\varepsilon > 0$ によらないから，$\overline{S}[f, R] - \underline{S}[f, R] \leq 0$ を得る．一方，$\overline{S}[f, R] - \underline{S}[f, R] \geq 0$ はいつも成立する (注意 12.3) ので，等号が成り立つ．□

1 変数関数の積分の線形性 (定理 5.5) と区間分割に関する命題 5.7, 5.8 に対応する結果を述べる．

定理 12.3** (証明は 15 章)

有界関数 $f, g : R \to \mathbb{R}$ が R で積分可能ならば，次が成り立つ．

(i) $\forall s, t \in \mathbb{R}$ に対し，関数 $sf + tg$ も R で積分可能で
$\displaystyle\int_R (sf + tg) d\boldsymbol{x} = s \int_R f d\boldsymbol{x} + t \int_R g d\boldsymbol{x}$ が成り立つ．

(ii) 直方体 R, R', R'' が $R = R' \cup R''$ と $|R| = |R'| + |R''|$ を満たす．
f は R' および R'' で積分可能で
$\displaystyle\int_R f d\boldsymbol{x} = \int_{R'} f d\boldsymbol{x} + \int_{R''} f d\boldsymbol{x}$ が成り立つ．

直方体 R で積分可能な関数であるための簡単な判定法は次の命題である．

命題 12.4*

直方体 R に対し，$f \in C(R) \Rightarrow f$ は R で積分可能になる．

命題 12.4 の証明 $R = \displaystyle\prod_{j=1}^{N} [a_j, b_j]$ とおく．R は有界閉集合なので，定理 9.2 から f は有界となる．さらに，定理 9.9 より，f は R で一様連続であるから，$\forall \varepsilon > 0$ に対し，次を満たす $m \in \mathbb{N}$ が存在する．

$$\boldsymbol{x}, \boldsymbol{y} \in \prod_{j=1}^{N} \left[a_j + \frac{k_j - 1}{m}(b_j - a_j), a_j + \frac{k_j}{m}(b_j - a_j) \right] \Rightarrow |f(\boldsymbol{x}) - f(\boldsymbol{y})| < \frac{\varepsilon}{|R|}$$

ただし，$1 \leq k_j \leq m$ となる自然数に対し，$\boldsymbol{k} = (k_1, \cdots, k_N)$ とする．

$$R_{\boldsymbol{k}} = \prod_{j=1}^{N} \left[a_j + \frac{k_j - 1}{m}(b_j - a_j), a_j + \frac{k_j}{m}(b_j - a_j) \right]$$

とおくと，次が成り立つ (実は，等号なしの不等式が成立する)．

$$\sup f(R_{\boldsymbol{k}}) - \inf f(R_{\boldsymbol{k}}) \leq \frac{\varepsilon}{|R|}$$

ゆえに，$\varDelta_\varepsilon = \{R_{\boldsymbol{k}}\}$ とおくと，

$$\overline{S}[f,R,\Delta_\varepsilon]-\underline{S}[f,R,\Delta_\varepsilon]=\sum_{\boldsymbol{k}}\{\sup f(R_{\boldsymbol{k}})-\inf f(R_{\boldsymbol{k}})\}|R_{\boldsymbol{k}}|\le\varepsilon$$

となるので，補題 12.2 より f は R で積分可能である． □

1 変数関数の積分の大小関係 (定理 5.6) に対応する結果を述べる．

定理 12.5*

直方体 $R\subset\mathbb{R}^N$ で，有界関数 $f,g:R\to\mathbb{R}$ が R で積分可能

$$\Rightarrow\begin{cases}\text{(i)} & f(\boldsymbol{x})\ge 0\ (\forall\boldsymbol{x}\in R)\Rightarrow\displaystyle\int_R f d\boldsymbol{x}\ge 0\\ \text{(ii)} & f(\boldsymbol{x})\ge g(\boldsymbol{x})\ (\forall\boldsymbol{x}\in R)\Rightarrow\displaystyle\int_R f d\boldsymbol{x}\ge\int_R g d\boldsymbol{x}\\ \text{(iii)} & |f|\text{ も }R\text{ で積分可能で，}\left|\displaystyle\int_R f d\boldsymbol{x}\right|\le\int_R|f|d\boldsymbol{x}\end{cases}$$

演習 12.5 定理 12.5 を証明せよ．ヒント：定理 5.6 の証明を参照．

12.2 有界集合上での積分

この章では，$\mathbb{R}^N$ の有界集合 D 上での積分を議論する．まず，記号を導入する．

記号 $A\subset\mathbb{R}^N$ と関数 $\chi_A:\mathbb{R}^N\to\mathbb{R}$ に対し，

$$\chi_A\text{ が }A\text{ 上の特性関数}\overset{\text{def}}{\Longleftrightarrow}\chi_A(\boldsymbol{x})=\begin{cases}1 & (\boldsymbol{x}\in A\text{ のとき})\\ 0 & (\boldsymbol{x}\notin A\text{ のとき})\end{cases}$$

次の性質を持つ有界集合上で積分を考える．

定義 12.9 有界集合 $D\subset\mathbb{R}^N$ に対し，

$$D\text{ が体積確定}\overset{\text{def}}{\Longleftrightarrow}\begin{cases}D\subset R\text{ となる直方体 }R\text{ に対し，}\\ \chi_D\text{ が }R\text{ で積分可能}\end{cases}$$

このとき，D の体積 $|D|\overset{\text{def}}{\Longleftrightarrow}\displaystyle\int_R\chi_D d\boldsymbol{x}$ とする．

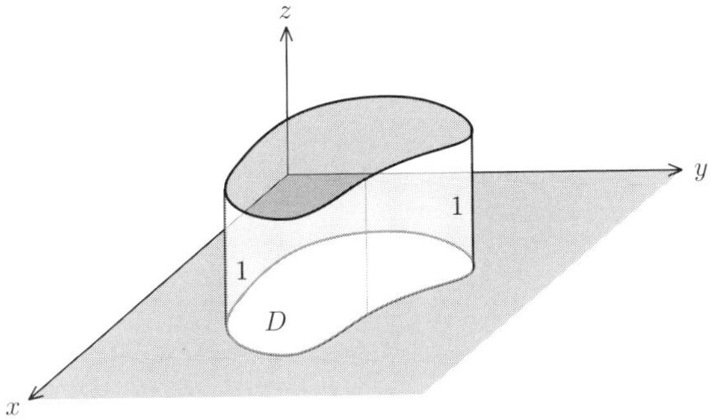

図 12.5　$z = \chi_D(x, y)$ のグラフ

注意 12.5　$N = 2$ の場合,「面積確定」とよびたいところだが，次元によって名称を変えるのは煩わしいので体積確定とよぶ．

体積確定集合をジョルダン[1)]**可測集合**ともよぶ．

注意 12.6　定義 12.9 の R は，一つには決まらない．しかし，一つの R に対し，$\overline{S}[\chi_D, R] = \underline{S}[\chi_D, R]$(すなわち，$\chi_D$ が R で積分可能) ならば $D \subset R'$ を満たす別の直方体でも $\overline{S}[\chi_D, R'] = \underline{S}[\chi_D, R']$ となり χ_D は R' でも積分可能になる．

実際，$\overline{S}[\chi_D, R] = \overline{S}[\chi_D, R']$ と $\underline{S}[\chi_D, R] = \underline{S}[\chi_D, R']$ が示せる．直感的には，R と R' の違いは $(R \setminus R') \cup (R' \setminus R)$ であり，この集合上では，χ_D の値は 0 なので上・下積分の値に影響しないからである (命題 14.34 参照).

注意 12.7　直方体 $R = \prod_{j=1}^{N} [a_j, b_j]$ は，もちろん体積確定で，この章の最初に定義した $|R|$ と一致する (演習 12.2).

R から "境界"(追加事項参照) を除いた集合 $R_0 = \prod_{j=1}^{N} (a_j, b_j)$ を考える．(R_0 は開集合になる.) 補題 14.33, 12.7 より R_0 も体積確定で $|R_0| = |R|$ となる．

しかし，$N = 2$ での三角形の体積 (= 面積) と，上記の定義の体積が一致するかどうかは確かめなくてはならない (問題 12.2).

---

1) Jordan (1838-1922)

例 12.3 $N=2$ で，具体的に体積確定な集合 D を与える．$\phi, \psi \in C[a,b]$ が $\forall x \in [a,b]$ に対し，$\phi(x) \le \psi(x)$ を満たすとする．

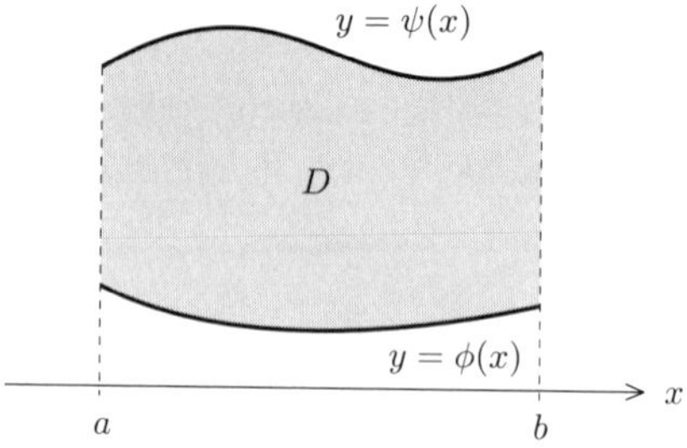

図 12.6 体積確定集合 D の例

$D=\{\boldsymbol{x} \in \mathbb{R}^2 \mid a \le x \le b, \phi(x) \le y \le \psi(x)\}$ とおくと，D は体積確定になる．一般化した命題をあげておく．以降，$\boldsymbol{x}' = {}^t(x_1, \cdots, x_{N-1})$ とし，$(\boldsymbol{x}', x_N)$ は $(x_1, \cdots, x_{N-1}, x_N)$ を表す (9.3 節の記号参照)．

命題 12.6 (証明は 15 章)

直方体 $R_0 \subset \mathbb{R}^{N-1}$, $\phi, \psi \in C(R_0)$ が $\phi(\boldsymbol{x}') \le \psi(\boldsymbol{x}')$ $(\forall \boldsymbol{x}' \in R_0)$ を満たす
$\Rightarrow D=\{(\boldsymbol{x}', x_N) \mid \phi(\boldsymbol{x}') \le x_N \le \psi(\boldsymbol{x}'), \boldsymbol{x}' \in R_0\}$ は体積確定

演習 12.6 例 12.3 で D は有界閉集合になることを示せ (問題 9.5 を参照)．

例 12.4 体積確定でない集合の例をあげる．$D=\{\boldsymbol{x} \in \mathbb{R}^2 \mid 0 \le x, y \le 1, x, y \in \mathbb{Q}\}$ とおく．$R=[0,1] \times [0,1]$ とおくと，$D \subset R$ である．定義から

$$\overline{S}[\chi_D, R]=1, \quad \underline{S}[\chi_D, R]=0 \tag{12.2}$$

となるので，χ_D は R で積分可能でない．

演習 12.7 上の例 12.4 の χ_D が (12.2) を満たすことを示せ．
ヒント：有理数の稠密性 (定理 14.1) とその注意 (無理数の稠密性) を用いる．

有界集合 D が体積確定であることの同値な条件を述べる．

補題 12.7 (証明は 15 章)
有界集合 $D \subset \mathbb{R}^N$ と $D \subset R$ となる直方体とする.

$$D \text{ が体積確定} \iff \overline{S}[\chi_{\partial D}, R] = 0$$

注意 12.8 右側は $\chi_{\partial D}$ が R で積分可能かつ $|\partial D| = \displaystyle\int_R \chi_{\partial D} d\boldsymbol{x} = 0$ を表す.

D 上の関数 f を D では同じ値をとり, D^c で 0 となる関数を次の記号で表す.

記号 $D \subset \mathbb{R}^N$, 関数 $f : D \to \mathbb{R}$ と $\overline{f} : \mathbb{R}^N \to \mathbb{R}$ に対し,

$$\overline{f} \text{ が } f \text{ の}\textbf{ゼロ拡張} \overset{\text{def}}{\iff} \overline{f}(\boldsymbol{x}) = \begin{cases} f(\boldsymbol{x}) & (\boldsymbol{x} \in D \text{ のとき}) \\ 0 & (\boldsymbol{x} \in \mathbb{R}^N \setminus D \text{ のとき}) \end{cases}$$

$\overline{f}$ の定義域を制限した関数も同じ記号 $\overline{f}$ を用いる.

直方体以外の集合上での積分可能性を定義する.

定義 12.10 有界・体積確定な $D \subset \mathbb{R}^N$, 有界関数 $f : D \to \mathbb{R}$ に対し,

$$f \text{ が } D \text{ で}\textbf{積分可能} \overset{\text{def}}{\iff} D \subset R \text{ となる直方体 } R \text{ で } \overline{f} \text{ が積分可能}$$
$$(\text{つまり, } \overline{S}[\overline{f}, R] = \underline{S}[\overline{f}, R])$$

このとき, $\displaystyle\int_D f d\boldsymbol{x} \overset{\text{def}}{\iff} \overline{S}[\overline{f}, R] = \underline{S}[\overline{f}, R]$ とおく.

有界・体積確定集合での積分可能性の条件をあげる.

命題 12.8* (証明は 15 章)
有界・体積確定集合 $D \subset \mathbb{R}^N$ と $f \in C(D)$ が D で有界

$$\Rightarrow f \text{ は } D \text{ で積分可能}$$

注意 12.9 さらに，D が閉集合ならば，f の有界性は自動的に成り立つ．

体積確定集合上への定理 12.3 の一般化を述べる．

定理 12.9** (証明は 15 章)

有界集合 $D, D_1, D_2 \subset \mathbb{R}^N$ が体積確定とする．

(i) $f, g : D \to \mathbb{R}$ が D で積分可能ならば，$\forall s, t \in \mathbb{R}$ に対し，$sf + tg$ も D で積分可能で，次が成り立つ．

$$\int_D (sf + tg) d\boldsymbol{x} = s \int_D f d\boldsymbol{x} + t \int_D g d\boldsymbol{x}$$

(ii) 有界関数 $f : D_1 \cup D_2 \to \mathbb{R}$ が $D_1 \cup D_2$ で積分可能ならば，$D_1, D_2, D_1 \cap D_2$ でも積分可能で，次が成り立つ．

$$\int_{D_1 \cup D_2} f d\boldsymbol{x} = \int_{D_1} f d\boldsymbol{x} + \int_{D_2} f d\boldsymbol{x} - \int_{D_1 \cap D_2} f d\boldsymbol{x}$$

注意 12.10 $D_1 \cap D_2$, $D_1 \cup D_2$ は体積確定になる (補題 15.5)．

大小関係 (定理 12.5) に対応する結果を述べる (証明は，定理 12.5 の後の演習を参照)．

系 12.10*

有界・体積確定な $D \subset \mathbb{R}^N$ で，有界関数 $f, g : D \to \mathbb{R}$ が D で積分可能

$$\Rightarrow \begin{cases} \text{(i)} \quad f(\boldsymbol{x}) \geq 0 \ (\forall \boldsymbol{x} \in D) \Rightarrow \displaystyle\int_D f d\boldsymbol{x} \geq 0 \\ \text{(ii)} \quad f(\boldsymbol{x}) \geq g(\boldsymbol{x}) \ (\forall \boldsymbol{x} \in D) \Rightarrow \displaystyle\int_D f d\boldsymbol{x} \geq \int_D g d\boldsymbol{x} \\ \text{(iii)} \quad |f| \text{ も } D \text{ で積分可能で，} \left| \displaystyle\int_D f d\boldsymbol{x} \right| \leq \int_D |f| d\boldsymbol{x} \end{cases}$$

12.3 累次積分

$N=2$ で，多変数関数の積分の計算方法を述べる．実際には，一つ一つの変数に関して 1 変数の積分を順次計算していくことになる．

命題 12.11 (累次積分)
$\phi, \psi \in C[a,b]$ が $x \in [a,b] \Rightarrow \phi(x) \le \psi(x)$ を満たす．
$D = \{\boldsymbol{x} \in \mathbb{R}^2 \mid x \in [a,b], \phi(x) \le y \le \psi(x)\}$ とする．

$$f \in C(D) \Rightarrow \begin{cases} \text{(i)} \quad F(x) = \displaystyle\int_{\phi(x)}^{\psi(x)} f(x,y)dy \text{ とおく } \Rightarrow F \in C[a,b] \\ \text{(ii)} \quad \displaystyle\int_D f(\boldsymbol{x})d\boldsymbol{x} = \int_a^b \left(\int_{\phi(x)}^{\psi(x)} f(x,y)dy \right) dx \end{cases}$$

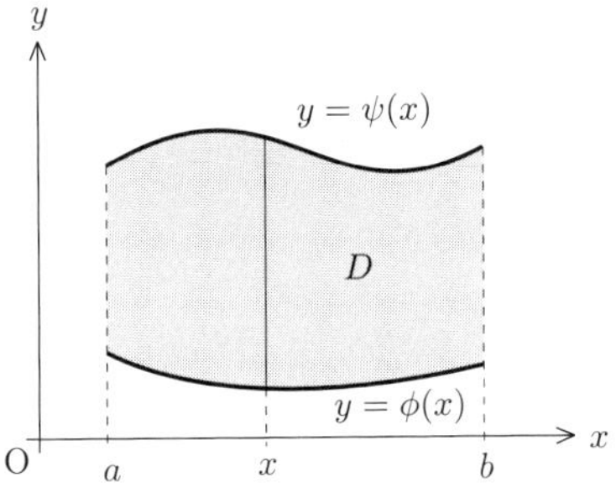

図 **12.7** 命題 12.11 の D

注意 12.11 例 12.3 で述べたように D は体積確定で (さらに，有界閉集合でもある)，命題 12.4 より f は D で積分可能になる．ゆえに，(ii) の左辺は積分可能なので定義できる．

一方，命題 12.11 (i) より，F は $[a,b]$ で積分可能になる．

命題 12.11 の証明 $\alpha \in [a,b]$ を固定し，$\phi(\alpha) < \psi(\alpha)$ を仮定する．($\phi(\alpha) = \psi(\alpha)$ のときは多少修正が必要である．) $\forall \varepsilon \in \left(0, \dfrac{\psi(\alpha)-\phi(\alpha)}{2}\right)$ を固定する．

ϕ, ψ は $[a,b]$ で一様連続だから (定理 3.13),「$|h| \le \delta_\varepsilon$ が $\alpha+h \in [a,b]$ を満たすならば $|\phi(\alpha+h)-\phi(\alpha)| < \varepsilon$ かつ $|\psi(\alpha+h)-\psi(\alpha)| < \varepsilon$」となる $\delta_\varepsilon \in (0,1]$ が存在する.

$y_1 = \phi(\alpha)+\varepsilon$, $y_2 = \psi(\alpha)-\varepsilon$ とおき，$R_1 = ([\alpha-\delta_\varepsilon, \alpha+\delta_\varepsilon] \cap [a,b]) \times [y_1, y_2]$ とおく.

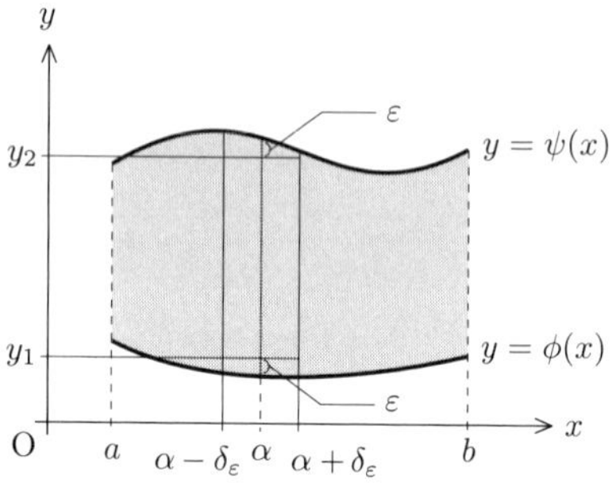

図 12.8 命題 12.11 の証明のイメージ

f も D で一様連続だから (定理 9.9) なので，$\delta_\varepsilon > 0$ を必要ならさらに小さく選び直して $|h| \le \delta_\varepsilon$ が $\alpha+h \in [a,b]$ を満たせば $|f(\alpha+h,y)-f(\alpha,y)| < \varepsilon$ $(\forall y \in [y_1, y_2])$ とできる.

$$
\begin{aligned}
F(\alpha+h)-F(\alpha) &= \int_{\phi(\alpha+h)}^{\psi(\alpha+h)} f(\alpha+h,y)dy - \int_{\phi(\alpha)}^{\psi(\alpha)} f(\alpha,y)dy \\
&= \int_{\phi(\alpha+h)}^{\psi(\alpha+h)} \{f(\alpha+h,y)-f(\alpha,y)\}dy \\
&\quad + \int_{\psi(\alpha)}^{\psi(\alpha+h)} f(\alpha,y)dy - \int_{\phi(\alpha)}^{\phi(\alpha+h)} f(\alpha,y)dy \qquad (12.3)
\end{aligned}
$$

ただし，$f(\alpha,y)$ は区間 $[\phi(\alpha),\psi(\alpha)]$ 以外では値を 0 とする．$M = \sup|f|(D)$ とおくと，$M < \infty$ となる．よって，(12.3) の右辺第 2・第 3 項の和の絶対値より $2\varepsilon M$ の方が大きい．(12.3) の右辺第 1 項は，図 12.8 より

$$
\begin{aligned}
|(12.3)\text{ の右辺第 1 項}| &\le \varepsilon(y_2-y_1)+8\varepsilon M \\
&\le \varepsilon\{\psi(\alpha)-\phi(\alpha)+8M\}
\end{aligned}
$$

となるので，まとめると次が成り立つので $\lim_{x\to\alpha} F(x) = F(\alpha)$ が示せる.

$$|F(\alpha+h)-F(\alpha)| \leq 2\varepsilon\{5M+\psi(\alpha)-\phi(\alpha)\}$$

(ii) $R=[a,b]\times[c,d]$ が $D\subset R$ を満たすように c,d を選ぶ．R の任意の分割 $\Delta=\{[a_{i-1},a_i]\times[c_{j-1},c_j] \mid i=1,2,\cdots,l,\ j=1,2,\cdots,m\}$ をとる．$[a,b]$ の分割 $\Delta_1=\{I_i=[a_{i-1},a_i] \mid i=1,\cdots,l\}$, $[c,d]$ の分割 $\Delta_2=\{I'_k=[c_{j-1},c_j] \mid j=1,\cdots,m\}$ とする．自然数 $1\leq i\leq l$, $1\leq j\leq m$ に対し，$m_{ij}=\inf\overline{f}(I_i\times I'_j)$, $M_{ij}=\sup\overline{f}(I_i\times I'_j)$ とおく．各 j と $a_{i-1}\leq\forall\xi_i\leq a_i$ に対し，

$$\sum_{j=1}^m m_{ij}(c_j-c_{j-1}) \leq F(\xi_i) \leq \sum_{j=1}^m M_{ij}(c_j-c_{j-1})$$

となる．上の不等式に (a_i-a_{i-1}) をかけて，$i=1,\cdots,l$ で和をとれば，

$$\sum_{i=1}^l\sum_{j=1}^m m_{ij}|I_i\times I'_j| \leq \sum_{i=1}^l F(\xi_i)(a_i-a_{i-1}) \leq \sum_{i=1}^l\sum_{j=1}^m M_{ij}|I_i\times I'_j|$$

である．ξ_i は任意なので次が成り立つ．

$$\sum_{i=1}^l\sum_{j=1}^m m_{ij}|I_i\times I'_j| \leq \underline{S}[F,\Delta_1] \leq \overline{S}[F,\Delta_1] \leq \sum_{i=1}^l\sum_{j=1}^m M_{ij}|I_i\times I'_j|$$

$\underline{S}[F,\Delta_1]\leq\underline{S}[F]\leq\overline{S}[F]\leq\overline{S}[F,\Delta_1]$ を思い出すと，分割 Δ は任意なので，左辺の上限をとり，右辺の下限をとると f は積分可能だから一致する．ゆえに，

$$\underline{S}[F]=\overline{S}[F]=\int_R \overline{f}d\boldsymbol{x}$$

が成り立つ． □

演習 12.8 命題 12.11 の (i) を $\phi(\alpha)=\psi(\alpha)$ のときに証明せよ．

$D\subset\mathbb{R}^2$ はいつでも図 12.7 のように二つの関数ではさまれた領域になっているとは限らない．例えば，次のような D では二つの関数 ϕ,ψ で "はさめない"．

しかし，D を適当に D_1,D_2,D_3 で区切れば，それぞれの D_k は二つの関数ではさまれた領域で表せるので積分値 $\displaystyle\int_{D_k} fd\boldsymbol{x}$ の計算が累次積分でできる．それらの和が $\displaystyle\int_D fd\boldsymbol{x}$ になることは定理 12.9 でわかっているので計算できる (問題 12.3 参照).

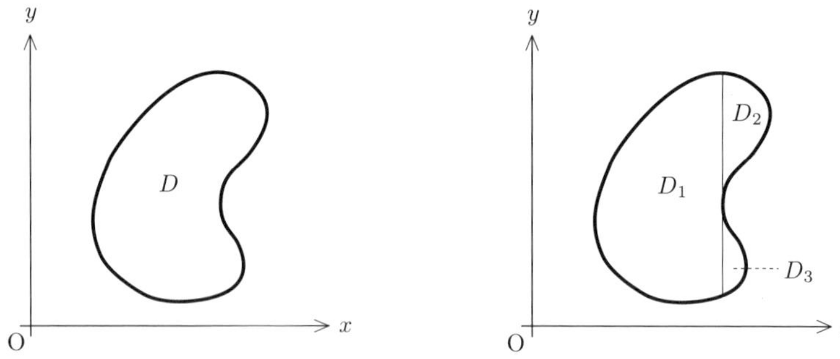

図 **12.9** 単純な領域に分けた例

次に x, y の順番を代えても命題 12.11 は成り立つので，まとめて積分順序の交換として述べておく．

系 12.12* (積分順序交換)

有界・積分確定 $D \subset \mathbb{R}^2$ に対し，$\phi, \psi \in C[a,b]$, $\hat{\phi}, \hat{\psi} \in C[c,d]$ が

$$\begin{aligned} D &= \{\boldsymbol{x} \in \mathbb{R}^2 \mid x \in [a,b], \phi(x) \leq y \leq \psi(x)\} \\ &= \{\boldsymbol{x} \in \mathbb{R}^2 \mid y \in [c,d], \hat{\phi}(y) \leq x \leq \hat{\psi}(y)\} \end{aligned}$$

を満たし，$f \in C(D)$ を仮定する

$$\Rightarrow \int_D f(\boldsymbol{x}) d\boldsymbol{x} = \int_a^b \left(\int_{\phi(x)}^{\psi(x)} f(x,y) dy \right) dx = \int_c^d \left(\int_{\hat{\phi}(y)}^{\hat{\psi}(y)} f(x,y) dx \right) dy$$

演習 12.9 系 12.12 を証明せよ．

例 12.5 命題 12.11 の D に対し，次が成り立つ．

$$|D| = \int_a^b (\phi(x) - \psi(x)) dx$$

演習 12.10 $D \subset \mathbb{R}^2$ を次で与えるとき，$\alpha > 0$ に対し，$\displaystyle\int_D (x+y)^\alpha dxdy$ の値を求めよ．

(1) $D = [0,1] \times [0,2]$ (2) $D = \{\boldsymbol{x} \in \mathbb{R}^2 \mid 0 \leq x \leq 1, 0 \leq y \leq 2x\}$

例 12.6 $D=\{\boldsymbol{x}\in\mathbb{R}^2 \mid 0<x\le 2, 0\le 2y\le x\}$, $\displaystyle\int_D \cos\frac{y}{x}dxdy$ を求める.

D 上で, $\cos\dfrac{y}{x}$ は有界かつ連続なので, 積分可能である. よって,

$$\int_D f d\boldsymbol{x} = \int_0^2 \left(\int_0^{2x} \cos\frac{y}{x}dy\right)dx = \int_0^2 \left[x\sin\frac{y}{x}\right]_0^{2x} dx$$

であり, $2\sin 2$ と値が求まる. しかし, x から積分を実行しても同じであり,

$$\int_D f d\boldsymbol{x} = \int_0^1 \left(\int_{\frac{y}{2}}^1 \cos\frac{y}{x}dx\right)dy$$

と表せるが, $\cos\dfrac{y}{x}$ の x に関する不定積分はわからないので計算できない.

このように, 積分の順序を代えると積分値が計算しにくいこともある.

例 12.7 $N\ge 3$ のときの累次積分を述べる. 数学的帰納法を用いて定理の形としても述べられるが, 記号が煩わしいので具体的な計算をするだけにしておく.

$D=[0,a_1]\times\cdots\times[0,a_N]$ に対し, $\displaystyle\int_D x_1x_2\cdots x_N e^{\|\boldsymbol{x}\|^2}d\boldsymbol{x} = \prod_{k=1}^N \int_0^{a_k} x_k e^{x_k^2}dx_k$

となり,

$$\prod_{k=1}^N \left[\frac{1}{2}e^{x_k^2}\right]_0^{a_k} = (e^{a_1^2}-1)\cdots(e^{a_N^2}-1)$$

と計算できる (問題 12.3 参照).

12.4 広義積分

1 変数関数の積分では, 有界区間で非有界な関数や非有界区間での広義積分を学んだ. 多変数でも非有界な関数や領域での積分を有界閉集合上の積分値の極限として定義する. しかし, 1 次元の場合と比べると "言い回し" が複雑になる.

また, この章では連続関数に対してのみ広義積分を定義する. ただし, 関数の定義域は有界閉集合とは限らないので, 有界性は仮定しない.

まず, 積分をする集合 $D\subset\mathbb{R}^N$ が有界閉集合で適切に "近似" できるという概念を導入し, その後で, 近似する集合上での積分値の極限として広義積分を定義する.

定義 12.11 $D \subset \mathbb{R}^N$ に対し,

D が近似列を持つ

$$\overset{\text{def}}{\Longleftrightarrow} \begin{cases} \text{次を満たす体積確定な有界閉集合 } K_m \subset \mathbb{R}^N \text{ がある.} \\ \text{(i)} \quad K_1 \subset K_2 \subset \cdots \subset K_m \subset \cdots \subset D \\ \text{(ii)} \quad \bigcup_{m=1}^{\infty} K_m = D \\ \text{(iii)} \quad K \subset D \text{ が有界閉集合ならば} \\ \qquad K \subset K_{m_0} \text{ となる } m_0 \in \mathbb{N} \text{ がある.} \end{cases}$$

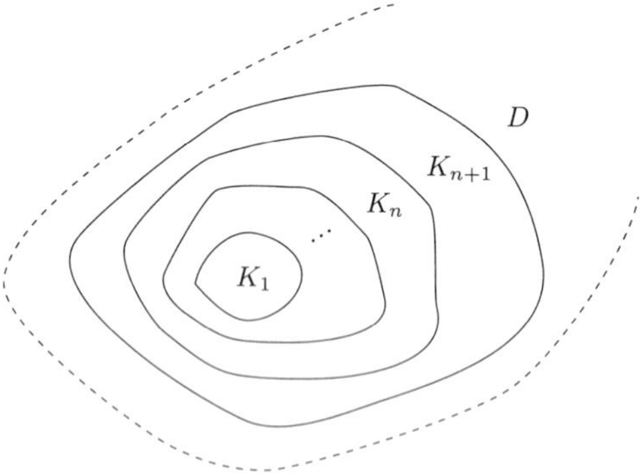

図 12.10 近似列を持つ D のイメージ

例 12.8 $D = \mathbb{R}^N$ とすると, $K_m = \{\boldsymbol{x} \in \mathbb{R}^N \mid \|\boldsymbol{x}\| \leq m\}$ が D の近似列になる. 実際, (i)(ii) は自明なので, (iii) のみ示す. $K \subset \mathbb{R}^N$ を有界閉集合とすると, $\forall \boldsymbol{x} \in K \to \|\boldsymbol{x}\| \leq a$ となる $a > 0$ が存在する. $m_0 = [a] + 1 \in \mathbb{N}$ とおけば, $K \subset K_{m_0}$ が成り立つ.

演習 12.11 $D = \{\boldsymbol{x} = {}^t(x_1, \cdots, x_N) \in \mathbb{R}^N \mid x_N > 0\}$ とする. $\boldsymbol{x}' = {}^t(x_1, \cdots, x_{N-1}) \in \mathbb{R}^{N-1}$ と書く.

$$K_m = \left\{ \boldsymbol{x} = (\boldsymbol{x}', x_N) \in \mathbb{R}^N \;\middle|\; \|\boldsymbol{x}'\| \leq m, \frac{1}{m} \leq x_N \leq m \right\}$$

が D の近似列になることを示せ.

ヒント：$K \subset D$ を有界閉集合とすると, $\inf\{\|\boldsymbol{k}-\boldsymbol{x}\| \mid \boldsymbol{k} \in K, \boldsymbol{x} = (\boldsymbol{x}', 0)\} > 0$ となることをまず示す.

定義 12.12 近似列を持つ $D \subset \mathbb{R}^N$, $f \in C(D)$ に対し,

f が D で**広義積分可能**

$$\overset{\text{def}}{\Longleftrightarrow} \begin{cases} \text{(i)} \quad \text{近似列 } K_m \subset D \text{ に対し, } \displaystyle\lim_{m\to\infty} \int_{K_m} f d\boldsymbol{x} \text{ が存在する.} \\ \text{(ii)} \quad \text{(i) の極限が近似列の選び方によらない.} \end{cases}$$

このとき, $\displaystyle\int_D f d\boldsymbol{x} = \lim_{m\to\infty} \int_{K_m} f d\boldsymbol{x}$ とおく.

注意 12.12 $f \in C(D)$ なので f は K_m で積分可能であることに注意せよ. この定義の (ii) の条件を確かめるのは一般には難しい. 本書に載せた演習・問題では特定の近似列を使って計算しているが, 近似列の選び方によらない. (実際の証明は面倒なこともある.)

演習 12.12 $D \subset \mathbb{R}^N$ がある近似列 K_m に対して, 非負関数 $f \in C(D)$ に対し, $\displaystyle\sup_{m\in\mathbb{N}} \int_{K_m} f(\boldsymbol{x}) d\boldsymbol{x} < \infty$ ならば, f は広義積分可能であることを示せ.

例 12.9 $D = [1, \infty) \times [1, \infty)$ に対し, 広義積分 $\displaystyle\int_D x^{-\alpha} y^{-\beta} dxdy$ が存在するための $\alpha, \beta > 0$ の条件と, そのときの積分値を求める.

$K_m = [1, m] \times [1, m]$ とおくと, $\displaystyle\int_{K_m} x^{-\alpha} y^{-\beta} d\boldsymbol{x} = \int_1^m x^{-\alpha} dx \int_1^m y^{-\beta} dy$ より (問題 12.3 参照), $\alpha, \beta > 1$ のときに

$$\frac{1}{(1-\alpha)(1-\beta)} \left[x^{1-\alpha}\right]_1^m \left[y^{1-\beta}\right]_1^m \to \frac{1}{(\alpha-1)(\beta-1)} \qquad (m \to \infty \text{ のとき})$$

となる. 近似列を別の有界閉集合 S_m を選んでも, $\forall m \in \mathbb{N}$ に対し, $k_m, l_m \in \mathbb{N}$ で $K_{k_m} \subset S_m \subset K_{l_m}$ となるものがあるので (非負関数だから), $\displaystyle\lim_{m\to\infty} \int_{S_m} x^{-\alpha} y^{-\beta} d\boldsymbol{x}$ も同じ値になる.

12.5　問題

問題 12.1　有界集合 $D \subset \mathbb{R}^N$ が体積確定ならば $\forall \boldsymbol{a} \in \mathbb{R}^N$ に対し，$D_{\boldsymbol{a}} = \boldsymbol{a} + D$ ($\boldsymbol{a}$ 平行移動) とおくと，$D_{\boldsymbol{a}}$ も体積確定で，$|D| = |D_{\boldsymbol{a}}|$ となることを示せ.

ヒント：直方体の体積は平行移動しても体積は同じであることと定義を使う.

問題 12.2　$a > 0, b > c > 0$ に対し，次の D, D' を考える.

$$D = \left\{ \boldsymbol{x} \in \mathbb{R}^2 \;\middle|\; 0 \leq x \leq a, 0 \leq y \leq \frac{b}{a}x \right\}$$

$$D' = \{ \boldsymbol{x} \in \mathbb{R}^2 \mid 0 \leq x \leq a, cx \leq y \leq bx \}$$

(1)　D が体積確定であることを示せ.　(2)　$|D| = \dfrac{1}{2}ab$ を示せ.

(3)　D' が体積確定で，$|D'| = \dfrac{1}{2}a(b-c)$ を示せ.

(4)　(2 次元の) 平行四辺形は体積確定で，その体積は通常の平行四辺形の面積と一致することを示せ.

問題 12.3　$M, N \in \mathbb{N}$ と，直方体 $R_1 \subset \mathbb{R}^M$, $R_2 \subset \mathbb{R}^N$ に対し，有界関数 $f : R_1 \to \mathbb{R}$ と $g : R_2 \to \mathbb{R}$ が，それぞれ R_1, R_2 で積分可能とする．$h : R_1 \times R_2 \to \mathbb{R}$ を $h(\boldsymbol{x}, \boldsymbol{y}) = f(\boldsymbol{x})g(\boldsymbol{y})$ とおく．($\boldsymbol{x} \in R_1$, $\boldsymbol{y} \in R_2$) h も $R_1 \times R_2$ で有界であり，積分可能で次が成り立つことを示せ．($\boldsymbol{z} = (\boldsymbol{x}, \boldsymbol{y})$ とする.)

$$\int_{R_1 \times R_2} h(\boldsymbol{z}) d\boldsymbol{z} = \int_{R_1} f(\boldsymbol{x}) d\boldsymbol{x} \cdot \int_{R_2} g(\boldsymbol{y}) d\boldsymbol{y}$$

問題 12.4　f は積分領域で有界・連続とする．次の積分順序を交換せよ．$a > 0$ とする.

(1)　$\displaystyle\int_0^4 \left(\int_x^{2\sqrt{x}} f(x,y)dy \right) dx$　　(2)　$\displaystyle\int_0^{\frac{\pi}{2}} \left(\int_0^{a\cos\theta} f(r,\theta)dr \right) d\theta$

(3)　$\displaystyle\int_0^{2a} \left(\int_{\frac{x^2}{4a}}^{3a-x} f(x,y)dy \right) dx$　　(4)　$\displaystyle\int_{\frac{1}{2}}^1 \left(\int_{y^2}^{\sqrt{y}} f(x,y)dx \right) dy$

問題 12.5 次の積分を求めよ.

(1) $\displaystyle\int_0^1 \left(\int_0^1 (x+y)^\alpha dx\right) dy$　(2) $\displaystyle\int_1^2 \left(\int_{\frac{1}{x}}^2 ye^{xy} dy\right) dx$

(3) $\displaystyle\int_0^1 \left(\int_0^{x^2} e^{\frac{y}{x}} dy\right) dx$　(4) $\displaystyle\int_0^{\frac{\pi}{2}} \left(\int_{a\cos\theta}^{a} r^2 dr\right) d\theta$

(5) $D = \{\boldsymbol{x} \in \mathbb{R}^2 \mid 0 \le y \le x, 0 \le x \le 1\}$, $\displaystyle\int_D \sqrt{4x^2 - y^2} d\boldsymbol{x}$

(6) $D = \{\boldsymbol{x} \in \mathbb{R}^2 \mid 0 \le x \le 1, 0 \le y \le x^2\}$, $\displaystyle\int_D xe^y d\boldsymbol{x}$

(7) $D = \{\boldsymbol{x} \in \mathbb{R}^2 \mid 1 \le x \le 2, 1 \le y \le x\}$, $\displaystyle\int_D \log \frac{x}{y^2} d\boldsymbol{x}$

問題 12.6 有界な開集合 $D \subset \mathbb{R}^N$ に対し，次の集合 K_m が近似列になることを示せ.

$$K_m = \left\{ \boldsymbol{x} \in D \;\middle|\; \mathrm{dist}(\boldsymbol{x}, D^c) \ge \frac{1}{m} \right\}$$

問題 12.7 D と $f : D \to \mathbb{R}$ を次で与えるとき，広義積分 $\displaystyle\int_D f d\boldsymbol{x}$ を求めよ.

(1) $D = \{\boldsymbol{x} \in \mathbb{R}^2 \mid 0 \le y < x \le 1\}$, $f(x,y) = \dfrac{1}{(x-y)^\alpha}$　$(0 < \alpha < 1)$

(2) $D = \{\boldsymbol{x} \in \mathbb{R}^2 \mid 0 \le y \le x \le 1, x > 0\}$, $f(x,y) = \dfrac{1}{\sqrt{x^2+y^2}}$

(3) $D = \{\boldsymbol{x} \in \mathbb{R}^2 \mid x \ge 0, a \le y \le b\}$, $f(x,y) = e^{-xy}$　$(0 < a < b)$

第 13 章

多変数関数の積分の変数変換

この章では，1 変数関数の置換積分に当たる「変数変換」を扱う．多変数関数の部分積分に関しては，[2] の II 巻を参照せよ．また，$N=3$ の場合は，本シリーズ『物理数学』のベクトル解析を参照せよ．

$k \in \mathbb{N}, U \subset \mathbb{R}^M, V \subset \mathbb{R}^N$ に対し，次の記号を導入する．

$$C^k(U,V) = \left\{ \boldsymbol{x} = {}^t(x_1, \cdots, x_N) \;\middle|\; \begin{array}{c} x_k \in C^k(U) \ (1 \leq k \leq N), \\ \boldsymbol{x}(\boldsymbol{y}) \in V \ (\forall \boldsymbol{y} \in U) \end{array} \right\}$$

13.1 変数変換

1 変数の置換積分 (定理 5.13) の多変数版が変数変換の公式である．まず，一般的な定理を述べる．二つの有界な体積確定集合 $D, \Omega \subset \mathbb{R}^N$ の点は $\boldsymbol{x} = {}^t(x_1, \cdots, x_N) \in D$, $\boldsymbol{y} = {}^t(y_1, \cdots, y_N) \in \Omega$ を用いる．

関数 $\boldsymbol{x} \in C^1(\Omega, \mathbb{R}^N)$ に対し，$\boldsymbol{x}$ の $\boldsymbol{y} \in \Omega$ における**ヤコビ** [1] **行列** $\nabla \boldsymbol{x}(\boldsymbol{y})$ を次で表す ($\nabla_{\boldsymbol{y}}$ を ∇ と略す)．また，その行列式 $\det(\nabla \boldsymbol{x}(\boldsymbol{y}))$ を**ヤコビ行列式** (または，ヤコビアン) とよぶ．

$$(\nabla \boldsymbol{x}(\boldsymbol{y})) = \begin{pmatrix} \dfrac{\partial x_1}{\partial y_1}(\boldsymbol{y}) & \cdots & \cdot & \cdots & \dfrac{\partial x_1}{\partial y_N}(\boldsymbol{y}) \\ \cdot & \cdots & \cdot & \cdots & \cdot \\ \cdot & \cdots & \dfrac{\partial x_i}{\partial y_j}(\boldsymbol{y}) & \cdots & \cdot \\ \cdot & \cdots & \cdot & \cdots & \cdot \\ \dfrac{\partial x_N}{\partial y_1}(\boldsymbol{y}) & \cdots & \cdot & \cdots & \dfrac{\partial x_N}{\partial y_N}(\boldsymbol{y}) \end{pmatrix} \begin{array}{l} \\ \\ i \text{ 行目} \\ \\ \\ \end{array}$$

（j 列目）

定理 13.1** **(変数変換)**

体積確定・有界閉集合 $D, \Omega \subset \mathbb{R}^N$ に対し，$\boldsymbol{x} \in C^1(\Omega, D)$ が全単射で，$\det(\nabla \boldsymbol{x}(\boldsymbol{y})) \neq 0$ $(\forall \boldsymbol{y} \in \Omega)$ を満たすとする．

$$f \in C(D) \Rightarrow \int_D f(\boldsymbol{x})d\boldsymbol{x} = \int_\Omega f \circ \boldsymbol{x}(\boldsymbol{y})|\det(\nabla \boldsymbol{x}(\boldsymbol{y}))|d\boldsymbol{y}$$

注意 13.1 定理の仮定の下，$D = \boldsymbol{x}(\Omega)$ なので Ω が体積確定ならば D も体積確定となるので，この仮定は必要ない (命題 13.3 を参照せよ)．ただし，$\boldsymbol{x}(\Omega) = \{\boldsymbol{x}(\boldsymbol{y}) \in \mathbb{R}^N \mid \boldsymbol{y} \in \Omega\}$ とする．

まず，定理 13.1 が成り立つとして，例をあげる．

例 13.1 (一次変換) i 行 j 列成分が a_{ij} の行列 $A \in \mathcal{M}(N, N)$ が $\det A \neq 0$ を満たすとする．$\boldsymbol{x} = A\boldsymbol{y}$ とおくと，次が成り立つ．

$$|\det(\nabla \boldsymbol{x}(\boldsymbol{y}))| = |\det A| \neq 0$$

体積確定・有界閉集合 $\Omega \subset \mathbb{R}^N$ に対し，$D = \{\boldsymbol{x} \mid \boldsymbol{x} = A\boldsymbol{y}\ (\boldsymbol{y} \in \Omega)\}$ とおくと，$f \in C(D)$ に対し，次のようになる．

$$\int_D f(\boldsymbol{x})d\boldsymbol{x} = |\det A| \int_\Omega f \circ \boldsymbol{x}(\boldsymbol{y})d\boldsymbol{y}$$

例 13.2 $D = \{\boldsymbol{x} \in \mathbb{R}^2 \mid |x| \leq y \leq 1 - |x|\}$ とする．$\Omega = \{\boldsymbol{u} = {}^t(u, v) \mid u = x + y, v = x - y, {}^t(x, y) \in D\}$ とおくと，$x = \dfrac{u+v}{2}, y = \dfrac{u-v}{2}$ であり，$\Omega = [0, 1] \times [0, 1]$ となる．また，$\boldsymbol{x}(\boldsymbol{u}) = {}^t(x(\boldsymbol{u}), y(\boldsymbol{u}))$ は $|\det(\nabla \boldsymbol{x}(\boldsymbol{u}))| = \dfrac{1}{2}$ を満たすことに注意する．よって，f が D で連続ならば，$f \circ \boldsymbol{x}$ は Ω で積分可能で次式が成り立つ (注意 13.1 参照)．

$$\int_D f(\boldsymbol{x})d\boldsymbol{x} = \frac{1}{2}\int_\Omega (f \circ \boldsymbol{x})(\boldsymbol{u})d\boldsymbol{u} = \frac{1}{2}\int_0^1 \left(\int_0^1 f(\boldsymbol{x}(\boldsymbol{u}))du\right) dv$$

[1] Jacobi (1804-1851)

例えば，$f(\boldsymbol{x}) = x^2 - y^2$ ならば (累次積分でも計算できるが，領域が少し複雑である)，$\displaystyle\int_D (x^2 - y^2) d\boldsymbol{x} = \frac{1}{2}\int_{-1}^{0}\left(\int_0^1 uvdu\right)dv = -\frac{1}{8}$ となる．

演習 13.1　$D = \{\boldsymbol{x} \in \mathbb{R}^2 \mid 0 \le x + y \le \pi, 0 \le x - y \le \pi\}$ のとき，$\displaystyle\int_D (x + y)\sin(x - y) d\boldsymbol{x}$ を求めよ．

広義積分の変数変換も同様に成り立つ．

> **系 13.2**
>
> 近似列を持つ $D, \Omega \subset \mathbb{R}^N$, $\boldsymbol{x} \in C^1(\Omega, D)$ が全単射で $\det(\nabla \boldsymbol{x}(\boldsymbol{y})) \neq 0$ $(\forall \boldsymbol{y} \in \Omega)$ を満たす．
>
> $$f \in C(D) \text{ が } D \text{ 上で広義積分可能}$$
> $$\Rightarrow \int_D f(\boldsymbol{x}) d\boldsymbol{x} = \int_\Omega f \circ \boldsymbol{x}(\boldsymbol{y}) |\det(\nabla \boldsymbol{x}(\boldsymbol{y}))| d\boldsymbol{y}$$

演習 13.2　定理 13.1 を用いて，系 13.2 の証明をせよ．

例 13.3　(極座標変換) $\Omega = (0, 1] \times [0, 2\pi]$ とする．$\boldsymbol{u} = {}^t(r, \theta) \in \Omega$ に対し，$x = r\cos\theta$, $y = r\sin\theta$ とする．$\boldsymbol{x} = {}^t(x, y)$ とおくと，$\boldsymbol{u} \in \Omega$ ならば，次を得る．

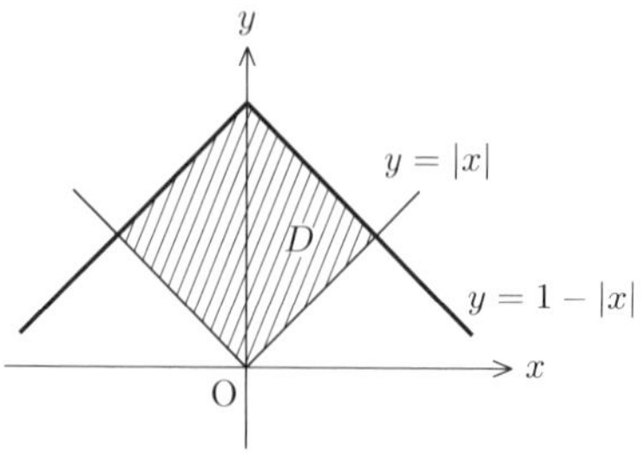

図 13.1　例 13.2 の D

$$|\det(\nabla \boldsymbol{x}(\boldsymbol{u}))| = \left| \begin{pmatrix} \cos\theta & -r\sin\theta \\ \sin\theta & r\cos\theta \end{pmatrix} \right| = r \neq 0$$

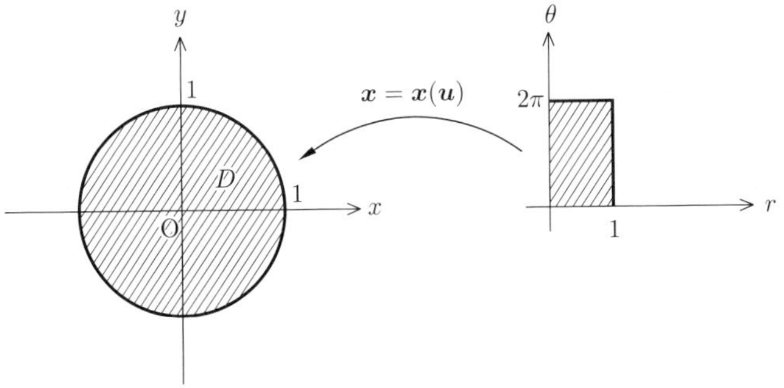

図 **13.2**　2 次元極座標変換

$D = \overline{B}_1(\mathbf{0}) \setminus \{\mathbf{0}\}$ なので，f が D で広義積分可能ならば次のようになる．

$$\int_D f(\boldsymbol{x})d\boldsymbol{x} = \int_\Omega f \circ \boldsymbol{x}(\boldsymbol{u})rd\boldsymbol{u} = \int_0^{2\pi} \left(\int_0^1 f \circ \boldsymbol{x}(r,\theta)rdr \right) d\theta$$

以降，極座標変換を考える場合，原点近くでは広義積分可能な関数を考えるので，原点を除かずに計算することにする．

例 13.4　$N = 2, a > 0$ に対し，$D = \overline{B}_a(\mathbf{0})$ とする．$I = \displaystyle\int_D \sqrt{a^2 - \|\boldsymbol{x}\|^2} d\boldsymbol{x}$ を求める．

$x = r\cos\theta, y = r\sin\theta$ とおく．$\Omega = (0, a] \times [0, 2\pi)$ となり，次が成り立つ．

$$I = \int_0^a \left(\int_0^{2\pi} \sqrt{a^2 - r^2} r d\theta \right) dr = 2\pi \left[-\frac{1}{3}(a^2 - r^2)^{\frac{3}{2}} \right]_0^a = \frac{2}{3}\pi a^3$$

演習 13.3　積分値 $\displaystyle\int_D \|\boldsymbol{x}\|^{-a} d\boldsymbol{x}$ を求めよ．ただし，$D \subset \mathbb{R}^2$ と $a \in \mathbb{R}$ は次で与える．

（1）$D = \overline{B}_1(\mathbf{0}),\quad a < 2$　　（2）$D = \mathbb{R}^2 \setminus B_1(\mathbf{0}),\quad a > 2$

例 13.5 1 変数関数の (広義) 積分だが，多変数の積分を計算することによって簡単に得られる重要な例をあげる．

$$\int_{-\infty}^{\infty} e^{-x^2} dx = \sqrt{\pi}$$

$n \in \mathbb{N}$ に対し，$J_n = \displaystyle\int_{\overline{B}_n(\mathbf{0})} e^{-\|\boldsymbol{x}\|^2} d\boldsymbol{x}$ とおく．$\{\overline{B}_n(\mathbf{0})\}$ は $\mathbb{R}^2$ の近似列になることに注意する．さらに，$I_n = \displaystyle\int_0^n e^{-x^2} dx$ とおくと，e^{-x^2} は偶関数 (つまり，$e^{-x^2} = e^{-(-x)^2}$) だから，$\displaystyle\lim_{n\to\infty} I_n = \sqrt{\pi}/2$ を示せばよい．下図から $J_n \leq 4I_n^2 \leq J_{\sqrt{2}n}$ となる．

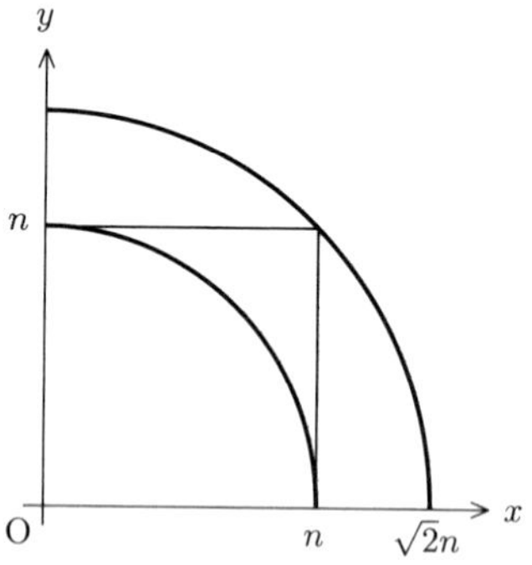

図 13.3 J_n, $J_{\sqrt{2}n}$ の積分領域

さて，極座標変換を使うと $J_n = \displaystyle\int_0^{2\pi} \left(\int_0^n e^{-r^2} r dr \right) d\theta = 2\pi \left[-\frac{1}{2} e^{-r^2} \right]_0^n = \pi(1 - e^{-n^2})$ なので，

$$\sqrt{\pi(1 - e^{-n^2})} \leq 2I_n \leq \sqrt{\pi(1 - e^{-2n^2})}$$

であり，$n \to \infty$ とすれば $\displaystyle\lim_{n\to\infty} I_n = \sqrt{\pi}/2$ が導かれる．

13.1.1 変数変換の公式 (定理 13.1) の $N=2$ での証明

この章で使われる命題や補題のいくつかは 15 章に証明がある．さらに，追加事項で述べる命題 14.38 を使わねばならない．

また，次の命題の証明は追加事項の結果が必要となるので結論を認めて話を進める．

命題 13.3 (証明は 15 章)

有界閉集合 Ω が体積確定で，$\boldsymbol{x}:\Omega\to D\subset\mathbb{R}^N$ を全単射で $\boldsymbol{x}\in C^1(\Omega,D)$ とする．

$$|\det(\nabla\boldsymbol{x}(\boldsymbol{u}))|\neq 0\ (\forall\boldsymbol{u}\in\Omega)\Rightarrow\boldsymbol{x}(\Omega)\text{ も体積確定になる．}$$

ステップ 1 から 3 は，Ω は直方体 (長方形) とし，ステップ 1 と 2 は，$f(\boldsymbol{x})=1\ (\forall\boldsymbol{x}\in D)$ とする．

<u>ステップ 1</u>　$\Omega=[u_0-s,u_0+s]\times[v_0-t,v_0+t]$ として，$A=\begin{pmatrix}a&b\\c&d\end{pmatrix}$ が $\det A=ad-bc\neq 0$ とする．$\boldsymbol{u}_0={}^t(u_0,v_0)$ とし，$\boldsymbol{x}=A\boldsymbol{u}$ の場合に定理 13.1 を示す．つまり，$|D|=\det A|\Omega|$ を示せばよい．$\boldsymbol{x}_0=A\boldsymbol{u}_0$ とおく．$D=\{\boldsymbol{x}=A\boldsymbol{u}\mid\boldsymbol{u}\in\Omega\}$ であり，D は $\boldsymbol{x}_0$ を中心とした平行四辺形になる．

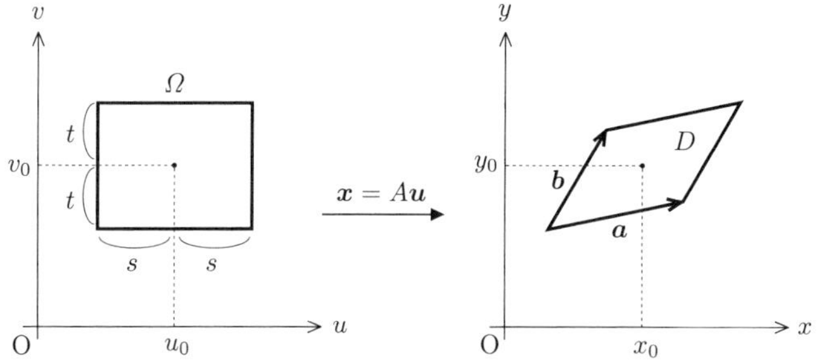

図 **13.4**　Ω と D の関係

定義から $|\Omega|=4st$ である．一方，平行四辺形 D の体積 $|D|$ は通常の面積と一致する (問題 12.2)．図 13.4 のベクトル $\boldsymbol{a}$ と $\boldsymbol{b}$ を用いて次が成り立つ．

$$|D| = \sqrt{\|\boldsymbol{a}\|^2\|\boldsymbol{b}\|^2 - |\langle \boldsymbol{a}, \boldsymbol{b}\rangle|^2} = 4st|ad - bc| = 4st|\det A| \tag{13.1}$$

演習 13.4 (13.1) を示せ．また以降の議論で Ω は立方体 (正方形) としてよいことを示せ．

<u>ステップ 2</u>　Ω はステップ 1 と同じとする．このステップでは $\boldsymbol{x} = {}^t(x, y)$ に対し，記号 $\|\boldsymbol{x}\|_\infty = \max\{|x|, |y|\}$ を使う (9.5 節参照)．

$\boldsymbol{x} \in C^1(\Omega, D)$ に対し，次を示すのがこのステップの目標である．

$$|D| = \int_\Omega |\det(\nabla \boldsymbol{x}(\boldsymbol{u}))| d\boldsymbol{u}$$

Ω を $\hat{\Delta} = \{\hat{R}_{\boldsymbol{k}}\}$ で分割する．$\hat{R}_{\boldsymbol{k}} \in \hat{\Delta}$ を固定する．$\hat{R}_{\boldsymbol{k}}$ の中心を $\boldsymbol{u}_{\boldsymbol{k}} = {}^t(u_{\boldsymbol{k}}, v_{\boldsymbol{k}})$ とする．$\boldsymbol{u} = {}^t(u, v) \in \hat{R}_{\boldsymbol{k}}$ に対し，テイラーの定理 (定理 10.7) より

$$\boldsymbol{x}(\boldsymbol{u}) = \boldsymbol{x}(\boldsymbol{u}_{\boldsymbol{k}}) + \begin{pmatrix} x_u(\boldsymbol{u}') & x_v(\boldsymbol{u}') \\ y_u(\boldsymbol{u}'') & y_v(\boldsymbol{u}'') \end{pmatrix} (\boldsymbol{u} - \boldsymbol{u}_{\boldsymbol{k}})$$

となる．$\left(x_u = \dfrac{\partial x}{\partial u}\right.$ 等と略記した.$\left.\right)$ ただし，ある $\theta', \theta'' \in (0, 1)$ を用いて $\boldsymbol{u}' = \boldsymbol{u}_{\boldsymbol{k}} + \theta'(\boldsymbol{u} - \boldsymbol{u}_{\boldsymbol{k}})$, $\boldsymbol{u}'' = \boldsymbol{u}_{\boldsymbol{k}} + \theta''(\boldsymbol{u} - \boldsymbol{u}_{\boldsymbol{k}})$ とおいた．よって，

$$\begin{aligned}
&|x(\boldsymbol{u}) - x(\boldsymbol{u}_{\boldsymbol{k}}) - \nabla x(\boldsymbol{u}_{\boldsymbol{k}})(\boldsymbol{u} - \boldsymbol{u}_{\boldsymbol{k}})| \\
&\leq |x_u(\boldsymbol{u}') - x_u(\boldsymbol{u}_{\boldsymbol{k}})||u - u_{\boldsymbol{k}}| + |x_v(\boldsymbol{u}') - x_v(\boldsymbol{u}_{\boldsymbol{k}})||v - v_{\boldsymbol{k}}| \\
&\leq \sqrt{2}\|\nabla x(\boldsymbol{u}') - \nabla x(\boldsymbol{u}_{\boldsymbol{k}})\|\|\boldsymbol{u} - \boldsymbol{u}_{\boldsymbol{k}}\|_\infty
\end{aligned}$$

となる ($\nabla x(\boldsymbol{u}) \in \mathcal{M}(1, 2)$ に注意)．x_u と x_v は Ω で一様連続だから，$\forall \varepsilon > 0$ に対し，「$\|\boldsymbol{u} - \boldsymbol{u}_{\boldsymbol{k}}\|_\infty < \delta_\varepsilon \Rightarrow \|\nabla x(\boldsymbol{u}') - \nabla x(\boldsymbol{u}_{\boldsymbol{k}})\| < \dfrac{\varepsilon}{\sqrt{2}}$」となる $\delta_\varepsilon > 0$ が存在する．($\|\boldsymbol{u}' - \boldsymbol{u}_{\boldsymbol{k}}\|_\infty < \delta_\varepsilon$ に注意.)

y も同様に不等式が得られるので，$A_{\boldsymbol{k}} = \begin{pmatrix} x_u(\boldsymbol{u}_{\boldsymbol{k}}) & x_v(\boldsymbol{u}_{\boldsymbol{k}}) \\ y_u(\boldsymbol{u}_{\boldsymbol{k}}) & y_v(\boldsymbol{u}_{\boldsymbol{k}}) \end{pmatrix}$ とおいて次を得る．

$$0 < \|\boldsymbol{u} - \boldsymbol{u}_{\boldsymbol{k}}\|_\infty < \delta_\varepsilon \Rightarrow \|\boldsymbol{x}(\boldsymbol{u}) - \boldsymbol{x}(\boldsymbol{u}_{\boldsymbol{k}}) - A_{\boldsymbol{k}}(\boldsymbol{u} - \boldsymbol{u}_{\boldsymbol{k}})\|_\infty < \varepsilon\|\boldsymbol{u} - \boldsymbol{u}_{\boldsymbol{k}}\|_\infty \tag{13.2}$$

この $\delta_\varepsilon > 0$ を用いて，$\hat{R}_{\boldsymbol{k}}$ は一辺 $2\delta_\varepsilon$ の立方体とする (演習 13.4)．平行四辺形 $R_{\boldsymbol{k}} = \{\boldsymbol{x} = \boldsymbol{x}(\boldsymbol{u_k}) + A_{\boldsymbol{k}}(\boldsymbol{u} - \boldsymbol{u_k}) \mid \boldsymbol{u} \in \hat{R}_{\boldsymbol{k}}\}$ を考える．$0 < \inf|\det(\nabla\boldsymbol{x})|(\Omega) \leq \sup|\det(\nabla\boldsymbol{x})|(\Omega) < \infty$ なので，次を満たす定数 $C_1, C_2 > 0$ が存在する．

$$「C_1\|\boldsymbol{u} - \boldsymbol{v}\|_\infty \leq \|A_{\boldsymbol{k}}^{-1}(\boldsymbol{u} - \boldsymbol{v})\|_\infty \leq C_2\|\boldsymbol{u} - \boldsymbol{v}\|_\infty \quad (\forall \boldsymbol{u}, \boldsymbol{v} \in \mathbb{R}^2)」 \tag{13.3}$$

$R_{\boldsymbol{k}}$ と $\lambda > 0$ に対し，$R_{\boldsymbol{k}}(\lambda)$ を次で定義する．

$$R_{\boldsymbol{k}}(\lambda) = \{\boldsymbol{y} \mid \boldsymbol{y} = \boldsymbol{x}(\boldsymbol{u_k}) + A_{\boldsymbol{k}}(\boldsymbol{u} - \boldsymbol{u_k}),\ \|\boldsymbol{u} - \boldsymbol{u_k}\|_\infty \leq \lambda\delta_\varepsilon\}$$

$R_{\boldsymbol{k}}(1) = R_{\boldsymbol{k}}$ だから，$|R_{\boldsymbol{k}}(\lambda)| = \lambda^2|R_{\boldsymbol{k}}|$ に注意する．

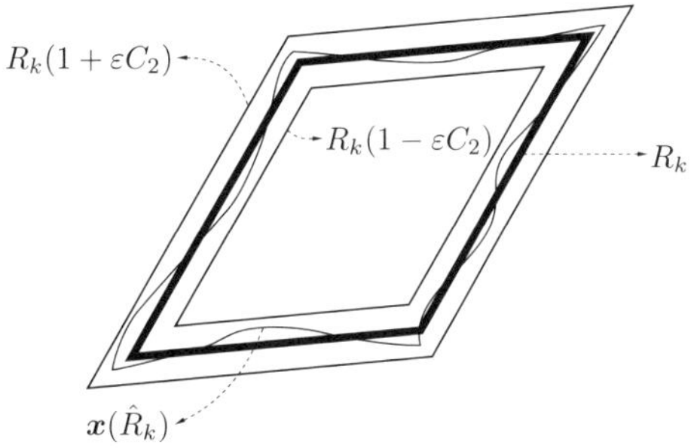

図 **13.5**　(13.4) のイメージ

(13.2) より，次を満たす $\varepsilon_0 \in (0, C_2^{-1})$ がある．

$$R_{\boldsymbol{k}}(1 - \varepsilon C_2) \subset \boldsymbol{x}(\hat{R}_{\boldsymbol{k}}) \subset R_{\boldsymbol{k}}(1 + \varepsilon C_2) \quad (\forall\varepsilon \in (0, \varepsilon_0)) \tag{13.4}$$

(13.4) が成り立つと仮定して，まずステップ 2 の証明を終えておこう．

$D_{\boldsymbol{k}} = \boldsymbol{x}(\hat{R}_{\boldsymbol{k}})$ とおき，体積をとって $\boldsymbol{k}$ について和をとれば

$$(1 - \varepsilon C_2)^2 \sum_{\boldsymbol{k}} |R_{\boldsymbol{k}}| \leq \sum_{\boldsymbol{k}} |D_{\boldsymbol{k}}| \leq (1 + \varepsilon C_2)^2 \sum_{\boldsymbol{k}} |R_{\boldsymbol{k}}|$$

ここの式で $D_{\boldsymbol{k}}$ は体積確定なので (命題 13.3)，$\bigcup_{\boldsymbol{k}} D_{\boldsymbol{k}}$ を含む直方体 R を選んで

$$\sum_{\boldsymbol{k}} |D_{\boldsymbol{k}}| = \sum_{\boldsymbol{k}} \int_R \chi_{D_{\boldsymbol{k}}} d\boldsymbol{x} = \int_R \chi_D d\boldsymbol{x} = |D|$$

となる (厳密には演習 14.45 と定理 12.9 を用いる)．

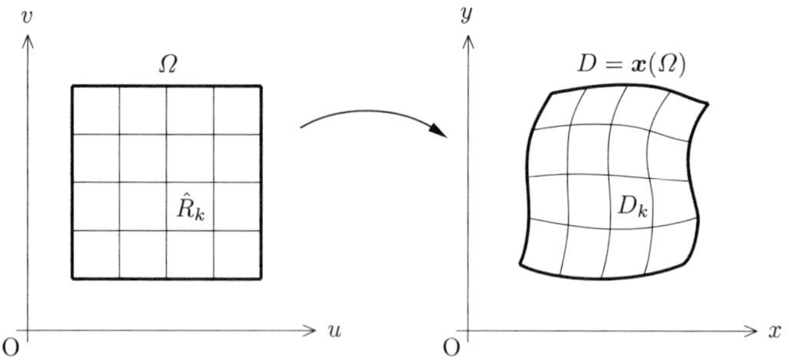

図 13.6 $\hat{R}_{\boldsymbol{k}}$ と $D_{\boldsymbol{k}}$ の関係

一方，$\sum_{\boldsymbol{k}} |R_{\boldsymbol{k}}| = \sum_{\boldsymbol{k}} |\mathrm{det} A_{\boldsymbol{k}}||\hat{R}_{\boldsymbol{k}}|$ (ステップ 1) であり，$g(\boldsymbol{u}) = |\det(\nabla \boldsymbol{x}(\boldsymbol{u}))|$ とおくと，$g \in C(\Omega)$ なので，g は Ω で積分可能である．今までの $\varepsilon > 0$ に対し，δ_ε をさらに小さくとれば，$\boldsymbol{u} \in \hat{R}_{\boldsymbol{k}} \Rightarrow |g(\boldsymbol{u}) - |\mathrm{det} A_{\boldsymbol{k}}|| < \varepsilon/|\Omega|$ とできる．ゆえに，

$$\left| \int_\Omega g(\boldsymbol{u}) d\boldsymbol{u} - \sum_{\boldsymbol{k}} |\mathrm{det} A_{\boldsymbol{k}}||\hat{R}_{\boldsymbol{k}}| \right| \le \sum_{\boldsymbol{k}} \int_{\hat{R}_{\boldsymbol{k}}} |g(\boldsymbol{u}) - |\mathrm{det} A_{\boldsymbol{k}}|| d\boldsymbol{u} < \varepsilon$$

となる．つまり，次が成り立つ．

$$(1 - \varepsilon C_2)^2 \left(-\varepsilon + \int_\Omega g(\boldsymbol{u}) d\boldsymbol{u} \right) \le |D| \le (1 + \varepsilon C_2)^2 \left(\varepsilon + \int_\Omega g(\boldsymbol{u}) d\boldsymbol{u} \right)$$

ここで，$\varepsilon > 0$ は任意だから結論を得る．

<u>(13.4) の証明</u>　$\forall \boldsymbol{u} \in \hat{R}_{\boldsymbol{k}}$ に対し，$\boldsymbol{v} = \boldsymbol{u}_{\boldsymbol{k}} + A_{\boldsymbol{k}}^{-1}\{\boldsymbol{x}(\boldsymbol{u}) - \boldsymbol{x}(\boldsymbol{u}_{\boldsymbol{k}})\}$ とおく．次の不等式より，$\boldsymbol{v} \in R_{\boldsymbol{k}}(1 + \varepsilon C_2)$ となる．

$$\begin{aligned} \|\boldsymbol{v} - \boldsymbol{u}_{\boldsymbol{k}}\|_\infty &= \|A_{\boldsymbol{k}}^{-1}\{\boldsymbol{x}(\boldsymbol{u}) - \boldsymbol{x}(\boldsymbol{u}_{\boldsymbol{k}})\}\|_\infty \\ &\le \|\boldsymbol{u}_{\boldsymbol{k}} + A_{\boldsymbol{k}}^{-1}\{\boldsymbol{x}(\boldsymbol{u}) - \boldsymbol{x}(\boldsymbol{u}_{\boldsymbol{k}})\} - \boldsymbol{u}\|_\infty + \|\boldsymbol{u} - \boldsymbol{u}_{\boldsymbol{k}}\|_\infty \\ &\le (1 + \varepsilon C_2)\|\boldsymbol{u} - \boldsymbol{u}_{\boldsymbol{k}}\|_\infty \quad \text{((13.2), (13.3) を用いた.)} \end{aligned}$$

$\boldsymbol{x}(\boldsymbol{u}) = \boldsymbol{x}(\boldsymbol{u}_{\boldsymbol{k}}) + A_{\boldsymbol{k}}(\boldsymbol{v} - \boldsymbol{u}_{\boldsymbol{k}})$ なので，$\boldsymbol{x}(\hat{R}_{\boldsymbol{k}}) \subset R_{\boldsymbol{k}}(1 + \varepsilon C_2)$ となる．

もう一つの包含関係を示す．$\forall \boldsymbol{u} \in \partial \hat{R}_{\boldsymbol{k}}$ をとる (つまり，$\|\boldsymbol{u} - \boldsymbol{u}_{\boldsymbol{k}}\|_\infty = \delta_\varepsilon$)．(13.3) と (13.2) により，

$$\|u_{\boldsymbol{k}} + A_{\boldsymbol{k}}^{-1}\{\boldsymbol{x}(\boldsymbol{u}) - \boldsymbol{x}(\boldsymbol{u}_{\boldsymbol{k}})\} - \boldsymbol{u}_{\boldsymbol{k}}\|_\infty > (1-\varepsilon C_2)\|\boldsymbol{u} - \boldsymbol{u}_{\boldsymbol{k}}\|_\infty$$
$$= (1-\varepsilon C_2)\delta_\varepsilon$$

が成り立つ．よって，$\boldsymbol{x}(\boldsymbol{u}) \notin R_{\boldsymbol{k}}(1-\varepsilon C_2)$ となる．なぜなら，$\boldsymbol{x}(\boldsymbol{u}) \in R_{\boldsymbol{k}}(1-\varepsilon C_2)$ ならば，

$$\|\boldsymbol{v} - \boldsymbol{u}_{\boldsymbol{k}}\|_\infty \leq (1-\varepsilon C_2)\delta_\varepsilon \quad \text{かつ} \quad \boldsymbol{x}(\boldsymbol{u}) = \boldsymbol{x}(\boldsymbol{u}_{\boldsymbol{k}}) + A_{\boldsymbol{k}}(\boldsymbol{v} - \boldsymbol{u}_{\boldsymbol{k}})$$

となる $\boldsymbol{v}$ がある．これは $\|\boldsymbol{v} - \boldsymbol{u}_{\boldsymbol{k}}\|_\infty \leq (1-\varepsilon C_2)\delta_\varepsilon$ に矛盾する．

ゆえに，$R_{\boldsymbol{k}}(1-\varepsilon C_2) \cap \boldsymbol{x}(\partial \hat{R}_{\boldsymbol{k}}) = \varnothing$ である．逆関数定理 (定理 11.5) より $\boldsymbol{x}^{-1}$ も連続なので $\boldsymbol{x}(\partial \hat{R}_{\boldsymbol{k}}) = \partial \boldsymbol{x}(\hat{R}_{\boldsymbol{k}})$ となる (命題 14.38)．よって次を得る．

$$R_{\boldsymbol{k}}(1-\varepsilon C_2) \cap \partial \boldsymbol{x}(\hat{R}_{\boldsymbol{k}}) = \varnothing \tag{13.5}$$

$R_{\boldsymbol{k}}(1-\varepsilon C_2) \subset \boldsymbol{x}(\hat{R}_{\boldsymbol{k}})$ を否定すると，$\boldsymbol{z}_0 \in R_{\boldsymbol{k}}(1-\varepsilon C_2) \setminus \boldsymbol{x}(\hat{R}_{\boldsymbol{k}})$ となる $\boldsymbol{z}_0$ がある．$\inf\{\|\boldsymbol{z}_0 - \boldsymbol{y}\| \mid \boldsymbol{y} \in \boldsymbol{x}(\hat{R}_{\boldsymbol{k}})\} = s_0$ とおくと，$s_0 > 0$ である．(もし，$s_0 = 0$ ならば，$\boldsymbol{x}(\hat{R}_{\boldsymbol{k}})$ は閉集合だから，$\boldsymbol{z}_0 \in \boldsymbol{x}(\hat{R}_{\boldsymbol{k}})$ となる．)

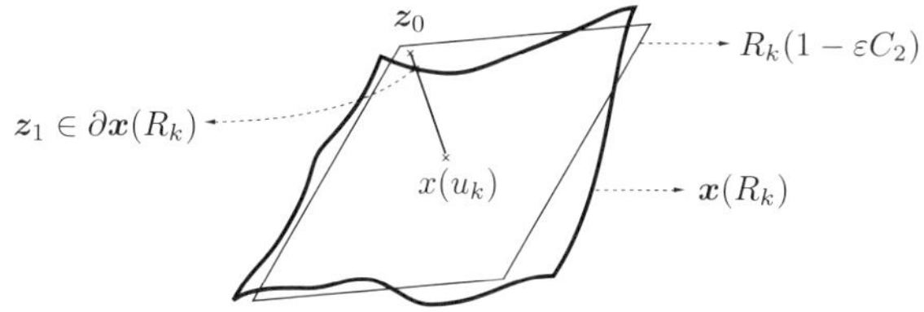

図 13.7 $R_{\boldsymbol{k}}(1-\varepsilon C_2) \setminus \boldsymbol{x}(\hat{R}_{\boldsymbol{k}}) \neq \varnothing$ とすると …

$t_0 = \inf\{t \in [0,1] \mid t\boldsymbol{z}_0 + (1-t)\boldsymbol{x}(\boldsymbol{u}_{\boldsymbol{k}}) \notin \boldsymbol{x}(\hat{R}_{\boldsymbol{k}})\}$ とおくと，$s_0 > 0$ なので，$t_0 < 1$ である．$\boldsymbol{z}_1 = t_0\boldsymbol{z}_0 + (1-t_0)\boldsymbol{x}(\boldsymbol{u}_{\boldsymbol{k}}) \in \partial\boldsymbol{x}(\hat{R}_{\boldsymbol{k}})$ となり (13.5) に矛盾する．

ステップ 3　Ω は直方体とする．$\boldsymbol{x} : \Omega \to D$ は全単射なので逆関数 $\boldsymbol{x}^{-1}$ が存在し，$\boldsymbol{u} = \boldsymbol{x}^{-1}$ とおく．また，$\inf|\det(\nabla\boldsymbol{x})|(\Omega) > 0$ なので，$\Omega \subset \Omega_0$ を満たす開集合 Ω_0 で $\boldsymbol{x} : \Omega_0 \to \boldsymbol{x}(\Omega_0)$ が全単射となるものがある．よって，$\boldsymbol{x}(\Omega) \subset R$ となる直方体 R をとり，$\boldsymbol{x} : \boldsymbol{u}(R) \to R$ を全単射と仮定する (実際は，$\boldsymbol{x}(\Omega) \subset R \subset \boldsymbol{x}(\Omega_0)$ となるように Ω を最初から細かく分けておけばよい)．

ここで，次のようにおく．($M_k > 0$ $(k = 0, 1, 2)$ としてよい．)

$$M_0 = \sup|f|(D),\ M_1 = \sup|\det(\nabla \boldsymbol{x})|(\Omega),\ M_2 = \sup|\det(\nabla \boldsymbol{u})|(D)$$

$\forall\varepsilon > 0$ を固定する．D は体積確定だから補題 12.7 を考慮して，次を満たす R の分割 $\Delta_\varepsilon = \{R_{\boldsymbol{k}}\}$ を選ぶ．ただし，$\boldsymbol{x_k}$ は $R_{\boldsymbol{k}}$ の中心し，$\boldsymbol{u_k} = \boldsymbol{u}(\boldsymbol{x_k})$, $\hat{R}_{\boldsymbol{k}} = \boldsymbol{u}(R_{\boldsymbol{k}})$ とおく．(定理 11.5 により，$\boldsymbol{u} \in C^1(D, \Omega)$ となるので (iv) が示せる．)

$$\begin{cases} (\mathrm{i}) & \displaystyle\sum_{R_{\boldsymbol{k}} \in \Delta''_\varepsilon} |R_{\boldsymbol{k}}| < \frac{\varepsilon}{M_0 \max\{1, M_1 M_2\}} \\ (\mathrm{ii}) & \boldsymbol{x} \in R_{\boldsymbol{k}} \Rightarrow |f(\boldsymbol{x}) - f(\boldsymbol{x_k})| < \dfrac{\varepsilon}{\max\{M_1|\Omega|, |D|\}} \\ (\mathrm{iii}) & \boldsymbol{u} \in \hat{R}_{\boldsymbol{k}} \Rightarrow ||\det(\nabla \boldsymbol{x}(\boldsymbol{u}))| - |\det(\nabla \boldsymbol{x}(\boldsymbol{u_k}))|| < \dfrac{\varepsilon}{M_0|\Omega|} \\ (\mathrm{iv}) & \boldsymbol{x} \in R_{\boldsymbol{k}} \Rightarrow ||\det(\nabla \boldsymbol{u}(\boldsymbol{x}))| - |\det(\nabla \boldsymbol{u}(\boldsymbol{x_k}))|| < \dfrac{\varepsilon}{M_0 M_1|\Omega|} \end{cases} \tag{13.6}$$

ただし，$\Delta'_\varepsilon = \{R_{\boldsymbol{k}} \in \Delta_\varepsilon \mid R_{\boldsymbol{k}} \subset D\}$, $\Delta''_\varepsilon = \Delta_\varepsilon \setminus \Delta'_\varepsilon$ とおく．(ステップ 2 と 3 の記号 $R_{\boldsymbol{k}}$, $\hat{R}_{\boldsymbol{k}}$ の記号の使い方の違いに注意せよ．)

(13.6) の (i) より，次を得る．

$$\sum_{R_{\boldsymbol{k}} \in \Delta''_\varepsilon} \int_{R_{\boldsymbol{k}}} |f(\boldsymbol{x})|\chi_D(\boldsymbol{x}) d\boldsymbol{x} < \varepsilon \tag{13.7}$$

また，線形代数のよく知られた結果と逆関数定理 (定理 11.5) より次が成り立つ．

$$\boldsymbol{x} = \boldsymbol{x}(\boldsymbol{u})\ (\boldsymbol{u} \in \Omega) \Rightarrow |\det(\nabla \boldsymbol{u}(\boldsymbol{x}))|^{-1} = |\det(\nabla \boldsymbol{x}(\boldsymbol{u}))| \tag{13.8}$$

ステップ 2 で $\boldsymbol{x}, \boldsymbol{u}$ の役割を逆に使うと，

$$\int_{\hat{R}_{\boldsymbol{k}}} d\boldsymbol{u} = \int_{R_{\boldsymbol{k}}} |\det(\nabla \boldsymbol{u}(\boldsymbol{x}))| d\boldsymbol{x} \tag{13.9}$$

を得る．よって，$h(\boldsymbol{u}) = f(\boldsymbol{x}(\boldsymbol{u}))|\det(\nabla \boldsymbol{x}(\boldsymbol{u}))|$ とおくと，(13.6) の (i) より，次が成り立つ．

$$\sum_{R_{\boldsymbol{k}} \in \Delta''_\varepsilon} \int_{\hat{R}_{\boldsymbol{k}}} h(\boldsymbol{u}) \chi_\Omega(\boldsymbol{u}) d\boldsymbol{u} \le M_0 M_1 M_2 \sum_{R_{\boldsymbol{k}} \in \Delta''_\varepsilon} |R_{\boldsymbol{k}}| < \varepsilon \tag{13.10}$$

$R_{\boldsymbol{k}} \in \Delta'_\varepsilon$ に対しては，次の等式に注意する．ただし，最初の式 (左辺) の二つの積分は体積確定な有界閉集合上の連続関数なので積分可能であることを思い

出す.

$$\begin{aligned}
&\int_{\hat{R}_{\boldsymbol{k}}} f(\boldsymbol{x}(\boldsymbol{u}))|\det(\nabla \boldsymbol{x}(\boldsymbol{u}))|d\boldsymbol{u} - \int_{R_{\boldsymbol{k}}} f(\boldsymbol{x})d\boldsymbol{x} \\
&= \int_{\hat{R}_{\boldsymbol{k}}} \{f(\boldsymbol{x}(\boldsymbol{u})) - f(\boldsymbol{x}_{\boldsymbol{k}})\}|\det(\nabla \boldsymbol{x}(\boldsymbol{u}))|d\boldsymbol{u} \\
&\quad + \int_{\hat{R}_{\boldsymbol{k}}} f(\boldsymbol{x}_{\boldsymbol{k}})\{|\det(\nabla \boldsymbol{x}(\boldsymbol{u}))| - |\det(\nabla \boldsymbol{x}(\boldsymbol{u}_{\boldsymbol{k}}))|\}d\boldsymbol{u} \\
&\quad + \int_{\hat{R}_{\boldsymbol{k}}} f(\boldsymbol{x}_{\boldsymbol{k}})|\det(\nabla \boldsymbol{x}(\boldsymbol{u}_{\boldsymbol{k}}))|d\boldsymbol{u} - f(\boldsymbol{x}_{\boldsymbol{k}}) \int_{R_{\boldsymbol{k}}} d\boldsymbol{x} \\
&\quad + \int_{R_{\boldsymbol{k}}} \{f(\boldsymbol{x}_{\boldsymbol{k}}) - f(\boldsymbol{x})\}d\boldsymbol{x}
\end{aligned}$$

ここで，下の式の第 1, 5 項は (13.6) の (ii) より，各々 $\dfrac{\varepsilon|\hat{R}_{\boldsymbol{k}}|}{|\Omega|}$, $\dfrac{\varepsilon|R_{\boldsymbol{k}}|}{|D|}$ の方が大きいとしてよい.

同じく第 2 項も (13.6) の (iii) より $\dfrac{\varepsilon|\hat{R}_{\boldsymbol{k}}|}{|\Omega|}$ の方が大きいとしてよい．第 3, 4 項を (13.8) と (13.9) を用いて，

$$|\det(\nabla \boldsymbol{u}(\boldsymbol{x}_{\boldsymbol{k}}))|^{-1} f(\boldsymbol{x}_{\boldsymbol{k}}) \int_{R_{\boldsymbol{k}}} \{|\det(\nabla \boldsymbol{u}(\boldsymbol{x}))| - |\det(\nabla \boldsymbol{u}(\boldsymbol{x}_{\boldsymbol{k}}))|\}d\boldsymbol{x}$$

と変形する．(13.8) に注意すれば，(13.6) の (iv) より $\dfrac{\varepsilon|R_{\boldsymbol{k}}|}{|D|}$ が大きいとしてよいので，

$$\left|\sum_{R_{\boldsymbol{k}} \in \Delta'_\varepsilon} \left\{\int_{\hat{R}_{\boldsymbol{k}}} f(\boldsymbol{x}(\boldsymbol{u}))|\det(\nabla \boldsymbol{x}(\boldsymbol{u}))|d\boldsymbol{u} - \int_{R_{\boldsymbol{k}}} f(\boldsymbol{x})d\boldsymbol{x}\right\}\right| \leq 4\varepsilon$$

となる．さらに，(13.7) と (13.10) を用いて，

$$\left|\int_{\Omega} f(\boldsymbol{x}(\boldsymbol{u}))|\det(\nabla \boldsymbol{x}(\boldsymbol{u}))|d\boldsymbol{u} - \int_D f(\boldsymbol{x})d\boldsymbol{x}\right| < 6\varepsilon$$

であり，$\varepsilon > 0$ は任意なので証明が終わる.

ステップ 4　ステップ 3 では Δ_ε を後で必要となる式 (13.6) を満たすように天下り的に与えたが，(そのようにもできるが) このステップでは徐々に分割に

条件を加えて証明しよう．

Ω と D が有界で体積確定のとき，h は Ω で，f は D で積分可能である (命題 12.8)．また，ステップ 3 により，Ω に含まれる任意の直方体 $\hat{R}_0$ で

$$\int_{\boldsymbol{x}(\hat{R}_0)} f(\boldsymbol{x})d\boldsymbol{x} = \int_{\hat{R}_0} h(\boldsymbol{u})d\boldsymbol{u}$$

が成り立つ．直方体 $\hat{R}$ を $\Omega \subset \hat{R}$ を満たすようにとる．$\boldsymbol{x}$ は Ω を含むある開集合で C^1 級だが，簡単のため $\boldsymbol{x} \in C^1(\hat{R}, \mathbb{R}^N)$ とする．

$\displaystyle\int_{\Omega} h(\boldsymbol{u})d\boldsymbol{u} \geq \int_{D} f(\boldsymbol{x})d\boldsymbol{x}$ を示す．

$\forall\varepsilon > 0$ に対し，$\hat{R}$ の分割 $\hat{\Delta}_\varepsilon = \{\hat{R}_{\boldsymbol{k}}\}$ で

$$\int_{\Omega} hd\boldsymbol{u} \geq -\varepsilon + \sum_{\hat{R}_{\boldsymbol{k}} \in \hat{\Delta}_\varepsilon^0} \int_{\hat{R}_{\boldsymbol{k}}} \overline{h}(\boldsymbol{u})d\boldsymbol{u}$$

となるものをとる．ただし，$\overline{h}$ は h のゼロ拡張であり，$\hat{\Delta}_\varepsilon^0 = \{\hat{R}_{\boldsymbol{k}} \in \hat{\Delta}_\varepsilon \mid \hat{R}_{\boldsymbol{k}} \cap \Omega \neq \varnothing\}$ とした ($\hat{R}_{\boldsymbol{k}} \in \hat{\Delta}_\varepsilon \backslash \hat{\Delta}_\varepsilon^0$ 上では $\overline{h} = 0$ となる)．さらに，$\hat{\Delta}'_\varepsilon = \{\hat{R}_{\boldsymbol{k}} \in \hat{\Delta}_\varepsilon^0 \mid \hat{R}_{\boldsymbol{k}} \subset \Omega\}$ とする．$M = \sup|h|(\Omega)$, $\hat{\Delta}''_\varepsilon = \hat{\Delta}_\varepsilon^0 \setminus \hat{\Delta}'_\varepsilon$ とおくと次が成り立つ．

$$\int_{\Omega} hd\boldsymbol{u} \geq -\varepsilon - M \sum_{\hat{R}_{\boldsymbol{k}} \in \hat{\Delta}''_\varepsilon} |\hat{R}_{\boldsymbol{k}}| + \sum_{\hat{R}_{\boldsymbol{k}} \in \hat{\Delta}'_\varepsilon} \int_{\hat{R}_{\boldsymbol{k}}} hd\boldsymbol{u} \tag{13.11}$$

最後の項はステップ 3 より，$\displaystyle\sum_{\hat{R}_{\boldsymbol{k}} \in \hat{\Delta}'_\varepsilon} \int_{\boldsymbol{x}(\hat{R}_{\boldsymbol{k}})} fd\boldsymbol{x}$ と等しい．ゆえに，次を得る．

$$\begin{aligned}\sum_{\hat{R}_{\boldsymbol{k}} \in \hat{\Delta}_\varepsilon} \int_{\boldsymbol{x}(\hat{R}_{\boldsymbol{k}})} \overline{f}d\boldsymbol{x} &\leq \sum_{\hat{R}_{\boldsymbol{k}} \in \hat{\Delta}'_\varepsilon} \int_{\boldsymbol{x}(\hat{R}_{\boldsymbol{k}})} fd\boldsymbol{x} + M \sum_{\hat{R}_{\boldsymbol{k}} \in \hat{\Delta}''_\varepsilon} |\boldsymbol{x}(\hat{R}_{\boldsymbol{k}})| \\ &\leq \sum_{\hat{R}_{\boldsymbol{k}} \in \hat{\Delta}'_\varepsilon} \int_{\boldsymbol{x}(\hat{R}_{\boldsymbol{k}})} fd\boldsymbol{x} + M \sup|\det(\nabla\boldsymbol{x})|(\hat{R}) \sum_{\hat{R}_{\boldsymbol{k}} \in \hat{\Delta}''_\varepsilon} |\hat{R}_{\boldsymbol{k}}|\end{aligned}$$

右辺の最後の項の和の部分は $\overline{S}[\chi_{\partial\Omega}, \hat{\Delta}_\varepsilon]$ の方が大きく，あらかじめこの値を小さくするように $\hat{\Delta}_\varepsilon$ を細かくとれば (補題 12.7)，(13.11) に代入して

$$\int_{\Omega} hd\boldsymbol{u} \geq -3\varepsilon + \sum_{\hat{R}_{\boldsymbol{k}} \in \hat{\Delta}_\varepsilon} \int_{\boldsymbol{x}(\hat{R})} \chi_{\boldsymbol{x}(\hat{R}_{\boldsymbol{k}})}\overline{f}d\boldsymbol{x} = -3\varepsilon + \int_{D} fd\boldsymbol{x}$$

となり，$\varepsilon > 0$ は任意なので証明を終わる．

$\int_{\Omega} h(\boldsymbol{u})d\boldsymbol{u} \leq \int_D f(\boldsymbol{x})d\boldsymbol{x}$ を示すために，

$$\int_{\Omega} hd\boldsymbol{u} \leq \varepsilon + \sum_{\hat{R}_{\boldsymbol{k}} \in \hat{\Delta}_{\varepsilon}} \int_{\hat{R}_{\boldsymbol{k}}} \overline{h}(\boldsymbol{u})d\boldsymbol{u}$$

となる $\hat{R}$ の分割 $\hat{\Delta}_{\varepsilon}$ を選び，後は同様の議論をすればよい． □

演習 13.5 (1) ステップ 4 の $\int_{\Omega} h(\boldsymbol{u})d\boldsymbol{u} \leq \int_D f(\boldsymbol{x})d\boldsymbol{x}$ の証明をせよ．

(2) ステップ 4 の $\int_{\Omega} h(\boldsymbol{u})d\boldsymbol{u} \geq \int_D f(\boldsymbol{x})d\boldsymbol{x}$ の証明をステップ 3 のように，最初に $\hat{\Delta}_{\varepsilon}$ がある条件を満たすように選んで証明をせよ．

13.2 問題

問題 13.1 $D = \{\boldsymbol{x} \in \mathbb{R}^2 \mid 0 \leq x \leq 1, 0 \leq y \leq 1 - x\}$ に対し，次の積分を求めよ．

$$\int_D e^{\frac{y-x}{y+x}} d\boldsymbol{x}$$

ヒント：$x + y = u, y = uv$ で変数変換する．

問題 13.2 $0 < a < b$ と $0 < c < d$ に対し，$x^2 = ay, x^2 = by, y^2 = cx, y^2 = dx$ で囲まれる部分の面積を求めよ．

ヒント：$x^2 = uy, y^2 = vx$ と (x, y) を (u, v) で変数変換する．

問題 13.3 次の積分値を求めよ．

(1) $D = \{\boldsymbol{x} \in \mathbb{R}^2 \mid (x-1)^2 + (y-1)^2 \leq 1\}$, $\int_D \|\boldsymbol{x}\|^2 d\boldsymbol{x}$

(2) $D = \{\boldsymbol{x} \in \mathbb{R}^2 \mid \|\boldsymbol{x}\| \leq 1\}$, $\int_D (1 - \|\boldsymbol{x}\|^2)\{(2x+1)^2 + 4y^2\}d\boldsymbol{x}$

問題 13.4 $p, q > 0$ に対し次式が成り立つことを示せ．ガンマ関数・ベータ関数の定義は例 7.14，7.15 を参照．

$$B(p,q) = \frac{\Gamma(p)\Gamma(q)}{\Gamma(p+q)} \tag{13.12}$$

ヒント：

$$\Gamma(p)\Gamma(q) = \lim_{L\to\infty}\int_0^L e^{-x}x^{p-1}dx\int_0^L e^{-x}x^{q-1}dx$$

を二重積分にして，$u = x+y, v = y$ と変数変換する．さらに，$\{\boldsymbol{x} \mid x, y \geq 0, x+y \leq L\}$ に直す．

問題 13.5 問題 13.4 を用いて次を示せ．

(1) $\Gamma\left(\dfrac{1}{2}\right) = \sqrt{\pi}$

(2) $2^{2p-1}\Gamma(p)\Gamma\left(p+\dfrac{1}{2}\right) = \sqrt{\pi}\Gamma(2p)$

ヒント：(13.12) を用いる．

(3) $\Gamma\left(\dfrac{N}{2}\right)\Gamma\left(\dfrac{N+1}{2}\right) = 2^{1-N}(N-1)!\sqrt{\pi}$

第 IV 部

付録

第 14 章

追加事項

14.1　1 章　実数

14.1.1　否定命題の作り方

対偶や背理法を使う場合，命題を正しく否定できなくてはならない．次の例で詳しく調べる．

「次を満たす $M>0$ が存在する．『$x \in A \Rightarrow |x| \leq M$』」

否定命題を作る基本的な法則を思い出そう．

否定命題の作り方の基本法則

(i)　「任意」と「ある・存在する」を入れ替える．

(ii)　「$\mathcal{A}$ ならば $\mathcal{B}$」を「$\mathcal{A}$ かつ $\mathcal{B}$ でない」にする．

しかし，この法則だけ覚えていても「$\underline{x \in A}$ならば $|x| \leq M$」の否定は慣れないとすぐには作れない．

この命題は次のような集合の包含関係で表せる．

「$A \subset \{x \in \mathbb{R} \mid |x| \leq M\}$」となる M がある．

この否定は，右辺の集合 $\{x \in \mathbb{R} \mid |x| \leq M\}$ を B_M とおけば，「どんな $M>0$ に対しても $A \subset B_M$ が成り立たない」となる．この包含関係の否定は「B_M には属さない $x \in A$ が存在する」である．よって次のようにまとめられる．

「任意の $M>0$ に対し，$|x|>M$ となる $x \in A$ が存在する．」

この $x \in A$ は M に依存していることが，やや見にくいのではないだろうか？そこで，本書では

「任意の $M > 0$ に対し，次を満たす $x \in A$ が存在する.『$|x| > M$』」

と，文章を二つに分けて書くことにする．この次が『$|x| > M$』を指す.

14.1.2 必要条件・十分条件

二つの命題 $\mathcal{A}$ と $\mathcal{B}$ があるとき，次の用語をしばしば使う.

定義 14.1

$\mathcal{A}$ が $\mathcal{B}$ の**必要条件** $\overset{\text{def}}{\Longleftrightarrow}$ $\mathcal{B}$ が成り立てば $\mathcal{A}$ が成り立つ

$\mathcal{A}$ が $\mathcal{B}$ の**十分条件** $\overset{\text{def}}{\Longleftrightarrow}$ $\mathcal{A}$ が成り立てば $\mathcal{B}$ が成り立つ

$\mathcal{A}$ が $\mathcal{B}$ の**必要十分条件** $\overset{\text{def}}{\Longleftrightarrow}$ $\mathcal{A}$ が $\mathcal{B}$ の必要かつ十分条件

このとき，$\mathcal{A}$ と $\mathcal{B}$ が**同値**ともいう.

集合のベン図を用いて描くと「$\mathcal{A}$ が $\mathcal{B}$ の必要条件」は次のようになる.

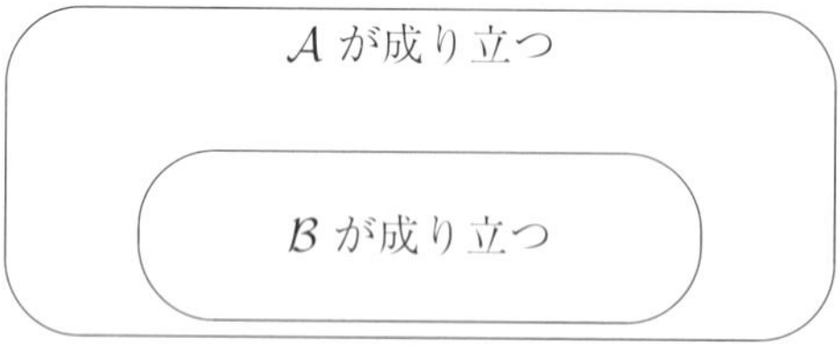

図 14.1 $\mathcal{A}$ が $\mathcal{B}$ の必要条件

注意 14.1 例えば，$\mathcal{A} = \{x \in \mathbb{R} \mid x^2 \geq 4\}$ とし，$\mathcal{B} = \{x \in \mathbb{R} \mid x \geq 2\}$ とすると，条件 $\mathcal{A}$「$x^2 \geq 4$」は，条件 $\mathcal{B}$「$x \geq 2$」が成り立つために必要なので，$\mathcal{A}$ は $\mathcal{B}$ の必要条件である.

逆に，$\mathcal{B}$ は $\mathcal{A}$ が成り立つために十分な条件であるから $\mathcal{B}$ は $\mathcal{A}$ の十分条件となる．つまり，次のようにまとめられる.

（1） $\mathcal{A}$ が $\mathcal{B}$ の必要条件ならば，$\mathcal{B}$ は $\mathcal{A}$ の十分条件

（2） $\mathcal{A}$ が $\mathcal{B}$ の十分条件ならば，$\mathcal{B}$ は $\mathcal{A}$ の必要条件

14.1.3　実数の公理 (b), (c)

念のため，実数の公理 (b), (c) の説明をしておく．要するに，よく知られた和差積商の計算と大小関係が実数では成立することを保証している．

(b)　四則演算《和差積商》

任意の $a, b \in \mathbb{R}$ に対し，和 $a+b \in \mathbb{R}$，差 $a-b \in \mathbb{R}$，積 $ab \in \mathbb{R}$ および，$b \neq 0$ のとき，商 $\dfrac{a}{b} \in \mathbb{R}$ が定義されていて，$a, b, c \in \mathbb{R}$ に対して次の性質が成り立つ．

$a+b=b+a$　《加法の交換則》

$(a+b)+c=a+(b+c)$　《加法の結合則》

$a+0=a$　《加法の零元の存在》

$a+(-a)=0$　《加法の逆元の存在》

$ab=ba$　《乗法の交換則》

$(ab)c=a(bc)$　《乗法の結合則》

$1a=a$　《乗法の単位元の存在》

$a\dfrac{1}{a}=1$ ($a \neq 0$ のとき)　《乗法の逆元の存在》

$a(b+c)=ab+ac$　《分配則》

逆元について正確に言えば,「$a+b=0$ となる b が存在し，$b=-a$ と書く」「$a \neq 0$ ならば，$ab=1$ となる b が存在し，$b=\dfrac{1}{a}$ と書く」となる．

(c)　大小関係 ($<, >$)

任意の $a, b, c \in \mathbb{R}$ に対し，次の性質が成り立つ．

(i)　$a<b$, $a>b$, $a=b$ のどれか一つが必ず成り立つ．

(ii)　$a>0$ かつ $b>0 \Rightarrow a+b>0$

(iii)　$a>b \Rightarrow$ 任意の c に対し，$a+c>b+c$

(iv)　$a>0$ かつ $b>0 \Rightarrow ab>0$

これら (b), (c) だけの仮定の下で，よく知られた様々な計算ができる．以下の演習は本書の目的とは直接関係ないが，論理的思考の訓練には良い．

演習 14.1 $a, b, c \in \mathbb{R}$ に対し，次が成り立つことを示せ．

(1) 加法の逆元は唯一つである．《加法の逆元の一意性》

(2) 乗法の逆元は唯一つである．《乗法の逆元の一意性》

(3) $a = -(-a)$

(4) $a \leq b$ かつ $a \geq b \Rightarrow a = b$

(5) $a > 0 \Rightarrow -a < 0$

(6) $a > b \Rightarrow a - b > 0$

(7) $a > b$ かつ $b > c \Rightarrow a > c$

(8) $a \geq b$ かつ $b \geq c \Rightarrow a \geq c$

(9) $a > b$ かつ $c > 0 \Rightarrow ac > bc$

(10) $a \geq b \Rightarrow$ 任意の c に対し，$a + c \geq b + c$

14.1.4 有理数の稠密性

二つの実数の間には，必ず有理数があるという性質を述べる．

> **定理 14.1 (有理数の稠密性)**
>
> $a, b \in \mathbb{R}$ が $a < b$ を満たす $\Rightarrow$ 次が成り立つ $r_0 \in \mathbb{Q}$ が存在する．
>
> 「$a < r_0 < b$」

注意 14.2 $a, b \in \mathbb{Q}$ ならば，$r_0 = \dfrac{a+b}{2}$ とおけばよいが，$a, b \in \mathbb{R}$ のときの証明は簡単ではない．

逆に，$a < r_1 < b$ となる無理数 r_1 があることは簡単に示せる．実際，$\dfrac{a+b}{2}$ が無理数なら，これを r_1 とすればよいし，そうでなければ $\dfrac{a+b}{2} + \dfrac{\sqrt{2}}{n} < b$ となる $n \in \mathbb{N}$ を r_1 にすればよい．(このように簡単には定理 14.1 は証明できない．)

定理 14.1 の証明 <u>ステップ 1：$0 < a$ かつ $0 < b - a < 1$ の場合</u>

まず，$\mathbb{N}$ が上に有界でないことから $\dfrac{1}{b-a} < n_0$ となる $n_0 \in \mathbb{N}$ が存在する．ゆえに，$\dfrac{1}{n_0} < b - a$ が成り立つ．自然数の部分集合 $A = \left\{ m \in \mathbb{N} \;\middle|\; \dfrac{m-1}{n_0} \leq a \right\}$ に対し，$1 \in A$ であり (つまり，$A \neq \varnothing$)，A は上に有界なので，A は有限個の自然数からなる．$m_0 = \max A \in \mathbb{N}$ とおくと，$\dfrac{m_0 - 1}{n_0} \leq a < \dfrac{m_0}{n_0}$ が成り立つ．

$r_0 = \dfrac{m_0}{n_0} \in \mathbb{Q}$ とおくと，これが求める有理数である．なぜなら，$m_0 + 1 \notin A$ だから $a < r_0$ となる．次に，$b \leq r_0$ と仮定する．$r_0 - \dfrac{1}{n_0} \leq a$ なので，$b \leq r_0 \leq a + \dfrac{1}{n_0} < a + (b-a) = b$ となり矛盾する．ゆえに $a < r_0 < b$ となる．

ステップ 2：$0 < a$ かつ $b - a \geq 1$ の場合

$b - a < n_1$ となる自然数 $n_1 \geq 2$ を選ぶ．すると，ステップ 1 により，$\dfrac{a}{n_1} < r_1 < \dfrac{b}{n_1}$ となる $r_1 \in \mathbb{Q}$ が存在するので，$r_0 = n_1 r_1$ とおけば $a < r_0 < b$ を満たす有理数になる．

ステップ 3：残りの場合 (つまり，$a \leq 0$ の場合)

$\mathbb{N}$ が上に有界でないから，$m_1 > -a$ となる $m_1 \in \mathbb{N}$ が存在する．つまり，$0 < a + m_1$ となる．ステップ 1 と 2 から，$a + m_1 < r_1 < b + m_1$ を満たす $r_1 \in \mathbb{Q}$ が存在するので，$a < r_1 - m_1 < b$ となり，$r_0 = r_1 - m_1$ が求める有理数である．□

14.1.5　実数べき乗の定義

実数 $x > 0$ の実数 t べき乗 x^t は定義できていないことに注意する．e は定義できているので，$x^t = e^{t \log x}$ で定義すればよいと思うかもしれない．しかし，e の (実数) べき乗はまだ定義されていない．

$x > 0$ の実数 t 乗の定義を与える．使えるのは実数の公理だけである．

定義の仕方の方針を例で述べる．例えば，$3^{\sqrt{2}}$ の定義は，$\sqrt{2}$ に近づく有理数 r_n(つまり，$\lim_{n\to\infty} r_n = \sqrt{2}$) をとり，$3^{\sqrt{2}} = \lim_{n\to\infty} 3^{r_n}$ とする．

しかし，他の有理数 $s_n \in \mathbb{Q}$ で $\lim_{n\to\infty} s_n = \sqrt{2}$ に対しても，$\lim_{n\to\infty} 3^{s_n} = \lim_{n\to\infty} 3^{r_n}$ が成り立たないと，$3^{\sqrt{2}}$ の値が決まらない．さらに，極限 $\lim_{n\to\infty} 3^{r_n}$ が存在するかどうかも，数列の極限の厳密な定義が必要である．

まず，わかってることを確認する．自然数 $m \in \mathbb{N}$ に対し，x^m は x を m 回かけあわせた数である．また，$y^m = x$ となる y を $x^{\frac{1}{m}}$ とおいたことを確認しておく．$x < 0$ でも x^m は定義できるが，$x^{\frac{1}{m}}$ は (実数としては) 定義できない．

これらを組み合わせれば自然数 $l, m \in \mathbb{N}$ に対し，$x^{\frac{l}{m}} = (x^{\frac{1}{m}})^l$ と定める．ま

た，$r \in \mathbb{Q}$ が $r > 0$ のとき，x^{-r} を $\dfrac{1}{x^r}$ とする．$r = 0$ のとき，$x^0 = 1$ と約束しているので，任意の $r \in \mathbb{Q}$ に対し x^r が定義された．

ここでは，最初に有理数のべき乗について基本的な性質を復習する．下の命題 14.2, 14.3 は，今の段階では実数のべき乗については証明できない．

命題 14.2

$r, s \in \mathbb{Q}$ と $x, y \in \mathbb{R}$ が $x, y > 0$ を満たすならば，次が成り立つ．

(i) $x^{r+s} = x^r x^s$　　(ii) $(xy)^r = x^r y^r$　　(iii) $(x^r)^s = x^{rs}$

証明　まず，べき乗の定義から $\forall k, l \in \mathbb{Z}$ に対し，$x^{k+l} = x^k x^l$ が成り立つことを確認しておく．

(i) $k, l, m, n \in \mathbb{Z}$ で，$l \neq 0, n \neq 0$ で $r = \dfrac{k}{l}, s = \dfrac{m}{n}$ と表せたとする．$z = x^{\frac{1}{ln}}$ とおくと，$x^{r+s} = z^{kn+lm} = z^{kn} z^{lm} = x^r x^s$ となる．

(ii) r は (i) の証明と同じとする．$k = 0$ ならば明らかなので，$k \geq 1$ とすると，$(xy)^k = \underbrace{(xy) \cdots (xy)}_{k\ 回} = x^k y^k$ である．x, y の代わりに $x^{\frac{1}{l}}, y^{\frac{1}{l}}$ とおけば，$(x^{\frac{1}{l}})^l = x$ に注意して，$(x^{\frac{1}{l}} y^{\frac{1}{l}})^l = xy$ が成り立つ．つまり，$x^{\frac{1}{l}} y^{\frac{1}{l}} = (xy)^{\frac{1}{l}}$ となる．

ゆえに，$(xy)^r = \left(x^{\frac{1}{l}} y^{\frac{1}{l}}\right)^k = x^{\frac{k}{l}} y^{\frac{k}{l}}$ となる．□

演習 14.2　命題 14.2 (ii) で $k \leq -1$ のときと，(iii) を示せ．

もう一つ有理数のべき乗についての性質を復習する．

命題 14.3

$x \in \mathbb{R}$ と $r, s \in \mathbb{Q}$ が $x > 0, 0 < r < s$ を満たすとする．

(i) $x > 1 \Rightarrow x^r < x^s$　　(ii) $0 < x < 1 \Rightarrow x^r > x^s$

証明　$s - r = \dfrac{k}{l} > 0$ となる $k, l \in \mathbb{N}$ を選ぶ．$x^{\frac{1}{l}} > 1$ を示す．もし，$x^{\frac{1}{l}} \leq 1$ ならば，$x \leq 1$ となり矛盾する．よって，$x^{\frac{k}{l}} = (x^{\frac{1}{l}})^k > 1$ である．ゆえに，

$x^s = x^{s-r}x^r > x^r$ となる. □

演習 14.3　命題 14.3 (ii) を証明せよ.

さて, $t \in \mathbb{R}$ に対して, x^t の定義を次で与える.

> **定義 14.2**　実数 $x > 0$ と実数 $t > 0$ に対して,
>
> $$x^t \overset{\text{def}}{\Longleftrightarrow} \begin{cases} \sup\{x^r \mid r \in \mathbb{Q},\ r \leq t\} & (x \geq 1 \text{ のとき}) \\ \sup\{x^r \mid r \in \mathbb{Q},\ r \geq t\} & (0 < x < 1 \text{ のとき}) \end{cases}$$
>
> $x^0 = 1$ および, 実数 $t < 0$ に対しては $x^t \overset{\text{def}}{\Longleftrightarrow} \dfrac{1}{x^{-t}}$ とする.

注意 14.3　任意の $r \in \mathbb{Q}$ に対し, $1^r = 1$ だから, 任意の $t \in \mathbb{R}$ に対し, $1^t = 1$ となる.

<u>$x^t \in \mathbb{R}$ となること.</u>　$x > 1$ と $t > 0$ の場合を示す. $r, s \in \mathbb{Q}$ が $0 < r < s$ を満たすならば $x^r < x^s$ となる (命題 14.3). 有理数 $R \in \mathbb{Q}$ で $t < R$ となるものをとれば, $\forall r \in \mathbb{Q}$ が $0 < r \leq t$ を満たすと $x^r \leq x^R$ となるので, 集合 $A = \{x^r \mid r \in \mathbb{Q}, 0 < r \leq t\}$ は上に有界である. 連続性の公理より $\sup A \in \mathbb{R}$ である.

演習 14.4　$0 < x < 1$ のとき, $x^t \in \mathbb{R}$ となることを示せ.

実数 $s, t, x > 0$ に対して, $x^{s+t} = x^s x^t$ などの性質を示すには, もう少し準備が必要なので次の節で述べる.

14.2　2 章　数列・級数

14.2.1　上極限・下極限

数列 $\{a_n\}$ に対し, n 番目以降の数列を集めた集合 $A_n = \{a_n, a_{n+1}, a_{n+2}, \cdots\}$ を考える. $b_n = \sup A_n$ と $c_n = \inf A_n$ とおくと, $\{b_n\}$ は減少列で, $\{c_n\}$ は増加列であることがわかる (ただし, $b_n = \infty$, $c_n = -\infty$ の場合もこめて). ゆえに, $\{b_n\}$ は ∞ に発散するか, 定理 2.7 より実数値に収束する. 同じく, $\{c_n\}$ は $-\infty$ に発散するか, 実数値に収束する. そこで, 次の定義を導入する.

定義 14.3 数列 $\{a_n\}$ に対し，$A_n = \{a_k \mid k \geq n\}$ とおく．

$$\{a_n\} \text{ の}\textbf{上極限}\ \limsup_{n\to\infty} a_n \overset{\text{def}}{\iff} \lim_{n\to\infty} (\sup A_n)$$

$$\{a_n\} \text{ の}\textbf{下極限}\ \liminf_{n\to\infty} a_n \overset{\text{def}}{\iff} \lim_{n\to\infty} (\inf A_n)$$

例 14.1 $a_n = (-1)^n + 10^{-n}$ とおくと，$\{a_n\}$ は発散するが，$\limsup_{n\to\infty} a_n = 1$, $\liminf_{n\to\infty} a_n = -1$ となる．

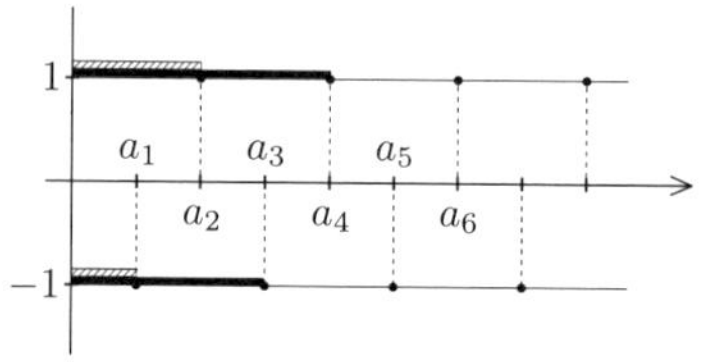

図 **14.2** 例 14.1 の $\{a_n\}$ のイメージ

演習 14.5 $\{a_n\}$ と $\{b_n\}$ に対し，次の不等式や命題が成り立つことを示せ．

(1) $\liminf_{n\to\infty} a_n \leq \limsup_{n\to\infty} a_n$

(2) $\liminf_{n\to\infty} a_n = \limsup_{n\to\infty} a_n \iff \{a_n\}$ は収束列

(3) $\liminf_{n\to\infty} a_n + \liminf_{n\to\infty} b_n \leq \liminf_{n\to\infty}(a_n + b_n)$

(4) $\limsup_{n\to\infty}(a_n + b_n) \leq \limsup_{n\to\infty} a_n + \limsup_{n\to\infty} b_n$

(5) $a_n \leq b_n\ (n \in \mathbb{N}) \Rightarrow \limsup_{n\to\infty} a_n \leq \limsup_{n\to\infty} b_n,\ \liminf_{n\to\infty} a_n \leq \liminf_{n\to\infty} b_n$

演習 14.6 $\{a_n\}$ に対し，次を示せ．

(1) $\lim_{k\to\infty} a_{n_k} = \limsup_{n\to\infty} a_n$ となる部分列 $\{a_{n_k}\}$ が存在する．

(2) $\lim_{k\to\infty} a_{n_k} = \limsup_{n\to\infty} a_n$ となる部分列 $\{a_{n_k}\}$ が存在する．

14.2.2 実数べき乗の性質

実数べき乗の定義は前節の「実数べき乗の定義」を参照せよ．まず，簡単な補題を示す．

補題 14.4 $x > 0 \Rightarrow \lim_{n\to\infty} x^{\frac{1}{n}} = 1$

注意 14.4 $y_n = x^{\frac{1}{n}}$ とおいて，$\log y_n = \dfrac{1}{n}\log x \to 0$ だから，$y_n \to 1$ としてはいけない．なぜなら，まだ対数関数を定義していないからである．

証明 $x > 1$ の場合を示す．(もちろん，$x < \infty$ である．)

$y_n = x^{\frac{1}{n}}$ とおくと．$y_n > y_{n+1} > \cdots \geq 1$ なので，定理 2.7 より $\lim_{n\to\infty} y_n \geq 1$ が存在する．$\lim_{n\to\infty} y_n = 1+\theta$ となる $\theta > 0$ があったとすると，$x^{\frac{1}{n}} \geq 1+\theta$ だから，$x \geq (1+\theta)^n$ となり，$x \geq \lim_{n\to\infty}(1+\theta)^n = \infty$ となり矛盾する． □

演習 14.7 補題 14.4 で $0 < x \leq 1$ の場合を証明せよ．

実数べき乗は上限を用いて定義したが，下限を用いて特徴付けることができる．

命題 14.5

実数 $x > 0$ と実数 $t > 0$ に対し，次が成り立つ．

$$x^t = \begin{cases} \inf\{x^r \mid r \in \mathbb{Q}, r \geq t\} & (x \geq 1 \text{ のとき}) \\ \inf\{x^r \mid r \in \mathbb{Q}, r \leq t\} & (0 < x < 1 \text{ のとき}) \end{cases}$$

証明 $x > 1$ のときだけ示す．$0 < r \leq t \leq s$ を満たす任意の $r, s \in \mathbb{Q}$ をとる．$x^r \leq x^s$ だから，x^s は $A = \{x^r | r \in \mathbb{Q},\ r \leq t\}$ の上界の一つである．よって $x^t \leq x^s$ となる．ゆえに $B = \{x^s | s \in \mathbb{Q}, s \geq t\}$ とおけば，$x^t \leq \inf B$ である．

実数 $s > 0$ に対し，定義から $x^s > 1$ が成り立つことに注意する．

$x^t < \inf B$ と仮定する．次を満たす $\varepsilon_0 > 0$ がある．「$(1+\varepsilon_0)x^t < \inf B$」$r, s \in \mathbb{Q}$ を $0 < r \leq t \leq s$ および，補題 14.4 より $x^{s-r} < 1+\varepsilon_0$ を満たすように選べる．すると，命題 14.2 より，$x^s = x^{s-r}x^r \leq x^{s-r}x^t < (1+\varepsilon_0)x^t < \inf B$ となり，$s > t$ で $x^s < \inf B$ は下限の定義に矛盾する．ゆえに，$x_t = \inf B$ となる． □

演習 14.8 命題 14.5 で $0 < x \leq 1$ の場合の証明をせよ．さらに，$t < 0$ の場合の公式を導け．

定義 14.2 や命題 14.5 では，具体的な計算がしにくいので次の命題を示すことで計算ができるようになる.

命題 14.6
$\forall t \in \mathbb{R}$ に対し，$r_n \in \mathbb{Q}$ が $\lim_{n\to\infty} r_n = t$ を満たす.

$$x \geq 0 \Rightarrow \lim_{n\to\infty} x^{r_n} = x^t \text{ となる.}$$

証明　$x > 1$ と $t > 0$ の場合を示す.

$t \in \mathbb{R}$ に対し，$r_n \in \mathbb{Q}$ が $\lim_{n\to\infty} r_n = t$ を満たすとする．任意の $\varepsilon > 0$ に対し，定義 14.2 と命題 14.5 より，次を満たす $r_0, s_0 \in \mathbb{Q}$ が存在する.「$0 < r_0 < t < s_0$, $x^t - \varepsilon < x^{r_0}$, $x^t + \varepsilon > x^{s_0}$」

一方，次を満たす $N_0 \in \mathbb{N}$ が存在する.「$n \geq N_0 \Rightarrow |r_n - t| < \min\{t - r_0, s_0 - t\}$」よって，$n \geq N_0 \Rightarrow r_0 < r_n < s_0$ となるので，

$$x^t - \varepsilon < x^{r_0} < x^{r_n} < x^{s_0} < x^t + \varepsilon$$

が成り立ち，$|x^{r_n} - x^t| < \varepsilon$ が導かれる. □

演習 14.9　命題 14.6 で $0 < x \leq 1$ と $t < 0$ の場合の証明をせよ.

非負の実数 x に対して，実数 t のべき乗の命題 14.6 を用いて，べき乗に関する基本的な性質を与える.

命題 14.7 (べき乗に関する性質)
$x, y \geq 0$ と $r, s \in \mathbb{R}$ に対し，次が成り立つ.
(i)　$x^{r+s} = x^r x^s$　　(ii)　$(xy)^r = x^r y^r$　　(iii)　$(x^r)^s = x^{rs}$

演習 14.10　命題 14.7 を証明せよ．ヒント： 命題 14.6 を用いる.

14.2.3　実数の構成

有理数 $\mathbb{Q}$ を基に実数 $\mathbb{R}$ を構成する．$\mathbb{R}$ を**切断**で定義したテキストも多いが，本書では**有理数の完備化**で構成する．(切断による定義は [3] を参照.)

この節では，示すべき命題の中でやさしいものは演習とした．つまり，演習も含めて全体が完結するようにした．まず，基本になる記号を導入する (連続関数の記号と似ているが違うので注意する)．

記号 $\mathcal{C}(\mathbb{Q}) \overset{\text{def}}{\Longleftrightarrow} \{\boldsymbol{q} = \{q_n\} \mid q_n \in \mathbb{Q}, \{q_n\}$ はコーシー列 $\}$

演習 14.11 $\boldsymbol{q} = \{q_n\} \in \mathcal{C}(\mathbb{Q})$ に対し，$|\boldsymbol{q}| \overset{\text{def}}{\Longleftrightarrow} \{|q_n|\}$ とおくと，$|\boldsymbol{q}| \in \mathcal{C}(\mathbb{Q})$ となることを示せ．

例 14.2 $\boldsymbol{q}_1 = \{1, 1, 1, \cdots\}$ と $\boldsymbol{q}_2 = \{1 + 10^{-n} \mid n \in \mathbb{N}\}$ とする．$\boldsymbol{q}_1, \boldsymbol{q}_2 \in \mathcal{C}(\mathbb{Q})$ となり，これらは 1 に収束する．

この例 14.2 での $\boldsymbol{q}_1, \boldsymbol{q}_2$ は，極限だけを気にするなら区別する必要がない．そこで次の概念を導入する．

定義 14.4 $\boldsymbol{q} = \{q_n\}, \boldsymbol{r} = \{r_n\} \in \mathcal{C}(\mathbb{Q})$ に対し，

$$\boldsymbol{q} \equiv \boldsymbol{r} \overset{\text{def}}{\Longleftrightarrow} \lim_{n \to \infty} |q_n - r_n| = 0$$

演習 14.12 例 14.2 の $\boldsymbol{q}_1, \boldsymbol{q}_2 \in \mathcal{C}(\mathbb{Q})$ は $\boldsymbol{q}_1 \equiv \boldsymbol{q}_2$ となることを示せ．

$\boldsymbol{q} = \{q_n\}, \boldsymbol{r} = \{r_n\} \in \mathcal{C}(\mathbb{Q})$ に対し，大小関係を次のように決める．

定義 14.5 $\boldsymbol{q} = \{q_n\}, \boldsymbol{r} = \{r_n\} \in \mathcal{C}(\mathbb{Q})$ に対し，

$$\boldsymbol{q} > \boldsymbol{r} \overset{\text{def}}{\Longleftrightarrow} \begin{cases} \text{「}n \geq N_0 \Rightarrow q_n > r_n + \varepsilon_0\text{」となる} \\ \text{有理数 } \varepsilon_0 > 0 \text{ と } N_0 \in \mathbb{N} \text{ が存在する．} \end{cases}$$

$$\boldsymbol{q} \geq \boldsymbol{r} \overset{\text{def}}{\Longleftrightarrow} \boldsymbol{q} > \boldsymbol{r} \text{ または } \boldsymbol{q} \equiv \boldsymbol{r}$$

$$\boldsymbol{q} \not\equiv \boldsymbol{r} \overset{\text{def}}{\Longleftrightarrow} \boldsymbol{q} > \boldsymbol{r} \text{ または } \boldsymbol{q} < \boldsymbol{r}$$

$$\boldsymbol{q} < \boldsymbol{r} \overset{\text{def}}{\Longleftrightarrow} \boldsymbol{r} > \boldsymbol{q}$$

$$\boldsymbol{q} \leq \boldsymbol{r} \overset{\text{def}}{\Longleftrightarrow} \boldsymbol{r} \geq \boldsymbol{q}$$

$\mathbf{0} = \{0, 0, 0, \cdots\}$ とおく．$\mathbf{0} \in \mathcal{C}(\mathbb{Q})$ となることは明らか．
注意：m 次元のゼロ $\mathbf{0} = {}^t(0, \cdots, 0)$ と同じ記号だが，登場する場所が違うので混乱はないであろう．

$\mathcal{C}(\mathbb{Q})$ に，通常の四則演算などを導入する．例えば，$\boldsymbol{q} = \{q_n\}, \boldsymbol{r} = \{r_n\} \in \mathcal{C}(\mathbb{Q})$ に対して，和を $\boldsymbol{q} + \boldsymbol{r} = \{q_n + r_n\}$ で定義する．

演習 14.13　上で決めた $\boldsymbol{q} + \boldsymbol{r}$ が $\mathcal{C}(\mathbb{Q})$ に属することを示せ．

また，積を $\boldsymbol{qr} = \{q_n r_n\}$, $\boldsymbol{r} \not\equiv \mathbf{0}$ に対し商を $\dfrac{\boldsymbol{q}}{\boldsymbol{r}} = \left\{\dfrac{q_n}{r_n}\right\}$，定数倍を $\alpha\boldsymbol{q} = \{\alpha q_n\}$ $(\alpha \in \mathbb{Q})$ で定義すると，それらも $\mathcal{C}(\mathbb{Q})$ に属することを示せ．(定理 2.4 の証明と同様である.)

不等式に関しても通常の不等式と同様の性質が示せる．

演習 14.14　$\boldsymbol{q}, \boldsymbol{r}, \boldsymbol{s} \in \mathcal{C}(\mathbb{Q})$ に対し，次を示せ．

(1)　$\boldsymbol{q} > \boldsymbol{r}$ または，$\boldsymbol{r} > \boldsymbol{q}$ または，$\boldsymbol{q} \equiv \boldsymbol{r}$ のどれか一つが必ず成り立つ．

(2)　$\boldsymbol{q} > \mathbf{0}$ かつ $\boldsymbol{r} > \mathbf{0} \Rightarrow \boldsymbol{q} + \boldsymbol{r} > \mathbf{0}$

(3)　$\boldsymbol{q} > \boldsymbol{r}, \forall \boldsymbol{s} \in \mathcal{C}(\mathbb{Q}) \Rightarrow \boldsymbol{q} + \boldsymbol{s} > \boldsymbol{r} + \boldsymbol{s}$

(4)　$\boldsymbol{q} > \mathbf{0}$ かつ $\boldsymbol{r} > \mathbf{0} \Rightarrow \boldsymbol{qr} > \mathbf{0}$

さて，$\equiv$ は通常の等号と同じ性質を持つことを調べる．

命題 14.8

$\equiv$ は $\mathcal{C}(\mathbb{Q})$ で**同値関係**になる．つまり (i) (ii) (iii) が成り立つ．

(i)　$\boldsymbol{q} \in \mathcal{C}(\mathbb{Q}) \Rightarrow \boldsymbol{q} \equiv \boldsymbol{q}$　(反射律)

(ii)　$\boldsymbol{q}, \boldsymbol{r} \in \mathcal{C}(\mathbb{Q})$ が $\boldsymbol{q} \equiv \boldsymbol{r} \Rightarrow \boldsymbol{r} \equiv \boldsymbol{q}$　(交換律)

(iii)　$\boldsymbol{q}, \boldsymbol{r}, \boldsymbol{s} \in \mathcal{C}(\mathbb{Q})$ が $\boldsymbol{q} \equiv \boldsymbol{r}, \boldsymbol{r} \equiv \boldsymbol{s} \Rightarrow \boldsymbol{q} \equiv \boldsymbol{s}$　(推移律)

演習 14.15　命題 14.8 を示せ．

$\equiv$ で結ばれるものは “同じもの” と考えれば次の記号が便利である．

定義 14.6 $\boldsymbol{q} \in \mathcal{C}(\mathbb{Q})$ に対し，

$$\boldsymbol{q} \text{ の同値類 } [\boldsymbol{q}] \overset{\text{def}}{\Longleftrightarrow} \{\boldsymbol{r} \in \mathcal{C}(\mathbb{Q}) \mid \boldsymbol{q} \equiv \boldsymbol{r}\}$$

このとき，$\boldsymbol{q}$ を $[\boldsymbol{q}]$ の**代表元**とよぶ．

演習 14.16 $\boldsymbol{q}, \boldsymbol{r} \in \mathcal{C}(\mathbb{Q})$ に対し，次が成り立つことを示せ．

（1） $\boldsymbol{q} \equiv \boldsymbol{r} \Longleftrightarrow [\boldsymbol{q}] = [\boldsymbol{r}]$　　（2） $[\boldsymbol{q}] \cap [\boldsymbol{r}] \neq \varnothing \Rightarrow [\boldsymbol{q}] = [\boldsymbol{r}]$

$\mathcal{C}(\mathbb{Q})$ の同値類の集まり「商集合」を定義する．実はこれが実数になる．

記号　$$\mathcal{C}(\mathbb{Q})/\equiv \overset{\text{def}}{\Longleftrightarrow} \{[\boldsymbol{q}] \mid \boldsymbol{q} \in \mathcal{C}(\mathbb{Q})\}$$

$\mathcal{C}(\mathbb{Q})/\equiv$ の元にも大小関係を導入する．

定義 14.7 $[\boldsymbol{q}], [\boldsymbol{r}] \in \mathcal{C}(\mathbb{Q})/\equiv$ に対し，

$$[\boldsymbol{q}] > [\boldsymbol{r}] \overset{\text{def}}{\Longleftrightarrow} \boldsymbol{q} > \boldsymbol{r} \qquad [\boldsymbol{q}] \geq [\boldsymbol{r}] \overset{\text{def}}{\Longleftrightarrow} \boldsymbol{q} \geq \boldsymbol{r}$$
$$[\boldsymbol{q}] < [\boldsymbol{r}] \overset{\text{def}}{\Longleftrightarrow} \boldsymbol{q} < \boldsymbol{r} \qquad [\boldsymbol{q}] \leq [\boldsymbol{r}] \overset{\text{def}}{\Longleftrightarrow} \boldsymbol{q} \leq \boldsymbol{r}$$
$$[\boldsymbol{q}] \neq [\boldsymbol{r}] \overset{\text{def}}{\Longleftrightarrow} [\boldsymbol{q}] > [\boldsymbol{r}] \text{ または } [\boldsymbol{q}] < [\boldsymbol{r}]$$

演習 14.17 上の大小関係の定義が代表元のとり方によらないことを示せ．

$[\boldsymbol{q}], [\boldsymbol{r}] \in \mathcal{C}(\mathbb{Q})$ に対し，和を $[\boldsymbol{q}] + [\boldsymbol{r}] = \{\boldsymbol{s} \mid \boldsymbol{s} \equiv \boldsymbol{q} + \boldsymbol{r}\}$ と定義する．しかし，もし別のコーシー列 $\boldsymbol{q}', \boldsymbol{r}' \in \mathcal{C}(\mathbb{Q})$ で $[\boldsymbol{q}] = [\boldsymbol{q}'], [\boldsymbol{r}] = [\boldsymbol{r}']$ と表せたときに，$[\boldsymbol{q}] + [\boldsymbol{r}] = [\boldsymbol{q}'] + [\boldsymbol{r}']$ が成り立つ (演習 14.18)．ゆえに，和が代表元に依存せずに定義できる．

演習 14.18 $\boldsymbol{q} \equiv \boldsymbol{q}', \boldsymbol{r} \equiv \boldsymbol{r}' \Rightarrow [\boldsymbol{q}] + [\boldsymbol{r}] = [\boldsymbol{q}'] + [\boldsymbol{r}']$ を示せ．
注意：両辺とも $\mathcal{C}(\mathbb{Q})$ の部分集合である．つまり，集合としての「等号」を示す．

また，積を $[\boldsymbol{q}][\boldsymbol{r}] = \{\boldsymbol{s} \mid \boldsymbol{s} \equiv \boldsymbol{q}\boldsymbol{r}\}$，また，$[\boldsymbol{r}] \neq [\boldsymbol{0}]$ に対し，商を $\dfrac{[\boldsymbol{q}]}{[\boldsymbol{r}]} =$

$\left\{ \boldsymbol{s} \;\middle|\; \boldsymbol{s} \equiv \dfrac{\boldsymbol{q}}{\boldsymbol{r}} \right\}$ や定数倍 $\alpha[\boldsymbol{q}] = \{\boldsymbol{s} \mid \boldsymbol{s} \equiv \alpha\boldsymbol{q}\}$ $(\alpha \in \mathbb{R})$ と定義し，その定義が代表元に依存しないことを確かめよ．

演習 14.19 次の等式が成り立つことを示せ．$[\boldsymbol{q}], [\boldsymbol{r}], [\boldsymbol{s}] \in \mathcal{C}(\mathbb{Q})/\equiv$ とする．

$$
\begin{aligned}
&[\boldsymbol{q}] + [\boldsymbol{r}] = [\boldsymbol{r}] + [\boldsymbol{q}] && \text{(加法の交換則)}\\
&([\boldsymbol{q}] + [\boldsymbol{r}]) + [\boldsymbol{s}] = [\boldsymbol{q}] + ([\boldsymbol{r}] + [\boldsymbol{s}]) && \text{(加法の結合則)}\\
&[\boldsymbol{q}][\boldsymbol{r}] = [\boldsymbol{r}][\boldsymbol{q}] && \text{(乗法の交換則)}\\
&([\boldsymbol{q}][\boldsymbol{r}])[\boldsymbol{s}] = [\boldsymbol{q}]([\boldsymbol{r}][\boldsymbol{s}]) && \text{(乗法の結合則)}\\
&([\boldsymbol{q}] + [\boldsymbol{r}])[\boldsymbol{s}] = [\boldsymbol{q}][\boldsymbol{s}] + [\boldsymbol{r}][\boldsymbol{s}] && \text{(分配則)}
\end{aligned}
$$

演習 14.20 $[\boldsymbol{q}] \in \mathcal{C}(\mathbb{Q})/\equiv$ に対し，$-[|\boldsymbol{q}|] \leq [\boldsymbol{q}] \leq [|\boldsymbol{q}|]$ を示せ．

演習 14.14 に対応する不等式の性質は $\mathcal{C}(\mathbb{Q})/\equiv$ に対しても成立する．

演習 14.21 $[\boldsymbol{q}], [\boldsymbol{r}], [\boldsymbol{s}] \in \mathcal{C}(\mathbb{Q})/\equiv$ に対し，次を示せ．

（1） $[\boldsymbol{q}] > [\boldsymbol{r}]$ または，$[\boldsymbol{r}] > [\boldsymbol{q}]$ または，$[\boldsymbol{q}] = [\boldsymbol{r}]$ のどれか一つが必ず成り立つ．

（2） $[\boldsymbol{q}] > [\boldsymbol{0}]$ かつ $[\boldsymbol{r}] > [\boldsymbol{0}] \Rightarrow [\boldsymbol{q}] + [\boldsymbol{r}] > [\boldsymbol{0}]$

（3） $[\boldsymbol{q}] > [\boldsymbol{r}], \forall[\boldsymbol{s}] \in \mathcal{C}(\mathbb{Q})/\equiv\ \Rightarrow [\boldsymbol{q}] + [\boldsymbol{s}] > [\boldsymbol{r}] + [\boldsymbol{s}]$

（4） $[\boldsymbol{q}] > [\boldsymbol{0}]$ かつ $[\boldsymbol{r}] > [\boldsymbol{0}] \Rightarrow [\boldsymbol{q}][\boldsymbol{r}] > [\boldsymbol{0}]$

注意 14.5 有理数 $q \in \mathbb{Q}$ に対して，$\boldsymbol{q} = \{q, q, q, \cdots\} \in \mathcal{C}(\mathbb{Q})$ とおけば $[\boldsymbol{q}]$ が一つ決まる．逆に $\boldsymbol{q} = \{q_n\} \in \mathcal{C}(\mathbb{Q})$ が有理数 $q \in \mathbb{Q}$ に収束していれば $\boldsymbol{q} \equiv \{q, q, \cdots\}$ なので，$[\boldsymbol{q}] = [\{q, q, \cdots\}]$ である．よって，有理数 q と $\{q, q, \cdots\}$ を代表元とする $[\{q, q, \cdots\}]$ は 1 対 1 に対応するので**同一視**する．

以降，有理数 q には $[\{q, q, \cdots\}] \in \mathcal{C}(\mathbb{Q})/\equiv$ を対応させ q と略して書く．よって，$[\boldsymbol{0}]$ は 0 と書く．

実はすでに実数の定義は出てきているが，改めて強調してしておく．

定義 14.8 (実数の定義) $\mathbb{R} \overset{\text{def}}{\Longleftrightarrow} \mathcal{C}(\mathbb{Q})/\equiv$

注意 14.6　注意 14.5 の意味で $\mathbb{Q} \subset \mathbb{R}$ と見なせる (実数の公理 (a)). また，四則演算と大小関係 (実数の公理 (b), (c)) も成り立つ (演習 14.19, 14.21).

実数の公理 (d) を確かめる.　ただし，実数の公理 (d) に現れる「上限」などで使われた不等式は，上で定義したものである.

まず，$A \subset \mathbb{R}$ が上に有界とする．つまり，次を満たす $\boldsymbol{q} \in \mathcal{C}(\mathbb{Q})$ がある.

$$\forall [\boldsymbol{a}] \in A \Rightarrow [\boldsymbol{a}] < [\boldsymbol{q}]$$

$\boldsymbol{q} = \{q_n\} \in \mathcal{C}(\mathbb{Q})$ なので，$m, n \geq N_0 \Rightarrow |q_n - q_m| < 1$ となる $N_0 \in \mathbb{N}$ がある．$M_0 = \max\{[q_1], \cdots, [q_{N_0}]\} + 1$ とおく ($M_0 \in \mathbb{Z}$ である). (ここで，$q \in \mathbb{Q}$ に対する $[q]$ はガウス記号である．つまり，q を超えない最大の整数とする.) $\forall n \in \mathbb{N}$ に対し，$q_n \leq M_0$ となる．仮定から，$[\boldsymbol{a}] \in A \Rightarrow [\boldsymbol{a}] \leq M_0$ である. (有理数 q で $[\{q, q, \cdots\}]$ を表すと約束した.)

$m_0 \in \{m \in \mathbb{Z} \mid m \leq M_0 - 1\}$ で $[\boldsymbol{a}] \in A \Rightarrow [\boldsymbol{a}] \leq m_0 + 1$ で，$m_0 < [\boldsymbol{a}_0]$ となる $[\boldsymbol{a}_0] \in A$ が存在するものを選ぶ．つまり，$m_0 + 1$ が A の上界となる最小の整数である.

集合 $B \subset \mathbb{R}$ と $t \in \mathbb{Q}$ に対し，$tB = \{t[\boldsymbol{q}] \mid [\boldsymbol{q}] \in B\}$ は 1 章で導入した．さらに，$B + t = \{[\boldsymbol{q}] + t \mid [\boldsymbol{q}] \in B\}$ という記号を用いる．この記号を使えば m_0 は次のように言い換えられる.

「$[\boldsymbol{a}] \in A - m_0 \Rightarrow [\boldsymbol{a}] \leq 1$ で，$0 < [\boldsymbol{a}_0]$ となる $[\boldsymbol{a}_0] \in A - m_0$ が存在する.」

次に，$[\boldsymbol{a}] \in 10(A - m_0) \Rightarrow [\boldsymbol{a}] \leq m_1 + 1$ であり，$m_1 < [\boldsymbol{a}_1]$ となる $[\boldsymbol{a}_1] \in 10(A - m_0)$ が存在するように $m_1 \in \{0, 1, \cdots, 9\}$ を選ぶ．つまり，$m_1 + 1$ が $10(A - m_0)$ の上界のうち最小の自然数になる．すなわち，$[\boldsymbol{a}] \in A \Rightarrow [\boldsymbol{a}] \leq m_0 + 10^{-1}(m_1 + 1)$ かつ $m_0 + 10^{-1} m_1 < [\boldsymbol{a}_1]$ となる $[\boldsymbol{a}_1] \in A$ がある.

繰り返せば，$\sum_{k=0}^{n} 10^{n-k} m_k + 1$ が $10^n A$ の自然数の中の最小上界となるように $m_0 \in \mathbb{Z}$ と $m_n \in \{0, 1, \cdots, 9\}$ $(n \in \mathbb{N})$ が選べる．$r_n = \sum_{k=0}^{n} 10^{-k} m_k$ とおくと $\{r_n\} \in \mathcal{C}(\mathbb{Q})$ は明らか.

$\boldsymbol{r} = \{r_n\}$ とおいて，$[\boldsymbol{r}]$ が A の上限であることを確かめればよい.

(i)　$[\boldsymbol{r}]$ が A の上界であること.　$[\boldsymbol{r}] < [\boldsymbol{a}_0]$ となる $[\boldsymbol{a}_0] \in A$ があるとし

て矛盾を導く.

$\boldsymbol{a}_0 = \{a_{0,n}\} \in \mathcal{C}(\mathbb{Q})$ とする. $n \geq N_0 \Rightarrow a_{0,n} - r_n > 2\varepsilon_0 > 0$ となる $\varepsilon_0 \in \mathbb{Q}$ と $N_0 \in \mathbb{N}$ がある. $n \geq N_0$ を $\varepsilon_0 > 10^{-n}$ ととれば, $a_{0,n} > \varepsilon_0 + \sum_{k=0}^{n} 10^{-k} m_k + 10^{-n}$ となり, m_n の選び方に矛盾する.

(ii) $[\boldsymbol{r}]$ が最小の上界であること. $\forall[\boldsymbol{e}] > 0$ に対し, $[\boldsymbol{r}] - [\boldsymbol{e}] < [\boldsymbol{a_e}]$ となる $[\boldsymbol{a_e}] \in A$ を見つければよい.

$\boldsymbol{e} = \{e_n\}$ とすると, $n \geq N_1 \Rightarrow e_n > 2\varepsilon_1 > 0$ となる $\varepsilon_1 \in \mathbb{Q}$ と $N_1 \in \mathbb{N}$ がある. $n \geq N_1$ が $10^{-n} < \varepsilon_1$ とすると, $[\boldsymbol{r} - \boldsymbol{e}] \leq [\boldsymbol{r} - 10^{-n} - \varepsilon_1] < r_n$ が成り立つ. よって, $r_n < [\boldsymbol{a_e}]$ となる $[\boldsymbol{a_e}] \in A$ があるので最小上界になる. □

14.2.4 判定法の改良

系 2.18 を次のように改良することができる. (上極限・下極限の定義は数列の追加事項を見よ.)

系 14.9 (コーシーの判定法)

$a_n \geq 0$ に対し, $\limsup_{n\to\infty} (a_n)^{\frac{1}{n}} = \rho$ とおく.

(i) $0 \leq \rho < 1 \Rightarrow \sum a_n < \infty$

(ii) $1 < \rho \Rightarrow \sum a_n = \infty$

また, 系 2.19 を次のように改良できる.

系 14.10 (ダランベールの判定法)

$a_n > 0$ に対し, 次が成り立つ.

(i) $\limsup_{n\to\infty} \dfrac{a_{n+1}}{a_n} < 1 \Rightarrow \sum a_n < \infty$

(ii) $1 < \liminf_{n\to\infty} \dfrac{a_{n+1}}{a_n} \Rightarrow \sum a_n = \infty$

演習 14.22 上記の系 14.9, 14.10 を証明せよ.

ヒント：それぞれ, 系 2.18, 2.19 の証明と本質的に同じである.

14.2.5　絶対収束

級数において，収束より強い概念を導入する．

> **定義 14.9**　級数 $\sum a_n$ に対し，
>
> $$\sum a_n \text{ は\textbf{絶対収束する}} \overset{\text{def}}{\Longleftrightarrow} \sum |a_n| < \infty$$

絶対収束は，元の級数の各項の絶対値をとった級数の収束なので，正項級数の判定法が使える．

演習 14.23　(1)　$\sum a_n$ が絶対収束するならば収束することを示せ．

(2)　$|a_n| \leq M_n$ となる M_n が $\sum M_n < \infty$ ならば，$\sum a_n$ は絶対収束することを示せ (この $\sum M_n$ を $\sum a_n$ の**優級数**とよぶ)．

a_n が正負の値を交互にとる数列を**交代数列**とよぶ．交代数列が収束するための十分条件をあげる．

> **命題 14.11**
>
> $a_n \geq 0$ が $a_n \geq a_{n+1}$ $(n \in \mathbb{N})$ を満たし，$\lim_{n\to\infty} a_n = 0$ とする
>
> $$\Rightarrow \text{交代級数 } \sum (-1)^{n+1} a_n \text{ は収束する．}$$

注意 14.7　絶対収束しないが収束はする級数を**条件収束**する級数とよぶ．

命題 14.11 の証明　$\sum (-1)^{n+1} a_n$ の部分和 $S_n = a_1 - a_2 + a_3 - \cdots + (-1)^{n+1} a_n$ に対し，$b_n = S_{2n}$ とすると，$\{b_n\}$ は増加列で

$$b_n = a_1 - (a_2 - a_3) - \cdots - (a_{2n-2} - a_{2n-1}) - a_{2n} \leq a_1$$

なので，有界だから収束する．$\lim_{n\to\infty} b_n = \beta \in \mathbb{R}$ とおく．

$c_n = S_{2n+1}$ とすると，$c_n = b_n + a_{2n+1}$ なので，仮定より $\lim_{n\to\infty} c_n = \beta$ となる．

まとめると，任意の $\varepsilon > 0$ に対し，次を満たす $N_\varepsilon \in \mathbb{N}$ がある．

$$「n \geq N_\varepsilon \Rightarrow |a_n| < \frac{\varepsilon}{2},\ |b_n - \beta| < \frac{\varepsilon}{2},\ |c_n - \beta| < \frac{\varepsilon}{2}」$$

ゆえに，$n \geq 2N_\varepsilon$ ならば，n が偶数なら $|S_n - \beta| < \dfrac{\varepsilon}{2}$ であり，n が奇数ならば，$|S_n - \beta| \leq |S_{n+1} - \beta| + |a_{n+1}| < \varepsilon$ となる． □

演習 14.24 $a_n = (-1)^{n+1}\dfrac{1}{n}$ とおく．次の命題を示せ．

(1) $\sum a_n$ は収束する．　　(2) $\sum a_n$ は条件収束する．

14.2.6 乗積級数

二つの級数に対し，"級数の積" のようなものを考え，その収束性を議論する．

定義 14.10 (乗積級数) 級数 $\sum a_n, \sum b_n$ に対し，

$$\sum a_n, \sum b_n \text{ の乗積級数 } \sum c_n \overset{\text{def}}{\iff} c_n = \sum_{k=1}^{n} a_k b_{n-k+1}\ (n \in \mathbb{N})$$

定理 14.12

$$\sum a_n, \sum b_n \text{ が絶対収束する} \Rightarrow \begin{cases} \text{(i)} & \text{乗積級数 } \sum c_n \text{ も絶対収束} \\ \text{(ii)} & \sum c_n = \sum a_n \cdot \sum b_n \end{cases}$$

定理 14.12 の証明 ステップ 1　$S_n = \sum_{k=1}^{n} |a_k|, T_n = \sum_{k=1}^{n} |b_k|$ とおく．

$$|c_n| \leq |a_1 b_n| + |a_2 b_{n-1}| + \cdots + |a_n b_1|$$

だから，

$$\sum_{k=1}^{n} |c_k| \leq |a_1 b_1| + (|a_1 b_2| + |a_2 b_1|) + \cdots + (|a_1 b_n| + |a_2 b_{n-1}| + \cdots + |a_n b_1|) \quad (14.1)$$

であり，a_1 がかかる項は $b_1, \cdots, b_n$，a_2 がかかる項は $b_1, \cdots, b_{n-1}$，なので

$$\sum_{k=1}^{n}|c_k| \leq |a_1|T_n + |a_2|T_{n-1} + \cdots + |a_n|T_1 \leq S_nT_n \leq \sum|a_k|\sum|b_k| < \infty$$

となり，絶対収束が示せた．また，上の計算 (14.1) は c_k を $\alpha_k = \sum_{j=1}^{k}|a_jb_{k-j+1}|$ で置き換えても成立しているので，正項級数 $\sum\alpha_n$ は収束する．

ステップ 2

$$\begin{aligned}&\sum_{k=1}^{n}a_k\sum_{k=1}^{n}b_k\\ =\ & a_1b_1 + a_2b_1 + \cdots + a_nb_1\\ &+ a_1b_2 + a_2b_2 + \cdots + a_nb_2\\ &\cdots\\ &+ a_1b_n + a_2b_n + \cdots + a_nb_n\end{aligned}
\qquad
\begin{aligned}&\sum_{k=1}^{n}c_k\\ =\ & a_1b_1\\ &+ a_1b_2 + a_2b_1\\ &+ a_1b_3 + a_2b_2 + a_3b_1\\ &\cdots\\ &+ a_1b_n + a_2b_{n-1} + \cdots + a_nb_1\end{aligned}$$

を比べて差し引くと次のように表せる．

$$\begin{aligned}&\sum_{k=1}^{n}a_k\cdot\sum_{k=1}^{n}b_k - \sum_{k=1}^{n}c_k\\ &= a_nb_n + (a_{n-1}b_n + a_nb_{n-1}) + \cdots + (a_2b_n + a_3b_{n-1} + \cdots + a_nb_2)\end{aligned}$$

右辺は $|a_nb_n| \leq \alpha_{2n-1}$，$|a_{n-1}b_n + a_nb_{n-1}| \leq \alpha_{2n-2}, \cdots, |a_2b_n + a_3b_{n-1} + \cdots + a_nb_2| \leq \alpha_{n+1}$ となる．ゆえに，次が成り立ち $n \to \infty$ のとき右辺は 0 に収束する (命題 2.15)．

$$\left|\sum_{k=1}^{n}a_k\cdot\sum_{k=1}^{n}b_k - \sum_{k=1}^{n}c_k\right| \leq \sum_{k=n+1}^{2n-1}\alpha_k \leq \sum_{k=n+1}^{\infty}\alpha_k \qquad \square$$

演習 14.25　$\left(\sum\frac{a^n}{n!}\right)\left(\sum\frac{b^n}{n!}\right) = \sum\left(\frac{(a+b)^n - a^n - b^n}{n!}\right)$

ヒント：$\left(\sum_{n=0}^{\infty}\frac{a^n}{n!}\right)\left(\sum_{n=0}^{\infty}\frac{b^n}{n!}\right) = \sum_{n=0}^{\infty}\frac{(a+b)^n}{n!}$ をまず示す．($0! = 1$ と約束する．)

(追加事項のテイラー展開によれば，この式は $e^{a+b} = e^ae^b$ を表す．)

14.3 3章 関数の連続性

3章では述べなかった関数をいくつか導入する．

定義 14.11 二つの関数 $f, g : I \to \mathbb{R}$ に対し，

関数 $\max\{f,g\} \overset{\text{def}}{\Longleftrightarrow} \forall x \in I$ に対し，$\max\{f,g\}(x) = \max\{f(x), g(x)\}$
関数 $\min\{f,g\} \overset{\text{def}}{\Longleftrightarrow} \forall x \in I$ に対し，$\min\{f,g\}(x) = \min\{f(x), g(x)\}$

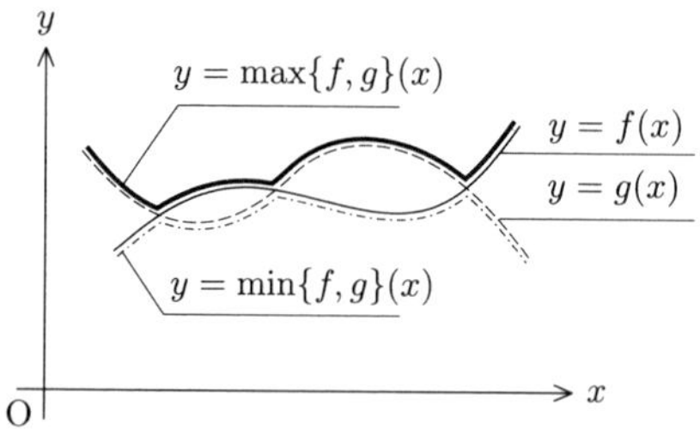

図 14.3 $\max\{f,g\}$ と $\min\{f,g\}$ のイメージ

演習 14.26 区間 I で $f : I \to \mathbb{R}$ と $g : I \to \mathbb{R}$ が $\alpha \in I$ で連続とする．$\max\{f,g\}, \min\{f,g\}$ も $\alpha \in I$ で連続となることを示せ．
ヒント：問題 1.1 を参照せよ．

定義 14.12 (双曲線関数)

$$\sinh x = \frac{e^x - e^{-x}}{2}, \quad \cosh x = \frac{e^x + e^{-x}}{2}, \quad \tanh x = \frac{e^x - e^{-x}}{e^x + e^{-x}}$$

注意 14.8 それぞれ，ハイパボリック・サイン，ハイパボリック・コサイン，ハイパボリック・タンジェントと読む．これらの関数のグラフは図 14.4 のようになる．

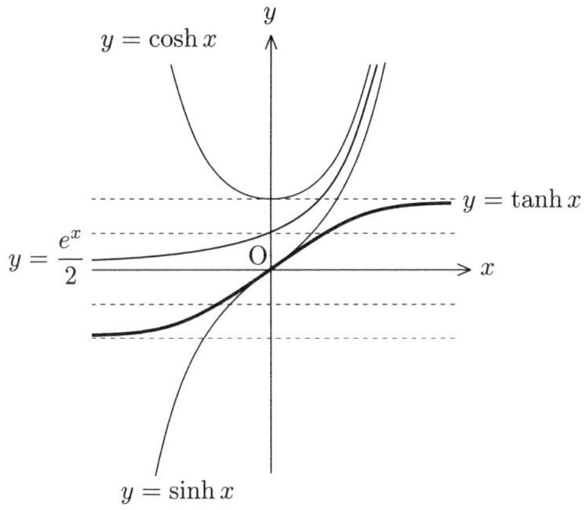

図 **14.4**　双曲線関数のグラフ

演習 14.27　$\sinh x$, $\cosh x$, $\tanh x$ は $\mathbb{R}$ 上で連続であることを示せ.

演習 14.28　次の等式を示せ (複合同順).

(1)　$\cosh^2 x - \sinh^2 x = 1$

(2)　$\sinh(x \pm y) = \sinh x \cosh \pm \cosh x \sinh y$

(3)　$\cosh(x \pm y) = \cosh x \cosh y \pm \sinh x \sinh y$

問題 14.1　次の関数 f は, 定義域 I で逆関数を持つことを示せ.

(1)　$f(x) = \sinh x, \quad I = \mathbb{R}$

(2)　$f(x) = \tanh x, \quad I = \mathbb{R}$

(3)　$f(x) = \cosh x, \quad I = [0, \infty)$

問題 14.2　次の等式を示せ.

(1)　$\sinh^{-1} x = \log(x + \sqrt{x^2 + 1}) \quad (x \in \mathbb{R})$

(2)　$\cosh^{-1} x = \log(x + \sqrt{x^2 - 1}) \quad (x \geq 1)$

(3)　$\tanh^{-1} x = \dfrac{1}{2} \log \dfrac{1 + x}{1 - x} \quad (|x| < 1)$

14.3.1 左右極限・左右連続

定義 14.13 $f : I \to \mathbb{R}$ と $\alpha \in \mathbb{R}$ に対し,

l が f の α での**右極限**

$$\overset{\text{def}}{\Longleftrightarrow} \begin{cases} \forall \varepsilon > 0 \text{ に対し, 次を満たす } \delta_{\varepsilon,\alpha} > 0 \text{ が存在する.} \\ \text{「} x \in I \text{ が } 0 < x - \alpha < \delta_{\varepsilon,\alpha} \text{ を満たす} \Rightarrow |f(x) - l| < \varepsilon \text{」} \end{cases}$$

このとき, $l = \lim_{x \to \alpha+} f(x)$ と書く.

l が f の α での**左極限**

$$\overset{\text{def}}{\Longleftrightarrow} \begin{cases} \forall \varepsilon > 0 \text{ に対し, 次を満たす } \delta_{\varepsilon,\alpha} > 0 \text{ が存在する.} \\ \text{「} x \in I \text{ が } 0 < \alpha - x < \delta_{\varepsilon,\alpha} \text{ を満たす} \Rightarrow |f(x) - l| < \varepsilon \text{」} \end{cases}$$

このとき, $l = \lim_{x \to \alpha-} f(x)$ と書く.

注意 14.9 上の定義の左極限, 右極限では, $\alpha \in I$ としていない. 具体的に言えば, $I = (a, b)$ の時は $\alpha \in [a, b)$ に対して右極限が定義できるが, $\alpha < a$ や $\alpha \geq b$ では定義しても意味がないことに注意せよ. 左極限も同様である.

定義 14.14 $f : I \to \mathbb{R}$ と $\alpha \in I$ に対し,

f が α で**右連続**

$$\overset{\text{def}}{\Longleftrightarrow} \begin{cases} \forall \varepsilon > 0 \text{ に対し, 次を満たす } \delta_{\varepsilon,\alpha} > 0 \text{ が存在する.} \\ \text{「} x \in I \text{ が } 0 < x - \alpha < \delta_{\varepsilon,\alpha} \text{ を満たす} \Rightarrow |f(x) - f(\alpha)| < \varepsilon \text{」} \end{cases}$$

f が α で**左連続**

$$\overset{\text{def}}{\Longleftrightarrow} \begin{cases} \forall \varepsilon > 0 \text{ に対し, 次を満たす } \delta_{\varepsilon,\alpha} > 0 \text{ が存在する.} \\ \text{「} x \in I \text{ が } 0 < \alpha - x < \delta_{\varepsilon,\alpha} \text{ を満たす} \Rightarrow |f(x) - f(\alpha)| < \varepsilon \text{」} \end{cases}$$

演習 14.29 $f : (0, 2) \to \mathbb{R}$ を次のように与える.

$$f(x) = \begin{cases} 0 & (0 < x < 1 \text{ のとき}) \\ \beta & (x = 1 \text{ のとき}) \\ 2 & (1 < x < 2 \text{ のとき}) \end{cases}$$

(1) $\lim_{x\to 1} f(x)$ は存在しないことを示せ.

(2) $\lim_{x\to 1+} f(x)$ と $\lim_{x\to 0-} f(x)$ を求めよ.

(3) 各 $\beta \in \mathbb{R}$ に対し, 左連続・右連続になる点をすべてあげよ.

演習 14.30 $f:\mathbb{R}\to\mathbb{R}$ を $f(x)=[x]$ とする.

(1) $\alpha \in \mathbb{R}\setminus\mathbb{Z}$ で f は連続になることを示せ.

(2) $\alpha \in \mathbb{Z}$ で f は右連続となることを示せ.

(3) $g:[0,\infty)\to\mathbb{R}$ を $g(x)=\begin{cases} x\left[\dfrac{1}{x}\right] & (x>0 \text{ のとき}) \\ 1 & (x=0 \text{ のとき}) \end{cases}$ とおく.

g は $x=0$ で右連続になることを示せ.

演習 14.31 $f:(a,b)\to\mathbb{R}$ と $\alpha\in(a,b)$ に対し, 次が成り立つ.

$$f \text{ が } \alpha \text{ で連続} \iff f \text{ が } \alpha \text{ で右連続かつ左連続}$$

14.3.2 はさみうちの原理

命題 14.13 (はさみうちの原理・その 1)

$f,g,h:I\to\mathbb{R}$ が $g(x)\le f(x)\le h(x)$ $(\forall x\in I)$,
g,h が $\alpha\in I$ で連続で, $g(\alpha)=h(\alpha)$ を満たす

$$\Rightarrow f \text{ も } \alpha \text{ で連続で } \lim_{x\to\alpha} f(x)=g(\alpha) \text{ となる.}$$

命題 14.13 の証明 $\beta=h(\alpha)=g(\alpha)$ とおく. $\beta=f(\alpha)$ に注意する. $\forall\varepsilon>0$ に対し, 次を満たす $\delta_{\varepsilon,h},\delta_{\varepsilon,g}>0$ が存在する.

$$「x\in I \text{ が } |x-\alpha|<\delta_{\varepsilon,\alpha,h} \text{を満たす} \Rightarrow |h(x)-\beta|<\varepsilon」$$

$$「x\in I \text{ が } |x-\alpha|<\delta_{\varepsilon,\alpha,g} \text{を満たす} \Rightarrow |g(x)-\beta|<\varepsilon」$$

$\delta_{\varepsilon,\alpha}=\min\{\delta_{\varepsilon,\alpha,g},\delta_{\varepsilon,\alpha,h}\}$ とおくと, $x\in I$ が $|x-\alpha|<\delta_{\varepsilon,\alpha}$ を満たすならば $-\varepsilon<h(x)-\beta$ かつ $g(x)-\beta<\varepsilon$ となるので,

$$-\varepsilon<h(x)-\beta\le f(x)-\beta\le g(x)-\beta<\varepsilon$$

となる．よって $\lim_{x\to\alpha} f(x) = \beta$ を得る． □

$x \to \infty$ でのはさみうちの原理も述べる．

命題 14.14 (はさみうちの原理・その 2)

$$\left.\begin{array}{l} f,g,h:\mathbb{R}\to\mathbb{R} \text{ が } \lim_{x\to\infty} g(x) = \lim_{x\to\infty} h(x) = l \\ \text{と } g(x) \leq f(x) \leq h(x)\ (\forall x \in \mathbb{R}) \text{ を満たす．} \end{array}\right\} \Rightarrow \lim_{x\to\infty} f(x) = l$$

演習 14.32　命題 14.14 を証明せよ．

14.3.3　逆関数の連続性 (定理 3.10) の区間 I が一般の場合の証明

次の補題は，命題 3.8 により，区間上の連続関数に対して，逆関数が存在するための同値な条件を与えている．

補題 14.15　区間 I, $f \in C(I)$ に対し，

f が I 上で単射 $\Longleftrightarrow$ f が I 上で，狭義増加関数または，狭義減少関数

補題 14.15 の証明　$\Leftarrow$ の証明　明らかなので省略．

$\Rightarrow$ の証明　ステップ 1　$a, b, c \in I$ が $a < b < c$ を満たすとする．$f(a) \neq f(c)$ なので，$f(a) < f(c)$ と仮定して，$f(a) < f(b) < f(c)$ を示す．

結論を否定すると $f(b) < f(a)$ または $f(c) < f(b)$ だが (単射なので，等号は成り立たないことに注意)，それぞれの場合に中間値の定理 (定理 3.11) より，$\alpha \in (b, c)$ で $f(a) = f(\alpha)$, または $\alpha' \in (a, b)$ で $f(c) = f(\alpha')$ となるものが存在する．よって，単射だから $a = \alpha$ または $c = \alpha'$ となり矛盾する．

ステップ 2　任意の $[a, b] \subset I$ に対し，f が $[a, b]$ で狭義増加または，狭義減少となることを示す．$f(a) < f(b)$ と仮定して，f は $[a, b]$ で狭義増加になることを以下のように確かめる．($f(a) > f(b)$ ならば，狭義減少になることも同様にわかる．) $a < a' < b' < b$ とする．ステップ 1 より，$a < a' < b$ だから，$f(a) < f(a') < f(b)$ となり，$f(a') < f(b)$ がわかったので，再びステップ 1 より，$a' <$

$b' < b$ だから，$f(a') < f(b') < f(b)$ となるからである．ゆえに，$f(a') < f(b')$ となる．

もし，I が有界閉区間ならば以上の議論で証明が終わるが，$I = (a, b)$ や $I = [a, \infty)$ などの場合の証明が必要である．

ステップ 3　$a, b \in I$ が $a < b$ を満たし，$f(a) < f(b)$ とする ($f(a) > f(b)$ のときも同様)．ステップ 2 より，次の不等式が成り立つ．

$$f(a) < f\left(\frac{a+b}{2}\right) < f(b)$$

$\forall x, y \in I$ に対し，$x < y \Rightarrow f(x) < f(y)$を示す．

(i)　$x < a$ の場合：$f(x) > f(b)$ とする．ステップ 2 より $f(a) > f\left(\frac{a+b}{2}\right)$ となり矛盾するから，$f(x) < f(b)$ が成立する．よって，$x < y \leq b$ ならばステップ 2 より $f(x) < f(y)$ となる．$y > b$ ならば，$f(x) > f(y)$ とするとステップ 2 から $f(a) > f(b)$ となり矛盾するので $f(x) < f(y)$ が導かれる．

(ii)　$x \in [a, b]$ の場合：$y \in (a, b]$ ならばステップ 2 で $f(x) < f(y)$ なので $y > b$ のときを考える．$f(a) > f(y)$ とすると，$f\left(\frac{a+b}{2}\right) > f(b)$ となり矛盾するから，$f(a) < f(y)$ となる．よってステップ 2 より $f(x) < f(y)$ を得る．

(iii)　$b < x < y$ の場合：$f(a) > f(y)$ とすると，ステップ 2 より $f\left(\frac{a+b}{2}\right) > f(b)$ となり矛盾するので，$f(a) < f(y)$ となる．よって，$f(x) < f(y)$ が示せる．　□

次に区間上の連続関数についての補題を述べる．

補題 14.16

区間 I, $f \in C(I)$ に対し，

(i)　$R(f)$ は区間になる．

(ii)　I が有界閉区間 $\Rightarrow R(f)$ も有界閉区間

注意 14.10　一点の集合 $\{a\}$ も閉区間 $[a, a]$ とみなす．

補題 14.16 の証明 (i) $\sup R(f) = \beta, \inf R(f) = \alpha$ とおく．ただし，$\alpha \leq \beta$ で，$\alpha \in [-\infty, \infty), \beta \in (-\infty, \infty]$ とする．$\alpha = \beta$ のときは $R(f) = [\alpha, \alpha]$ になる．

$-\infty < \alpha < \beta < \infty$ と仮定し，$\forall\gamma \in (\alpha, \beta)$ を固定する．$\varepsilon \in (0, \min\{\beta - \gamma, \gamma - \alpha\})$ に対し，次を満たす $a_\varepsilon, b_\varepsilon \in I$ がある．

$$「\alpha + \varepsilon > f(a_\varepsilon), \beta - \varepsilon < f(b_\varepsilon)」$$

ε のとり方から，$f(a_\varepsilon) - \gamma < \alpha + \varepsilon - \gamma < 0$, $f(b_\varepsilon) - \gamma > \beta - \varepsilon - \gamma > 0$ となる．つまり $f(a_\varepsilon) < \gamma < f(b_\varepsilon)$ が成り立つ．$a_\varepsilon < b_\varepsilon$ のときを考える ($a_\varepsilon > b_\varepsilon$ の場合も同様に示せる)．中間値の定理 (定理 3.11) より，$f(c) = \gamma$ となる $c \in (a_\varepsilon, b_\varepsilon)$ が存在するので $\gamma \in R(f)$ となる．

$\alpha = -\infty$ の場合は，$f(a) < \gamma$ となる $a \in I$ を一つ選べばよい．$\beta = \infty$ の場合も同様．

(ii) I が有界閉区間の場合，$\alpha = \min R(f) \in R(f), \beta = \max R(f) \in R(f)$ となることに注意すればよい． □

定理 3.10 の一般の区間 I のときの証明 $\beta \in R(f)$ を固定し，$\alpha \in I$ を $f(\alpha) = \beta$ となるようにとる．

$I = (a, b)$ ならば，$a' = \dfrac{a + \alpha}{2}, b' = \dfrac{b + \alpha}{2}$ とおく．ただし，$a = -\infty$ のときは，$a' = \alpha - 1$, $b = \infty$ のときは，$b' = \alpha + 1$ とおけばよい．

有界閉区間 $I' = [a', b'] \subset I$ に対し，$J' = f(I')$ とおくと，J' は補題 14.16 より有界閉区間である．また，補題 14.15 より，$J' = [f(a'), f(b')]$ または $J' = [f(b'), f(a')]$ となる．さらに，$f^{-1}(\beta)$ は一点だから $f(a') < \beta < f(b')$ または，$f(b') < \beta < f(a')$ が成り立つ．

ゆえに，定理 3.10 の関数の定義域が有界閉区間の場合の証明が適用でき，f^{-1} は β で連続になる． □

14.3.4 上極限・下極限と上半連続・下半連続

左右極限は，$\alpha \in I$ の左，または右から x が近づいた極限であった．式で見ると，通常の収束「$0 < |x - \alpha| < \delta_\varepsilon \Rightarrow |f(x) - l| < \varepsilon$」の前半の絶対値を開いて，$0 < x - \alpha < \delta_\varepsilon$ (右極限) と $-\delta_\varepsilon < x - \alpha < 0$ (左極限) に分けた概念である．

逆に，$|f(x) - l| < \varepsilon$ を二つの条件に分けたのが次の概念である．

定義 14.15 $f: I \to \mathbb{R}$ と $\alpha \in I$ に対し，

f の α での**上極限**

$$\limsup_{x\to\alpha} f(x) \overset{\text{def}}{\Longleftrightarrow} \lim_{t\to 0} \left(\sup\{f(x) \mid x \in I,\ 0 < |x-\alpha| < t\}\right)$$

f の α での**下極限**

$$\liminf_{x\to\alpha} f(x) \overset{\text{def}}{\Longleftrightarrow} \lim_{t\to 0} \left(\inf\{f(x) \mid x \in I,\ 0 < |x-\alpha| < t\}\right)$$

注意 14.11 上の定義 14.15 の右辺は，$\displaystyle\lim_{t\to 0+}$ である．実際，上極限において $\sup\{f(x) \mid x \in I, 0 < |x-\alpha| < t\}$ は，定義域を $(0,\infty)$ とした関数と見なせるので，$\displaystyle\lim_{t\to 0}$ は右極限である．

次の演習によって，$\displaystyle\limsup_{x\to\alpha} f(x)$ は ∞ か，または実数値となる．一方，$\displaystyle\liminf_{x\to\alpha} f(x)$ は $-\infty$ か，実数値となる．

演習 14.33 $f:(a,b) \to \mathbb{R}$ と $\alpha \in (a,b)$ に対し，$\delta_1 = \min\{b-\alpha, \alpha-a\} > 0$ とおく．$g,\ h:(0,\delta_1) \to \mathbb{R}$ を次で定義する．

$$g(t) = \sup\{f(x) \mid 0 < |x-\alpha| < t\}$$

$$h(t) = \inf\{f(x) \mid 0 < |x-\alpha| < t\}$$

(1) g は $(0,\delta_1)$ で増加関数になり，h は $(0,\delta_1)$ で減少関数になることを示せ．

(2) $\sup\{f(x) \mid x \in (a,b)\} < \infty$ ならば，$\displaystyle\lim_{t\to 0+} g(t)$ が存在することを示せ．また，$\inf\{f(x) \mid x \in (a,b)\} > -\infty$ ならば，$\displaystyle\lim_{t\to 0+} h(t)$ が存在することを示せ．

(3) 次を満たす $x_n, y_n \in (a,b)$ が存在することを示せ．

(i) $\displaystyle\lim_{n\to\infty} x_n = \alpha$, かつ $\displaystyle\lim_{n\to\infty} f(x_n) = \limsup_{x\to\alpha} f(x)$

(ii) $\displaystyle\lim_{n\to\infty} y_n = \alpha$, かつ $\displaystyle\lim_{n\to\infty} f(y_n) = \liminf_{x\to\alpha} f(x)$

(4) $\displaystyle\lim_{x\to\alpha} f(x) = l \Longleftrightarrow \limsup_{x\to\alpha} f(x) = \liminf_{x\to\alpha} f(x) = l$ を示せ．

定義 14.16　$I \subset \mathbb{R}$ と関数 $f: I \to \mathbb{R}$ と $\alpha \in I$ に対し,

f が α で**上半連続**

$$\overset{\text{def}}{\iff} \begin{cases} \forall \varepsilon > 0 \text{ に対し，次を満たす } \delta_{\varepsilon,\alpha} > 0 \text{ が存在する.} \\ \text{「} x \in I \text{ が } |x - \alpha| < \delta_{\varepsilon,\alpha} \text{ を満たす} \Rightarrow f(x) - f(\alpha) < \varepsilon \text{」} \end{cases}$$

f が α で**下半連続**

$$\overset{\text{def}}{\iff} \begin{cases} \forall \varepsilon > 0 \text{ に対し，次を満たす } \delta_{\varepsilon,\alpha} > 0 \text{ が存在する.} \\ \text{「} x \in I \text{ が } |x - \alpha| < \delta_{\varepsilon,\alpha} \text{ を満たす} \Rightarrow f(\alpha) - f(x) < \varepsilon \text{」} \end{cases}$$

演習 14.34　次の問に答えよ.

(1)　$f: (a,b) \to \mathbb{R}$ が $\alpha \in (a,b)$ で「上半連続かつ下半連続」と連続は同値であることを示せ.

(2)　次の関数 $f: (a,b) \to \mathbb{R}$ は $\alpha \in (a,b)$ で上半連続，下半連続，連続，どれでもない，のいずれになるか. $\beta \in \mathbb{R}$ によって場合分けせよ.

$$f(x) = \begin{cases} x - 1 & (a < x < \alpha \text{のとき}) \\ \beta & (x = \alpha \text{のとき}) \\ x + 1 & (\alpha < x < b \text{のとき}) \end{cases}$$

(3)　$f: (a,b) \to \mathbb{R}$ が $\alpha \in (a,b)$ で上半連続ならば，$\limsup_{x \to \alpha} f(x) \leq f(\alpha)$ となり，下半連続ならば，$\liminf_{x \to \alpha} f(x) \geq f(\alpha)$ となることを示せ．また，等号が成り立たない例をあげよ.

(4)　$f: [a,b] \to \mathbb{R}$ が，$\forall x \in [a,b]$ で上半連続とすると，最大値をとることを示せ．(最大値原理)

(5)　$f: [a,b] \to \mathbb{R}$ が，$\forall x \in [a,b]$ で下半連続とすると，最小値をとることを示せ．(最小値原理)

ヒント：(4) と (5) は最大値原理の証明を見直せば，最大値があることを示すのに上半連続の性質しか使ってないことがわかる.

14.4　4 章　1 変数関数の微分の基礎

14.4.1　e の無理数性

テイラーの定理の応用として，e が無理数であることを示す．

e が有理数ならば $e = \dfrac{m}{n}$ となる自然数 $m, n \in \mathbb{N}$ がある．

$\forall k \geq n$ に対し，e^x の k 次のテイラーの展開 (定理 4.15) より，

$$e^x = 1 + x + \frac{x^2}{2!} + \cdots + \frac{x^{k-1}}{(k-1)!} + \frac{x^k}{k!} e^{\theta_{x,k} x}$$

となる $\theta_{x,k} \in (0,1)$ が存在する．$x = 1$ とおけば，

$$e = \sum_{j=0}^{k-1} \frac{1}{j!} + \frac{1}{k!} e^{\theta_{1,k}} \tag{14.2}$$

となる $\theta_{1,k} \in (0,1)$ がある．(14.2)$\times k!$ を計算し，変形すると

$$e^{\theta_{1,k}} = k! \frac{m}{n} - k! \sum_{j=0}^{k-1} \frac{1}{j!} \tag{14.3}$$

となるが，$\theta_{1,k} \in (0,1)$ なので，$2 < e^{\theta_{1,k}} < 3$ である (例 2.6 参照)．一方，(14.3) 式の右辺は整数であるから $e^{\theta_{1,k}} = 2$ となる．

ゆえに，(14.3) 式を変形するとすべての $k \geq n$ に対し，次が成り立つ．

$$\frac{m}{n} = \frac{2}{k!} + \sum_{j=0}^{k-1} \frac{1}{j!}$$

例えば，$k = n, n+2$ のときを考えると，$\dfrac{2}{n!} + \displaystyle\sum_{j=0}^{n-1} \frac{1}{j!} = \frac{2}{(n+2)!} + \sum_{j=0}^{n+1} \frac{1}{j!}$ となる．この式を満たす $n \in \mathbb{N}$ は存在しないことは簡単にわかる (各自確認せよ)．

14.4.2　コーシーの剰余項

テイラーの定理 (定理 4.15) に現われるラグランジュの剰余項でなく，別の誤差項が現われる定理を述べる．

系 14.17 (テイラーの定理)

$n \geq 1$ とする．$f \in C^{n-1}[a,b]$ が，$f^{(n-1)} \in C^1(a,b)$ とする．次を満たす $\theta_{a,b} \in (0,1)$ が存在する．

$$\begin{aligned} f(b) = f(a) + f'(a)(b-a) + \frac{1}{2!}f''(a)(b-a)^2 \\ + \cdots + \frac{1}{(n-1)!}f^{(n-1)}(a)(b-a)^{n-1} \\ + \underline{\frac{1}{n!}f^{(n)}(a+\theta_{a,b}(b-a))(1-\theta_{a,b})^{n-1}(b-a)^n} \end{aligned}$$

注意 14.12　最後の項 (下線部) を**コーシーの剰余項**とよぶ．

系 14.17 の証明　$x \in [a,b]$ に対し，$g : [a,b] \to \mathbb{R}$ を次のようにおく．

$$g(x) = f(b) - \sum_{k=0}^{n-1} \frac{f^{(k)}(x)}{k!}(b-x)^k - \rho(b-x)$$

ただし，$\rho \in \mathbb{R}$ は，後で決める．

$g(b) = 0$ は定義からすぐに導かれる．一方，$g(a) = f(b) - \sum_{k=0}^{n-1} \frac{f^{(k)}(a)}{k!}(b-a)^k - \rho(b-a)$ となる．そこで，$\rho = \frac{1}{b-a}\left\{f(b) - \sum_{k=0}^{n-1} \frac{f^{(k)}(a)}{k!}(b-a)^k\right\}$ とおけば，$g(a) = 0$ が成り立つ．

よって，ロルの定理 (補題 4.11) より $g'(\alpha_{a,b}) = 0$ となる $\alpha_{a,b} \in (a,b)$ がある．$g'(\alpha_{a,b}) = 0$ を計算すれば，

$$0 = \sum_{k=0}^{n-1} \frac{f^{(k+1)}(\alpha_{a,b})}{k!}(b-\alpha_{a,b})^k - \sum_{k=1}^{n-1} \frac{f^{(k)}(\alpha_{a,b})}{(k-1)!}(b-\alpha_{a,b})^{k-1} - \rho$$

となるが，第 1 項の $k = n-1$ の項と第 3 項だけ残るので次のようになる．

$$\frac{f^{(n)}(\alpha_{a,b})}{(n-1)!}(b-\alpha_{a,b})^{n-1} = \rho$$

ρ の定義を代入し，$\alpha_{a,b} = a + \theta_{a,b}(b-a)$ となる $\theta_{a,b} \in (0,1)$ を選べば $(b-\alpha_{a,b}) = (1-\theta_{a,b})(b-a)$ であることに注意すればよい． □

14.4.3 テイラー展開

n 次のテイラー展開 (系 4.16) を形式的に $n \to \infty$ とすると次の式を得る.

$$\sum_{k=0}^{\infty} \frac{f^{(k)}(\alpha)}{k!}(x-\alpha)^k$$

これを f の**テイラー展開**とよぶ. ただし, 右辺はいつでも意味を持つかどうかはわからない. 同様に, $\alpha = 0$ のとき, **マクローリン展開**とよぶ.

例 14.3 マクローリン展開が $\forall x \in \mathbb{R}$ で意味を持つ ($x \in \mathbb{R}$ を決めると, 級数が収束する) 関数の例をあげる.

(1) $\sin x = \sum_{n=1}^{\infty} (-1)^{n-1} \frac{x^{2n-1}}{(2n-1)!}$ (2) $\cos x = \sum_{n=0}^{\infty} (-1)^n \frac{x^{2n}}{(2n)!}$

(3) $e^x = \sum_{n=0}^{\infty} \frac{x^n}{n!}$ (4) $\log(1+x) = \sum_{n=1}^{\infty} (-1)^{n-1} \frac{x^n}{n}$

一番やさしい (3) を示す.

$x \in \mathbb{R}$ を固定し, 右辺の級数が収束することを示す. 次を満たす $N_x \in \mathbb{N}$ を選ぶ.「$n \geq N_x \Rightarrow \frac{|x|}{n} < \frac{1}{2}$」すると,

$$\left| \sum_{n=N_x}^{\infty} \frac{x^n}{n!} \right| \leq \sum_{n=N_x} \frac{|x|^{N_x-1}}{(n-1)!} \frac{|x|}{N_x} \cdots \frac{|x|}{n} \leq \frac{|x|^{N_x-1}}{(n-1)!} \sum_{n=1}^{\infty} \frac{1}{2^n} < \infty$$

となる.

よって, $S_n = \sum_{k=0}^{n} \frac{x^k}{k!}$ とおくと, $\{S_n\}$ はコーシー列になるから, 級数 $\sum_{n=0}^{\infty} \frac{x^n}{n!}$ は収束する.

一方, $\forall n \in \mathbb{N}$ に対し, $f(x) = e^x$ の n 次のマクローリン展開より,

$$e^x - \sum_{k=0}^{n-1} \frac{x^k}{k!} = \frac{e^{\theta_x x}}{n!} x^n$$

を満たす $\theta_x \in (0,1)$ が存在する.

$\forall \varepsilon > 0$ に対し, $\forall n \geq N_{\varepsilon,x} \Rightarrow \frac{|x|}{n} < \varepsilon$ となる $N_{\varepsilon,x} \in \mathbb{N}$ がある. よって, $n \geq N_{\varepsilon,x}$ ならば次式が得られ, $\lim_{n\to\infty} S_n = e^x$ が成り立つ.

$$\left|e^x - \sum_{k=0}^{n-1} \frac{x^k}{k!}\right| \leq \frac{e^{|x|}|x|^{N_{\varepsilon,x}-1}}{(N_{\varepsilon,x}-1)!}\varepsilon^{n-N_{\varepsilon,x}+1} \qquad \square$$

演習 14.35 上の例 14.3 の (1)(2) の右辺が $\forall x \in \mathbb{R}$ で収束することを示せ．また，(4) は $|x| < 1$ で収束することを示せ．

14.5 5章 1変数関数の積分の基礎

14.5.1 ダルブーの定理

上積分・下積分の極限に関する性質を述べる．

区間 I の分割 $\Delta = \{I_k \mid k = 1, 2, \cdots, m\}$ に対し，Δ の幅 $|\Delta|$ を $\max\{|I_1|, |I_2|, \cdots, |I_m|\}$ とおく．

定理 14.18 (ダルブー[1]の定理)

有界関数 $f : I \to \mathbb{R}$ に対して，次が成り立つ．

$$\lim_{|\Delta|\to 0} \underline{S}[f, \Delta] = \underline{S}[f], \quad \lim_{|\Delta|\to 0} \overline{S}[f, \Delta] = \overline{S}[f]$$

定理 14.18 の証明 $\lim_{|\Delta|\to 0} \overline{S}[f, \Delta] = \overline{S}[f]$ だけを示す．補題 5.3 より，$\forall \varepsilon > 0$ に対し，「$\overline{S}[f, \Delta_\varepsilon] < \overline{S}[f] + \dfrac{\varepsilon}{2}$」となる分割 $\Delta_\varepsilon = \{I_k = [a_{k-1}, a_k] \mid k = 1, \cdots, m\}$ が存在する ($m \geq 2$)．f が有界だから $\sup|f|(I) < \infty$ なので $M_0 = \sup|f|(I)$ とおく．

$|\Delta| < \dfrac{\varepsilon}{4(m-1)M_0}$ を満たす任意の分割 Δ に対し，$\Delta' = \Delta \cup \Delta_\varepsilon$ とおくと，命題 5.1 より，$\overline{S}[f, \Delta'] \leq \overline{S}[f, \Delta]$ となる．さらに，$\Delta = \{J_k = [b_{k-1}, b_k] \mid k = 1, \cdots, l\}$ とし，$\Delta' = \{I'_k = [a'_{k-1}, a'_k] \mid k = 1, \cdots, n\}$ とする．

$J_k \in \Delta$ で，$a_j \in (b_{k-1}, b_k)$ となる a_j(分割 Δ_ε の "点") がない場合は，$J_k = I'_i$ となる $i \in \{1, \cdots, n\}$ がある．よって，$\sup f(J_k)|J_k| - \sup f(I'_i)|I'_i| = 0$ が成り立つ．

---

[1] Darboux (1842-1917)

$J_k \in \Delta$ で，$a_j \in (b_{k-1}, b_k)$ となる a_j がある場合は，多くても $m-1$ 個である．その場合，複数の a_j が (b_{k-1}, b_k) に入るかもしれない．$J_k = \bigcup_{i=0}^{i(k)-1} I'_{j(k)+i}$ となる $i(k), j(k) \in \mathbb{N}$ がある．ただし，$i(k) \geq 2$ である．ゆえに，

$$\sup f(J_k)|J_k| - \sum_{i=0}^{i(k)-1} \sup f(I'_{j(k)+i})|J'_{j(k)+i}| \leq 2M_0|\Delta|$$

となる．$k = 1, \cdots, m$ で和をとれば次のようになる．

$$0 \leq \overline{S}[f, \Delta] - \overline{S}[f, \Delta'] \leq 2M_0(m-1)|\Delta| < \frac{\varepsilon}{2}$$

また，$\overline{S}[f, \Delta'] \leq \overline{S}[f, \Delta_\varepsilon]$ だから，次式から $|\overline{S}[f, \Delta] - \overline{S}[f]| < \varepsilon$ が示せる．

$$\overline{S}[f, \Delta] \leq \overline{S}[f, \Delta'] + \frac{\varepsilon}{2} \leq \overline{S}[f, \Delta_\varepsilon] + \frac{\varepsilon}{2} < \overline{S}[f] + \varepsilon$$ □

演習 14.36 ダルブーの定理 (定理 14.18) の $\underline{S}$ に関する式を示せ．

14.5.2 積分の平均値の定理

次の補題は積分の平均値の定理の証明に使う．この補題を使わなくても証明できるが，この補題自体が重要なので述べておく．

補題 14.19
$f \in C[a, b]$ が $f(x) \geq 0$ $(\forall x \in [a, b])$ を満たす．

$$\int_a^b f(x)dx = 0 \Rightarrow f(x) = 0 \quad (\forall x \in [a, b])$$

補題 14.19 の証明 背理法で示す．$I = [a, b]$ とおく．$f(\alpha) > 0$ となる $\alpha \in I$ があると仮定する．f の連続性から,「$x \in I$ が $|x - \alpha| < \delta_0 \Rightarrow |f(x) - f(\alpha)| < \frac{f(\alpha)}{2}$」となる $\delta_0 > 0$ がある．つまり，$f(x) > \frac{f(\alpha)}{2} > 0$ が成り立つ．

$J = \{x \in I \mid |x - \alpha| \leq \frac{\delta_0}{2}\}$ とする．J は閉区間となるので，$J = [a', b']$ とおくと，長さは $|J| = b' - a' \geq \frac{\delta_0}{2}$ となる．命題 5.8 と定理 5.6 より，

$$\int_{a'}^{b'} f(x)dx \leq \int_a^b f(x)dx$$

である．左辺は $\dfrac{\delta_0 f(\alpha)}{4} > 0$ より大きいので右辺は正になり矛盾する． □

定理 14.20 (積分の平均値の定理)

$f, g \in C[a,b]$ とする．

(i) 「$\displaystyle\int_a^b f(x)dx = f(c)(b-a)$」となる $c \in [a,b]$ がある．

(ii) $g(x) \geq 0$ $(\forall x \in [a,b])$ ならば，

「$\displaystyle\int_a^b f(x)g(x)dx = f(c)\int_a^b g(x)dx$」となる $c \in [a,b]$ がある．

定理 14.20 の証明　(ii) のみ証明する．((i) は $g(x) = 1$ とおけばよい．)

$I = [a,b]$ とおく．$\displaystyle\int_a^b gdx = 0$ と仮定する．補題 14.19 より $g(x) = 0$ $(\forall x \in I)$ となり，結論の式は $\forall c \in [a,b]$ で成り立つ．

以降，$\displaystyle\int_a^b gdx > 0$ と仮定する．

最大値・最小値原理 (定理 3.12) より $M = \max f(I) = f(a')$ と $m = \min f(I) = f(b')$ となる $a', b' \in I$ がある．$a' < b'$ と仮定してよい．$mg(x) \leq f(x)g(x) \leq Mg(x)$ $(\forall x \in I)$ および，定理 5.6 と 5.5 より

$$m\int_a^b gdx \leq \int_a^b fgdx \leq M\int_a^b gdx$$

となる．$\beta = \dfrac{\displaystyle\int_a^b fgdx}{\displaystyle\int_a^b gdx}$ とおくと，

$$m = f(b') \leq \beta \leq f(a') = M$$

なので中間値の定理 (定理 3.11) から $f(c) = \beta$ となる $c \in [a', b']$ がある． □

14.6　6 章　1 変数関数の微分の応用

定義 14.17　$f:(a,b)\to\mathbb{R}$ に対し，

$$f \text{ が凸関数} \overset{\text{def}}{\Longleftrightarrow} \begin{cases} \forall\theta\in(0,1), \forall x,y\in(a,b) \\ \Rightarrow f(\theta x+(1-\theta)y)\leq\theta f(x)+(1-\theta)f(y) \end{cases}$$

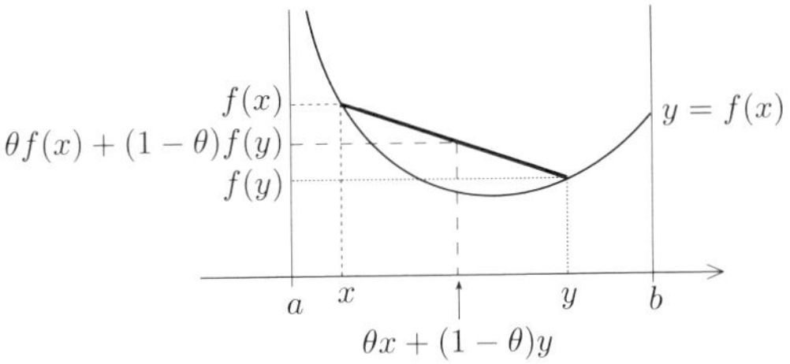

図 **14.5**　凸関数のイメージ

注意 14.13　$f:(a,b)\to\mathbb{R}$ が**凹関数**とは，$-f$ が凸関数のことである．つまり，次が成り立つ．

$$\forall\theta\in(0,1), \forall x,y\in(a,b)\Rightarrow f(\theta x+(1-\theta)y)\geq\theta f(x)+(1-\theta)f(y)$$

高校では，凸関数は「下に凸」な関数，凹関数は「上に凸」な関数とよばれた．

関数が微分可能なとき，凸であることの同値な条件を述べる．

命題 14.21 (凸関数の必要十分条件)

$f\in C[a,b]$ が (a,b) で微分可能とする．

$$f \text{ が } [a,b] \text{ で凸} \Longleftrightarrow a<x_1<x_2<b\Rightarrow f'(x_1)\leq f'(x_2)$$

命題 14.21 の証明　f が凸ならば，$a<x_1<x_2<b$ と $\theta\in(0,1)$ に対し，

$$f(x_1+\theta(x_2-x_1))\leq(1-\theta)f(x_1)+\theta f(x_2) \tag{14.4}$$

が成り立つ．これを変形して，

$$\frac{f(x_1+\theta(x_2-x_1))-f(x_1)}{\theta} \le f(x_2)-f(x_1)$$

と表し，$\theta \to 0$ の極限をとれば

$$f'(x_1)(x_2-x_1) \le f(x_2)-f(x_1) \tag{14.5}$$

となる．さらに (14.4) を次のように変形する．

$$f(x_2+(1-\theta)(x_1-x_2))-f(x_2) \le (1-\theta)\{f(x_1)-f(x_2)\}$$

両辺を $1-\theta$ で割り，$\theta \to 1$ とすると

$$f'(x_2)(x_1-x_2) \le f(x_1)-f(x_2) \tag{14.6}$$

符号に気をつけて (14.5) と (14.6) をあわせれば次を得る．

$$f'(x_1) \le \frac{f(x_2)-f(x_1)}{x_2-x_1} \le f'(x_2) \tag{14.7}$$

逆に，$a < x_1 < x_2 < b$ と $\theta \in (0,1)$ に対し，平均値の定理 (定理 4.12) から

$$\begin{aligned}
&\theta f(x_1)+(1-\theta)f(x_2)-f(x_2+\theta(x_1-x_2)) \\
&= \theta f'(\xi_1)(1-\theta)(x_1-x_2)+(1-\theta)f'(\xi_2)\theta(x_2-x_1)
\end{aligned} \tag{14.8}$$

となる $\xi_1 \in (x_1, x_2+\theta(x_1-x_2))$ と $\xi_2 \in (x_2+\theta(x_1-x_2), x_2)$ がある．$a < \xi_1 < \xi_2 < b$ なので $f'(\xi_1) \le f'(\xi_2)$ となる．よって (14.8) は非負だから f は凸になる．

□

演習 14.37　凸関数 $f : (a,b) \to \mathbb{R}$ と $x_k \in (a,b)$, $\theta_k \in (0,1)$ $(k=1,2,\cdots,n)$ に対し次の不等式が成り立つ．

$$\sum_{k=1}^{n} \theta_k = 1 \Rightarrow f\left(\sum_{k=1}^{n} \theta_k x_k\right) \le \sum_{k=1}^{n} \theta_k f(x_k)$$

ヒント：数学的帰納法を用いる．

問題 14.3　$f : I \to \mathbb{R}$ が I で凸 $\Rightarrow$ 曲線 $y=f(x)$ は，$\forall x \in I$ で接線より上にあることを示せ．

問題 14.4　$f \in C[a,b] \cap C^1(a,b)$ が (a,b) で 2 階微分可能とする．f が $[a,b]$ で凸であることと「$x \in (a,b) \Rightarrow f''(x) \geq 0$」が同値になることを示せ．

問題 14.5　次の**相加相乗平均不等式** が成り立つことを示せ．

$$x_1, x_2, \cdots x_n \geq 0 \Rightarrow (x_1 x_2 \cdots x_n)^{\frac{1}{n}} \leq \frac{x_1 + x_2 + \cdots + x_n}{n}$$

ヒント：凸関数 $f(x) = -\log x$ を用いる．

問題 14.6　$p, q > 1$ が $\dfrac{1}{p} + \dfrac{1}{q} = 1$ を満たすとする．次の不等式を示せ．

（1）　$x \geq 0 \Rightarrow x \leq \dfrac{1}{p}x^p + \dfrac{1}{q}$　　（2）　$x, y \geq 0 \Rightarrow xy \leq \dfrac{1}{p}x^p + \dfrac{1}{q}y^q$

（3）　$x_k, y_k \in \mathbb{R}\ (k = 1, 2, \cdots, n) \Rightarrow \displaystyle\sum_{k=1}^{n} |x_k y_k| \leq \left(\sum_{k=1}^{n} |x_k|^p\right)^{\frac{1}{p}} \left(\sum_{k=1}^{n} |y_k|^q\right)^{\frac{1}{q}}$

(ヘルダー[2)]の不等式)

$p = 2$ のときは，自動的に $q = 2$ となる．その場合のヘルダーの不等式はシュワルツ[3)]の不等式 (補題 15.2) とよばれる．

問題 14.7　$f : [a,b] \to \mathbb{R}$ を凸関数とする．$a \leq x < y < z \leq b$ に対し，次が成り立つことを示せ．

$$\frac{f(y) - f(x)}{y - x} \leq \frac{f(z) - f(x)}{z - x} \leq \frac{f(z) - f(y)}{z - y}$$

問題 14.8　$p > 1, x_1, x_2, \cdots, x_n \geq 0$ に対し，次を示せ．

$$\left(\sum_{k=1}^{n} x_k\right)^p \leq n^{p-1} \sum_{k=1}^{n} x_k^p$$

14.7　7 章　1 変数関数の積分の応用

14.7.1　絶対積分可能

(広義) 積分可能より強い条件を述べておく．

---

2) Hölder (1859-1937)

3) Schwarz (1843-1921)

定義 14.18　$-\infty \leq a < b \leq \infty$, $f:(a,b) \to \mathbb{R}$ に対し,

$$f \text{ が } (a,b) \text{ で}\textbf{絶対積分可能} \overset{\text{def}}{\iff} |f| \text{ が } (a,b) \text{ で広義積分可能}$$

演習 14.38　$f(x) = \dfrac{\sin x}{x}$ は $[0,\infty)$ で広義積分可能だが，絶対積分可能ではないことを示せ.

次の命題はやさしいので証明は略す.

命題 14.22
$-\infty \leq a < b \leq \infty$ とする.

$$f \text{ が } (a,b) \text{ で絶対積分可能} \Rightarrow f \text{ は } (a,b) \text{ で広義積分可能}$$

特に $f \geq 0$ のとき,

$$f \text{ が } (a,b) \text{ で広義積分可能} \iff f \text{ が } (a,b) \text{ で絶対積分可能}$$

比較的調べやすい十分条件をあげる.

命題 14.23
$-\infty < a < b < \infty$ とする.

(i)　「$\forall x \in (a,b]$ に対し, $|(x-a)^{\alpha} f(x)| \leq C$」を満たす $\alpha < 1$ と $C > 0$ があるような $f \in C((a,b]) \Rightarrow f$ は $(a,b]$ で絶対積分可能

(ii)　「$\forall x \in (a,\infty)$ に対し, $(1+|x|^{\alpha})|f(x)| \leq C$」を満たす $\alpha > 1$ と $C > 0$ があるような $f \in C([a,\infty)) \Rightarrow f$ は (a,∞) で絶対積分可能

命題 14.23 の証明　(i) だけ示す．$\delta > 0$ を $\alpha + \delta \in (a,b)$ となるようにとる．$f \in C[a+\delta,b]$ なので f は $[a+\delta,b]$ で積分可能である．よって $(a,a+\delta]$

で積分可能なことを示す．$|f(x)| \leq C|x-a|^{-\alpha}$ $(x \in (a, a+\delta])$ であり，$\alpha < 1$ のとき $|x-a|^{-\alpha}$ は $(a, a+\delta]$ で積分可能なので f は絶対積分可能である．□

演習 14.39　命題 14.23 の (ii) を示せ．

14.7.2　三角関数の解析的な定義方法

三角関数を図形を用いずに定義する方法を述べる．

(a)　級数による定義

天下り的に，以下のように定義する．

$$\sin x = \sum_{n=0}^{\infty} \frac{(-1)^n}{(2n+1)!} x^{2n+1}, \quad \cos x = \sum_{n=0}^{\infty} \frac{(-1)^n}{(2n)!} x^{2n}$$

$\forall x \in \mathbb{R}$ に対し，級数が収束するので意味を持つことに注意する．

この定義を基に，加法定理や周期性 $(\sin x = \sin(x + 2n\pi)$ など$)$ などの性質が成り立てば，微分積分に現れる計算はすべて正当化される．詳しくは，宮島 [3] を参照せよ．

(b)　積分による定義

まず，$\mathrm{Sin}^{-1}x$ を次の積分で定義する．

$$\mathrm{Sin}^{-1}x = \int_0^x \frac{1}{\sqrt{1-t^2}} dt \quad (-1 \leq x \leq 1)$$

ただし，$x = \pm 1$ のときは広義積分になる．

さらに，$\pi = 2\displaystyle\int_0^1 \frac{1}{\sqrt{1-t^2}} dt$ と定義する．$\sin x = (\mathrm{Sin}^{-1})^{-1} x$ $\left(|x| \leq \dfrac{\pi}{2}\right)$ とする．また，$\cos x = \sqrt{1-\sin^2 x}$ $\left(|x| \leq \dfrac{\pi}{2}\right)$ および，$\tan x = \dfrac{\sin x}{\cos x}$ $\left(|x| < \dfrac{\pi}{2}\right)$ で定義する．

最後に，$|x| \geq \dfrac{\pi}{2}$ に対しては適切に (周期的に) 延長する．後は，この関数が加法定理などの性質を満たすことを示せばよい．詳しくは，黒田 [1] を参照せよ．

14.8 8章 関数列

14.8.1 微分と関数列の極限の交換

定理 14.24 (微分と関数列の極限の交換)

$f_n \in C^1(I)$ の微分 f_n' が I で一様収束し，$\{f_n(\alpha)\}$ が収束する $\alpha \in I$ が存在する

$$\Rightarrow \begin{cases} \text{(i)} \quad \forall x \in I \text{ で } \lim_{n\to\infty} f_n(x) \text{ が存在する.} \\ f(x) = \lim_{n\to\infty} f_n(x) \text{ とおくと,} \\ \text{(ii)} \quad f \in C^1(I) \text{ で, } f'(x) = \lim_{n\to\infty} f_n'(x) \text{ となる.} \end{cases}$$

定理 14.24 の証明　$f_n(x) - f_n(\alpha) = \int_\alpha^x f_n'(t)dt$ より，定理 8.2 より

$$\lim_{n\to\infty} f_n(x) - \lim_{n\to\infty} f_n(\alpha) = \int_\alpha^x \lim_{n\to\infty} f_n'(t)dt$$

となる．$\lim_{n\to\infty} f_n'(t)$ は定理 8.1 より連続関数だから，右辺は x について微分可能である．よって次を得る．

$$\frac{d}{dx}\lim_{n\to\infty} f_n(x) = \lim_{n\to\infty} f_n'(x)$$ □

次の系は定理 14.24 より明らかである．

系 14.25 (項別微分)

$f_n \in C^1(I)$ が，$\sum_{k=1}^{n} f_k'(x)$ は I 上で一様収束し，$\left\{\sum_{k=1}^{n} f_k(\alpha)\right\}$ が収束する $\alpha \in I$ が存在する

$$\Rightarrow \begin{cases} \text{(i)} \quad \forall x \in I \text{ に対し, } \lim_{n\to\infty} \sum_{k=1}^{n} f_k'(x) \text{ が存在する.} \\ \text{(ii)} \quad \frac{d}{dx}\sum_{n=1}^{\infty} f_n(x) = \sum_{n=1}^{\infty} f_n'(x) \end{cases}$$

14.8.2 アスコリ・アルツェラの定理

一様収束に関する重要な定理を述べる．多変数関数に関しては，次の節で述べる．

定理 14.26* (アスコリ[4]・アルツェラ[5]の定理)

$I=[a,b]$ とし，$f_n \in C(I)$ が次の条件を満たす．

$$\begin{cases} \text{(i)} & \sup_{n\in\mathbb{N}}\sup|f_n|(I)<\infty \quad \text{(一様有界性)} \\ \text{(ii)} & \forall\varepsilon>0 \text{ に対し,「} x,x'\in I \text{ が } |x-x'|<\delta_\varepsilon \text{ を満たす} \\ & \Rightarrow \sup_{n\in\mathbb{N}}|f_n(x)-f_n(x')|<\varepsilon \text{」となる } \delta_\varepsilon>0 \text{ が存在する.} \\ & \text{(同程度連続性)} \end{cases}$$

$\Rightarrow$「$g_k=f_{n_k}$ が I で一様収束する」部分列 $\{n_k\}$ が存在する．

注意 14.14 例 8.1 の f_n は同程度連続性を満たさないことに注意する．

注意 14.15 ここで大事な事実を述べる．有理数 $\mathbb{Q}$ の元は $r_1,r_2,\cdots$ と自然数の番号が付けられる．これは**有理数の可算性**という性質である．

番号の付け方は大雑把に言って次のようにする．まず，正の有理数に番号を付ければよい．なぜなら，もし正の有理数が $\{r_n\}_{n=1}^\infty$ となっていたとすると，$s_1=0,s_2=r_1,s_3=-r_1,\cdots,s_{2n}=r_n,s_{2n+1}=-r_n,\cdots$ とおけば $\mathbb{Q}=\{s_n\}_{n=1}^\infty$ となる．

正の有理数は分子 $m\in\mathbb{N}$ と分母 $n\in\mathbb{N}$ で $\dfrac{m}{n}$ と表せる．そこで，$k\geq 2$ を固定して，$m+n=k$ となる分数達を A_k とする．まず，k が小さいほうから番号を付けると約束する．$A_2=\left\{\dfrac{1}{1}\right\}$, $A_3=\left\{\dfrac{2}{1},\dfrac{1}{2}\right\}$, $A_4=\left\{\dfrac{3}{1},\dfrac{2}{2},\dfrac{1}{3}\right\},\cdots$

次に，A_k の中の有理数では分母の小さいほうから並べる (上に書いたように)．

この二つの規則で，具体的に番号を付けてみる．

---

[2] Ascoli (1887-1957)

[3] Arzela (1847-1912)

$$r_1 = \frac{1}{1}, r_2 = \frac{2}{1}, r_3 = \frac{1}{2}, r_4 = \frac{3}{1}, r_5 = \frac{2}{2}, r_6 = \frac{1}{3}, r_6 = \frac{4}{1}, r_7 = \frac{3}{2}, \cdots$$

約分すると同じ数になるものは無視をすればよい.

定理 14.26 の証明 $I \cap \mathbb{Q} = \{r_1, r_2, \cdots\}$ とする. $\{f_n(r_1)\}_{n=1}^\infty$ は有界なので, 部分列 $\{n_k^1\}_{k=1}^\infty \subset \mathbb{N}$ で $\lim_{k \to \infty} f_{n_k^1}(r_1)$ が存在するものがある. $\{f_{n_k^1}(r_2)\}_{k=1}^\infty$ も有界だから, 部分列 $\{n_k^2\}_{k=1}^\infty \subset \{n_k^1\}_{k=1}^\infty$ で $\lim_{k \to \infty} f_{n_k^2}(r_2)$ が存在するものがある. また, $\{f_{n_k^2}(r_1)\}$ も収束することに注意する.

これを繰り返すと, $\{n_k^m\}_{k=1}^\infty \subset \{n_k^{m-1}\}_{k=1}^\infty$ で $1 \leq l \leq m$ ならば $\lim_{k \to \infty} f_{n_k^m}(r_l)$ が存在するものがある.

ゆえに, $\{f_n\}_{n=1}^\infty$ の部分 (関数) 列 $\{f_{n_k^k}\}_{k=1}^\infty$ を考えると, $\forall j \in \mathbb{N}$ に対し, $\{f_{n_k^k}(r_j)\}$ は収束する.

$$\begin{array}{l} r_1 : \widehat{n_1^1}, n_2^1, n_3^1, n_4^1, n_5^1, n_6^1, n_7^1, \cdots \cdots \lim_{k \to \infty} f_{n_k^1}(r_1) \\ r_2 : n_1^2, \mathsf{X}, \widehat{n_2^2}, n_3^2, \mathsf{X}, n_4^2, n_5^2, \cdots \cdots \lim_{k \to \infty} f_{n_k^2}(r_2) \\ \vdots \quad \vdots \quad \vdots \quad \vdots \quad \vdots \quad \vdots \quad \vdots \\ r_l : \mathsf{X}, \mathsf{X}, n_1^l, n_2^l, \mathsf{X}, \mathsf{X}, n_3^l, \cdots \widehat{n_l^l}\, \lim_{k \to \infty} f_{n_k^l}(r_l) \\ \qquad\qquad\quad \lim_{k \to \infty} f_{n_k^k}(r_j) \end{array}$$

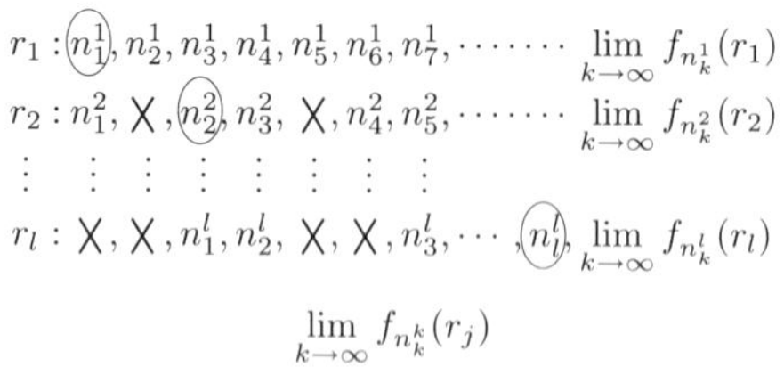

図 **14.6** 部分列の選び方

$\forall \varepsilon > 0$ を固定し, 「$k, j \geq N_\varepsilon \Rightarrow \max_{x \in I} |f_{n_k^k}(x) - f_{n_j^j}(x)| \leq \varepsilon$」となる $N_\varepsilon \in \mathbb{N}$ があることを示す.

同程度連続性から, 「$k \in \mathbb{N}, |x - y| \leq \dfrac{b-a}{M_\varepsilon} \Rightarrow |f_{n_k^k}(x) - f_{n_k^k}(y)| < \dfrac{\varepsilon}{3}$」となる $M_\varepsilon \in \mathbb{N}$ がある (M_ε は x, y に依存しない). $\delta_\varepsilon = \dfrac{b-a}{M_\varepsilon}$ とおく.

$\forall x \in I$ を固定する. I を長さ δ_ε の M_ε 個の閉区間 $I_1, \cdots, I_{M_\varepsilon}$ に分ける. 各 I_m から有理数を選び, それを r_{k_m} とする.

x はこの小閉区間のどれかに入るので, $|r_{k_m} - x| \leq \delta_\varepsilon$ となる $m \in \{1, 2, \cdots, M_\varepsilon\}$ がある. $\forall r_j \in I \cap \mathbb{Q}$ に対し, $\{f_{n_k^k}(r_j)\}_{k=1}^\infty$ は収束列だから, コーシー列なので 「$k, l \geq L_m \Rightarrow |f_{n_k^k}(r_{k_m}) - f_{n_l^l}(r_{k_m})| < \dfrac{\varepsilon}{3}$」となる $L_m \in \mathbb{N}$ が存在する. $N_\varepsilon =$

$\max\{L_1, L_2, \cdots, L_{M_\varepsilon}\}$ とおくと，$k, l \geq N_\varepsilon$ ならば

$$|f_{n_k^k}(x) - f_{n_l^l}(x)| \leq |f_{n_k^k}(x) - f_{n_k^k}(r_{k_m})| + |f_{n_k^k}(r_{k_m}) - f_{n_l^l}(r_{k_m})| \\ + |f_{n_l^l}(r_{k_m}) - f_{n_l^l}(x)| < \frac{\varepsilon}{3} + \frac{\varepsilon}{3} + \frac{\varepsilon}{3} = \varepsilon$$

が成り立つ．よって，$\forall x \in I$ に対し，$\lim_{k\to\infty} f_{n_k^k}(x)$ が存在するので，この値を $f(x)$ とおく．上の不等式で，$l \to \infty$ とすると

$$k \geq N_\varepsilon \Rightarrow |f_{n_k^k}(x) - f(x)| \leq \varepsilon$$

となる．N_ε は x に依存しないので，$f_{n_k^k}$ は f に一様収束している．□

14.9　9 章　ℝ から $\mathbb{R}^N$ へ

14.9.1　境界・内部・外部

定義 14.19　$A \subset \mathbb{R}^N$ に対し，

$$A \text{ の境界 } \partial A \overset{\text{def}}{\Longleftrightarrow} \left\{ \boldsymbol{x} \in \mathbb{R}^N \;\middle|\; \begin{array}{c} \lim_{n\to\infty} \boldsymbol{x}_n = \lim_{n\to\infty} \boldsymbol{y}_n = \boldsymbol{x} \\ \text{となる } \boldsymbol{x}_n \in A, \boldsymbol{y}_n \notin A \text{ が存在する．} \end{array} \right\}$$

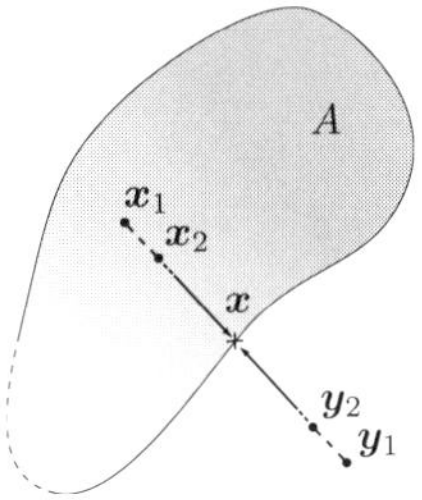

図 14.7　境界 ∂A のイメージ

例 14.4　$\varepsilon > 0$ と $\boldsymbol{a} \in \mathbb{R}^N$ に対し，$\partial B_\varepsilon(\boldsymbol{a}) = \partial \overline{B}_\varepsilon(\boldsymbol{a}) = \{\boldsymbol{x} \in \mathbb{R}^N \mid \|\boldsymbol{x} - \boldsymbol{a}\| = \varepsilon\}$ となる．

実際，$\boldsymbol{x} \in \mathbb{R}^N$ を $\|\boldsymbol{x} - \boldsymbol{a}\| = \varepsilon$ とすると，$\boldsymbol{x}_n = \dfrac{1}{n}\boldsymbol{a} + \left(1 - \dfrac{1}{n}\right)\boldsymbol{x}$，$\boldsymbol{y}_n =$

$-\dfrac{1}{n}\boldsymbol{a} + \left(1 + \dfrac{1}{n}\right)\boldsymbol{x}$ とおけばよい．

命題 14.27

$A \subset \mathbb{R}^N$ とすると，∂A は閉集合である．

命題 14.27 の証明　$\boldsymbol{x}_n \in \partial A$ が $\lim_{n\to\infty} \boldsymbol{x}_n = \boldsymbol{a}$ とする．定義から，$\{\boldsymbol{y}_{n,k}\}_{k=1}^{\infty} \subset A$ で $\lim_{k\to\infty} \boldsymbol{y}_{n,k} = \boldsymbol{x}_n$ となる点列がある．$\forall n \in \mathbb{N}$ に対し，$\|\boldsymbol{x}_{m(n)} - \boldsymbol{a}\| < \dfrac{1}{n}$ となる $m(n) \in \mathbb{N}$ を固定する．さらに，$\|\boldsymbol{y}_{m(n),k(n)} - \boldsymbol{x}_{m(n)}\| < \dfrac{1}{n}$ となる $k(n) \in \mathbb{N}$ を選ぶ．$\hat{\boldsymbol{y}}_n = \boldsymbol{y}_{m(n),k(n)} \in A$ とおくと，$\lim_{n\to\infty} \hat{\boldsymbol{y}}_n = \boldsymbol{a}$ となる．$\hat{\boldsymbol{z}}_n \in A^c$ で $\lim_{n\to\infty} \hat{\boldsymbol{z}}_n = \boldsymbol{a}$ となる点列も同様に選べる．□

次の命題は定義からすぐ示せるので，証明は演習とする．

命題 14.28

$A \subset \mathbb{R}^N$ が $A \neq \varnothing$, $A \neq \mathbb{R}^N \Rightarrow \partial A = \partial(A^c)$

演習 14.40　命題 14.28 を証明せよ．

問題 14.9　$D, E \subset \mathbb{R}^N$ に対し，次が成り立つことを示せ．

(1)　$\partial(D \cup E) \subset \partial D \cup \partial E$　(2)　$\partial(D \cap E) \subset \partial D \cup \partial E$

(3)　$\partial(D \setminus E) \subset \partial D \cup \partial E$

次に $A \subset \mathbb{R}^N$ の内部・外部を導入する．これは，命題 12.8 の証明 (15 章) で使う．

定義 14.20　$A \subset \mathbb{R}^N$ に対し，

$$A \text{ の内部 } A^o \overset{\text{def}}{\Longleftrightarrow} \{\boldsymbol{x} \in \mathbb{R}^N \mid B_\varepsilon(\boldsymbol{x}) \subset A \text{ となる } \varepsilon > 0 \text{ が存在する }\}$$
$$A \text{ の外部 } A^e \overset{\text{def}}{\Longleftrightarrow} \{\boldsymbol{x} \in \mathbb{R}^N \mid B_\varepsilon(\boldsymbol{x}) \subset A^c \text{ となる } \varepsilon > 0 \text{ が存在する }\}$$

例 14.5 $N=1$ で $\mathbb{Q}\subset\mathbb{R}$ であるが，$\mathbb{Q}^o=\mathbb{Q}^e=\varnothing$, $\partial\mathbb{Q}=\mathbb{R}$ となる．(各自確かめよ．)

問題 14.10 $A\subset\mathbb{R}^N$ に対し次が成り立つことを示せ．

(1) A^o, A^e は開集合である．

(2) A^o, A^e, ∂A は，どの二つの集合も共通部分は空である．
つまり，$A^o\cap A^e=A^e\cap\partial A=\partial A\cap A^o=\varnothing$ である．

(3) $\mathbb{R}^N=A^o\cup A^e\cup\partial A$ (4) $(A^o)^o=A^o$ (5) $A^e=(A^c)^o$

(6) $A^o\subset A$ (7) $A^e\subset A^c$

次の概念も命題 12.8 の証明で使う．

定義 14.21 $A\subset\mathbb{R}^N$ に対し，

$$A \text{ の閉包 } \overline{A} \overset{\text{def}}{\Longleftrightarrow} A\cup\partial A$$

演習 14.41 $A\subset\mathbb{R}^N$ に対し，次が成り立つことを示せ．

(1) $\overline{A}=A^o\cup\partial A$ (2) $(\overline{A})^c=(A^c)^o$ (3) $(A^o)^c=\overline{(A^c)}$

(4) $\overline{(\overline{A})}=\overline{A}$

14.9.2 連結性

$\mathbb{R}^N$ での中間値の定理を述べるために，$D\subset\mathbb{R}^N$ の形状の性質を一つ導入する．

定義 14.22 $D\subset\mathbb{R}^N$ に対し，

$$D \text{ が連結} \overset{\text{def}}{\Longleftrightarrow} \begin{cases} \forall \boldsymbol{x},\boldsymbol{y}\in D \text{ に対し，「}\boldsymbol{f}(0)=\boldsymbol{x},\ \boldsymbol{f}(1)=\boldsymbol{y}, \\ \forall t\in[0,1]\Rightarrow \boldsymbol{f}(t)\in D\text{」となる} \\ \text{連続関数 } \boldsymbol{f}:[0,1]\to\mathbb{R}^N \text{ が存在する．}\end{cases}$$

例 14.6 $\boldsymbol{a}\in\mathbb{R}^N$ と $r>0$ に対し，$B_r(\boldsymbol{a})=\{\boldsymbol{x}\in\mathbb{R}^N \mid \|\boldsymbol{x}-\boldsymbol{a}\|<r\}$ と $\overline{B}_r(\boldsymbol{a})=\{\boldsymbol{x}\in\mathbb{R}^N \mid \|\boldsymbol{x}-\boldsymbol{a}\|\le r\}$ は連結になる．

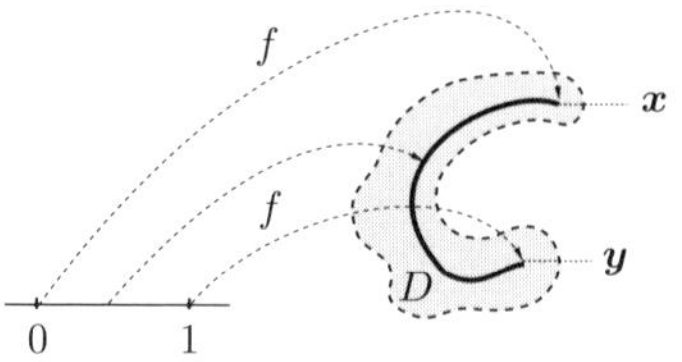

図 **14.8** 連結のイメージ

例えば，$B_r(\boldsymbol{a})$ が連結であることを示す．$\forall \boldsymbol{x}, \boldsymbol{y} \in B_r(\boldsymbol{a})$ をとると，$\boldsymbol{f}(t) = (1-t)\boldsymbol{x} + t\boldsymbol{y}$ とおけば，$\boldsymbol{f} : [0,1] \to \mathbb{R}^N$ が連続で $\boldsymbol{f}(0) = \boldsymbol{x}$, $\boldsymbol{f}(1) = \boldsymbol{y}$ であることは明らか.

$0 < t < 1$ に対し，$\|\boldsymbol{a} - (1-t)\boldsymbol{x} - t\boldsymbol{y}\| \leq (1-t)\|\boldsymbol{a} - \boldsymbol{x}\| + t\|\boldsymbol{a} - \boldsymbol{y}\| < r$ なので $\boldsymbol{f}(t) \in B_r(\boldsymbol{a})$ である.

演習 14.42　$\overline{B}_1(\mathbf{0}) \cup B_2(\mathbf{0})^c$ は連結でないことを示せ.

定理 14.29 (中間値の定理)

$D \subset \mathbb{R}^N$ を連結とし，連続関数 $f : D \to \mathbb{R}$ に対し，$\boldsymbol{a}, \boldsymbol{b} \in D$ が $f(\boldsymbol{a}) < f(\boldsymbol{b})$ を満たす

$$\Rightarrow \forall \alpha \in (f(\boldsymbol{a}), f(\boldsymbol{b})) \text{ に対し，} f(\boldsymbol{c}) = \alpha \text{ となる } \boldsymbol{c} \in D \text{ が存在する．}$$

定理 14.29 の証明　D は連結だから，$\boldsymbol{g}(0) = \boldsymbol{a}$, $\boldsymbol{g}(1) = \boldsymbol{b}$ で $\forall t \in [0,1]$ に対し $\boldsymbol{g}(t) \in D$ となる連続関数 $\boldsymbol{g} : [0,1] \to \mathbb{R}^N$ がある．$f \circ \boldsymbol{g} : [0,1] \to \mathbb{R}$ は連続関数だから，中間値の定理 (定理 3.11) より，$f \circ \boldsymbol{g}(t_0) = \alpha$ となる $t_0 \in (0,1)$ が存在する．$\boldsymbol{c} = \boldsymbol{g}(t_0)$ とおけばよい. □

例 14.7　$D = B_1(\mathbf{0}) \cup B_2(\mathbf{0})^c$ とし，$f(x) = \begin{cases} 0 & x \in B_1(\mathbf{0}) \text{ のとき} \\ 1 & x \in B_2(\mathbf{0})^c \text{のとき} \end{cases}$ とおくと，f は D で連続であることに注意する.

$\boldsymbol{a} = \mathbf{0} \in B_1(\mathbf{0}) \subset D$, $\boldsymbol{b} = (3, 0, \cdots, 0) \in B_2(\mathbf{0})^c \subset D$ とおく．$\dfrac{1}{2} \in$

$(f(\boldsymbol{a}), f(\boldsymbol{b}))$ だが，$f(\boldsymbol{c}) = \dfrac{1}{2}$ となる $\boldsymbol{c} \in D$ は存在しない．

よって，この集合 D は連結でない．

14.9.3　多変数関数のアスコリ・アルツェラの定理

証明は 1 変数関数のときと本質的には同じなので省略する．

定理 14.30* (アスコリ・アルツェラの定理)

有界閉集合 D に対し，$f_n \in C(D)$ が次の条件を満たす．

(i) $\sup_{n\in\mathbb{N}} \sup |f_n|(D) < \infty$　(一様有界性)

(ii) $\forall\varepsilon > 0$ に対し,「$x, x' \in D$ が $|x - x'| < \delta_\varepsilon$ を満たす $\Rightarrow \sup_{n\in\mathbb{N}} |f_n(x) - f_n(x')| < \varepsilon$」となる $\delta_\varepsilon > 0$ が存在する．(同程度連続性)

$\Rightarrow$「$g_k = f_{n_k}$ が D で一様収束する」部分列 $\{n_k\}$ が存在する．

14.10　10 章　多変数関数の微分の基礎

例 14.8 (3 次元極座標)　$N = 3$ で，$x = r\sin\phi\cos\theta$, $y = r\sin\phi\sin\theta$, $z = r\cos\phi$ とおく．ただし，$r = \sqrt{x^2 + y^2 + z^2}$, $\phi = \tan^{-1}\dfrac{r}{z}$ $(z \neq 0)$, $\theta = \tan^{-1}\dfrac{y}{x}$ $(x \neq 0)$ とする．

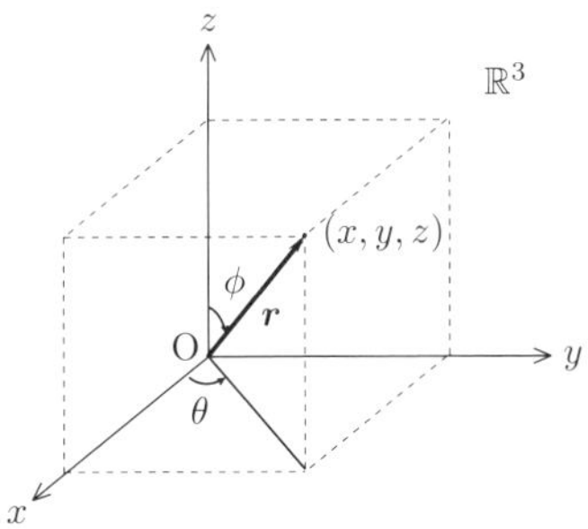

図 14.9　3 次元極座標変換

$f \in C^2(\mathbb{R}^3)$ とする．$g(r,\theta,\phi) = f(r\sin\phi\cos\theta, r\sin\phi\sin\theta, r\cos\phi)$ とおく．変数を略して連鎖公式 (定理 10.6) より，次のようになる．

$$\begin{aligned}
g_r &= f_x\frac{\partial x}{\partial r} + f_y\frac{\partial y}{\partial r} + f_z\frac{\partial z}{\partial r} \\
&= f_x\sin\phi\cos\theta + f_y\sin\phi\sin\theta + f_z\cos\phi, \\
g_\theta &= f_x\frac{\partial x}{\partial \theta} + f_y\frac{\partial y}{\partial \theta} + f_z\frac{\partial z}{\partial \theta} \\
&= -f_x r\sin\phi\sin\theta + f_y r\sin\phi\cos\theta + f_z \times 0 \\
g_\phi &= f_x\frac{\partial x}{\partial \phi} + f_y\frac{\partial y}{\partial \phi} + f_z\frac{\partial z}{\partial \phi} \\
&= f_x r\cos\phi\cos\theta + f_y r\cos\phi\sin\theta - f_z r\sin\phi
\end{aligned}$$

2 次元極座標変換と同様に，行列とベクトルの積で書き g_r, g_θ, g_ϕ を f_x, f_y, f_z で表せる．

$$\begin{pmatrix} g_r \\ g_\theta \\ g_\phi \end{pmatrix} = \begin{pmatrix} \sin\phi\cos\theta & \sin\phi\sin\theta & \cos\phi \\ -r\sin\phi\sin\theta & r\sin\phi\cos\theta & 0 \\ r\cos\phi\cos\theta & r\cos\phi\sin\theta & -r\sin\phi \end{pmatrix} \begin{pmatrix} f_x \\ f_y \\ f_z \end{pmatrix}$$

右辺の逆行列を両辺の左からかけると f_x, f_y, f_z を g_r, g_θ, g_ϕ で表せる．具体的に書いておく．

$$\begin{pmatrix} f_x \\ f_y \\ f_z \end{pmatrix} = \begin{pmatrix} \sin\phi\cos\theta & -\dfrac{\sin\theta}{r\sin\phi} & \dfrac{\cos\phi\cos\theta}{r} \\ \sin\phi\sin\theta & \dfrac{\cos\theta}{r\sin\phi} & \dfrac{\cos\phi\sin\theta}{r} \\ \cos\phi & 0 & -\dfrac{\sin\phi}{r} \end{pmatrix} \begin{pmatrix} g_r \\ g_\theta \\ g_\phi \end{pmatrix} \tag{14.9}$$

演習 14.43 (14.9) を確かめよ．

演習 14.44 3 次元の極座標変換を用いて次の公式を示せ．

(1) $f_x^2 + f_y^2 + f_z^2 = g_r^2 + \dfrac{1}{r^2}g_\phi^2 + \dfrac{1}{r^2\sin^2\phi}g_{\theta\theta}$

(2) $f_{xx} + f_{yy} + f_{zz} = g_{rr} + \dfrac{2}{r}g_r + \dfrac{1}{r^2}g_{\phi\phi} + \dfrac{1}{r^2\sin^2\phi}g_{\theta\theta} + \dfrac{1}{r^2\tan\phi}g_\phi$

ヒント：(2) を計算するために，演習 10.4 のヒントを参照せよ．

問題 14.11　$N=3$ のとき，次の関数 $f(x,y,z)$ に対し，$\dfrac{\partial^2 f}{\partial x^2}+\dfrac{\partial^2 f}{\partial y^2}+\dfrac{\partial^2 f}{\partial z^2}$ を計算せよ．

(1)　$\log(x^2+y^2+z^2)$　　(2)　$\dfrac{1}{\sqrt{x^2+y^2+z^2}}$

例 14.9 (N **次元極座標変換**)　結果だけ述べる．

$$
\begin{aligned}
x_1 &= r\cos\phi_1\\
x_2 &= r\sin\phi_1\cos\phi_2\\
x_3 &= r\sin\phi_1\sin\phi_2\cos\phi_3\\
\cdots\ &\ \cdots\\
x_{N-1} &= r\sin\phi_1\sin\phi_2\cdots\sin\phi_{N-2}\cos\phi_{N-1}\\
x_N &= r\sin\phi_1\sin\phi_2\cdots\sin\phi_{N-2}\sin\phi_{N-1}
\end{aligned}
$$

ただし，$r=\sqrt{\sum_{k=1}^{N}x_k^2}\in[0,\infty)$, $0\le\phi_k\le\pi$ $(k=1,2,\cdots,N-2)$, $0\le\phi_{N-1}\le 2\pi$ である．

$f(\boldsymbol{x})$ を $r,\phi_1,\cdots,\phi_{N-1}$ で変数変換した関数を g とすると，

$$
\begin{pmatrix} g_r\\ g_{\phi_1}\\ \vdots\\ g_{\phi_{N-1}}\end{pmatrix} = A\begin{pmatrix} f_{x_1}\\ f_{x_2}\\ \vdots\\ f_{x_N}\end{pmatrix}
$$

が成り立つ行列 $A\in\mathcal{M}(N,N)$ の行列式は次のようになる (詳しくは [2] 参照)．

$$
\det A = r^{N-1}\sin^{N-2}\phi_1\sin^{N-3}\phi_2\cdots\sin\phi_{N-2} \tag{14.10}
$$

問題 14.12　(14.10) を示せ．ヒント：$N=2,3$ は既知なので，$N-1$ で成立すると仮定して，$s=r\cos\phi_1$, $t=r\sin\phi_1$ とすると，$x_2=t\cos\phi_2$, $x_3=$

$t\sin\phi_2\cos\phi_3$, となり，$N-1$ 次元での結論を用いる．

テイラーの定理 (定理 10.7) の N 次元版を述べる．

定理 14.31 (テイラーの定理)

$D\subset\mathbb{R}^N$, $m\in\mathbb{N}$, $f\in C^m(D)$ に対し，$\boldsymbol{a},\boldsymbol{x}\in D$ と $\forall t\in(0,1)$ が $\boldsymbol{a}+t(\boldsymbol{x}-\boldsymbol{a})\in D$ を満たすとする．

$$f(\boldsymbol{x})=\sum_{j=0}^{m-1}\frac{\langle\boldsymbol{x}-\boldsymbol{a},\,{}^t\nabla\rangle^j f}{j!}(\boldsymbol{a})+\frac{\langle\boldsymbol{x}-\boldsymbol{a},\,{}^t\nabla\rangle^m f}{m!}(\boldsymbol{a}+\theta(\boldsymbol{x}-\boldsymbol{a}))$$

となる $\theta\in(0,1)$ が存在する．

注意 14.16 $\boldsymbol{x}-\boldsymbol{a}$ は列ベクトル，∇ は行ベクトルなので，形式的に $\langle\boldsymbol{x}-\boldsymbol{a},\,{}^t\nabla\rangle=\sum_{j=1}^{N}(x_j-a_j)\dfrac{\partial}{\partial x_j}$ のこととする．

定理 14.31 の証明 $g(s)=f(\boldsymbol{a}+s(\boldsymbol{x}-\boldsymbol{a}))$ とおくと，$g\in C^m[0,1]$ である．合成関数の微分定理 (定理 10.5) より，

$$\begin{aligned}\frac{dg}{dt}(s)&=\sum_{j=1}^{N}(x_j-a_j)\frac{\partial f}{\partial x_j}(\boldsymbol{a}+s(\boldsymbol{x}-\boldsymbol{a}))\\&=\langle\boldsymbol{x}-\boldsymbol{a},\,{}^t\nabla f(\boldsymbol{a}+s(\boldsymbol{x}-\boldsymbol{a}))\rangle\end{aligned}$$

となる．$1\leq n\leq m-1$ で

$$\frac{d^ng}{dt^n}(t)=\langle\boldsymbol{x}-\boldsymbol{a},\,{}^t\nabla\rangle^n f(\boldsymbol{a}+s(\boldsymbol{x}-\boldsymbol{a}))$$

が成り立つとする．もう一度微分すると次を得る．

$$\begin{aligned}\frac{d^{n+1}g}{dt^{n+1}}(t)&=\sum_{j=1}^{N}(x_j-a_j)\langle\boldsymbol{x}-\boldsymbol{a},\,{}^t\nabla\rangle^n f_{x_j}(\boldsymbol{a}+t(\boldsymbol{x}-\boldsymbol{a}))\\&=\langle\boldsymbol{x}-\boldsymbol{a},\,{}^t\nabla\rangle^{n+1}f(\boldsymbol{a}+t(\boldsymbol{x}-\boldsymbol{a}))\end{aligned}$$

ゆえに，数学的帰納法より $\forall j\in\{1,2,\cdots,m\}$ に対し，

$$g^{(j)}(t) = \langle \boldsymbol{x} - \boldsymbol{a},\, {}^t\nabla \rangle^j f(\boldsymbol{a} + s(\boldsymbol{x} - \boldsymbol{a}))$$

となる．1 変数関数のテイラーの定理から

$$g(1) = \sum_{j=0}^{m-1} \frac{g^{(j)}}{j!}(0) + \frac{g^{(m)}}{m!}(\theta)$$

を満たす $\theta \in (0,1)$ がある．後は，g を f に直せばよい． □

問題 14.13 開集合 $D \subset \mathbb{R}^N$ に対し，$f \in C^2(D)$ とする．$\mathbf{0} \in D$ のとき，次が成り立つことを示せ．$1 \leq i, j \leq N$ とし，$\boldsymbol{a} = \boldsymbol{e}_i + \boldsymbol{e}_j$ とおく．

(1) $\displaystyle\lim_{h\to 0} \frac{f(h\boldsymbol{e}_i) + f(-h\boldsymbol{e}_i) - 2f(\mathbf{0})}{h^2} = f_{x_i x_i}(\mathbf{0})$

(2) $\displaystyle\lim_{h\to 0} \frac{f(h\boldsymbol{a}) + f(-h\boldsymbol{a}) - f(h\boldsymbol{e}_i) - f(-h\boldsymbol{e}_i) - f(h\boldsymbol{e}_j) - f(-h\boldsymbol{e}_j) + 2f(\mathbf{0})}{2h^2}$
$= f_{x_i x_j}(\mathbf{0})$

14.11 12 章 多変数関数の積分の基礎

ダルブーの定理 (定理 14.18) の N 変数版を述べておく．本質的には 1 変数と同じなので証明は略す．ただし，定義 12.3 の直方体 R の分割 Δ に対し，**分割の幅** $|\Delta|$ を $\max\{a_{j,k} - a_{j,k-1} \mid 1 \leq j \leq N, 1 \leq k \leq m_j\}$ とする．

定理 14.32 (ダルブーの定理)
有界関数 $f : R \to \mathbb{R}$ に対して，次が成り立つ．

$$\lim_{|\Delta|\to 0} \underline{S}[f, R, \Delta] = \underline{S}[f, R], \qquad \lim_{|\Delta|\to 0} \overline{S}[f, R, \Delta] = \overline{S}[f, R]$$

$N-1$ 次元直方体 $R_0 = [a_1, b_1] \times \cdots \times [a_{N-1}, b_{N-1}]$ を考える．

補題 14.33

$\phi \in C(R_0)$ に対し，$D = \{\boldsymbol{x} = (\boldsymbol{x}', y) \in \mathbb{R}^N \mid y = \phi(\boldsymbol{x}'), \boldsymbol{x}' \in R_0\}$ とおく．

$a_N < \inf \phi(R_0)$, $b_N > \sup \phi(R_0)$ をとり，$R = R_0 \times [a_N, b_N]$ とする

$\Rightarrow D$ 体積確定で $|D| = 0$ となる．

補題 14.33 の証明　表記を簡単にするため $R_0 = [0,1] \times \cdots \times [0,1]$ とする．$\overline{S}[\chi_D, R] = 0$ を示せばよい．

R_0 は有界閉集合なので，ϕ は R_0 で一様連続となる．よって，$\forall \varepsilon > 0$ に対し，$\boldsymbol{x}', \boldsymbol{y}' \in R_0$ が $\|\boldsymbol{x}' - \boldsymbol{y}'\|_\infty < \delta_\varepsilon$ ならば $|\phi(\boldsymbol{x}') - \phi(\boldsymbol{y}')| < \varepsilon$ となる $\delta_\varepsilon > 0$ が存在する．($\|\cdot\|_\infty$ は 9.5 節参照.)

$L = b_N - a_N$ として，自然数 $m > \max\{\delta_\varepsilon^{-1}, L\varepsilon^{-1}\}$ と $1 \leq j_1, \cdots, j_{N-1} \leq m$ に対し，$\boldsymbol{j}' = (j_1, \cdots, j_{N-1})$ とし，

$$R_{\boldsymbol{j}'} = \left[\frac{j_1 - 1}{m}, \frac{j_1}{m}\right] \times \cdots \times \left[\frac{j_{N-1} - 1}{m}, \frac{j_{N-1}}{m}\right]$$

とおく．次のような R の分割 Δ_m を考える．

$$\Delta_m = \left\{ R_{\boldsymbol{j}'} \times \left[a_N + \frac{L(k-1)}{m}, a_N + \frac{Lk}{m}\right] \,\middle|\, \begin{array}{l} \boldsymbol{j}' = (j_1, \cdots, j_{N-1}), \\ k = 1, \cdots, m \end{array} \right\}$$

次のようになり，証明が終わる．

$$\overline{S}[\chi_D, R, \Delta_m] \leq 2m^{N-1} \frac{L}{m^N} < 2\varepsilon \to 0 \qquad (\varepsilon \to 0 \text{ のとき}) \qquad \square$$

演習 14.45　$R = [a_1, b_1] \times \cdots \times [a_N, b_N]$ で，$c_k \in [a_k, b_k]$ $(1 \leq k \leq N)$ とする．$D_k = \{\boldsymbol{x} \in R \mid x_k = c_k\}$ とすると D_k は体積確定で $|D_k| = 0$ となることを示せ．注意：$k = N$, $c_N = a_N$ のときだけ示せば方針がわかる．

体積確定集合での積分の定義に現れた直方体の選び方に積分値が依存しないことを示す．

命題 14.34

有界集合 $D \subset \mathbb{R}^N$ が体積確定とする．$D \subset R$ を満たす直方体 R に対し，有界関数 f が R で積分可能とする．$D \subset R'$ となる直方体 R' をとる

$$\Rightarrow f \text{ は } R' \text{ で積分可能で，} \int_R \overline{f} d\boldsymbol{x} = \int_{R'} \overline{f} d\boldsymbol{x} \text{ が成り立つ．}$$

命題 14.34 の証明　$R \cap R'$ も D を含む直方体だから，$R' \subset R$ と仮定してよい．さらに，$R = R' \cup R''$ かつ，$R'' \cap D = \varnothing$ とする (R'' は直方体)．

R'' では $\overline{f}$ はゼロなので，$\displaystyle\int_{R''} \overline{f} d\boldsymbol{x} = 0$ であり，$\displaystyle\int_R \overline{f} d\boldsymbol{x} = \int_{R'} \overline{f} d\boldsymbol{x}$ となる．

$R'' \cap D \neq \varnothing$ の場合，R'' の分割 Δ の小直方体 $R_{\boldsymbol{k}}$ が $D \cap R_{\boldsymbol{k}} \neq \varnothing$ の場合，$\inf f(R_{\boldsymbol{k}}) \neq \sup f(R_{\boldsymbol{k}})$ の可能性がある．しかし，$D \cap R'' \subset \partial R''$ である．ゆえに $|D \cap R''| = 0$ となる (演習 14.45)．よって，次が成り立つ．

$$0 \leq \underline{S}[|\overline{f}|, R'', \Delta] \leq \sup |f(D)| \overline{S}[\chi_D, R'', \Delta] = 0 \qquad \square$$

N 変数の場合の累次積分の結果を述べる．証明は $N = 2$ と本質的に同じなので演習にする．

系 14.35

有界閉集合 $D_0 \subset \mathbb{R}^{N-1}$, $\phi, \psi \in C(D_0)$ が $\phi(\boldsymbol{x}') \leq \psi(\boldsymbol{x}')$ $(\forall \boldsymbol{x}' \in D_0)$ を満たし，

$$D = \{\boldsymbol{x} = (\boldsymbol{x}', x_N) \mid \phi(\boldsymbol{x}') \leq x_N \leq \psi(\boldsymbol{x}'), \boldsymbol{x}' \in D_0\}$$

とおく．

$f \in C(D)$ ならば次が成り立つ．

(i)　$F(\boldsymbol{x}') \overset{\text{def}}{\Longleftrightarrow} \displaystyle\int_{\phi(\boldsymbol{x}')}^{\psi(\boldsymbol{x}')} f(\boldsymbol{x}', x_N) dx_N$ は D_0 で連続

(ii)　$\displaystyle\int_D f(\boldsymbol{x}) d\boldsymbol{x} = \int_{D_0} \left(\int_{\phi(\boldsymbol{x}')}^{\psi(\boldsymbol{x}')} f(\boldsymbol{x}', x_N) dx_N \right) d\boldsymbol{x}'$

注意 14.17　系 14.35 の条件下で，D は体積確定で (命題 12.6)，f は D で積分可能なことはわかる (命題 12.8).

演習 14.46　系 14.35 を証明せよ.

次の定理は (特に (iii)) は，D が有界な体積確定集合のときは，$f : D \to \mathbb{R}$ の同値な条件であることは示せる (系 12.10). しかし，広義積分可能の同値条件としては証明に工夫が必要になる.

定理 14.36

近似列を持つ $D \subset \mathbb{R}^N$ と $f \in C(D)$ に対し，次の (i) (ii) (iii) は同値になる.

(i)　f は D 上で広義積分可能

(ii)　$|f|$ は D 上で広義積分可能

(iii)　f^+, f^- が D 上で広義積分可能

このとき，$\displaystyle\int_D f d\boldsymbol{x} = \int_D f^+ d\boldsymbol{x} - \int_D f^- d\boldsymbol{x}$ が成り立つ.

補題 14.37

有界・体積確定 $D \subset \mathbb{R}^N$ と非負関数 $f \in C(D)$ が D 上で積分可能とする.

$\displaystyle\int_D f d\boldsymbol{x} > 0 \Rightarrow \forall\varepsilon > 0$ に対し，次を満たす有界閉集合 $E_\varepsilon \subset D$ がある.

$$\inf f(E_\varepsilon) > 0, \qquad \int_{E_\varepsilon} f d\boldsymbol{x} > \int_D f d\boldsymbol{x} - \varepsilon$$

補題 14.37 の証明　$D \subset R$ となる直方体を固定し，f のゼロ拡張 $\overline{f}$ を考えればよいので，最初から D は直方体とする. 仮定から $\underline{S}[f, D, \Delta_\varepsilon] > \displaystyle\int_D f d\boldsymbol{x} - \varepsilon$ となる分割 Δ_ε がある. $E_\varepsilon = \cup\{I_{\boldsymbol{k}} \mid I_{\boldsymbol{k}} \in \Delta_\varepsilon, \inf f(I_{\boldsymbol{k}}) > 0\}$ とおくと，条件を満たすことがわかる. □

定理 14.36 の証明　やさしい部分の証明は演習にする．(i) $\Rightarrow$ (iii) を示す．

(i) を仮定し，(iii) を否定する (背理法)．例えば，ある近似列 $\{K_m\}$ が存在し，次が成り立つとして矛盾を導く．

$$\lim_{m\to\infty}\int_{K_m} f^+ d\boldsymbol{x} = \infty \tag{14.11}$$

$f^\pm$ は K_n で積分可能なので，$\forall n \in \mathbb{N}$ に対し，(14.11) より次を満たす $m_n \in \mathbb{N}$ が存在する．

$$\int_{K_{m_n}} f^+ d\boldsymbol{x} > \int_{K_n} f^- d\boldsymbol{x} + n$$

ここで，あらかじめ$\underline{m_{n+1} \geq m_n}$となるように選べることに注意する．

補題 14.37 より，$E_n \subset K_{m_n}$ で次を満たすものがある．

$$\inf f^+(E_n) > 0, \quad \int_{E_n} f^+ d\boldsymbol{x} > \int_{K_n} f^- d\boldsymbol{x} + n$$

$\forall \boldsymbol{x} \in E_n \to f^-(\boldsymbol{x}) = 0$ に注意して，

$$\begin{aligned}\int_{K_n\cup E_n} f d\boldsymbol{x} &= \int_{K_n\cup E_n} f^+ d\boldsymbol{x} - \int_{K_n\cup E_n} f^- d\boldsymbol{x}\\ &\geq \int_{E_n} f^+ d\boldsymbol{x} - \int_{K_n} f^- d\boldsymbol{x} > n\end{aligned}$$

下線部から，$E_n \subset E_{n+1}$ と選ぶことも可能である (補題の証明をよく見る)．よって，$K_n \cup E_n$ も D の近似列になる．上式左辺は有限値に収束するので矛盾する．

□

演習 14.47　定理 14.36 の (ii) $\Longleftrightarrow$ (iii) と (iii) $\Rightarrow$ (i) を示せ．

14.11.1　N 次元球の体積

$a > 0$ に対し，半径 a で原点中心の N 次元球を $B_a = \{\boldsymbol{x} \in \mathbb{R}^N \mid \|\boldsymbol{x}\| \leq a\}$ とし，その体積を求める．(14.10) より，次を計算すればよい．

$$\begin{aligned}|B_a| &= \int_{B_a} d\boldsymbol{x}\\ &= \int_0^a r^{N-1}dr\int_0^\pi \sin^{N-2}\phi_1 d\phi_1 \cdots \int_0^\pi \sin\phi_{N-2}d\phi_{N-2}\int_0^{2\pi} d\phi_{N-1}\end{aligned}$$

問題 5.12 より，右辺は $\dfrac{2^{N-1}\pi a^N}{N}I_1 I_2\cdots I_{N-2}$ となる．ただし，I_k は次で与える．

$$I_k = \frac{(k-1)!!}{k!!}a_k, \quad a_k = \begin{cases} \pi/2 & (k \text{ は偶数}) \\ 1 & (k \text{ は奇数}) \end{cases}$$

よって，次の結果になる．

$$|B_a| = \begin{cases} \dfrac{\pi^k}{k!}a^{2k} & (N = 2k \text{ のとき}) \\ \dfrac{2^k \pi^{k-1}}{(2k-1)!!}a^{2k-1} & (N = 2k-1 \text{ のとき}) \end{cases}$$

球の体積はガンマ関数を使って次のようにも表せる．

$$|B_a| = \frac{\pi^{\frac{N}{2}}}{\Gamma\left(\frac{N}{2}+1\right)}a^N \tag{14.12}$$

これと上の結果が一致することは，問題 5.12 の公式を用いればわかる．帰納法で (14.12) を示す．$N=1$ は明らかであり，$N-1$ で成り立つとすれば，

$$|B_a| = \int_{-a}^{a}\left(\int_{B'_{a^2-x_N^2}} d\boldsymbol{x}'\right)dx_N$$

と書ける．ただし，

$$B'_r = \{\boldsymbol{x}' \in \mathbb{R}^{N-1} \mid \|\boldsymbol{x}'\| \leq r\}$$

である．帰納法の仮定から

$$|B_a| = \frac{\pi^{\frac{N-1}{2}}}{\Gamma\left(\frac{N+1}{2}\right)}\int_{-a}^{a}(a^2 - x_N^2)^{\frac{N-1}{2}}dx_N$$

が成り立つ．$a + x_N = 2at$ とおくと，右辺の積分項は $B\left(\dfrac{N+1}{2}, \dfrac{N+1}{2}\right)$ になるので (13.12) を用いると，

$$|B_a| = \pi^{\frac{N-1}{2}}2^N a^N \frac{\Gamma\left(\frac{N+1}{2}\right)}{\Gamma(N+1)}$$

が得られる．問題 13.5 (3) で N を $N+1$ に置き換えたものと，問題 7.4 を使えれば導ける．

演習 14.48 球の体積をガンマ関数で表すやり方を，ていねいに説明せよ．

14.12 13 章 多変数関数の積分の変数変換

注意 13.1 で述べた「D も体積確定」であることを示す．まず，次の命題は「位相空間」の基礎的事実であるので証明は省略する．

命題 14.38
開集合 $U, V \subset \mathbb{R}^N$ と $\boldsymbol{x}: U \to V$ が全単射で，$\boldsymbol{x}$ と $\boldsymbol{x}^{-1}$ は連続とする．
閉集合 $K \subset U$ に対し，$L = \boldsymbol{x}(K)$ とおく．
(i) $\boldsymbol{a}$ が K の内点 $\Longleftrightarrow \boldsymbol{x}(\boldsymbol{a})$ が L の内点
(ii) $\boldsymbol{a} \in U$ が K の外点 $\Longleftrightarrow \boldsymbol{x}(\boldsymbol{a})$ が L の外点
(iii) $\boldsymbol{a} \in \partial K \Longleftrightarrow \boldsymbol{x}(\boldsymbol{a}) \in \partial L$

注意 14.18 (i) (ii) は位相空間では良く知られている．(iii) も (i) (ii) を使えば定義から導かれる (境界の定義は追加事項参照)．

14.12.1 変数変換の公式 (定理 13.1) の $N > 2$ での証明

$N = 2$ の場合の証明で，ステップ 1 以外は，本質的には，次元 $N = 2$ であることを用いてない．よって，ステップ 1 を N 次元で示せばよい．つまり，$A \in \mathcal{M}(N, N)$ が $\det A \neq 0$ の場合に，次を確かめる．

$$\int_D d\boldsymbol{x} = |\det A| \int_\Omega d\boldsymbol{y} \tag{14.13}$$

ただし，Ω が直方体の場合に示せばよい．

線形代数において，正則行列 ($\det A \neq 0$ となる行列 A) は，次の三つの正則行列の有限個の積であらわせることが知られている．

$$\begin{cases} (1) & i \text{ 行の } \alpha \text{ 倍 } (\alpha \neq 0) \\ (2) & i \text{ 行と } j \text{ 行の入れ替え} \\ (3) & j \text{ 行に } i \text{ 行の } \alpha \text{ 倍を加える } (\alpha \in \mathbb{R}) \end{cases}$$

これらの行列表現は次のようになる．

(1) i 列

$$\begin{pmatrix} 1 & 0 & \cdots & \cdot & \cdots & 0 \\ 0 & 1 & \cdots & 0 & \cdots & 0 \\ \cdot & \cdot & \cdots & \cdot & \cdots & \cdot \\ \cdot & \cdot & \cdots & \alpha & \cdots & 0 \\ \cdot & \cdot & \cdots & \cdot & \cdots & \cdot \\ 0 & \cdot & \cdots & 0 & \cdots & 1 \end{pmatrix} \begin{array}{l} \\ \\ \\ i\text{ 行} \\ \\ \\ \end{array}$$

(2) i 列　j 列

$$\begin{pmatrix} 1 & 0 & \cdot & \cdots & \cdot & 0 \\ 0 & 1 & \cdot & \cdots & 0 & 0 \\ \cdot & \cdot & \cdot & \cdots & \cdot & \cdot \\ \cdot & \cdot & 0 & \cdots & 1 & 0 \\ \cdot & \cdot & \cdot & \cdots & \cdot & \cdot \\ \cdot & \cdot & 1 & \cdots & 0 & 0 \\ 0 & \cdot & 0 & \cdots & 0 & 1 \end{pmatrix} \begin{array}{l} \\ \\ \\ i\text{ 行} \\ \\ j\text{ 行} \\ \\ \end{array}$$

(3) i 列　j 列

$$\begin{pmatrix} 1 & 0 & \cdot & \cdots & \cdot & 0 \\ 0 & 1 & \cdot & \cdots & 0 & 0 \\ \cdot & \cdot & \cdot & \cdots & \cdot & \cdot \\ \cdot & \cdot & 1 & \cdots & \cdot & 0 \\ \cdot & \cdot & \cdot & \cdots & \cdot & \cdot \\ \cdot & \cdot & \alpha & \cdots & 1 & 0 \\ 0 & \cdot & 0 & \cdots & 0 & 1 \end{pmatrix} \begin{array}{l} \\ \\ \\ i\text{ 行} \\ \\ j\text{ 行} \\ \\ \end{array}$$

(2)(3) の行列式の絶対値は 1 であり，(1) の行列式の絶対値は $|\alpha|$ である．

A が (1)(2)(3) のどれかを表す行列の場合に，Ω が任意の平行体のとき(14.13) が成り立つと仮定する．ただし，**平行体** Ω とは，一次独立な $\boldsymbol{a}_1, \cdots, \boldsymbol{a}_N$ で $\Omega = \{\lambda_1 \boldsymbol{a}_1 + \lambda_2 \boldsymbol{a}_2 + \cdots + \lambda_N \boldsymbol{a}_N \mid 0 \leq \lambda_k \leq 1\}$ と表せる集合である．$N = 2$ のときは平行四辺形になる．平行体を (1)(2)(3) で変形すると，その集合も平行体である (証明略)．平行体は連続関数で囲まれた集合なので体積確定であることに注意する．

(1)(2)(3) を表す行列 $A_k \in \mathcal{M}(N, N)$ で $A = A_1 A_2 \cdots A_m$ となっていると

する．よって，下線の仮定より

$$\int_{A\Omega} d\boldsymbol{x} = |\mathrm{det}A_1| \int_{A_2\cdots A_m\Omega} d\boldsymbol{x} = \cdots = \prod_{k=1}^{m} |\mathrm{det}A_k| \int_{\Omega} d\boldsymbol{x}$$

となる．行列式の性質から右辺は $|\mathrm{det}A| \displaystyle\int_{\Omega} d\boldsymbol{x}$ となり証明が終わる．

ゆえに，A が (1)(2)(3) の場合に，Ω が平行体で (14.13) が成り立つことを示せばよい．

まず，Ω が直方体の場合を考える．(1)(2) は明らかである．

$i = N-1, j = N$ のときに (3) を示す．Ω_0 を $N-1$ 次の直方体で，$\Omega = \Omega_0 \times [a,b]$ とする．積分順序交換の公式より

$$\int_{A\Omega} d\boldsymbol{x} = \int_{\Omega_0} \left(\int \chi_{[a,b]}(x_N - \alpha x_{N-1}) dx_N \right) dx_1 \cdots dx_{N-1}$$

となるが，右辺は $|\Omega_0| \times (b-a) = |\Omega|$ だから (14.13) が示せた．

最後に，平行体 Ω に対し，(14.13) を示す．A は (1)(2)(3) のどれか一つとする．まず, Ω が有限個の直方体の和のときも (14.13) が成り立つことに注意する．

$\Omega \subset R$ となる直方体 R をとる．Ω は体積確定なので, $\forall \varepsilon > 0$ に対し, 補題 12.7 より R の分割 Δ_ε で, $\overline{S}[\chi_{\partial\Omega}, R, \Delta_\varepsilon] < \varepsilon$ となるものがある．ここで, $\Delta_\varepsilon^0 = \{R_{\boldsymbol{x}} \in \Delta_\varepsilon \mid \partial\Omega \cap R_{\boldsymbol{k}} \neq \varnothing\}$, $\Delta_\varepsilon^1 = \{R_{\boldsymbol{k}} \in \Delta_\varepsilon \setminus \Delta_\varepsilon^0 \mid R_{\boldsymbol{k}} \subset D\}$ と $\Delta_\varepsilon^2 = \Delta_\varepsilon - (\Delta_\varepsilon^0 \cup \Delta_\varepsilon^1)$ とおく．さらに，$j = 0, 1, 2$ に対し，$\Omega_j = \displaystyle\bigcup_{R_{\boldsymbol{k}} \in \Delta_\varepsilon^j} R_{\boldsymbol{k}}$ とする．これらの記号を使って，下線の不等式は次のようになる．

$$\int_{\Omega_0} d\boldsymbol{x} = \sum_{R_{\boldsymbol{k}} \in \Delta_\varepsilon^0} |R_{\boldsymbol{k}}| < \varepsilon \tag{14.14}$$

また，$\displaystyle\int_{\Omega_2} d\boldsymbol{x} = 0$ に注意すると，次が成り立つ．

$$|\mathrm{det}A| \int_{\Omega} d\boldsymbol{x} = \int_{A\Omega_1} d\boldsymbol{x} + |\mathrm{det}A| \int_{\Omega_0} d\boldsymbol{x} \tag{14.15}$$

一方，$\displaystyle\int_{A\Omega_2} d\boldsymbol{x} = 0$ に注意すると，

$$\int_{A\Omega} d\boldsymbol{x} = \int_{A\Omega_0} \chi_{A\Omega} d\boldsymbol{x} + \int_{A\Omega_1} d\boldsymbol{x} \tag{14.16}$$

を得る．以下，必要なら細分を取ることで，次を仮定してよい．

$$\boldsymbol{x}, \boldsymbol{y} \in R_{\boldsymbol{k}} \to \|\boldsymbol{x} - \boldsymbol{y}\|_\infty \leq 2|x_j - y_j| \quad (\forall j = 1, 2, \cdots, N) \tag{14.17}$$

(14.14)(14.15)(14.16) より，次式を示せばよい．

$$\int_{A\Omega_0} d\boldsymbol{x} \leq (2\|A\|\sqrt{N})^N \varepsilon$$

$\forall \boldsymbol{x}, \boldsymbol{y} \in R_{\boldsymbol{k}} \in \Delta_\varepsilon^0$ に対し，$\|A\boldsymbol{x} - A\boldsymbol{y}\|_\infty \leq \|A\|\sqrt{N}\|\boldsymbol{x} - \boldsymbol{y}\|_\infty$ だから，$AR_{\boldsymbol{k}} \subset \hat{R}_{\boldsymbol{k}}$ となる立方体 $\hat{R}_{\boldsymbol{k}}$ で $\mathrm{diam}_\infty \hat{R}_{\boldsymbol{k}} = \|A\|\sqrt{N}\mathrm{diam}_\infty R_{\boldsymbol{k}}$ となるものがある (diam_∞ については，補題 15.6 の直前の定義を参照)．ゆえに，

$$\int_{A\Omega_0} d\boldsymbol{x} \leq \sum_{R_{\boldsymbol{k}} \in \Delta_\varepsilon^0} |\hat{R}_{\boldsymbol{k}}| \leq (\|A\|\sqrt{N})^N \sum_{R_{\boldsymbol{k}} \in \Delta_\varepsilon^0} (\mathrm{diam}_\infty R_{\boldsymbol{k}})^N$$

となり，(14.14)(14.17) を用いて，上の式の右辺より $(2\|A\|\sqrt{N})^N \varepsilon$ のほうが大きいことがわかる． □

演習 14.49 $D \subset \mathbb{R}^3$ と関数 $f : D \to \mathbb{R}$ に対し，$\displaystyle\int_D f(\boldsymbol{x}) d\boldsymbol{x}$ を求めよ．

(1) $D = \{{}^t(x, y, z) \mid a^2x^2 + b^2y^2 + c^2z^2 \leq 1\}$ $(a, b, c > 0)$, $f(\boldsymbol{x}) = a^2x^2 + b^2y^2 + c^2z^2$

(2) D は (1) と同じ，$f(\boldsymbol{x}) = y^2z^2$

(3) $D = \{{}^t(x, y, z) \mid x^2 + y^2 + z^2 \leq a^2, x^2 + y^2 \leq ax\}$ $(a > 0)$, $f(\boldsymbol{x}) = z^2$

14.13 初等関数の性質

高校までに習った関数が連続関数であることを確かめる．

$\forall \varepsilon > 0$ に対し，具体的に $\delta_{\varepsilon,\alpha} > 0$ を決めてみる．

例 14.10 (分数関数) 自然数 $n \in \mathbb{N}$ に対し，$f(x) = \dfrac{1}{|x|^n}$ $(x \neq 0)$ とおくと，$I = (-\infty) \cup (0, \infty)$ 上で連続になる．

$|x| = \max\{x, -x\}$ に注意し，定理 3.3 (2) より，$|x|^n$ は $\mathbb{R}$ 上で連続となる．

よって，定理 3.3 (iii) より $\alpha \neq 0$ で f は連続になる．

例 14.11 (**べき乗根**) 自然数 $n \in \mathbb{N}$ に対し，$f(x) = |x|^{\frac{1}{n}}$ $(x \in \mathbb{R})$ とおくと，$[0, \infty)$ では f は，x^n の逆関数であり，定理 3.4 から連続になる．$(-\infty, 0]$ では f は $(-x)^n$ の逆関数なので，同じく連続になる．

領域が分かれているので，$x = 0$ での連続性を確かめなくてはならない．$\forall \varepsilon > 0$ に対し，$\delta_{\varepsilon,0} = \varepsilon^n$ とおけば，$|x| < \delta_{\varepsilon,0} = \varepsilon^n \Rightarrow |x|^{\frac{1}{n}} < \varepsilon$ となる．

演習 14.50* 例 14.10 で，$\alpha \neq 0$ と $\varepsilon > 0$ に対し，「$|x - \alpha| < \delta_{\varepsilon,\alpha} \Rightarrow |f(x) - f(\alpha)| < \varepsilon$」となる $\delta_{\varepsilon,\alpha} > 0$ を求め，$\delta_{\varepsilon,\alpha}$ が α に依存することを確かめよ．

三角関数の連続性を示すために $\sin x$ の性質を述べる．

命題 14.39

(i) $0 < |x| < \dfrac{\pi}{2}$ ならば，$|x| \cos^2 x \leq |\sin x \cos x| \leq |x|$ となる．

(ii) $\displaystyle\lim_{x \to 0} \sin x = 0$

(iii) $\displaystyle\lim_{x \to 0} \frac{\sin x}{x} = 1$

証明 (i) $\angle \mathrm{ABC} = x > 0$, $\angle \mathrm{BCA} = \dfrac{\pi}{2}$, $\mathrm{AB} = 1$ とすると三角形 ABC と

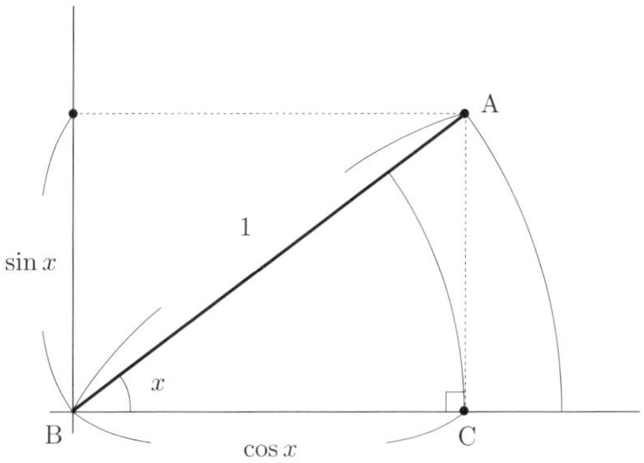

図 14.10 命題 14.39 (i) の証明のイメージ

二つの扇形の面積の大小関係から次の不等式が成り立つので (1) が成り立つ.

$$\frac{x}{2}\cos^2 x \leq \frac{1}{2}\sin x\cos x \leq \frac{x}{2}$$

(ii) $0 \leq x < \dfrac{\pi}{4}$ とすると, $\dfrac{1}{\sqrt{2}} \leq \cos x \leq 1$ なので (1) から $0 \leq \sin x \leq \sqrt{2}x$ が成り立つ. よって命題 14.13 より示せる. x が負の場合も同様.

(iii) $\cos x \leq \dfrac{|\sin x|}{|x|} \leq \dfrac{1}{\cos x}$ より, $x \to 0$ とすると左辺は 1 に収束するので命題 14.13 より示せる. □

例 14.12 (**三角関数**) $\alpha \in \mathbb{R}$ を固定する.

$$\sin(\alpha + x) - \sin\alpha = \frac{1}{2}\cos\left(\alpha + \frac{x}{2}\right)\sin\frac{x}{2}$$

となるので,

$$|\sin(\alpha + x) - \sin\alpha| \leq \frac{1}{2}\left|\sin\frac{x}{2}\right|$$

右辺は $x \to 0$ のとき, 命題 14.39 の (ii) より 0 に収束するから $\lim_{x\to 0}\sin(\alpha + x) = \sin\alpha$ が成り立つ.

他の三角関数 $\cos x$ と $\tan x$ の連続性は演習にする.

演習 14.51 (1) $f(x) = \cos x$ とすると, f は $\mathbb{R}$ 上で連続になる.
ヒント：$\cos x = \sin\left(x + \dfrac{\pi}{2}\right)$ より, 定理 3.4 を用いる.

(2) $f(x) = \tan x$ とすると $x \neq k\pi + \dfrac{\pi}{2}$ $(\forall k \in \mathbb{Z})$ で連続になる.

ヒント：$\tan x = \dfrac{\sin x}{\cos x}$ より, 定理 3.3 (3) を用いる.

次に, 指数関数・対数関数・べき乗関数の連続性を調べる. 実数べき乗に関しては 14.1.5 節と 14.2.2 節を参照せよ.

例 14.13 (**指数関数**) $a > 0$ に対し, $f(x) = a^x$ は $\mathbb{R}$ 上で連続となる.
命題 14.7 より, $a^{x+x'} = a^x a^{x'}$ $(x, x' \in \mathbb{R})$ が成り立つ.
$a = 1$ のときは, $f(x) = 1$ なので明らかである. $a > 1$ のときに示せれば,

$0 < a < 1$ のときは，$f(x) = \left(\dfrac{1}{a}\right)^{-x}$ に注意すれば，定理 3.4 から証明される．ゆえに，$a > 1$ のときのみ示す．

$\forall \alpha \in \mathbb{R}$ を固定し，α で連続となることを確かめる．$\varepsilon > 0$ に対し，補題 14.4 より，「$-\varepsilon a^{-\alpha} < a^{-\frac{1}{N_\varepsilon}} - 1 < a^{\frac{1}{N_\varepsilon}} - 1 < \varepsilon a^{-\alpha}$」となる $N_\varepsilon \in \mathbb{N}$ がある．

$0 < \delta_{\varepsilon,\alpha} < \dfrac{1}{N_\varepsilon}$ に対して，$|x - \alpha| < \delta_{\varepsilon,\alpha}$ ならば

$$-\varepsilon a^{-\alpha} < a^{-\frac{1}{N_\varepsilon}} - 1 < a^{-\delta_{\varepsilon,\alpha}} - 1 < a^{x-\alpha} - 1 < a^{\delta_{\varepsilon,\alpha}} - 1 < a^{\frac{1}{N_\varepsilon}} - 1 < \varepsilon a^{-\alpha}$$

となる．よって，$|a^x - a^\alpha| = a^\alpha |a^{x-\alpha} - 1| < \varepsilon$ が示せた．

例 14.14 (対数関数)　$a > 0$ $(a \neq 1)$ に対し，$f : \mathbb{R} \to (0, \infty)$ を $f(x) = a^x$ で定義すると，上の例 14.13 より $\mathbb{R}$ 上で連続である．また，$a > 1$ ならば狭義増加で，$0 < a < 1$ ならば狭義減少なので，全単射になる．よって，逆関数が存在し (命題 3.8)，定理 3.10 の一般の区間の場合 (追加事項参照) より，$f^{-1} : (0, \infty) \to \mathbb{R}$ は $(0, \infty)$ 上で連続になる．ここで，$f^{-1}(x) = \log_a x$ と書く．

$x, x' > 0$ とする．$y = \log_a x$, $y' = \log_a x'$ とおくと，$a^y = x$ と $a^{y'} = x'$ である．ゆえに，$a^{y+y'} = xx'$ となるので，$\log_a x + \log_a x' = \log_a (xx')$ が成り立つ．

同様に，$\log_a x - \log_a x' = \log_a \dfrac{x}{x'}$ となる．

特に，$a = e$ のとき，$\log x$ と書く．

例 14.15 (べき乗関数)　$t \in \mathbb{R}$ を固定し，$t \geq 0$ のときは $I = [0, \infty)$, $t < 0$ のときは $I = (0, \infty)$ とおく．$f : I \to I$ を $f(x) = x^t$ $(x \in I)$ で定義すると，f は I で連続になる．

$t > 0$ のときだけ考える．$t = 0$ の場合は明らかであり，$t < 0$ のときは定理 3.3 (3) を用いればよい．$\alpha > 0$ に対しては，$g(x) = t \log x$ は α で連続なので，定理 3.4 より $f(x) = e^{g(x)}$ なので α で f は連続になる．

$\alpha = 0$ での連続性は，別に調べなくてはならない．$\forall \varepsilon > 0$ に対し，$\delta_{\varepsilon,0} = \varepsilon^{\frac{1}{t}}$ とおけば，$0 < x < \delta_{\varepsilon,0}$ ならば，$0 \leq x^t < \varepsilon$ となるので，0 で連続である．

第 15 章

各章の証明

15.1　1 章　実数

補題 1.2 の証明　2 番目の不等式 $|a+b| \le |a|+|b|$ を最初に示す．例 1.2 (1) より $\pm a \le |a|, \pm b \le |b|$ だから $a+b \le |a|+|b|$ かつ $-(a+b) \le |a|+|b|$ が成り立つ．再び (1) より $|a+b| \le |a|+|b|$ が導かれる．

最初の不等式 $|\,|a|-|b|\,| \le |a+b|$ を示す．2 番目の不等式を用いると，$|a| = |a+b-b| \le |a+b|+|-b| = |a+b|+|b|$ となり，$|a|-|b| \le |a+b|$ が成り立つ．a と b の役割を代えれば，$-(|a|-|b|) \le |a+b|$ が得られる．ゆえに，絶対値の性質 (i) から最初の不等式が導かれる．□

命題 1.4 の証明　$t=0$ のときは，明らかなので，$t<0$ で $\sup(tA) = t\inf A$ だけ示す．$t>0$ の場合は，$t<0$ のときより証明はやさしい．

任意の $x \in tA$ をとると，$\dfrac{x}{t} \in A$ なので $\dfrac{x}{t} \ge \inf A$ である．よって，$t<0$ だから $x \le t\inf A$ となる．$x \in tA$ は任意に選んだので，$t\inf A$ は tA の上界の一つだから，命題 1.3 より $\sup(tA) \le t\inf A$ を得る．

逆に，任意の $x \in A$ とすると，$tx \in tA$ だから $tx \le \sup(tA)$ である．$t<0$ だから $x \ge \dfrac{1}{t}\sup(tA)$ となり，右辺は A の下界の一つだから $\inf A \ge \dfrac{1}{t}\sup(tA)$ である (命題 1.3)．よって，$t\inf A \le \sup(tA)$ を得る．ゆえに等式が成立する．

演習 15.1　命題 1.4 で，$t>0$ の場合と，$t<0$ の場合の第 2 式を証明せよ．

命題 1.5 の証明　(i) のみ示す．任意の $c \in A+B$ に対し，次を満たす $a \in A, b \in B$ がある．「$c = a+b$」

$a \le \sup A$ かつ $b \le \sup B$ なので，$c \le \sup A + \sup B$ となる．右辺は $A+B$ の上界の一つだから命題 1.3 より $\sup(A+B) \le \sup A + \sup B$ が成り立つ．□

演習 15.2　命題 1.5 (ii) を証明せよ．

命題 1.6 の証明　(d) $\Rightarrow$ (d$'$) の証明 ((d) $\Leftarrow$ (d$'$) の証明は演習 15.3 にする．)

(d$'$) の仮定は，$A \subset \mathbb{R}$ が下に有界である．つまり，次を満たす $M \in \mathbb{R}$ がある．「$x \in A \Rightarrow x \geq M$」

$-A = \{-x \in \mathbb{R} \mid x \in A\}$ とおく．任意の $y \in -A$ に対し，$y = -x$ となる $x \in A$ があるので，$-y \geq M$ が成り立つ．つまり，$y \leq -M$ となるので $-A$ は上に有界な集合となる．

仮定 (d) から，$\sup(-A) \in \mathbb{R}$ が存在するので，$\alpha = \sup(-A)$ とおく．$-\alpha = \inf A$ を以下で示す．

下限の定義の (i)　任意の $x \in A$ に対し，$-x \in -A$ だから，$\alpha = \sup(-A)$ より，$-x \leq \alpha$ となる．すなわち，$x \geq -\alpha$ となる．

下限の定義の (ii)　任意の $\varepsilon > 0$ に対し，$\alpha = \sup(-A)$ より，$\alpha - \varepsilon < y_\varepsilon$ となる $y_\varepsilon \in -A$ が存在する．$-y_\varepsilon \in A$ だから，$x_\varepsilon = -y_\varepsilon \in A$ とおけば，$x_\varepsilon < -\alpha + \varepsilon$ が成り立つ．□

演習 15.3　命題 1.6 の (d$'$) $\Rightarrow$ (d) を示せ．

15.2　2 章　数列・級数

命題 2.1 の証明　$\Longleftrightarrow$ の右辺を ♡ とおく．$\lim_{n\to\infty} a_n = \alpha \Leftarrow$ ♡ の証明をする．逆向き "$\Rightarrow$" の証明は明らかなので略す．

「$\varepsilon \in (0, \varepsilon_0]$ に対し，『$n \geq N_\varepsilon \Rightarrow |a_n - \alpha| < \varepsilon$』となる $N_\varepsilon \in \mathbb{N}$ が存在する」となる $\varepsilon_0 > 0$ があったと仮定する．$\varepsilon > \varepsilon_0$ に対しても『$\cdots$』を満たす N_ε が選べればよい．ε_0 に対して選んだ $N_{\varepsilon_0} \in \mathbb{N}$ をとる．つまり，$n \geq N_{\varepsilon_0}$ ならば $|a_n - \alpha| < \varepsilon_0$ が成り立つが，$\varepsilon > \varepsilon_0$ なので同じ $n \geq N_{\varepsilon_0}$ に対して $|a_n - \alpha| < \varepsilon$ が導かれる．□

定理 2.4 の証明　(i)　$|s| + |t| = 0$ ならば，$s = t = 0$ となり，$sa_n + tb_n = 0$ なので明らかである．

そこで，$|s| + |t| > 0$ の場合に示す．任意の $\varepsilon > 0$ を固定する．$\{a_n\}$ と $\{b_n\}$ が収束するので，次を満たす $N_\varepsilon, N'_\varepsilon \in \mathbb{N}$ が存在する．

$$「n \geq N_\varepsilon \Rightarrow |a_n - \alpha| < \varepsilon」かつ「n \geq N'_\varepsilon \Rightarrow |b_n - \beta| < \varepsilon」$$

$\hat{N}_\varepsilon = \max\{N_\varepsilon, N'_\varepsilon\}$ とおくと，$n \geq \hat{N}_\varepsilon$ に対して次が成り立つ．

$$|sa_n + tb_n - s\alpha - t\beta| \leq |s(a_n - \alpha)| + |t(b_n - \beta)| < \varepsilon(|s| + |t|)$$

これで，証明を終えてもいいが，最後の右辺を ε にするために，N_ε と N'_ε を選び直す．

$N_\varepsilon \in \mathbb{N}$ と $N'_\varepsilon \in \mathbb{N}$ は次を満たすようにとる．

$$「n \geq N_\varepsilon \Rightarrow |a_n - \alpha| < \frac{\varepsilon}{|s| + |t|}」かつ「n \geq N'_\varepsilon \Rightarrow |b_n - \beta| < \frac{\varepsilon}{|s| + |t|}」$$

あらためて $\hat{N}_\varepsilon = \max\{N_\varepsilon, N'_\varepsilon\}$ とおくと，$n \geq \hat{N}_\varepsilon$ ならば次のようになる．

$$|sa_n + tb_n - s\alpha - t\beta| \leq |s||a_n - \alpha| + |t||b_n - \beta| < (|s| + |t|)\frac{\varepsilon}{|s| + |t|} = \varepsilon$$

(ii) $|a_n b_n - \alpha\beta|$ は，a_n と b_n が絡まっているので，(i) のように単純でない．しかし，次の等式

$$a_n b_n - \alpha\beta = (a_n - \alpha)(b_n - \beta) + (a_n - \alpha)\beta + (b_n - \beta)\alpha$$

が成り立つので，三角不等式を用いて，次式を得る．

$$|a_n b_n - \alpha\beta| \leq |a_n - \alpha||b_n - \beta| + |a_n - \alpha||\beta| + |b_n - \beta||\alpha|$$

命題 2.1 より，任意の $\varepsilon \in (0, 1]$ に対し，「$n \geq N_\varepsilon \Rightarrow |a_n b_n - \alpha\beta| < \varepsilon$」となる $N_\varepsilon \in \mathbb{N}$ を見つければよい．

まず，次を満たす $N'_\varepsilon, N''_\varepsilon \in \mathbb{N}$ が存在する．

$$「n \geq N'_\varepsilon \Rightarrow |a_n - \alpha| < \varepsilon」かつ「n \geq N''_\varepsilon \Rightarrow |b_n - \beta| < \varepsilon」$$

$N_\varepsilon = \max\{N'_\varepsilon, N''_\varepsilon\}$ とおけば，$n \geq N_\varepsilon$ に対し，

$$|a_n b_n - \alpha\beta| < \varepsilon(\varepsilon + |\beta| + |\alpha|) \leq \varepsilon(1 + |\alpha| + |\beta|)$$

が成立する．最後の右辺を ε にするために，(i) と同じように $N_\varepsilon, N'_\varepsilon \in \mathbb{N}$ を次のようにとり直す．

「$n \geq N'_\varepsilon \Rightarrow |a_n - \alpha| < \dfrac{\varepsilon}{1+|\alpha|+|\beta|}$」かつ「$n \geq N''_\varepsilon \Rightarrow |b_n - \beta| < \dfrac{\varepsilon}{1+|\alpha|++|\beta|}$」

$N_\varepsilon = \max\{N'_\varepsilon, N''_\varepsilon\}$ とおけば，$n \geq N_\varepsilon$ に対し，$|a_n b_n - \alpha\beta| < \varepsilon$ となる．

(iii)　$\underline{\lim_{n\to\infty} \dfrac{1}{a_n} = \dfrac{1}{\alpha}}$ を示せば，(ii) より (iii) が示せるので，下線部のみ示す．

$\alpha \neq 0$ より，n が大きいとき，a_n は α に近いので，$a_n \neq 0$ が予想できる．これが正しいことを示す．$|\alpha| > 0$ なので，次を満たす $N_0 \in \mathbb{N}$ が存在する．

$$「n \geq N_0 \Rightarrow |a_n - \alpha| < \frac{|\alpha|}{2}」 \tag{15.1}$$

この $n \geq N_0$ に対し，$0 < |\alpha| = |\alpha - (a_n - a_n)| \leq |\alpha - a_n| + |a_n| < \dfrac{|\alpha|}{2} + |a_n|$ なので，$0 < \dfrac{|\alpha|}{2} < |a_n|$ となる．ゆえに，$n \geq N_0$ に対し $\dfrac{1}{a_n}$ が定義できる．よって，この $n \geq N_0$ に対して，(15.1) を用いると，

$$\left|\frac{1}{a_n} - \frac{1}{\alpha}\right| = \frac{|a_n - \alpha|}{|a_n\alpha|} \leq \frac{2|a_n - \alpha|}{|\alpha|^2}$$

となる．任意の $\varepsilon > 0$ に対し，次を満たす $N_\varepsilon \in \mathbb{N}$ が存在する．

$$「n \geq N_\varepsilon \Rightarrow |a_n - \alpha| < \varepsilon」$$

$N'_\varepsilon = \max\{N_0, N_\varepsilon\}$ に対し，$n \geq N'_\varepsilon$ ならば次が成り立つ．

$$\left|\frac{1}{a_n} - \frac{1}{\alpha}\right| < \frac{2\varepsilon}{|\alpha|^2}$$

$N_\varepsilon \in \mathbb{N}$ を次のように選び直す．

$$「n \geq N_\varepsilon \Rightarrow |a_n - \alpha| < \frac{\varepsilon|\alpha|^2}{2}」$$

$N'_\varepsilon = \max\{N_0, N_\varepsilon\}$ とおくと，$n \geq N'_\varepsilon$ ならば $\left|\dfrac{1}{a_n} - \dfrac{1}{\alpha}\right| < \varepsilon$ が示せる．　□

注意 15.1　上の証明では，定義に合わせるため $N_\varepsilon, N'_\varepsilon$ を最後に選び直したが，慣れてきたら選び直すのは簡単なので省略してもよい．

命題 2.5 の証明　任意の $\varepsilon > 0$ に対し，次を満たす $N_\varepsilon, N'_\varepsilon \in \mathbb{N}$ が存在する．

$$「n \geq N_\varepsilon \Rightarrow |a_n - \alpha| < \varepsilon」\text{かつ}「n \geq N'_\varepsilon \Rightarrow |b_n - \alpha| < \varepsilon」$$

$n \geq \max\{N_\varepsilon, N'_\varepsilon\}$ に対し，$-\varepsilon < a_n - \alpha \leq c_n - \alpha \leq b_n - \alpha < \varepsilon$ が成り立つので，$|c_n - \alpha| < \varepsilon$ となる．□

命題 2.8 の証明　$n = 1$ は ${}_1C_0 b + {}_1C_1 a = a + b$ となり明らか．

$n - 1$ で成立していたと仮定する．

$$\begin{aligned}(a+b)^n &= (a+b)\sum_{k=0}^{n-1} {}_{n-1}C_k a^k b^{n-1-k} \\ &= \sum_{k=0}^{n-1} {}_{n-1}C_k a^{k+1} b^{n-1-k} + \sum_{k=0}^{n-1} {}_{n-1}C_k a^k b^{n-k}\end{aligned}$$

下の式の第 1 項で $k + 1 = j$ とおくと，$\sum_{j=1}^{n} {}_{n-1}C_{j-1} a^j b^{n-j}$ となり，第 2 項は $k = j$ で置き換え，$j = 0$ だけ別にすると $b^n + \sum_{j=1}^{n-1} {}_{n-1}C_j a^j b^{n-j}$ となる．二つの式の $j = 1, 2, \cdots, n-1$ の項を見ると，${}_{n-1}C_{j-1} + {}_{n-1}C_j$ である．よって，

$$\begin{aligned}{}_{n-1}C_{j-1} + {}_{n-1}C_j &= \frac{(n-1)!}{(j-1)!(n-j)!} + \frac{(n-1)!}{j!(n-1-j)!} \\ &= \frac{(n-1)!\{j + (n-j)\}}{j!(n-j)!} = {}_nC_j\end{aligned} \tag{15.2}$$

と変形できるので，次式が示せる．

$$(a+b)^n = a^n + \sum_{j=1}^{n-1} {}_nC_j a^j b^{n-j} + b^n$$

□

命題 2.9 の証明（i）　任意の部分列 $\{a_{n_k}\}$ をとる．仮定から，任意の $\varepsilon > 0$ に対し，次を満たす $N_\varepsilon \in \mathbb{N}$ が存在する．

$$「n \geq N_\varepsilon \Rightarrow |a_n - \alpha| < \varepsilon」$$

$n_k \geq k$ に注意すると，$k \geq N_\varepsilon$ ならば $n_k \geq N_\varepsilon$ なので $|a_{n_k} - \alpha| < \varepsilon$ となる．ゆえに，$\lim_{k\to\infty} a_{n_k} = \alpha$ が成り立つ．

（ii）　背理法で示す．結論を否定すると，次を満たす $\varepsilon_0 > 0$ が存在する．

「任意の $k \in \mathbb{N}$ に対し，次を満たす $n_k \geq k$ がある.『$|a_{n_k} - \alpha| \geq \varepsilon_0$』」 (15.3)

$n_k < n_{k+1}$ と選び直すことができる．実際, $n_j \geq 1 + n_k$ となる n_j が存在するので，それを n_{k+1} と置き換えればよい.

$\{a_{n_k}\}_{k=1}^{\infty}$ は $\{a_n\}$ の部分列なので，仮定から，α に収束するが $|a_{n_k} - \alpha| \geq \varepsilon_0$ を満たすので，収束しない．よって矛盾が得られた. □

定理 2.11 の証明　<u>$\Rightarrow$ の証明</u>　$\{a_n\}$ を収束列とすると，$\lim_{n\to\infty} a_n = \alpha$ となる $\alpha \in \mathbb{R}$ がある．よって，任意の $\varepsilon > 0$ に対し，次を満たす $N_\varepsilon \in \mathbb{N}$ が存在する.

$$「n \geq N_\varepsilon \Rightarrow |a_n - \alpha| < \frac{\varepsilon}{2}」$$

この N_ε に対し，$m, n \geq N_\varepsilon$ ならば，次が成り立つのでコーシー列になる.

$$|a_m - a_n| \leq |a_m - \alpha| + |\alpha - a_n| < \frac{\varepsilon}{2} + \frac{\varepsilon}{2} = \varepsilon$$

<u>$\Leftarrow$ の証明</u>　まず，次の補題を準備する.

補題 15.1* (コーシー列の有界性)

$$\{a_n\} \text{ がコーシー列} \Rightarrow \{a_n\} \text{ は有界}$$

$\{a_n\}$ がコーシー列なら，補題 15.1 より有界なので，次を満たす $M > 0$ がある.

$$「n \in \mathbb{N} \Rightarrow |a_n| \leq M」$$

よって，ボルツァノ・ワイエルストラスの定理 (定理 2.10) より，$\alpha \in \mathbb{R}$ と部分列 $\{a_{n_k}\}$ で $\lim_{k\to\infty} a_{n_k} = \alpha$ となるものが選べる．つまり，任意の $\varepsilon > 0$ に対し，次を満たす $N_\varepsilon \in \mathbb{N}$ が存在する.

$$「k \geq N_\varepsilon \Rightarrow |a_{n_k} - \alpha| < \frac{\varepsilon}{2}」$$

部分列の選び方から $n_k \geq k$ に注意する.

一方，コーシー列の定義から，同じ $\varepsilon > 0$ に対し，次を満たす $N'_\varepsilon \in \mathbb{N}$ がある.

$$「m, n \geq N'_\varepsilon \Rightarrow |a_m - a_n| < \frac{\varepsilon}{2}」$$

よって，$n, k \geq \max\{N_\varepsilon, N'_\varepsilon\}$ ならば，

$$|a_n - \alpha| \leq |a_n - a_{n_k}| + |a_{n_k} - \alpha| < \frac{\varepsilon}{2} + \frac{\varepsilon}{2} = \varepsilon$$

となり，部分列ではなく，元の数列 $\{a_n\}$ が α に収束することがわかる． □

補題 15.1 の証明　$\varepsilon = 1$ に対し，コーシー列だから次を満たす $N_1 \in \mathbb{N}$ がある．

$$「n, l \geq N_1 \Rightarrow |a_n - a_l| < 1」$$

$M = \max\{|a_1|, |a_2|, \cdots, |a_{N_1-1}|, 1 + |a_{N_1}|\}$ とおくと，$1 \leq k \leq N_1 - 1$ に対しては，$|a_n| \leq M$ となる．一方，$n \geq N_1$ に対しては，$|a_n| \leq |a_n - a_{N_1}| + |a_{N_1}| \leq 1 + |a_{N_1}|$ となるので有界である． □

注意 15.2　補題 15.1 と定理 2.11 より，収束列も有界である．

定理 2.12 の証明　$S_n = \sum_{k=1}^{n} a_k$, $T_n = \sum_{k=1}^{n} b_k$ とおくと $\lim_{n\to\infty} S_n = \alpha$, $\lim_{n\to\infty} T_n = \beta$ である．数列の基本性質 (定理 2.4) より，$\lim_{n\to\infty}(sS_n + tT_n) = s\alpha + t\beta$ となる．一方，$sS_n + tT_n = \sum_{k=1}^{n}(sa_k + tb_k)$ だから，級数 $\sum_{k=1}^{\infty}(sa_k + tb_k)$ の第 n 部分和 $U_n = \sum_{k=1}^{n}(sa_k + tb_k)$ が $s\alpha + t\beta$ に収束している． □

命題 2.13 の証明　$S_m - S_n = \sum_{k=n+1}^{m} a_k$ に気をつければ，証明は収束列とコーシー列の同値性 (定理 2.11) から明らかである． □

系 2.14 の証明　命題 2.13 において，特に $m = n + 1$ とおけばよい． □

命題 2.15 の証明　$S_n = \sum_{k=1}^{n} a_k$ とする．任意の $\varepsilon > 0$ に対し，

$$「m > n \geq N_\varepsilon \Rightarrow |S_m - S_n| < \frac{\varepsilon}{2}」$$

を満たす $N_\varepsilon \in \mathbb{N}$ がある．$n > N_\varepsilon$ を固定して，$k > n$ に対し，$T_k(n) = \sum_{j=n}^{k} a_j$

とおく．(つまり，$T_k(n)$ は，数列 $\{a_n, a_{n+1}, a_{n+2}, \cdots\}$ の第 $k-n+1$ 部分和である．) $l > k > n$ ならば，次が成り立つ．

$$|T_l(n) - T_k(n)| = |S_l - S_k| < \frac{\varepsilon}{2} \tag{15.4}$$

ゆえに，コーシーの判定条件 (命題 2.13) より，$\lim_{l\to\infty} T_l(n) = \sum_{j=n}^{\infty} a_j$ である．右辺を α_n とおく．また，(15.4) で $\lim_{l\to\infty}$ をとれば，$|\alpha_n - T_k(n)| \leq \frac{\varepsilon}{2}$ となる．

ところで，$k > n > N_\varepsilon$ ならば $|T_k(n)| = |S_k - S_{n-1}| < \frac{\varepsilon}{2}$ だから，$|\alpha_n| \leq |\alpha_n - T_k(n)| + |T_k(n)| < \varepsilon$, すなわち，$\lim_{n\to\infty} \alpha_n = 0$ が成り立つ． □

定理 2.16 の証明 (i) $S_n = \sum_{k=1}^{n} a_k$, $T_n = \sum_{k=1}^{n} b_k$ とおくと，$0 \leq S_n \leq KT_n \leq K\sum b_k < \infty$ なので，$\{S_n\}$ は上に有界な増加列だから単調収束定理 (定理 2.7) より収束する．

(ii) $S_n \leq K\sum_{k=1}^{n} b_k$ だから，$\lim_{n\to\infty} S_n = \infty$ ならば $\sum b_n = \infty$ となり，$\sum b_n$ は ∞ に発散する． □

系 2.18 の証明 (i) $r \in (\rho, 1)$ をとる．$r - \rho > 0$ なので，次を満たす $N_0 \in \mathbb{N}$ がある．

$$「n \geq N_0 \Rightarrow (a_n)^{\frac{1}{n}} - \rho < r - \rho」$$

よって，$a_n < r^n$ であり，$\sum r^n < \infty$ だから $\sum a_n$ も収束する．

(ii) $r \in (1, \rho)$ をとる．$\rho - r > 0$ なので，次を満たす $N_1 \in \mathbb{N}$ がある．

$$「n \geq N_1 \Rightarrow \rho - (a_n)^{\frac{1}{n}} < \rho - r」$$

よって，$a_n > r^n > 1$ であり $\lim_{n\to\infty} a_n = 0$ とならないので，系 2.14 の対偶から，$\sum a_n$ は収束しない． □

系 2.19 の証明 (i) $r \in (\rho, 1)$ をとる．$r - \rho > 0$ なので，次を満たす $N_0 \in \mathbb{N}$ がある．

$$「n \geq N_0 \Rightarrow \frac{a_{n+1}}{a_n} - \rho < r - \rho」$$

よって，$n > N_0$ ならば，

$$a_n = \frac{a_n}{a_{n-1}} \frac{a_{n-1}}{a_{n-2}} \cdots \frac{a_{N_0+1}}{a_{N_0}} a_{N_0} < a_{N_0} r^{n-N_0}$$

となり，$\sum_{n=N_0}^{\infty} a_n \leq a_{N_0} \sum_{n=1}^{\infty} r^n < \infty$ なので収束する． □

演習 15.4 系 2.19 の (ii) を証明せよ．

15.3 3章 関数の連続性

命題 3.1 の証明 <u>$\Rightarrow$ の証明</u> $\forall\varepsilon > 0$ に対し，f が α で l に収束するので，次が成り立つ $\delta_{\varepsilon,\alpha} > 0$ が存在する．

「$x \in I$ が $0 < |x - \alpha| < \delta_{\varepsilon,\alpha}$ を満たす $\Rightarrow |f(x) - l| < \varepsilon$」

$\lim_{n\to\infty} x_n = \alpha$ となる $x_n \in I \setminus \{\alpha\}$ をとると，$\delta_{\varepsilon,\alpha} > 0$ に対し，次が成り立つ $N_{\varepsilon,\alpha} \in \mathbb{N}$ が存在する．

「$n \geq N_{\varepsilon,\alpha} \Rightarrow 0 < |x_n - \alpha| < \delta_{\varepsilon,\alpha}$」

よって，$n \geq N_{\varepsilon,\alpha}$ ならば，$|f(x_n) - l| < \varepsilon$ となる．

<u>$\Leftarrow$ の証明</u> 背理法で示す．f が α で l に収束しないと仮定する．定義を否定すれば，次を満たす $\varepsilon_0 > 0$ が存在する．

「$\forall\delta > 0$ に対し，次が成り立つ $x_\delta \in I$ がある．
『$0 < |x_\delta - \alpha| < \delta$ かつ $|f(x_\delta) - l| \geq \varepsilon_0$』」

$\delta = \dfrac{1}{n}$ とおき，上の『$\cdots$』を満たす x_δ を x_n と書く．つまり，$x_n \in I \setminus \{\alpha\}$ は，$0 < |x_n - \alpha| < \dfrac{1}{n}$ と $|f(x_n) - l| \geq \varepsilon_0$ が成り立つ．$\lim_{n\to\infty} x_n = \alpha$ なので，$\lim_{n\to\infty} f(x_n) = l$ が成り立つ．よって，$0 = \lim_{n\to\infty} |f(x_n) - l| \geq \varepsilon_0 > 0$ となり矛盾が導かれる． □

定理 3.3 の証明 以下で，$\delta_{\varepsilon,\alpha}$ を天下り的に与えるが，なぜこう選んだかは数列の定理 2.4 で詳しく述べたので，そちらを参照すること．

(i) $s = t = 0$ のときは明らかなので，$|s| + |t| > 0$ とする．

$\forall\varepsilon > 0$ に対し，次が成り立つ $\delta_{\varepsilon,\alpha,f}$，$\delta_{\varepsilon,\alpha,g} > 0$ がある．

$$「x \in I \text{ が } |x-\alpha| < \delta_{\varepsilon,\alpha,f} \text{ を満たす} \Rightarrow |f(x)-f(\alpha)| < \frac{\varepsilon}{|s|+|t|}」$$

$$「x \in I \text{ が } |x-\alpha| < \delta_{\varepsilon,\alpha,g} \text{ を満たす} \Rightarrow |g(x)-g(\alpha)| < \frac{\varepsilon}{|s|+|t|}」$$

そこで，$\delta_{\varepsilon,\alpha} = \min\{\delta_{\varepsilon,\alpha,f}, \delta_{\varepsilon,\alpha,g}\} > 0$ とおくと，$x \in I$ が $|x-\alpha| < \delta_{\varepsilon,\alpha}$ が成り立てば次が導かれ，証明が終わる．

$$\begin{aligned}|sf(x)+tg(x)-sf(\alpha)-tg(\alpha)| &\leq |s||f(x)-f(\alpha)|+|t||g(x)-g(\alpha)| \\ &< |s|\frac{\varepsilon}{|s|+|t|}+|t|\frac{\varepsilon}{|s|+|t|} = \varepsilon\end{aligned}$$

(ii) $0 < \varepsilon \leq 1$ とする．f, g は α で連続なので，

$$「x \in I \text{ が } |x-\alpha| < \delta_{f,\alpha,\varepsilon} \text{ を満たす} \Rightarrow |f(x)-f(\alpha)| < \frac{\varepsilon}{1+|f(\alpha)|+|g(\alpha)|}」$$

$$「x \in I \text{ が } |x-\alpha| < \delta_{g,\alpha,\varepsilon} \text{ を満たす} \Rightarrow |g(x)-g(\alpha)| < \frac{\varepsilon}{1+|f(\alpha)|+|g(\alpha)|}」$$

となる $\delta_{f,\alpha,\varepsilon}, \delta_{g,\alpha,\varepsilon} > 0$ が存在する．$f(x)g(x)-f(\alpha)g(\alpha) = (f(x)-f(\alpha))(g(x)-g(\alpha))+(f(x)-f(\alpha))g(\alpha)+(g(x)-g(\alpha))f(\alpha)$ に注意する．$x \in I$ が $|x-\alpha| < \min\{\delta_{f,\alpha,\varepsilon}, \delta_{g,\alpha,\varepsilon}\}$ とすると次が成り立つ．

$$\begin{aligned}&|f(x)g(x)-f(\alpha)g(\alpha)| \\ &\leq |f(x)-f(\alpha)||g(x)-g(\alpha)|+|f(x)-f(\alpha)||g(\alpha)|+|g(x)-g(\alpha)||f(\alpha)| \\ &< \frac{\varepsilon}{1+|f(\alpha)|+|g(\alpha)|}\left\{\frac{\varepsilon}{1+|f(\alpha)|+|g(\alpha)|}+|g(\alpha)|+|f(\alpha)|\right\} \\ &\leq \frac{\varepsilon}{1+|f(\alpha)|+|g(\alpha)|}(1+|g(\alpha)|+|f(\alpha)|) = \varepsilon\end{aligned}$$

(iii) $\underline{\lim_{x\to\alpha}\frac{1}{f(x)} = \frac{1}{f(\alpha)}}$ を示せば，(ii) を用いて (iii) が証明できる．よって下線部を示す．

$\forall\varepsilon > 0$ に対し，$f(\alpha) \neq 0$ なので，次が成り立つ $\delta_{\alpha,0,\varepsilon}$ がある．

$$「x \in I \text{ が } |x-\alpha| < \delta_{\alpha,0,\varepsilon} \text{ を満たす} \Rightarrow |f(x)-f(\alpha)| < \frac{|f(\alpha)|}{2}」$$

すると，$|f(x)| \geq |f(\alpha)| - |f(x) - f(\alpha)| > \dfrac{|f(\alpha)|}{2} > 0$ が導かれる．

また，連続性から次が成り立つ $\delta_{\varepsilon,\alpha,f} > 0$ がある．

$$「x \in I \text{ が } |x-\alpha| < \delta_{\varepsilon,\alpha,f} \text{ を満たす} \Rightarrow |f(x) - f(\alpha)| < \frac{\varepsilon|f(\alpha)|^2}{2}」$$

$\delta_{\varepsilon,\alpha} = \min\{\delta_{\alpha,0,\varepsilon}, \delta_{\varepsilon,\alpha,f}\} > 0$ とおくと，$x \in I$ が $|x-\alpha| < \delta_{\varepsilon,\alpha}$ を満たせば，

$$\left|\frac{1}{f(x)} - \frac{1}{f(\alpha)}\right| = \frac{|f(\alpha) - f(x)|}{|f(x)f(\alpha)|} \leq \frac{2|f(\alpha) - f(x)|}{|f(\alpha)|^2} < \varepsilon$$

となる．上の最初の不等式では $|f(x)| \geq \dfrac{|f(\alpha)|}{2}$ を用いた．　□

演習 15.5　関数 $f, g : I \to \mathbb{R}$ と $\alpha \in I$ に対し，$\lim_{x \to \alpha} f(x) = k$, $\lim_{x \to \alpha} g(x) = l$ が成り立つとする．次を示せ．

（1）　$\forall s, t \in \mathbb{R} \Rightarrow \lim_{x \to \alpha}\{sf(x) + tg(x)\} = sk + tl$

（2）　$\lim_{x \to \alpha} f(x)g(x) = kl$

（3）　$k \neq 0 \Rightarrow \lim_{x \to \alpha} \dfrac{g(x)}{f(x)} = \dfrac{l}{k}$

定理 3.4 の証明　(iii) より，$\forall \varepsilon > 0$ に対し，次が成り立つ $\delta_{\varepsilon,\alpha,g} > 0$ が存在する．

$$「y \in J \text{ が } |y - f(\alpha)| < \delta_{\varepsilon,\alpha,g} \text{ を満たす} \Rightarrow |g(y) - g(f(\alpha))| < \varepsilon」$$

さて，この $\delta_{\varepsilon,\alpha,g}$ に対し，(ii) より，次が成り立つ $\delta_{\varepsilon,\alpha,f} > 0$ が存在する．

$$「x \in I \text{ が } |x-\alpha| < \delta_{\varepsilon,\alpha,f} \text{ を満たす} \Rightarrow |f(x) - f(\alpha)| < \delta_{\varepsilon,\alpha,g}」$$

ゆえに，$x \in I$ が $|x - \alpha| < \delta_{\varepsilon,\alpha,f}$ となれば，$|f(x) - f(\alpha)| < \delta_{\varepsilon,\alpha,g}$ であり，$|g(f(x)) - g(f(\alpha))| < \varepsilon$ が導かれる．　□

命題 3.7 の証明（ i ）　$x \in I$ とする．$y = f(x)$ とおくと，$f^{-1}(y)$ の元は x だけだから $f^{-1}(y) = x$ と書ける．$f(x) = y$ だから，$f^{-1}(f(x)) = x$ となる．□

演習 15.6　上の命題 3.7 (ii) を証明せよ．

命題 3.8 の証明　<u>$\Rightarrow$ の証明</u>　$x, x' \in I$ が $f(x) = f(x')$ を満たすとする．

$y = f(x)$ とおけば，$x, x' \in f^{-1}(y)$ となるが，$f^{-1}(y)$ は一つの元なので $x = x'$ を得る．

<u>$\Leftarrow$ の証明</u>　$\forall y \in R(f)$ に対し，$x, x' \in f^{-1}(y)$ とおくと，$f(x) = f(x') = y$ であり，f は単射だから $x = x'$ となる．つまり，$f^{-1}(y)$ は一点の集合である．

□

15.4　4 章　1 変数関数の微分の基礎

定理 4.4 の証明　命題 4.3 より，次を満たす $\omega_f, \omega_g : \mathbb{R} \to \mathbb{R}$ が存在する．「$\lim_{h\to 0} \omega_f(h) = \lim_{h\to 0} \omega_g(h) = 0$ かつ，$\alpha + h \in I$ ならば $f(\alpha + h) = f(\alpha) + f'(\alpha)h + h\omega_f(h)$, $g(\alpha + h) = g(\alpha) + g'(\alpha)h + h\omega_g(h)$ が成り立つ．」

(i)　次の等式が得られる．

$$sf(\alpha + h) + tg(\alpha + h) - sf(\alpha) - tg(\alpha) - \{\underline{sf'(\alpha) + tg'(\alpha)}\}h$$
$$= h\{s\omega_f(h) + t\omega_g(h)\}$$

下線部が $sf(x) + tg(x)$ の $x = \alpha$ での微分に対応する部分である．

最後の式の $\{\cdots\} = s\omega_f(h) + t\omega_g(h)$ を $\omega(h)$ とおくと，$\lim_{h\to 0} \omega(h) = 0$ となる．よって，命題 4.3 より，$sf + tg$ は α で微分可能で，$(sf + tg)'(\alpha) = sf'(\alpha) + tg'(\alpha)$ を得る．

(ii)　次の等式が成り立つ．

$$f(\alpha + h)g(\alpha + h) - f(\alpha)g(\alpha) - \{\underline{f'(\alpha)g(\alpha) + f(\alpha)g'(\alpha)}\}h$$
$$= h\left[f(\alpha)\omega_g(h) + hf'(\alpha)\{g'(\alpha) + \omega_g(h)\} + \omega_f(h)\{g(\alpha) + g'(\alpha)h + h\omega_g(h)\}\right]$$

下の式の $[\cdots]$ を $\omega(h)$ とおくと，$\lim_{h\to 0} \omega(h) = 0$ となる．よって，命題 4.3 より，fg は α で微分可能で，$(fg)'(\alpha) = f'(\alpha)g(\alpha) + f(\alpha)g'(\alpha)$ を得る．

(iii)　$f(\alpha) \neq 0$ であり，f は α で連続だから (命題 4.2) h が小さければ，$f(\alpha + h) \neq 0$ となることに注意しておく．

まず，$\left(\dfrac{1}{f}\right)'(\alpha)$ を求める．次の等式が成り立つ．

$$
\begin{aligned}
&\frac{1}{f(\alpha+h)}-\frac{1}{f(\alpha)}-\underline{\left(-\frac{f'(\alpha)}{f^2(\alpha)}\right)}h \\
&=\frac{\{f(\alpha)-f(\alpha+h)\}f(\alpha)+hf'(\alpha)f(\alpha+h)}{f^2(\alpha)f(\alpha+h)} \\
&=\frac{\{-f'(\alpha)h-h\omega_f(h)\}f(\alpha)+hf'(\alpha)\{f(\alpha)+f'(\alpha)h+h\omega_f(h)\}}{f^2(\alpha)f(\alpha+h)} \\
&=h\left[\frac{-f(\alpha)\omega_f(h)+hf'(\alpha)\{f'(\alpha)+\omega_f(h)\}}{f^2(\alpha)f(\alpha+h)}\right]
\end{aligned}
$$

一番下の式の $[\cdots]$ を $\omega(h)$ とおくと，$\lim_{h\to 0}\omega(h)=0$ となる．よって，命題 4.3 より，$\frac{1}{f}$ は α で微分可能で，$\left(\frac{1}{f}\right)'(\alpha)=-\frac{f'(\alpha)}{f^2(\alpha)}$ が示される．

よって，(ii) と合わせると，$\frac{g}{f}$ も α で微分可能で，

$$
\left(\frac{g}{f}\right)'(\alpha)=g'(\alpha)\frac{1}{f(\alpha)}-g(\alpha)\frac{f'(\alpha)}{f^2(\alpha)}
$$

が得られ，(iii) が示せる． □

定理 4.10 の証明　証明は数学的帰納法による．$n=1$ は積の微分 (定理 4.4 (ii)) で示した．$n-1$ で成立したと仮定する．次を満たす $\varepsilon>0$ がある．

$$
|x-\alpha|<\varepsilon \Rightarrow (fg)^{(n-1)}(x)=\sum_{k=0}^{n-1} {}_{n-1}C_k f^{(k)}(x)g^{(n-1-k)}(x)
$$

この関数を $x=\alpha$ で微分すると次のようになる．

$$
\begin{aligned}
(fg)^{(n)}(\alpha)&=\sum_{k=0}^{n-1} {}_{n-1}C_k\{f^{(k+1)}(\alpha)g^{(n-1-k)}(\alpha)+f^{(k)}(\alpha)g^{(n-k)}(\alpha)\} \\
&=f^{(n)}(\alpha)+\sum_{k=1}^{n-1}\{{}_{n-1}C_{k-1}+{}_{n-1}C_k\}f^{(k)}(\alpha)g^{(n-k)}(\alpha)+g^{(n)}(\alpha)
\end{aligned}
$$

最後の $\{{}_{n-1}C_{k-1}+{}_{n-1}C_k\}$ は式 (15.2) を用いると証明が終わる． □

命題 4.14 証明　$\forall x,\hat{x}\in(a,b)$ が $x<\hat{x}$ ならば，平均値の定理 (定理 4.12) から次を満たす $\theta_0\in(0,1)$ が存在する．

$$
f(x)-f(\hat{x})=f'(x+\theta_0(\hat{x}-x))(x-\hat{x})
$$

(i) の仮定の下では右辺は非負になり，(ii) の仮定では正になるのでそれぞれ増加関数・狭義増加関数となる． □

演習 15.7　命題 4.14 の (iii), (iv) を証明せよ．

系 4.16 の証明　$x > \alpha$ のときは，$x = b$, $a = \alpha$ とおけばテイラーの定理 (定理 4.15) を適用できる． □

演習 15.8　上の系 4.16 を $x < \alpha$ の場合に示せ．ヒント：テイラーの定理 (定理 4.15) の証明を修正する．

15.5　5 章　1 変数関数の積分の基礎

命題 5.7 の証明　$\forall\varepsilon > 0$ に対し，補題 5.3 より $\overline{S}[f, \varDelta_\varepsilon] - \underline{S}[f, \varDelta_\varepsilon] < \varepsilon$ となる $[a, b]$ の分割 $\varDelta_\varepsilon$ がある．

$\varDelta_\varepsilon = \{I_k = [a_{k-1}, a_k] \mid k = 1, \cdots, m\}$ とする．$\{a_k\}_{k=1}^m \cup \{a', b'\}$ を小さい順に並び替えて，新たな番号をつけ $\{b_k\}_{k=0}^l$ とおく．($a', b' \in \{a_k\}_{k=0}^m$ ならば，$m = l$ である．$a' \notin \{a_k\}_{k=0}^m$ の場合などは変ってくる．)

$a' = b_j < b_{j+1} < \cdots < b_{j+i} = b'$ となる $i, j \in \mathbb{N}$ があるので，$c_k = b_{k+j}$ ($k = 0, 1, \cdots, i$) と置き直す．$\varDelta'_\varepsilon = \{J_k = [c_{k-1}, c_k] \mid k = 1, \cdots, i\}$ は $[a', b']$ の分割になる．$c_0 = b_{k_1}$, $c_i = b_{k_1+i}$ となる $k_1 \in \mathbb{N} \cup \{0\}$ を選ぶ．

$$
\begin{aligned}
&\sum_{k=1}^{i} \{\sup f(J_k) - \inf f(J_k)\} |J_k| \\
&= \sum_{j=k_1+1}^{k_1+i} \{\sup f([b_{j-1}, b_j]) - \inf f([b_{j-1}, b_j])\} (b_j - b_{j-1}) \\
&\le \sum_{j=1}^{m} \{\sup f(I_j) - \inf f(I_j)\} |I_j| \\
&= \overline{S}[f, \varDelta_\varepsilon] - \underline{S}[f, \varDelta_\varepsilon] < \varepsilon
\end{aligned}
$$

となり，最初の式は f の $[a', b']$ での分割 $\varDelta'_\varepsilon$ の上下リーマン和の差だから，f が $[a', b']$ で積分可能である (補題 5.3)． □

命題 5.8 の証明　$I_1 = [a, c]$, $I_2 = [c, b]$ とし，$\overline{S}_k[f]$ は，I_k での f の上積分，$\overline{S}_0[f]$ を I での f の上積分とする．下積分 $\underline{S}_k[f]$, ($k = 0, 1, 2$) も同様に定

義する．$\forall\varepsilon > 0$ に対し

$$-\varepsilon < \underline{S}_0[f] - \underline{S}_1[f] - \underline{S}_2[f], \quad \overline{S}_0[f] - \overline{S}_1[f] - \overline{S}_2[f] < \varepsilon \tag{15.5}$$

が示せれば，$\overline{S}_k[f] = \underline{S}_k[f]$, $(k = 0, 1, 2)$ より，$\varepsilon > 0$ は任意だから証明が終わる．(15.5) の上積分の不等式だけを示す．

上積分の定義から，$\overline{S}_1[f] + \dfrac{\varepsilon}{2} > \overline{S}_1[f, \Delta_{1,\varepsilon}]$ および，$\overline{S}_2[f] + \dfrac{\varepsilon}{2} > \overline{S}_2[f, \Delta_{2,\varepsilon}]$ となる I_1 の分割 $\Delta_{1,\varepsilon} = \{[a_{k-1}, a_k] \mid a = a_0 < a_1 < \cdots < a_m = c\}$ と I_2 の分割 $\Delta_{2,\varepsilon} = \{[b_{k-1}, b_k] \mid c = b_0 < b_1 < \cdots < b_l = b\}$ がある．$c_k = a_k$ $(k = 0, 1, \cdots, m)$, $c_{k+m} = b_k$ $(k = 0, 1, \cdots, l)$ とおき，$\Delta_\varepsilon = \{[c_{k-1}, c_k] \mid k = 0, 1, \cdots, m + l\}$ とすると，Δ_ε は I の分割になる．よって，

$$\overline{S}_0[f] - \overline{S}_1[f] - \overline{S}_2[f] < \overline{S}_0[f, \Delta_\varepsilon] - \overline{S}_1[f, \Delta_{1,\varepsilon}] - \overline{S}_2[f, \Delta_{2,\varepsilon}] + \varepsilon = \varepsilon$$

が導かれる． □

演習 15.9 上の命題 5.8 の証明の (15.5) の下積分に関する不等式を示せ．

15.6 6章 1変数関数の微分の応用

定理 6.3 の証明 $I = (\alpha - r, \alpha + r)$ とおく．

(i) $\forall\varepsilon > 0$ に対し，次を満たす $\delta_\varepsilon \in \left(0, \dfrac{r}{2}\right)$ がある．

$$0 < |x - \alpha| < \delta_\varepsilon \Rightarrow \left|\frac{f'(x)}{g'(x)} - l\right| < \frac{\varepsilon}{3} \tag{15.6}$$

$x_1 = \dfrac{\alpha + r}{2}$ とおく．系 6.1 より，$\alpha < x < x_1$ に対し，次を満たす $\alpha_x \in (\alpha, x)$ が存在する．

$$\frac{f(x) - f(x_1)}{g(x) - g(x_1)} = \frac{f'(\alpha_x)}{g'(\alpha_x)}$$

両辺に $\dfrac{g(x) - g(x_1)}{g(x)}$ をかけて，次のように変形する．

$$\frac{f(x)}{g(x)} = \frac{f'(\alpha_x)}{g'(\alpha_x)}\left\{1 - \frac{g(x_1)}{g(x)}\right\} + \frac{f(x_1)}{g(x)} \tag{15.7}$$

$\lim_{x\to\alpha} g(x) = \pm\infty$ より，次を満たす $\delta'_\varepsilon > 0$ が選べる．

$$0 < |x-\alpha| < \delta'_\varepsilon \Rightarrow \left|\frac{g(x_1)}{g(x)}\right| < \frac{\varepsilon}{3|l|+\varepsilon}, \qquad \left|\frac{f(x_1)}{g(x)}\right| < \frac{\varepsilon}{3} \tag{15.8}$$

よって，(15.6) と (15.8) を用いると次のようになる．

$$\begin{aligned}\left|\frac{f(x)}{g(x)} - l\right| &\leq \left|\frac{f'(\alpha_x)}{g'(\alpha_x)} - l\right| + \left|\frac{f'(\alpha_x)}{g'(\alpha_x)}\right| \frac{\varepsilon}{3|l|+\varepsilon} + \frac{\varepsilon}{3} \\ &\leq \frac{2\varepsilon}{3} + \left(\left|\frac{f'(\alpha_x)}{g'(\alpha_x)} - l\right| + |l|\right)\frac{\varepsilon}{3|l|+\varepsilon} \\ &< \varepsilon\end{aligned}$$

同様に，$\frac{\alpha-r}{2} < x < \alpha$ の場合も示せる．

(ii) 仮定 $\lim_{x\to\alpha} \frac{f'(x)}{g'(x)} = \infty$ の場合に証明する．

$L > 0$ に対し，次を満たす $\delta_L \in \left(0, \frac{r}{2}\right)$ がある．

$$0 < |x-\alpha| < \delta_L \Rightarrow \frac{f'(x)}{g'(x)} > 3L \tag{15.9}$$

$x_1 = \frac{\alpha+r}{2}$ とおく．(i) と同じく，$\alpha < x < x_1$ に対し，(15.7) を満たす $\alpha_x \in (\alpha, x)$ が存在する．

同様に，次を満たす $\delta'_\varepsilon > 0$ が選べる．

$$0 < |x-\alpha| < \delta'_\varepsilon \Rightarrow \left|\frac{g(x_1)}{g(x)}\right| < \frac{1}{2}, \qquad \left|\frac{f(x_1)}{g(x)}\right| < \frac{L}{2} \tag{15.10}$$

よって，(15.9) と (15.10) を用いると (15.7) は次のようになる．

$$\frac{f(x)}{g(x)} \geq 3L\left\{1 - \left|\frac{g(x_1)}{g(x)}\right|\right\} - \frac{L}{2} > L$$

さらに，$\frac{\alpha-r}{2} < x < \alpha$ の場合も示せるので証明が終わる □

演習 15.10 定理 6.3 (i) (ii) の証明で $x \in I$ が $x < \alpha$ のときの証明を述

べよ．

また，(ii) で $-\infty$ の場合の証明をせよ．

15.7 9章 $\mathbb{R}$ から $\mathbb{R}^N$ へ

命題 9.1 の証明 (i) (ii) (iii) はやさしいので略す．

(iv) の証明のために，次の不等式が必要になる．

> **補題 15.2** (シュワルツの不等式)
> $\forall \boldsymbol{x}, \boldsymbol{y} \in \mathbb{R}^N$ に対し，次が成り立つ．
>
> $$|\langle \boldsymbol{x}, \boldsymbol{y} \rangle| \leq \|\boldsymbol{x}\| \cdot \|\boldsymbol{y}\|$$

補題 15.2 の証明 $\boldsymbol{x} = {}^t(x_1, \cdots, x_N), \boldsymbol{y} = {}^t(y_1, \cdots, y_N)$ とする．$\forall t \in \mathbb{R}$ に対し，$\|\boldsymbol{x} + t\boldsymbol{y}\|^2 \geq 0$ を書き直すと $t^2\|\boldsymbol{y}\|^2 + 2t \sum_{k=1}^{N} x_k y_k + \|\boldsymbol{x}\|^2 \geq 0$ となる．ゆえに，t に関する判別式が非正になる．つまり，次を得て証明が終わる．

$$\left| \sum_{k=1}^{N} x_k y_k \right|^2 \leq \|\boldsymbol{x}\|^2 \|\boldsymbol{y}\|^2$$ □

(iv) の右辺 $^2-$ 左辺 ^{2} を計算すると，

$$\sum_{k=1}^{N} x_k^2 + 2\|\boldsymbol{x}\| \cdot \|\boldsymbol{y}\| + \sum_{k=1}^{N} y_k^2 - \sum_{k=1}^{N} (x_k + y_k)^2$$

となり，$(x_k + y_k)^2$ の括弧をはずせば，$\|\boldsymbol{x}\|^2$ と $\|\boldsymbol{y}\|^2$ は打ち消しあう．結局

$$2\|\boldsymbol{x}\| \cdot \|\boldsymbol{y}\| - 2\sum_{k=1}^{N} x_k y_k$$

であり，シュワルツの不等式 (補題 15.2) からこれは非負となる． □

定理 9.2 の証明 本質的には $N = 1$ のときと同じである．有界だから $\|\boldsymbol{x}_n\| \leq M$ となる $M > 0$ がある．$\boldsymbol{x}_n = {}^t(x_{n,1}, \cdots, x_{n,N})$ とおくと，$\forall k \in \{1, 2, \cdots, N\}$ に対し，$|x_{n,k}| \leq M$ であり，特に，$\{|x_{n,1}|\}_{n=1}^{\infty}$ は有界となる．

$N=1$ のボルツァノ・ワイエルストラスの定理 (定理 2.10) より，$\lim_{j\to\infty} x_{n_j^1,1} = x_1$ となる $x_1 \in \mathbb{R}$ と部分列 $\{n_j^1\}_{j=1}^{\infty}$ がある．

$\{x_{n_j^1,2}\}_{j=1}^{\infty}$ も有界だから，$\lim_{j\to\infty} x_{n_j^2,2} = x_2$ となる $x_2 \in \mathbb{R}$ と部分列 $\{n_j^2\}_{j=1}^{\infty} \subset \{n_j^1\}_{j=1}^{\infty}$ が存在する．$\lim_{j\to\infty} x_{n_j^2,1} = x_1$ に注意する．

同様に部分列を選んでいけば，$\{n_j^N\}_{j=1}^{\infty}$ と $\boldsymbol{x} = {}^t(x_1, x_2, \cdots, x_N) \in \mathbb{R}^N$ で，$\lim_{j\to\infty} x_{n_j^N,k} = x_k$ となるものがある．よって，$\lim_{j\to\infty} \boldsymbol{x}_{n_j^N} = \boldsymbol{x}$ が示せる． □

命題 9.4 の証明 <u>⇒ の証明</u> $\boldsymbol{x} \in A$ とする.「$B_\varepsilon(\boldsymbol{a}) \subset A$」となる $\varepsilon > 0$ が存在しないとすると，$\forall n \in \mathbb{N}$ に対し，$B_{\frac{1}{n}}(\boldsymbol{x}) \subset A$ が成り立たない．つまり，$\boldsymbol{x}_n \in B_{\frac{1}{n}}(\boldsymbol{x}) \cap A^c$ となる $\boldsymbol{x}_n$ がある．よって，$\lim_{n\to\infty} \boldsymbol{x}_n = \boldsymbol{x}$ となるが，A^c は閉集合だから $\boldsymbol{x}_n \in A^c$ なので $\boldsymbol{x} \in A^c$ となり $\boldsymbol{x} \in A$ に矛盾する．

<u>⇐ の証明</u> A^c が閉集合であることを示す．$\boldsymbol{a}_n \in A^c$ が $\boldsymbol{a}$ に収束するとする．もし，$\boldsymbol{a} \in A$ ならば仮定より，$B_{\varepsilon_{\boldsymbol{a}}}(\boldsymbol{a}) \subset A$ となる $\varepsilon_{\boldsymbol{a}} > 0$ が存在する．しかし，$n \geq N_0$ ならば $\boldsymbol{a}_n \in B_{\varepsilon_{\boldsymbol{a}}}(\boldsymbol{a})$ となる $N_0 \in \mathbb{N}$ がある．$\boldsymbol{a}_n \in A$ となるので矛盾である．よって，$\boldsymbol{a} \in A^c$ となり，A^c が閉集合であることが示せた． □

命題 9.6 の証明 $h(x) = \lim_{y\to b} f(x,y)$ とおく．$\forall\varepsilon > 0$ に対し，$\boldsymbol{x} \in D$ が $0 < \|\boldsymbol{x} - \boldsymbol{a}\| < \delta_\varepsilon \Rightarrow |f(\boldsymbol{x}) - l| < \varepsilon$ となる $\delta_\varepsilon > 0$ が存在する．

2 次元なので $|x-a| < \delta_\varepsilon/\sqrt{2}$ かつ $|y-b| < \delta_\varepsilon/\sqrt{2}$ ならば $|f(x,y) - l| < \varepsilon$ となる．よって，$|x-a| < \delta_\varepsilon/\sqrt{2} \Rightarrow |h(x) - l| \leq \varepsilon$ である．ゆえに $\lim_{x\to a} h(x) = l$ となる．もう一方の等式も同様に示せる． □

定理 9.8 の証明 最大値原理だけ示す．$\alpha = \sup f(D)$ とおく．

$\alpha = \infty$ のときは，$\forall n \in \mathbb{N}$ に対し，$|f(\boldsymbol{x}_n)| \geq n$ となる $\boldsymbol{x}_n \in D$ が存在する．$\{\boldsymbol{x}_n\}$ は有界だから，ボルツァノ・ワイエルストラスの定理 (定理 9.2) より，収束する部分列 $\{\boldsymbol{x}_{n_k}\}_{k=1}^{\infty}$ が選べる．つまり，$\lim_{k\to\infty} \boldsymbol{x}_{n_k}$ となる．極限を $\boldsymbol{a}$ とおくと，D は閉集合だから $\boldsymbol{a} \in D$ となる．f は $\boldsymbol{a}$ で連続だから $\lim_{k\to\infty} f(\boldsymbol{x}_{n_k}) = f(\boldsymbol{a})$ である．$\lim_{n\to\infty} |f(\boldsymbol{x}_n)| = \infty$ なので，$|f(\boldsymbol{a})| = \infty$ となり矛盾する．

ゆえに，$\alpha < \infty$ である．上限の定義より，$\forall n \in \mathbb{N}$ に対し，$\alpha - \dfrac{1}{n} < f(\boldsymbol{y}_n)$ となる $\boldsymbol{y}_n \in D$ が存在する．再びボルツァノ・ワイエルストラスの定理 (定理 9.2) より，収束する部分列 $\{\boldsymbol{y}_{n_k}\}$ と $\boldsymbol{a} \in D$ で $\lim_{k\to\infty} \boldsymbol{y}_{n_k} = \boldsymbol{a}$ を満たすものが選

べる．$\alpha < f(\boldsymbol{y}_{n_k}) + \dfrac{1}{n_k}$ だから，$k \to \infty$ の極限をとれば，f が $\boldsymbol{a}$ で連続だから $\alpha \leq f(\boldsymbol{a})$ となる．

一方，$f(\boldsymbol{a}) \leq \alpha$ はいつも成り立つので，$\alpha = f(\boldsymbol{a})$ が導かれる． □

命題 9.11 の証明 (iv) だけ示す．A, B の i 行 j 列成分をそれぞれ，a_{ij} と b_{ij} とすると，次が成り立つ．

$$\|A+B\|^2 = \sum_{i=1}^{M}\sum_{j=1}^{N}(a_{ij}+b_{ij})^2 \leq \sum_{i=1}^{M}\sum_{j=1}^{N}(a_{ij}^2 + 2|a_{ij}||b_{ij}| + b_{ij}^2)$$

上の右辺の $\sum$ の中の第 2 項より $\left(\sum_{i=1}^{M}\sum_{j=1}^{N} a_{ij}^2\right)^{1/2}\left(\sum_{i=1}^{M}\sum_{j=1}^{N} b_{ij}^2\right)^{1/2}$ の方が大きい．ゆえに，$\|A+B\|^2 \leq (\|A\|+\|B\|)^2$ が示せる． □

15.8 11 章 陰関数定理とその応用

陰関数定理：その 4 (定理 11.4) の証明のため，縮小写像の原理を述べるための準備をする．

> **定義 15.1** $D \subset \mathbb{R}^N$ と写像 $T : D \to \mathbb{R}^N$ に対し，
>
> $\boldsymbol{a} \in D$ が T の**不動点** $\overset{\text{def}}{\Longleftrightarrow}$ $T(\boldsymbol{a}) = \boldsymbol{a}$
>
> T が**縮小写像** $\overset{\text{def}}{\Longleftrightarrow}$ 「$\boldsymbol{x}, \boldsymbol{y} \in D \Rightarrow \|T(\boldsymbol{x}) - T(\boldsymbol{y})\| \leq \theta\|\boldsymbol{x}-\boldsymbol{y}\|$」となる $\theta \in (0,1)$ がある．

注意 15.3 T は線形とは仮定してないので $T(\boldsymbol{x}) - T(\boldsymbol{y}) = T(\boldsymbol{x}-\boldsymbol{y})$ が成り立つとは限らない．

演習 15.11 縮小写像 $T : D \to \mathbb{R}^N$ は D 上で一様連続である．

まず，次の重要な不動点の存在定理を示す．

定理 15.3** (縮小写像の原理)
閉集合 $D \subset \mathbb{R}^N$ に対し，

縮小写像 $T : D \to D$ は不動点が唯一つ存在する．

注意 15.4　この定理では T の値域は $R(T) \subset D$ を満たすことに注意.

定理 15.3 の証明　$\boldsymbol{x}_0 \in D$ を任意に選び，$n \in \mathbb{N}$ に対し $\boldsymbol{x}_n = T(\boldsymbol{x}_{n-1})$ を順次決める．$\{\boldsymbol{x}_n\}$ はコーシー列である．実際，$n \in \mathbb{N}$ に対し，$\|\boldsymbol{x}_{n+1} - \boldsymbol{x}_n\| = \|T(\boldsymbol{x}_n) - T(\boldsymbol{x}_{n-1})\| \leq \theta\|\boldsymbol{x}_n - \boldsymbol{x}_{n-1}\| \leq \cdots \leq \theta^n\|\boldsymbol{x}_1 - \boldsymbol{x}_0\|$ だから，$m, n \in \mathbb{N}$ に対し，次が成り立つ．

$$\begin{aligned}\|\boldsymbol{x}_{n+m} - \boldsymbol{x}_n\| &\leq \sum_{k=0}^{m-1}\|\boldsymbol{x}_{n+k+1} - \boldsymbol{x}_{n+k}\| \\ &\leq \sum_{k=0}^{m-1}\theta^{n+k}\|\boldsymbol{x}_1 - \boldsymbol{x}_0\| = \theta^n\|\boldsymbol{x}_1 - \boldsymbol{x}_0\|\frac{1-\theta^m}{1-\theta}\end{aligned}$$

よって，$\displaystyle\lim_{n\to\infty}\|\boldsymbol{x}_{n+m} - \boldsymbol{x}_n\| = 0$ となる．そこで，$\boldsymbol{z} \in D$ を $\boldsymbol{x}_n$ の極限とする．
T は縮小写像だから連続である．ゆえに，

$$T(\boldsymbol{z}) = T(\lim_{n\to\infty}\boldsymbol{x}_n) = \lim_{n\to\infty}T(\boldsymbol{x}_n) = \lim_{n\to\infty}\boldsymbol{x}_{n+1} = \boldsymbol{z}$$

となるので，$\boldsymbol{z}$ は T の不動点である．
もし，$\boldsymbol{y} \in D$ も不動点とすると，次が成り立つ．

$$\|\boldsymbol{z} - \boldsymbol{y}\| = \|T\boldsymbol{z} - T\boldsymbol{y}\| \leq \theta\|\boldsymbol{z} - \boldsymbol{y}\|$$

よって，$(1-\theta)\|\boldsymbol{z} - \boldsymbol{y}\| \leq 0$ より，$\boldsymbol{z} = \boldsymbol{y}$ となり，不動点は一つしかない．□

陰関数定理：その 4 (定理 11.4) の証明　ここで，$\nabla_{\boldsymbol{x}}\boldsymbol{F}, \nabla_{\boldsymbol{y}}\boldsymbol{F}$ をそれぞれ，$\boldsymbol{F}_{\boldsymbol{x}}$，$\boldsymbol{F}_{\boldsymbol{y}}$ と略記する．また，$r > 0, \boldsymbol{a} \in \mathbb{R}^N$ に対し，中心 $\boldsymbol{a}$，半径 r の "閉" 球 $\overline{B}_r(\boldsymbol{a}) = \{\boldsymbol{x} \in \mathbb{R}^N \mid \|\boldsymbol{x} - \boldsymbol{a}\| \leq r\}$ とおく．
$\boldsymbol{F}_{\boldsymbol{y}}$ は連続だから，次を満たす $r_0, \delta_0 > 0$ がある．

$$(\boldsymbol{x}, \boldsymbol{y}) \in \overline{B}_{r_0}(\boldsymbol{a}) \times \overline{B}_{\delta_0}(\boldsymbol{b}) \subset D \Rightarrow \det(\boldsymbol{F}_{\boldsymbol{y}}(\boldsymbol{x}, \boldsymbol{y})) \neq 0$$

$\boldsymbol{z} \in \overline{B}_{r_o}(\boldsymbol{a}) \times \overline{B}_{\delta_0}(\boldsymbol{b})$ ならば逆行列 $\boldsymbol{F}_{\boldsymbol{y}}^{-1}(\boldsymbol{z})$ が存在することに注意する．($\boldsymbol{F}_{\boldsymbol{y}}^{-1}$ は $(\boldsymbol{F}_{\boldsymbol{y}})^{-1}$ のことである．) $\boldsymbol{x} \in B_{r_0}(\boldsymbol{a})$ を固定して，$\boldsymbol{F}(\boldsymbol{x}, \boldsymbol{y}) = \boldsymbol{0}$ となる $\boldsymbol{y} = \boldsymbol{y}(\boldsymbol{x})$ を見つけるために，写像 $T_{\boldsymbol{x}} : B_{\delta_0}(\boldsymbol{b}) \to \mathbb{R}^M$ を

$$\boldsymbol{y} \in B_{\delta_0}(\boldsymbol{b}) \text{ に対し，} T_{\boldsymbol{x}}(\boldsymbol{y}) = -\boldsymbol{F}_{\boldsymbol{y}}^{-1}(\boldsymbol{a}, \boldsymbol{b})\boldsymbol{F}(\boldsymbol{x}, \boldsymbol{y}) + \boldsymbol{y}$$

で定義する．しばらく，$T_{\boldsymbol{x}}$ は T と書くことにする．

$T : \overline{B}_{\delta_1}(\boldsymbol{b}) \to \mathbb{R}^M$ が縮小写像となる $\delta_1 \in (0, \delta_0]$ の存在．

$\delta_1 > 0$ は後で選ぶとして，$\boldsymbol{y}_1, \boldsymbol{y}_2 \in \overline{B}_{\delta_1}(\boldsymbol{b})$ に対し，次の等式が成り立つ．

$$T(\boldsymbol{y}_1) - T(\boldsymbol{y}_2) = -\boldsymbol{F}_{\boldsymbol{y}}^{-1}(\boldsymbol{a}, \boldsymbol{b})\{\boldsymbol{F}(\boldsymbol{x}, \boldsymbol{y}_1) - \boldsymbol{F}(\boldsymbol{x}, \boldsymbol{y}_2)\} + (\boldsymbol{y}_1 - \boldsymbol{y}_2)$$

$k \in \{1, 2, \cdots, M\}$ を固定して，$s \in [0, 1]$ に対し，$g(s) = F_k(\boldsymbol{x}, \boldsymbol{y}_2 + s(\boldsymbol{y}_1 - \boldsymbol{y}_2))$ とおく．平均値の定理 (定理 4.12) により，$g(1) - g(0) = g'(\theta_k)$ となる $\theta_k \in (0, 1)$ が存在する．g' を定理 10.5 で計算すれば，$F_k(\boldsymbol{x}, \boldsymbol{y}_1) - F_k(\boldsymbol{x}, \boldsymbol{y}_2) = \displaystyle\sum_{j=1}^{M} \frac{\partial F_k}{\partial y_j}(\boldsymbol{x}, \boldsymbol{y}_2 + \theta_k(\boldsymbol{y}_1 - \boldsymbol{y}_2))(y_{1j} - y_{2j})$ となる．$A_{jk}(\boldsymbol{y}_1, \boldsymbol{y}_2) = \dfrac{\partial F_k}{\partial y_j}(\boldsymbol{x}, \boldsymbol{y}_2 + \theta_k(\boldsymbol{y}_1 - \boldsymbol{y}_2))$ とおき，A を j 行 k 列成分が $A_{jk}(\boldsymbol{y}_1, \boldsymbol{y}_2)$ となる行列とする ($\boldsymbol{x}$ の依存性は省略する)．すると，次のように書ける．

$$T(\boldsymbol{y}_1) - T(\boldsymbol{y}_2) = -\boldsymbol{F}_{\boldsymbol{y}}^{-1}(\boldsymbol{a}, \boldsymbol{b})\left\{A - \boldsymbol{F}_{\boldsymbol{y}}(\boldsymbol{a}, \boldsymbol{b})\right\}(\boldsymbol{y}_1 - \boldsymbol{y}_2)$$

一方，$\nabla_{\boldsymbol{y}}\boldsymbol{F}$ の連続性から，次を満たす $r_1 \in (0, r_0]$, $\delta_1 \in (0, \delta_0]$ がある．

$$\boldsymbol{x} \in B_{r_1}(\boldsymbol{a}), \boldsymbol{y}_1, \boldsymbol{y}_2 \in B_{\delta_1}(\boldsymbol{b}) \to \|A - \boldsymbol{F}_{\boldsymbol{y}}(\boldsymbol{a}, \boldsymbol{b})\| \le \frac{1}{2}\|\boldsymbol{F}_{\boldsymbol{y}}^{-1}(\boldsymbol{a}, \boldsymbol{b})\|^{-1}$$

(問題 9.6 より，$\|\boldsymbol{F}_{\boldsymbol{y}}^{-1}(\boldsymbol{a}, \boldsymbol{b})\| > 0$ に注意．) ゆえに，演習 9.10 より，次が導かれる．

$$\|T(\boldsymbol{y}_1) - T(\boldsymbol{y}_2)\| \le \|\boldsymbol{F}_{\boldsymbol{y}}^{-1}(\boldsymbol{a}, \boldsymbol{b})\|\|A - \boldsymbol{F}_{\boldsymbol{y}}(\boldsymbol{a}, \boldsymbol{b})\|\|\boldsymbol{y}_1 - \boldsymbol{y}_2\| \le \frac{1}{2}\|\boldsymbol{y}_1 - \boldsymbol{y}_2\|$$

ゆえに，$\forall \boldsymbol{x} \in \overline{B}_{r_1}(\boldsymbol{a})$ に対し，$T = T_{\boldsymbol{x}} : \overline{B}_{\delta_1}(\boldsymbol{b}) \to \mathbb{R}^M$ は縮小写像になっている．

$\boldsymbol{x} \in \overline{B}_{r_2}(\boldsymbol{a}) \Rightarrow T_{\boldsymbol{x}} : \overline{B}_{\delta_2}(\boldsymbol{b}) \to \overline{B}_{\delta_2}(\boldsymbol{b})$ となる $\delta_2 \in (0, \delta_1]$ と $r_2 \in (0, r_1]$ の存在．

各 k について，$\boldsymbol{y} \to F_k(\boldsymbol{a}, \boldsymbol{y})$ は C^1 級なので全微分可能である (命題 10.3). $F_k(\boldsymbol{a}, \boldsymbol{b}) = 0$ なので，(下の式の右辺第 2 項は $1 \times M$ 行列と $M \times 1$ 行列の積，以降同様)

$$\omega_k(\boldsymbol{y}) = F_k(\boldsymbol{a}, \boldsymbol{y}) - \nabla_{\boldsymbol{y}} F_k(\boldsymbol{a}, \boldsymbol{b})(\boldsymbol{y} - \boldsymbol{b})$$

とおけば，$\displaystyle\lim_{\boldsymbol{y}\to\boldsymbol{b}} \frac{\omega_k(\boldsymbol{y})}{\|\boldsymbol{y} - \boldsymbol{b}\|} = 0$ である．$\forall\delta \in (0, \delta_2]$ に対し，$\boldsymbol{y} \in \overline{B}_\delta(\boldsymbol{b})$ ならば

$$|\omega_k(\boldsymbol{y})| \le \frac{\|\boldsymbol{y} - \boldsymbol{b}\|}{2\sqrt{M}\|\boldsymbol{F}_{\boldsymbol{y}}^{-1}(\boldsymbol{a}, \boldsymbol{b})\|} \le \frac{\delta}{2\sqrt{M}\|\boldsymbol{F}_{\boldsymbol{y}}^{-1}(\boldsymbol{a}, \boldsymbol{b})\|}$$

となる $\delta_2 \in (0, \delta_1]$ が選べる．よって，$\boldsymbol{p} = {}^t(\omega_1(\boldsymbol{y}), \cdots, \omega_M(\boldsymbol{y}))$ とおくと，$\boldsymbol{y} \in B_{\delta_2}(\boldsymbol{b}) \Rightarrow \|\boldsymbol{p}\| \le \dfrac{\delta_2}{2}\|\boldsymbol{F}_{\boldsymbol{y}}^{-1}(\boldsymbol{a}, \boldsymbol{b})\|^{-1}$ となる．また，$\boldsymbol{F}_{\boldsymbol{x}}$ は連続なので，$M_1 = \sup\{\|\boldsymbol{F}_{\boldsymbol{x}}(\boldsymbol{x}, \boldsymbol{y})\| \mid \boldsymbol{x} \in B_{r_1}(\boldsymbol{a}), \boldsymbol{y} \in B_{\delta_2}(\boldsymbol{b})\} < \infty$ とおく．そこで，

$$\begin{aligned} T(\boldsymbol{y}) - \boldsymbol{b} &= \boldsymbol{F}_{\boldsymbol{y}}^{-1}(\boldsymbol{a}, \boldsymbol{b})\{-\boldsymbol{F}(\boldsymbol{x}, \boldsymbol{y}) + \boldsymbol{F}_{\boldsymbol{y}}(\boldsymbol{a}, \boldsymbol{b})(\boldsymbol{y} - \boldsymbol{b})\} \\ &= \boldsymbol{F}_{\boldsymbol{y}}^{-1}(\boldsymbol{a}, \boldsymbol{b})\{\boldsymbol{F}(\boldsymbol{a}, \boldsymbol{y}) - \boldsymbol{F}(\boldsymbol{x}, \boldsymbol{y})\} \\ &\quad + \boldsymbol{F}_{\boldsymbol{y}}^{-1}(\boldsymbol{a}, \boldsymbol{b})\{\boldsymbol{F}_{\boldsymbol{y}}(\boldsymbol{a}, \boldsymbol{b})(\boldsymbol{y} - \boldsymbol{b}) - \boldsymbol{F}(\boldsymbol{a}, \boldsymbol{y})\} \\ &= I + II \end{aligned} \tag{15.11}$$

とする．(I が第 1 項，II が第 2 項である．) $r_2 \in (0, r_1]$ を後で決めるとして，$\boldsymbol{x} \in \overline{B}_{r_2}(\boldsymbol{a})$, $\boldsymbol{y} \in \overline{B}_{\delta_2}(\boldsymbol{b})$ に対し，次が成り立つ．

$$\|\boldsymbol{F}(\boldsymbol{x}, \boldsymbol{y}) - \boldsymbol{F}(\boldsymbol{a}, \boldsymbol{y})\| \le \|\hat{A}\| r_2$$

ただし，$\hat{A} \in \mathcal{M}(N, N)$ の k 行成分は，$\hat{\theta}_k \in (0, 1)$ を用いて次で与えられる．

$$(F_{k,x_1}(\boldsymbol{x} + \hat{\theta}_k(\boldsymbol{a} - \boldsymbol{x}), \boldsymbol{y}), \cdots, F_{k,x_N}(\boldsymbol{x} + \hat{\theta}_k(\boldsymbol{a} - \boldsymbol{x}), \boldsymbol{y})$$

よって，$\|\hat{A}\| \le M_1$ なので，$r_2 \in (0, r_1]$ を $r_2 \le \delta_2/(2M_1\|\boldsymbol{F}_{\boldsymbol{y}}^{-1}(\boldsymbol{a}, \boldsymbol{b})\|)$ と選べば，$\|I\| \le \dfrac{\delta_2}{2}$ となる．一方，$II = -\boldsymbol{F}_{\boldsymbol{y}}^{-1}(\boldsymbol{a}, \boldsymbol{b})\boldsymbol{p}$ なので $\|II\| \le \dfrac{\delta_2}{2}$ となり，次が成り立つ．

$$\|T(\boldsymbol{y}) - \boldsymbol{b}\| \le \delta_2$$

よって，縮小写像の原理 (定理 15.3) より，$\forall \boldsymbol{x} \in \overline{B}_{r_2}(\boldsymbol{a})$ に対し，$T_{\boldsymbol{x}}(\boldsymbol{y}) = \boldsymbol{y}$ となる $\boldsymbol{y} \in B_{\delta_2}(\boldsymbol{b})$ が唯一存在する．これを $\boldsymbol{f}(\boldsymbol{x}) = \boldsymbol{y}$ とおけば，陰関数定理：その 1 (定理 11.1) の証明と同じ方法で $\boldsymbol{f}$ が連続であることがわかる (背理法).

微分可能性の証明も本質的には 1 次元と同じだが，記号が難しいので述べておく．以下，$\boldsymbol{x}, \boldsymbol{x}+\boldsymbol{h} \in B_{r_2}(\boldsymbol{a})$, $\boldsymbol{f}(\boldsymbol{x}), \boldsymbol{f}(\boldsymbol{x}+\boldsymbol{h}) \in B_{\delta_2}(\boldsymbol{b})$ とする．各 $k \in \{1, 2, \cdots, M\}$ に対し，

$$
\begin{aligned}
0 &= F_k(\boldsymbol{x}+\boldsymbol{h}, \boldsymbol{f}(\boldsymbol{x}+\boldsymbol{h})) - F_k(\boldsymbol{x}, \boldsymbol{f}(\boldsymbol{x})) \\
&= \{F_k(\boldsymbol{x}+\boldsymbol{h}, \boldsymbol{f}(\boldsymbol{x}+\boldsymbol{h})) - F_k(\boldsymbol{x}, \boldsymbol{f}(\boldsymbol{x}+\boldsymbol{h}))\} \\
&\quad + \{F_k(\boldsymbol{x}, \boldsymbol{f}(\boldsymbol{x}+\boldsymbol{h})) - F_k(\boldsymbol{x}, \boldsymbol{f}(\boldsymbol{x}))\} \\
&= \nabla_{\boldsymbol{x}} F_k(\boldsymbol{x}+\theta'_k \boldsymbol{h}, \boldsymbol{f}(\boldsymbol{x}+\boldsymbol{h}))\boldsymbol{h} \\
&\quad + \nabla_{\boldsymbol{y}} F_k(\boldsymbol{x}, \boldsymbol{f}(\boldsymbol{x}) + \theta''_k\{\boldsymbol{f}(\boldsymbol{x}+\boldsymbol{h}) - \boldsymbol{f}(\boldsymbol{x})\})\{\boldsymbol{f}(\boldsymbol{x}+\boldsymbol{h}) - \boldsymbol{f}(\boldsymbol{x})\}
\end{aligned}
$$

となる，$0 < \theta'_k, \theta''_k < 1$ が存在する．$B_{ij} = (F_i)_{y_j}(\boldsymbol{x}, \boldsymbol{f}(\boldsymbol{x}) + \theta''_k\{\boldsymbol{f}(\boldsymbol{x}+\boldsymbol{h}) - \boldsymbol{f}(\boldsymbol{x})\})$ を i 行 j 列の成分とする行列 $B \in \mathcal{M}(M, M)$ とする．さらに，$\hat{B}_{kl} = (F_k)_{x_l}(\boldsymbol{x}+\theta'_k\boldsymbol{h}, \boldsymbol{f}(\boldsymbol{x}+\boldsymbol{h}))$ を k 行 l 列成分にもつ行列 $\hat{B} \in \mathcal{M}(M, N)$ とおく．

これらの記号を使って B^{-1} をかけて次を得る．

$$
\begin{aligned}
\boldsymbol{f}(\boldsymbol{x}+\boldsymbol{h}) &= \boldsymbol{f}(\boldsymbol{x}) - B^{-1}\hat{B}\boldsymbol{h} \\
&= \boldsymbol{f}(\boldsymbol{x}) - B^{-1}\boldsymbol{F}_{\boldsymbol{x}}(\boldsymbol{x}, \boldsymbol{f}(\boldsymbol{x}))\boldsymbol{h} + B^{-1}\{\boldsymbol{F}_{\boldsymbol{x}}(\boldsymbol{x}, \boldsymbol{f}(\boldsymbol{x})) - \hat{B}\}\boldsymbol{h} \\
&= \boldsymbol{f}(\boldsymbol{x}) - \boldsymbol{F}_{\boldsymbol{y}}^{-1}(\boldsymbol{x}, \boldsymbol{f}(\boldsymbol{x}))\boldsymbol{F}_{\boldsymbol{x}}(\boldsymbol{x}, \boldsymbol{f}(\boldsymbol{x}))\boldsymbol{h} \\
&\quad + \{\boldsymbol{F}_{\boldsymbol{y}}^{-1}(\boldsymbol{x}, \boldsymbol{f}(\boldsymbol{x})) - B^{-1}\}\boldsymbol{F}_{\boldsymbol{x}}(\boldsymbol{x}, \boldsymbol{f}(\boldsymbol{x}))\boldsymbol{h} \\
&\quad + B^{-1}\{\boldsymbol{F}_{\boldsymbol{x}}(\boldsymbol{x}, \boldsymbol{f}(\boldsymbol{x})) - \hat{B}\}\boldsymbol{h}
\end{aligned}
$$

最後の式の第 3, 4 項を E_3, E_4 とおくと，$\boldsymbol{x}, \boldsymbol{h}$ は有界閉集合上を動くので

$$
\|E_3\| \leq \|\{\cdots\}\|\|\boldsymbol{F}_{\boldsymbol{x}}(\boldsymbol{x}, \boldsymbol{f}(\boldsymbol{x}))\|\|\boldsymbol{h}\|
$$

なので，$\displaystyle\lim_{\boldsymbol{h}\to\boldsymbol{0}} \frac{\|E_3\|}{\|\boldsymbol{h}\|} = 0$ となる．E_4 も同じことが示せる．つまり，

$$
\lim_{\boldsymbol{h}\to\boldsymbol{0}} \frac{\boldsymbol{f}(\boldsymbol{x}+\boldsymbol{h}) - \boldsymbol{f}(\boldsymbol{x}) - \boldsymbol{F}_{\boldsymbol{y}}^{-1}(\boldsymbol{x}, \boldsymbol{f}(\boldsymbol{x}))\boldsymbol{F}_{\boldsymbol{x}}(\boldsymbol{x}, \boldsymbol{f}(\boldsymbol{x}))\boldsymbol{h}}{\|\boldsymbol{h}\|} = \boldsymbol{0}
$$

が成り立ち，$f_k \in C^1(B_{r_2}(\boldsymbol{a}))$ と (iii) が導けた． □

定理 11.9 の証明　$\boldsymbol{a} = (\boldsymbol{a}_1, \boldsymbol{a}_2) \in \mathbb{R}^{N+M}$ とする．仮定から陰関数の定理 (定理 11.4) より，$r > 0$ と $f_1, \cdots, f_N \in C^1(B_r(\boldsymbol{a}_2))$ で $\boldsymbol{f} = {}^t(f_1, \cdots, f_N)$ とおくと，$\boldsymbol{f}(\boldsymbol{a}_2) = \boldsymbol{a}_1$ および，

$$\boldsymbol{y} \in B_r(\boldsymbol{a}_2) \Rightarrow \boldsymbol{F}(\boldsymbol{f}(\boldsymbol{y}), \boldsymbol{y}) = \boldsymbol{0}$$

となるものがある．さらに $\boldsymbol{F_x}(\boldsymbol{f}(\boldsymbol{y}), \boldsymbol{y})\nabla_{\boldsymbol{y}}\boldsymbol{f}(\boldsymbol{y}) + \boldsymbol{F_y}(\boldsymbol{f}(\boldsymbol{y}), \boldsymbol{y}) = \boldsymbol{0}$ より，

$$\nabla_{\boldsymbol{y}}\boldsymbol{f}(\boldsymbol{y}) = -\boldsymbol{F_x}^{-1}(\boldsymbol{f}(\boldsymbol{y}), \boldsymbol{y})\boldsymbol{F_y}(\boldsymbol{f}(\boldsymbol{y}), \boldsymbol{y}) \tag{15.12}$$

となる．$h(\boldsymbol{y}) = H(\boldsymbol{f}(\boldsymbol{y}), \boldsymbol{y})$ とおくと，$\boldsymbol{y} = \boldsymbol{a}_2$ で極小なので，命題 11.6 と連鎖公式 (定理 10.6) により

$$\boldsymbol{0} = \nabla_{\boldsymbol{y}}h(\boldsymbol{a}_2) = \nabla_{\boldsymbol{x}}H(\boldsymbol{a})\nabla_{\boldsymbol{y}}\boldsymbol{f}(\boldsymbol{a}_2) + \nabla_{\boldsymbol{y}}H(\boldsymbol{a})$$

が成り立つ．ゆえに，$\boldsymbol{\lambda} = (\lambda_1, \cdots, \lambda_N) = \nabla_{\boldsymbol{x}}H(\boldsymbol{a})\boldsymbol{F_x}^{-1}(\boldsymbol{a})$ とおけば，(15.12) より，$\boldsymbol{\lambda}\boldsymbol{F_y}(\boldsymbol{a}) = \nabla_{\boldsymbol{y}}H(\boldsymbol{a})$ が成り立つ．まとめると，次を得る．

$$\nabla_{\boldsymbol{z}}H(\boldsymbol{a}) = \boldsymbol{\lambda}\boldsymbol{F_z}(\boldsymbol{a})$$ □

15.9　12 章　多変数関数の積分の基礎

定理 12.3 の証明（i）　本質的には 1 変数の積分の線形性 (定理 5.5) の証明と同じである．

$s = t = 0$ のときは自明なので，$|s| + |t| > 0$ と仮定し，$h = sf + tg$ とする．$\forall\varepsilon > 0$ に対し，$\varepsilon_1 = \dfrac{\varepsilon}{|s| + |t|}$ とおくと，次を満たす分割 Δ_1, Δ_2 がある．

$$「\overline{S}[f, R, \Delta_1] - \underline{S}[f, R, \Delta_1] < \varepsilon_1, \quad \overline{S}[g, R, \Delta_2] - \underline{S}[g, R, \Delta_2] < \varepsilon_1」$$

$\Delta_e = \Delta_1 \cup \Delta_2 = \{R_{\boldsymbol{k}}\}$ とすると，Δ_ε は Δ_1 と Δ_2 の細分だから，命題 12.1 より次が成り立つ．

$$\overline{S}[f, R, \Delta_\varepsilon] - \underline{S}[f, R, \Delta_\varepsilon] < \varepsilon_1, \quad \overline{S}[g, R, \Delta_\varepsilon] - \underline{S}[g, R, \Delta_\varepsilon] < \varepsilon_1$$

また，命題 1.5 より，次を得る．

$$\overline{S}[h,R,\Delta_\varepsilon]-\underline{S}[f,R,\Delta_\varepsilon]$$
$$\leq \sum_{\boldsymbol{k}}\{\underline{\sup(sf(R_{\boldsymbol{k}}))}+\sup(tg(R_{\boldsymbol{k}}))\underline{-\inf(sf(R_{\boldsymbol{k}}))}-\inf(tg(R_{\boldsymbol{k}}))\}|R_{\boldsymbol{k}}|$$

下線部を抜き出して考える．$s=0$ ならば，両方 0 なので消える．$s>0$ のときは，命題 1.4 より $s\{\sup f(R_{\boldsymbol{k}})-\inf f(R_{\boldsymbol{k}})\}$ に等しく，$s<0$ のときは $s\{\inf f(R_{\boldsymbol{k}})-\sup f(R_{\boldsymbol{k}})\}$ となり，$|s|\{\sup f(R_{\boldsymbol{k}})-\inf f(R_{\boldsymbol{k}})\}$ と等しい．

tg の方も同様に考えると次が成り立ち，補題 12.2 より証明が終わる．

$$\overline{S}[h,R,\Delta_\varepsilon]-\underline{S}[f,R,\Delta_\varepsilon]$$
$$\leq |s|(\overline{S}[f,R,\Delta_\varepsilon]-\underline{S}[f,R,\Delta_\varepsilon])+|t|(\overline{S}[g,R,\Delta_\varepsilon]-\underline{S}[g,R,\Delta_\varepsilon])$$
$$<(|s|+|t|)\varepsilon_1=\varepsilon$$

(ii) $\forall\varepsilon>0$ に対し，R' の分割 Δ' と R'' の分割 Δ'' で

$$\overline{S}[f,R',\Delta']-\underline{S}[f,R',\Delta']<\frac{\varepsilon}{2},\quad \overline{S}[f,R'',\Delta'']-\underline{S}[f,R'',\Delta'']<\frac{\varepsilon}{2}$$

を満たすものがある．$\Delta_\varepsilon=\Delta'\cup\Delta''$ とおくと

$$\overline{S}[f,R,\Delta_\varepsilon]=\overline{S}[f,R',\Delta']+\overline{S}[f,R'',\Delta'']$$
$$\underline{S}[f,R,\Delta_\varepsilon]=\underline{S}[f,R',\Delta']+\underline{S}[f,R'',\Delta'']$$

となる．$\overline{S}[f,R,\Delta_\varepsilon]-\underline{S}[f,R,\Delta_\varepsilon]<\varepsilon$ となり，補題 12.2 より証明が終わる．□

命題 12.6 の証明　簡単のため $R_0=[0,1]\times\cdots\times[0,1]\subset\mathbb{R}^{N-1}$ とする．$a=\min\phi(R_0)-1,\ b=\max\psi(R_0)+1$ とおく．$R=R_0\times[a,b]\subset\mathbb{R}^N$ とし，χ_D が R で積分可能であることを示す．

ϕ,ψ は R_0 で一様連続なので，$\forall\varepsilon>0$ に対し，

$$\text{「}\boldsymbol{x}',\boldsymbol{y}'\in R_0\text{が }\|\boldsymbol{x}'-\boldsymbol{y}'\|\leq\sqrt{N-1}\,m_\varepsilon^{-1}\text{を満たすならば} \\ |\phi(\boldsymbol{x}')-\phi(\boldsymbol{y}')|<\varepsilon,\ |\psi(\boldsymbol{x}')-\psi(\boldsymbol{y}')|<\varepsilon\text{」} \tag{15.13}$$

となる $m_\varepsilon\in\mathbb{N}$ がある．よって，R_0 の各辺を m_ε 等分した，R_0 の分割した小直方体 $R_{0,\boldsymbol{k}}$ は $\boldsymbol{x}',\boldsymbol{y}'\in R_{0,\boldsymbol{k}}\Rightarrow|\phi(\boldsymbol{x}')-\phi(\boldsymbol{y}')|<\varepsilon,|\psi(\boldsymbol{x}')-\psi(\boldsymbol{y}')|<\varepsilon$ となる．$m_\varepsilon\in\mathbb{N}$ を $m_\varepsilon\geq\dfrac{b-a}{\varepsilon}$ を満たすとしてもよい．そこで，$h_\varepsilon=\dfrac{b-a}{m_\varepsilon},\ a_k=$

$a + kh_\varepsilon$ $(k = 0, 1, \cdots, m_\varepsilon)$ とおくと下図より，$\boldsymbol{x}' \in R_{0,\boldsymbol{k}}$ が $\phi(\boldsymbol{x}') \in [a_{k-1}, a_k]$ ならば，$\phi(\boldsymbol{y}') \in [a_{k-2}, a_{k+1}]$ ($k = 1$ ならば $a_{k-2} = a$ とし，$k = m_\varepsilon$ ならば $a_{k+1} = b$ とする) である．ψ も同様．

ゆえに，$0 = \inf \chi_D(R_{0,\boldsymbol{k}} \times [a_{k-1}, a_k]) < \sup \chi_D(R_{0,\boldsymbol{k}} \times [a_{k-1}, a_k]) = 1$ となる $R_{0,\boldsymbol{k}} \times [a_k, a_{k-1}]$ は多くても $6m_\varepsilon^{N-1}$ 個 (上下 3 つ × ϕ と ψ の分) である．$\Delta_\varepsilon = \{R_{0,\boldsymbol{k}} \times [a_{k-1}, a_k]\}$ に対し，

$$\overline{S}[\chi_D, R, \Delta_\varepsilon] - \underline{S}[\chi_D, R, \Delta_\varepsilon] \leq 6h_\varepsilon m_\varepsilon^{-(N-1)} \times m_\varepsilon^{N-1} = \frac{6(b-a)}{m_\varepsilon}$$

となり，$m_\varepsilon \to \infty$ とすれば右辺は任意に小さくとれるので，補題 12.2 から χ_D は R で積分可能である．　□

補題 12.7 の証明　<u>$\Leftarrow$ の証明</u>　注意 12.8 から，$\chi_{\partial D}$ は積分可能となる．よって，$\forall\varepsilon > 0$ に対し，$\overline{S}[\chi_{\partial D}, R, \Delta_\varepsilon] - \underline{S}[\chi_{\partial D}, R, \Delta_\varepsilon] < \varepsilon$ となる分割 Δ_ε がある．Δ'_ε を $R_{\boldsymbol{k}} \in \Delta_\varepsilon$ で $R_{\boldsymbol{k}} \cap \partial D \neq \varnothing$ となる小直方体全体とすると，(∂D は内点を持たないから $R_{\boldsymbol{k}} \setminus \partial D \neq \varnothing$ なので) $\displaystyle\sum_{R_{\boldsymbol{k}} \in \Delta'_\varepsilon} |R_{\boldsymbol{k}}| < \varepsilon$ となる．

Δ''_ε を $R_{\boldsymbol{k}} \in \Delta_\varepsilon$ で，

$$R_{\boldsymbol{k}} \cap D \neq \varnothing \text{ かつ } R_{\boldsymbol{k}} \setminus D \neq \varnothing \tag{15.14}$$

を満たす小直方体全体とすると $\Delta''_\varepsilon \subset \Delta'_\varepsilon$ が成り立つ (次の命題 12.8 の証明を参照)．ゆえに，$\displaystyle\sum_{R_{\boldsymbol{k}} \in \Delta''_\varepsilon} |R_{\boldsymbol{k}}| < \varepsilon$ となる．よって，$\overline{S}[\chi_D, R, \Delta''_\varepsilon] - \underline{S}[\chi_D, R, \Delta''_\varepsilon] < \varepsilon$ となり補題 12.2 で証明できる．

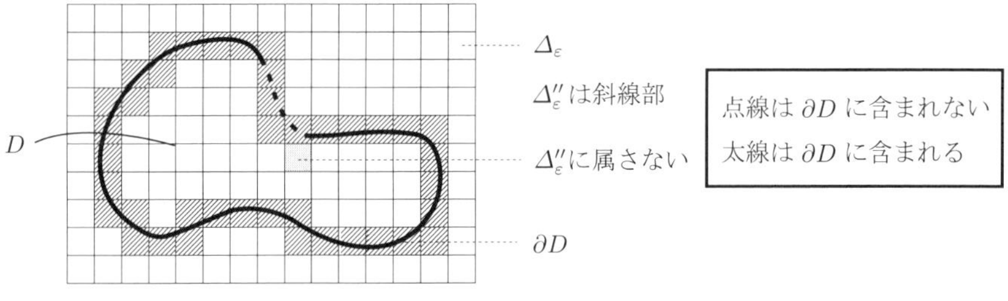

図 15.1　Δ''_ε の例

<u>$\Rightarrow$ の証明</u>　$\forall\varepsilon > 0$ に対し，$\overline{S}[\chi_D, \Delta_\varepsilon, R] - \underline{S}[\chi_D, \Delta_\varepsilon, R] < \varepsilon$ となる R の分

割 Δ_ε がある．Δ_ε をさらに細分をとることで，$\forall R_{\boldsymbol{k}}, R'_{\boldsymbol{k}} \in \Delta_\varepsilon$ が $|R_{\boldsymbol{k}}| \leq 2|R'_{\boldsymbol{k}}|$ を満たすとしてよい．(2 の代わりに $\forall a > 1$ でよい．) つまり，小直方体の体積は大体同じとしてよい．

Δ''_ε を $R_{\boldsymbol{k}} \in \Delta_\varepsilon$ で，(15.14) を満たす小直方体とする．

一つの $R_{\boldsymbol{k}} \in \Delta''_\varepsilon$ に注目して，$\partial D \cap R_{\boldsymbol{k}}$ の点で，他の Δ_ε の小直方体も含む可能性があるのは，$\partial D \cap \partial R_{\boldsymbol{k}}$ の点だけとなる．つまり，最大で 2^N 個の小直方体が，$\partial D \cap R_{\boldsymbol{k}}$ の点を共有する可能性がある．

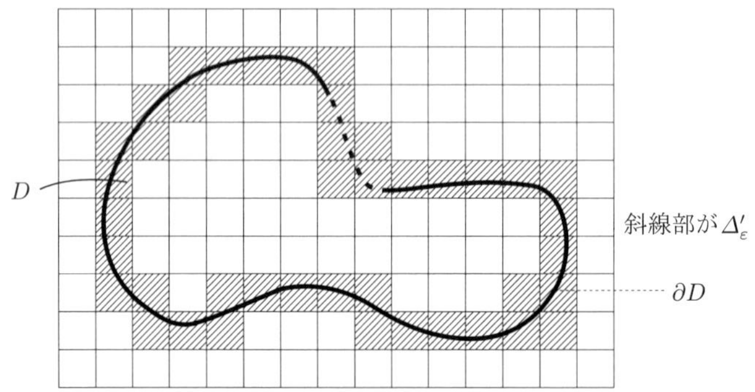

図 15.2　Δ'_ε の例

よって，$\partial D \cap R_{\boldsymbol{k}} \neq \varnothing$ を満たす $R_{\boldsymbol{k}} \in \Delta_\varepsilon$ 全体を Δ'_ε とおくと，

$$\sum_{R_{\boldsymbol{k}} \in \Delta'_\varepsilon} |R_{\boldsymbol{k}}| \leq 2 \cdot 2^N \sum_{R_{\boldsymbol{k}} \in \Delta''_\varepsilon} |R_{\boldsymbol{k}}| < 2^{N+1}\varepsilon$$

となる．左辺は $\overline{S}[\chi_{\partial D}, \Delta_\varepsilon, R] - \underline{S}[\chi_{\partial D}, \Delta_\varepsilon, R]$ なので証明を終わる．□

命題 12.8 の証明　$M = \sup|f|(D) > 0$ とおく．R を $D \subset R$ を満たす直方体とする．

D は有界で体積確定だから補題 12.7 より，$\forall \varepsilon > 0$ に対し，

$$\overline{S}[\chi_{\partial D}, R, \Delta_\varepsilon] < \varepsilon$$

となる分割 $\Delta_\varepsilon = \{R_{\boldsymbol{k}}\}$ がある．Δ'_ε を $R_{\boldsymbol{k}} \in \Delta_\varepsilon$ で $R_{\boldsymbol{k}} \cap \partial D \neq \varnothing$ となるもの全体とする．$\hat{\Delta}_\varepsilon = \Delta_\varepsilon \setminus \Delta'_\varepsilon$ とおく．

$$\overline{S}[\overline{f}, R, \Delta_\varepsilon] - \underline{S}[\overline{f}, R, \Delta_\varepsilon] = \sum_{R_{\boldsymbol{k}} \in \Delta_\varepsilon} \{\sup \overline{f}(R_{\boldsymbol{k}}) - \inf \overline{f}(R_{\boldsymbol{k}})\}|R_{\boldsymbol{k}}|$$

$$\le 2M \sum_{R_{\boldsymbol{k}} \in \Delta'_\varepsilon} |R_{\boldsymbol{k}}| + \sum_{R_{\boldsymbol{k}} \in \hat{\Delta}_\varepsilon} \{\sup \overline{f}(R_{\boldsymbol{k}}) - \inf \overline{f}(R_{\boldsymbol{k}})\} |R_{\boldsymbol{k}}|$$

第 1 項は $2M\varepsilon$ の方が大きいので，第 2 項を考える．

$R_{\boldsymbol{k}} \in \hat{\Delta}_\varepsilon$ ならば，$R_{\boldsymbol{k}} \cap \partial D = \varnothing$ だから，$R_{\boldsymbol{k}} \subset D^o$ または $R_{\boldsymbol{k}} \subset D^e$ のどちらかが成り立つ．実際，否定すると

$$\boldsymbol{y} \in R_{\boldsymbol{k}} \cap (D^o)^c, \quad \text{かつ} \quad \boldsymbol{z} \in R_{\boldsymbol{k}} \cap (D^e)^c$$

となる $\boldsymbol{y}, \boldsymbol{z}$ がある．$(D^o)^c = \overline{D^c}$, $(D^e)^c = \overline{D}$ となることに注意する (問題 14.10, 演習 14.41)．$\boldsymbol{y} \in \partial(D^c)$ とすると，$R_{\boldsymbol{k}} \in \hat{\Delta}_\varepsilon$ に矛盾する (命題 14.28) ので $\boldsymbol{y} \in (D^c)^o$ となる (問題 14.10)．同様に，$\boldsymbol{z} \in D^o$ が導かれる．

$\alpha = \sup\{t \in (0,1) \mid \boldsymbol{y} + t(\boldsymbol{z} - \boldsymbol{y}) \in (D^c)^o\}$ とおくと，$\boldsymbol{y} + \alpha(\boldsymbol{z} - \boldsymbol{y}) \in \partial D$ となり $R_{\boldsymbol{k}} \in \hat{\Delta}_\varepsilon$ に矛盾する．

ゆえに，$R_{\boldsymbol{k}} \subset D^o$ または $R_{\boldsymbol{k}} \subset D^e$ のどちらかが成り立つ．$R_{\boldsymbol{k}} \subset D^e$ の場合は，第 2 項の $\sup \overline{f}(R_{\boldsymbol{k}}) - \inf \overline{f}(R_{\boldsymbol{k}}) = 0$ である．$R_{\boldsymbol{k}} \subset D^o$ の場合は，あらかじめ細分 $\hat{\Delta}_\varepsilon$ をとれは $\bigcup_{R_{\boldsymbol{k}} \in \hat{\Delta}_\varepsilon} R_{\boldsymbol{k}}$ は有界閉集合なので，$\sup \overline{f}(R_{\boldsymbol{k}}) - \inf \overline{f}(R_{\boldsymbol{k}}) < \varepsilon$ としてよい．ゆえに，次が成り立つ．

$$\overline{S}[\overline{f}, R, \Delta_\varepsilon] - \underline{S}[\overline{f}, R, \Delta_\varepsilon] \le 2M\varepsilon + \sum_{R_{\boldsymbol{k}} \in \hat{\Delta}_\varepsilon} \varepsilon |R_{\boldsymbol{k}}| \le (2M + |R|)\varepsilon$$

$\varepsilon > 0$ を小さくとり直せば補題 12.2 より，$\overline{f}$ は R で積分可能になる． □

定理 12.9 の証明 (i) $\overline{f}, \overline{g}, \overline{sf+tg}$ をそれぞれ，$f, g, sf+tg$ のゼロ拡張とする．$\overline{sf+tg}(x) = s\overline{f}(x) + t\overline{g}(x)$ $(x \in R)$ に注意すれば，$s\overline{f} + t\overline{g}$ が R で積分可能なので，$\overline{sf+tg}$ も R で積分可能であり，等式も成り立つ．

(ii) の証明のために，いくつか補題を示す．

補題 15.4

直方体 R 上の有界関数 f, g が積分可能 $\Rightarrow$ fg も R で積分可能

補題 15.4 の証明　1 変数関数の積分と本質的に同じなので，粗筋だけ述べる (問題 5.11 参照)．まず，f を非負として，f^2 も R で積分可能になる．実際 $\sup f(R) = M < \infty$ として，$\forall\varepsilon > 0$ に対し，$\overline{S}[f, R, \Delta_\varepsilon] - \underline{S}[f, R, \Delta_\varepsilon] < \dfrac{\varepsilon}{4M}$ となる分割 Δ_ε がある (補題 12.2)．($M = 0$ のときは自明.) Δ_ε の分割の個数を N_0 個とし，$R_{\boldsymbol{k}} \in \Delta_\varepsilon$ に対し，$\sup f^2(R_{\boldsymbol{k}}) - \inf f^2(R_{\boldsymbol{k}}) \leq f^2(\boldsymbol{x_k}) - f^2(\boldsymbol{y_k}) + \dfrac{\varepsilon}{4MN_0|R_{\boldsymbol{k}}|}$ となる $\boldsymbol{x_k}, \boldsymbol{y_k} \in R_{\boldsymbol{k}}$ 存在する．よって，

$$\begin{aligned}&\sum_{\boldsymbol{k}}\{\sup f^2(R_{\boldsymbol{k}}) - \inf f^2(R_{\boldsymbol{k}})\}|R_{\boldsymbol{k}}| \\ &\leq 2M\sum_{\boldsymbol{k}}\left\{\sup f(R_{\boldsymbol{k}}) - \inf f(R_{\boldsymbol{k}}) + \frac{\varepsilon}{4MN_0|R_{\boldsymbol{k}}|}\right\}|R_{\boldsymbol{k}}| < \varepsilon\end{aligned}$$

より，f^2 は R で積分可能である (補題 12.2)．

定理 12.3 より，$f \pm g$ は R で積分可能で，定理 12.5 から $|f \pm g|$ も積分可能．よって，$|f \pm g|^2$ も積分可能で，

$$4fg = (f+g)^2 - (f-g)^2$$

も積分可能になる．□

補題 15.5

有界 $D_1, D_2 \subset \mathbb{R}^N$ が体積確定
$\Rightarrow D_1 \cap D_2, D_1 \cup D_2, D_1 \setminus D_2$ も体積確定

補題 15.5 の証明　$D_1 \cup D_2 \subset R$ となる直方体 $R \subset \mathbb{R}^N$ を固定する．χ_{D_k} ($k = 1, 2$) は R で積分可能なので，$\chi_{D_1}\chi_{D_2}$ も R で積分可能だが，$\chi_{D_1 \cap D_2} = \chi_{D_1}\chi_{D_2}$ より $D_1 \cap D_2$ は体積確定になる．

$\chi_{D_1 \cup D_2} = \chi_{D_1} + \chi_{D_2} - \chi_{D_1 \cap D_2}$ なので，$D_1 \cup D_2$ は体積確定である．

$\chi_{D_1 \setminus D_2} = \chi_{D_1} - \chi_{D_1 \cap D_2}$ だから $D_1 \setminus D_2$ も体積確定になる．□

定理 12.9 の (ii) の証明の続き　上の補題 15.5 から，$D_1 \cup D_2, D_1 \cap D_2$ が体積確定であることに注意する．補題 15.4 より，$f\chi_{D_k}$ ($k = 1, 2$) や $f\chi_{D_1 \cap D_2}$ は $D_1 \cup D_2$ を含む直方体 R で積分可能である．

さて，(ii) 式の右辺は，例えば第 1 項は，f を D_1 上の関数としたときの積分なので，D_1 の外ではゼロ拡張した関数の R での積分である．つまり，右辺は次のように表せる．

$$\int_R \overline{f\chi_{D_1}}d\boldsymbol{x} + \int_R \overline{f\chi_{D_2}}d\boldsymbol{x} - \int_R \overline{f\chi_{D_1\cap D_2}}d\boldsymbol{x}$$

一方，

$$\overline{f\chi_{D_1\cup D_2}}(\boldsymbol{x}) = \overline{f\chi_{D_1}}(\boldsymbol{x}) + \overline{f\chi_{D_2}}(\boldsymbol{x}) - \overline{f\chi_{D_1\cap D_2}}(\boldsymbol{x})$$

は簡単に確かめられるので，(ii) の積分の等式が成り立つ． □

15.10 13 章 多変数関数の積分の変数変換

$A \subset \mathbb{R}^N$ に対し，$\mathrm{diam}_\infty A = \sup\{\|\boldsymbol{x}-\boldsymbol{y}\|_\infty \mid \boldsymbol{x},\boldsymbol{y} \in A\}$ とおく．

補題 15.6

直方体 $R \subset \mathbb{R}^N$, $\boldsymbol{f} = {}^t(f_1,\cdots,f_N) : R \to \mathbb{R}^N$ が $\|\boldsymbol{f}(\boldsymbol{x}) - \boldsymbol{f}(\boldsymbol{y})\| \leq L\|\boldsymbol{x}-\boldsymbol{y}\|$ $(\forall \boldsymbol{x},\boldsymbol{y} \in R)$ を満たす $L > 0$ を持つ．

$\Rightarrow$ 次を満たす直方体 $\hat{R} \subset \mathbb{R}^N$ がある．

$$\begin{cases} \text{(i)} & \boldsymbol{f}(R) \subset \hat{R} \\ \text{(ii)} & \mathrm{diam}_\infty \hat{R} \leq L\sqrt{N}\mathrm{diam}_\infty R \end{cases}$$

特に，体積確定集合 $D \subset R$ が $|D| = 0 \Rightarrow |\boldsymbol{f}(D)| = 0$ となる．

注意 15.5 問題 3.10 と同様，補題 15.6 の $\boldsymbol{f}$ はリプシッツ連続とよばれる．

演習 15.12 有界閉集合 $D \subset \mathbb{R}^N$ が $\forall \boldsymbol{x},\boldsymbol{y} \in D$ と $\theta \in (0,1)$ に対し，$\boldsymbol{x} + \theta(\boldsymbol{y}-\boldsymbol{x}) \in D$ を満たすとする．$f \in C^1(D)$ ならば，次が成り立つ $L > 0$ が存在することを示せ (つまり，リプシッツ連続になる)．

$$|f(\boldsymbol{x}) - f(\boldsymbol{y})| \leq L\|\boldsymbol{x}-\boldsymbol{y}\| \quad (\forall \boldsymbol{x},\boldsymbol{y} \in D)$$

補題 15.6 の証明　$\boldsymbol{a} \in R$ を R の中心にとる．$\boldsymbol{x} \in R \Rightarrow 2\|\boldsymbol{a} - \boldsymbol{x}\|_\infty \leq \mathrm{diam}_\infty R$ に注意する．$\boldsymbol{x} \in R$ に対し，$\|\boldsymbol{f}(\boldsymbol{a}) - \boldsymbol{f}(\boldsymbol{x})\|_\infty \leq \|\boldsymbol{f}(\boldsymbol{a}) - \boldsymbol{f}(\boldsymbol{x})\| \leq L\|\boldsymbol{a}-\boldsymbol{x}\| \leq \dfrac{L}{2}\sqrt{N}\mathrm{diam}_\infty R$ となるので，$\boldsymbol{f}(R)$ は $\boldsymbol{f}(\boldsymbol{a})$ 中心，一辺 $L\sqrt{N}\mathrm{diam}_\infty R$ の直 (立) 方体に含まれる．

「特に」以下の証明　$|D| = 0$ とする．$\forall\varepsilon > 0$ に対し，次を満たす分割 $\Delta_\varepsilon = \{R_{\boldsymbol{k}}\}$ がある．

$$\sum_{R_{\boldsymbol{k}} \cap D \neq \varnothing} |R_{\boldsymbol{k}}| < \varepsilon$$

さらに細分をとることで，"立方体に近いとしてよい"．つまり次が成り立つ $C_0 > 0$ があるとしてよい．

$$(\mathrm{diam}_\infty R_{\boldsymbol{k}})^N \leq C_0|R_{\boldsymbol{k}}|$$

ここで和をとった $R_{\boldsymbol{k}}$ に対し，(i) (ii) を満たす直方体を $\hat{R}_{\boldsymbol{k}}$ とすると，

$$|\hat{R}_{\boldsymbol{k}}| \leq (\mathrm{diam}_\infty \hat{R}_{\boldsymbol{k}})^N \leq (L\sqrt{N}\mathrm{diam}_\infty R_{\boldsymbol{k}})^N \leq C_0(L\sqrt{N})^N|R_{\boldsymbol{k}}|$$

となるので，次が成り立つ．よって $|\boldsymbol{f}(D)| = 0$ が示せる．

$$\sum_{\hat{R}_{\boldsymbol{k}} \cap \boldsymbol{f}(D) \neq \varnothing} |\hat{R}_{\boldsymbol{k}}| \leq C_0(L\sqrt{N})^N\varepsilon$$ □

命題 13.3 の証明　$D = \boldsymbol{x}(\Omega)$ とおくと，($\boldsymbol{x}^{-1}$ も連続だから) 命題 14.38 により，$\boldsymbol{x}(\partial\Omega) = \partial D$ となる．

ここで，補題 12.7 より，$|\partial\Omega| = 0$ であり，補題 15.6 と演習 15.12 を用いると $|\partial D| = 0$ となる．よって D も補題 12.7 より体積確定が示される． □

あとがき

微分積分のテキストは, 日本語に限っても膨大な数がある. また, 良書でも絶版となっているものもある. 特に参照した本を下にあげておく.

[1] 黒田成俊著『微分積分』共立出版

[2] 鈴木武・山田義雄・柴田良弘・田中和永著『微分積分 I, II』内田老鶴圃

[3] 宮島静雄著『微分積分学 I, II』共立出版

[4] 中尾愼宏著『微分積分学』近代科学社

[5] 吹田信之・新保経彦著『理工系の微分積分学』学術図書出版

[6] 塹江誠夫・桑垣煥・笠原晧司著『詳細演習 微分積分学』培風館

これらのテキストに付け加えるのは, 非力の私には大変困難であった. 私にできたのは, これらの良書の題材を取捨選択し順序を吟味してコンパクトにまとめることだけである.

本書を書く際に, 何度も本質的な変更をしている. その際に, 石井克幸 (神戸大)・石井仁司 (早稲田大)・太田雅人 (埼玉大)・小川卓克 (東北大)・小澤徹 (早稲田大)・加藤圭一 (東京理科大)・長澤壯之 (埼玉大)・福井敏純 (埼玉大) の各氏には様々なご助言をいただいた. さらに, 立川篤 (東京理科大学), 田中和永 (早稲田大学) の各氏には間違いを指摘していただいた. また, 最初の原稿を埼玉大学の大学院生, 久保田大介・勅使川原雅史・中川和重・水内優・宮本祐樹の諸君に読んでもらい多くのアイディアをいただいた. ここに改めて感謝の意を表したい.

最後に, 著者の集中力の不足から度重なる校正に応じて頂いた数学書房の横山伸氏には格別の感謝の意を表したいと思う.

索引

●サ行

●タ行

●マ行

●ヤ行

●ラ行

小池茂昭

こいけ・しげあき

略歴

1958 年　東京都生まれ.

1981 年　早稲田大学理工学部物理学科卒業.

1983 年　早稲田大学大学院理工学研究科数学専攻博士後期課程入学.
　　　　早稲田大学助手，東京都立大学助手を経て，

1992 年　埼玉大学助教授.

2002 年　埼玉大学教授.

2012 年　東北大学教授

現　在　早稲田大学教授

専　門　非線形偏微分方程式.

著書

『リメディアル数学』(共著，数学書房)

『粘性解：比較原理を中心に』（共立出版）等

テキスト理系の数学 2

微分積分（びぶんせきぶん）

2010 年 4 月 15 日　第 1 版第 1 刷発行
2025 年 4 月 10 日　第 1 版第 5 刷発行

著者　小池茂昭

発行者　横山 伸

発行　有限会社　数学書房

〒101-0032　東京都千代田区岩本町 3-8-9

TEL　03-5839-2712

FAX　050-3737-4782

mathmath@sugakushobo.co.jp

振替口座　00100-0-372475

印刷 製本　モリモト印刷

組版　永石晶子

装幀　岩崎寿文

ISBN 978-4-903342-32-0